用生根剂处理苦瓜插条，发根快，利于扦插育苗

用生根剂处理茄子苗，幼苗发根多而密，可提早移栽

遮阳网覆盖栽培，可遮光、降温和防暴雨，能调节蔬菜生长期

温室大规模工厂化育苗，菜苗整齐粗壮，生长快

用营养土育苗，菜苗又粗又壮，可早栽早长早成熟

工厂化大规模培育香椿芽苗菜，可周年供应市场

塑料大棚春提早栽培西瓜，可提前1～2个月采收上市

阳光温室光、温充足，所栽黄瓜生长茂盛，丰收在望

用日光温室栽培调控番茄，产品可周年供应市场

日光温室光、温条件好，所种蔬菜长势喜人

温室栽培冬瓜长势好，结瓜早，可提前2～3个月收获上市

辣椒地膜覆盖栽培提前挂果，丰产喜人

番茄地膜覆盖栽培早果多果，优质高产

无土栽培青椒可人为调控生产收获期

生菜温室无土立体栽培，可充分利用温、光资源，使产品周年供应市场

进行蔬菜苗组织培养，可调节栽培时期

在南方地区，夏季利用山地种植反季节蔬菜，可弥补淡季蔬菜供应，提高经济效益

将长豇豆与矮秆蔬菜进行间作，可充分利用光、温资源

用纸箱包装大葱，清洁保鲜，便于贮运

用小网袋和瓦楞纸箱对大蒜进行双包装，贮运中可防损保鲜，提高商品率

用网套和瓦楞纸箱包装南瓜，贮运中可防震防挤压，延长保鲜期

蔬菜塑料薄膜小量包装，既防干保鲜，又美观方便，便于携带

用低温展示柜陈列蔬菜，可延长货架期

将菠菜进行净菜保鲜贮藏，可延长保鲜期两周

蔬菜调控与保鲜实用技术

主　编
王三根

编著者
王三根　范曾丽　刘玉英
李　蟠　刘媛媛　张瑞敏

金盾出版社

内 容 提 要

本书由西南大学农学与生物科技学院王三根教授等老师编著。主要介绍蔬菜调控的普通栽培措施、设施栽培与无土栽培技术等多种耕作方式，植物生长调节剂、保鲜剂以及合理采收装运在蔬菜保鲜调控中的作用，蔬菜保鲜贮藏的环境控制，蔬菜保鲜贮藏的气调、薄膜保鲜及其他技术。逐一介绍了瓜类、茄果类、甘蓝类、绿叶菜类、根菜类、白菜类、葱蒜类、豆类、薯芋类、水生蔬菜和食用菌等类蔬菜的调控保鲜技术。内容丰富，通俗易懂，系统性、操作性、实用性强。本书适合蔬菜专业种植户、贮藏运输者、生产和销售从业人员阅读。也可作为有关农业院校、职业院校师生及科研、推广、管理部门相关人员的参考书。

图书在版编目(CIP)数据

蔬菜调控与保鲜实用技术/王三根主编；范曾丽等编著．—北京：金盾出版社，2007.6

ISBN 978-7-5082-4530-0

Ⅰ.蔬…　Ⅱ.①王…②范…　Ⅲ.①蔬菜园艺②蔬菜-食品保鲜　Ⅳ.S63　TS255.3

中国版本图书馆 CIP 数据核字(2007)第 042898 号

金盾出版社出版、总发行

北京太平路 5 号(地铁万寿路站往南)

邮政编码：100036　电话：68214039　83219215

传真：68276683　网址：www.jdcbs.cn

彩色印刷：北京精美彩印有限公司

黑白印刷：北京兴华印刷厂

装订：双峰装订厂

各地新华书店经销

开本：787×1092 1/32　印张：16　彩页：8　字数：353 千字

2008 年 5 月第 1 版第 2 次印刷

印数：11001—19000 册　定价：18.50 元

前　言

蔬菜是人们每日必不可少的食物。它是人们日常获得维生素、矿质元素、碳水化合物及其他营养元素的重要来源。蔬菜类型繁多。我国栽培的蔬菜约有200多种，许多蔬菜还包括若干变种、生态类型和品种。人们在生产实践中，总结和掌握了菜地土壤选择与改良，蔬菜的种植与调控，菜园的排灌、施肥、管理与病虫防治，以及蔬菜的采收和贮藏等系统的栽培技术和耕作制度。蔬菜种类多，产量高，种植周期短，改变种类、品种结构容易，产品可鲜销、贮藏和加工，还可外销。其市场伸缩能力强，潜力大，经济效益丰厚，对增加广大菜农的收入、改善农村经济和全面提高我国城乡居民生活水平，都有重要的意义。

随着国民经济的发展和人民生活水平的提高，农业产业化及农村产业结构的不断调整，人们更加追求自然，崇尚新鲜食品。蔬菜的大流通局面正在形成，城乡市场日益扩大，巨大的社会效益、经济效益和环境效益也日渐凸显。蔬菜栽培、贮藏保鲜的一般性书籍，有的虽种类齐全，但将栽培过程中的调控技术与采后的保鲜贮藏技术割裂开来，读者仅能了解蔬菜的普通栽培管理方法，或者保鲜贮藏的方法。有的则仅对某一种蔬进行详细介绍，从历史、分类、栽种、防病等方面，面面俱到，而对于蔬菜的科学调控与贮藏，却涉及不多。长期以来，我国的蔬菜调控保鲜贮藏技术在推广方面力度还不够。而农产品存在着很强的季节性、区域性和易腐性，给贮藏、运输和销售等环节带来极大困难，造成“旺季烂，淡季断”的局面。这不仅浪费了资源，污染了环境，而且大大损伤了农民的经济利益和生产积极性。

随着人们饮食观念的更新，销售者和消费者都要求蔬菜一是种类多，品种齐，有更多的选择搭配可能；二是周年都生产，无论春夏秋冬、北菜南蔬等，都能四时供应。这些都离不开蔬菜的调节控制和贮藏保鲜等科学技术的发展。调控技术是蔬菜生产的核心技术之一，能产生更大的效益，但通常的书籍这方面的介绍都很简略。

我国地域辽阔，地形复杂，气候多变，生态环境各异，调控保鲜在实践中常会遇到许多综合性的共同问题。因而，除了蔬菜的一般栽培管理、贮藏保鲜技术外，了解如何通过气候的（如光周期、高低温度）、栽培的（如茬次安排、保护地）、物理的（如层积处理、修剪）、化学的（如植物生长调节剂、保鲜剂）等技术，综合调节控制蔬菜的生长发育、开花结果、采收季节、保鲜贮藏等，显得非常重要。

本书从系统性、可读性、实用性和知识性出发，突出常见蔬菜在繁殖、栽培、采收、贮运和销售过程中的各种调节控制技术，特别是一些新型实用技术，以利相关人员学习参考。如能对蔬菜生产、管理和营销人员起到应有的指导作用，我们感到十分的荣幸。书中的不足和不当之处，肯定不在少数，请广大读者批评指正。

编著者

2007 年 3 月

目 录

第一章　蔬菜的普通栽培调控

从普通的栽培管理而言，蔬菜的调控措施，主要包括种类和品种选择，采取适当的耕作方式，调控生长环境，以及采用不同的育苗方式调控蔬菜生长期等方面。

一、选择适当的种类及品种

（一）蔬菜的种类及品种丰富多样

蔬菜主要是可以食用的一、二年生及多年生的草本植物，具有多汁的产品器官，如柔嫩的茎叶、未成熟或成熟的花、果和种子，以及已变态成为肥大的贮藏器官的肉质根、肉质茎、块茎、块根、鳞茎、球茎与根状茎等。这些变态器官不但形态解剖结构发生了很大的变化，在生理上也由原来的物质吸收、运输和光合等功能，转变为物质贮藏功能。蔬菜也包括香椿、竹、枸杞等许多木本植物的嫩芽、嫩梢和嫩叶；蘑菇、香菇、猴头菇、草菇、木耳、紫菜和海带等菌类、藻类植物的子实体或其他产品器官；还有黄豆、绿豆、豌豆、苜蓿、荞麦、香椿等许多作物种子萌发的芽和幼苗；驯化和半驯化的野生蔬菜。根据统计，全世界的蔬菜种类大约有 860 多种，我国栽培的蔬菜约有 200 种，其中普遍栽培的有六七十种。每种蔬菜都有许多品种，许多蔬菜还包括若干变种，每个变种又有许多生态类型和品种。所以，蔬菜是一类多种多样、丰富多彩的植物性食物。

蔬菜是人们日常获得维生素、矿质元素、碳水化合物及其他营养元素的重要来源。蔬菜中水溶性的维生素含量丰富，特别是维生素 C。绿叶蔬菜、辣椒、青花菜、豌豆苗、雪里蕻、落葵、芹菜叶、甘蓝和苦瓜等蔬菜，维生素 C 的含量特别丰富。有些蔬菜脂溶性维生素类胡萝卜素的含量非常丰富，如胡萝卜、南瓜、甘薯、黄花菜、豌豆苗和苜蓿等蔬菜。薯蓣类蔬菜的淀粉含量高。豆类蔬菜，特别是毛豆中含有较多的蛋白质和氨基酸。新鲜蔬菜也是人们日常获得钾、钠、钙、铁等矿质元素的主要来源。纤维素能加速胆固醇的降解；大肠杆菌能利用纤维素合成泛酸、尼克酸和维生素 K 等人体必需的维生素；纤维素还刺激肠的蠕动，降低肠癌的发病率。人类每日必需的膳食纤维素，主要靠蔬菜提供。粮食、禽、鱼、肉、蛋和油脂，都是酸性食物，蔬菜作为碱性食物，可以调节人体内食物的酸碱平衡。蔬菜还含有许多保健和食疗的有益成分，合理而科学的蔬菜搭配，可以治疗和减少许多疾病，增强人的体质和提高人体免疫功能。蔬菜是各类食物中品种花色最多，色、香、味、形、烹调花样最丰富的食物，因而有改善饮食结构，提高食物风味，增进食欲的作用。

（二）优良蔬菜种类及品种的选择

人们在种植蔬菜的生产实践中，总结和掌握了菜地土壤选择与改良，蔬菜作物的种植与调控，菜地的耕作、排灌、施肥、田间管理和病虫防治，蔬菜的采收和贮藏，以及采种等系统的栽培技术和耕作制度。蔬菜种类多，产量高，种植周期短，改变种类、品种结构容易；产品可鲜销、贮藏和加工；可内贸，也可外销，市场伸缩能力强，潜力大，经济效益颇高，对增加广大农民的收入、改善农村经济和提高城乡居民的生活水平，都具有重要的意义。因此，在我国多次种植业结构调整中，都把种植蔬菜、改善蔬菜种植环境、优化蔬菜种植种类和品种的组合，作为提高农业生产效益的重要途径。要对蔬菜进行栽培调控，首先就要选择适当的种类及品种，这就需要解决如下问题：

1. 掌握蔬菜的发育特性

蔬菜的种类很多，生长发育的特性也各不相同。如起源于地中海沿岸的甘蓝，适合在相似于地中海冬季冷凉环境的季节或地区生长，在更低的温度环境到来之前，形成保护生长点的叶球，抵御不良环境对其延续后代的威胁，待到气候温和光照充足时，抽薹开花产生种子，完成世代交替。又如起源于近东地区的洋葱，适应这个地区冬季有少量积雪，春季融雪后仅能湿润浅层土壤的特点，形成了仅在湿润浅层土壤中分布的、不发达的弦线状根系和充分利用春季生长的特性，在高温干旱的夏季到来之前，形成和外界接触面积最小的、球形的、革质包裹的鳞茎，抵御不良环境对其延续后代的威胁，一直等到第三年春季在温暖和积雪融化的环境条件下，才抽薹开花，产生种子，完成世代交替。和上述两种植物一样，每种蔬菜的生物学特性，都是这种植物在起源和驯化地长期同化环境条件和自然选择而形成的，因而调节蔬菜的栽种收获时期，一定要考虑它特有的生育习性。

栽培蔬菜，对蔬菜进行调控，必须在充分掌握各种蔬菜系统发育和个体发育特性的前提下，选择合适的栽培季节、自然环境或创造合适的人工环境，合理安排蔬菜作物的个体发育和产量形成过程。按照个体生长发育所经历时间的长短，可把蔬菜作物分为以下三类：①一年生蔬菜：播种当年开花结实，产生种子，如茄果类、瓜类和豆类蔬菜。②二年生蔬菜：播种当年进行营养生长，形成叶球，如大白菜、甘蓝；肉质直根萝卜、胡萝卜等，经过一个冬季，到第二年抽薹开花，产生种子。③多年生蔬菜：一次播种种子或营养体，可以采收多年，如黄花菜和芦笋等。

蔬菜的产量是由蔬菜作物可食用的产品器官构成的。蔬菜作物产品器官的形成，是经过一系列发育过程实现的，蔬菜作物种类多，起源和驯化地环境复杂，食用器官多种多样，如根（萝卜、胡萝卜、甘薯等）、茎（竹笋、芦笋、球茎甘蓝、榨菜等）、叶（菠菜、苋菜、芹菜、蒜苗等）、花（黄花菜、朝鲜蓟等）、种子、种荚（毛豆、菜豆、豇豆等），以及由这些器官高度特化所产生的变态器官。如根菜类的肉质直根，薯蓣类的球茎、块茎、根状茎和块根；由叶鞘肥大而形成的洋葱和百合鳞茎；花椰菜的花球等，这些蔬菜的食用部分，都是贮藏着大量营养物质的特化器官。许多叶菜类蔬菜的产量形成，没有明显的生长与分化的界限，如菠菜、苋菜、芹菜和蒜苗等；有叶球、球茎、块茎、根状茎、块根、花球和鳞茎等贮藏器官形成的蔬菜作物，则有明显的同化器官生长、贮藏器官分化和贮藏器官膨大的界限；茄果类、豆类的生长和器官分化相间进行；瓜类还有花器的性别分化。蔬菜的产量决定于各项栽培措施是否恰当地安排和控制了这些作物的发育过程。合理的种植密度、田间的群体结构、叶面积指数和包括间作、套种、复种、轮作在内的优良耕作制度都是提高蔬菜产量的基本要求，也是调控蔬菜所必须注意的问题。

蔬菜的营养品质，是指蔬菜产品器官中维生素、碳水化合物、蛋白质等各种营养成分的种类和含量。随着人们经济科学文化知识水平的提高，特别是营养学知识水平的提高，人们对蔬菜营养品质的要求也越来越重视。

营养品质是蔬菜重要的品质因素，但是一个不直观的内在品质，而人们对蔬菜的品质的评价，首先是对感观品质的评价。凭视觉、嗅觉、味觉和触觉等感官，对蔬菜包括色泽、大小、形状、个体间的整齐度、质地、气味和风味，以及有无畸形、病疤、虫害、裂、伤、污染和缺陷等外在感官品质的评价，来确定蔬菜的等级。

蔬菜的品质除了品种原因外，还和气候、土壤、肥水管理、环境设施、耕作制度、病虫防治、采收的方法和采收时期贮藏运输等条件密切相关。因此，对蔬菜的调节控制，必须在高产的同时，保证品质不降低，否则就失去了调控的意义。

2. 调查蔬菜生长的环境需求

(1)温度因素　蔬菜作物对温度的要求很复杂。按照对温度的不同要求，可将蔬菜分为如下五类：①耐寒的多年生宿根类蔬菜，如黄花菜、芦笋、茭白、韭菜和辣根等，夏季地上部抗热能力较强，冬季地上部枯死，以地下宿存的根茎越冬，能忍耐－10℃～－15℃的低温。②耐寒蔬菜，如大葱、大蒜、菠菜、乌塌菜和羽衣甘蓝等，能耐－1℃～－2℃的低温，短期可耐－5℃～－10℃的低温。③半耐寒蔬菜，如甘蓝类、白菜类、萝卜、胡萝卜、蚕豆、豌豆、芹菜、莴苣、荸荠和莲藕等，不能忍耐较长时间－1℃～－2℃的低温，长江以南均可露地越冬，华南冬季可露地生长，最适的同化温度是 17℃～20℃，20℃以上同化减少，超过 30℃同化产物几乎被呼吸所消耗。④喜温蔬菜，如黄瓜、菜豆、番茄、辣椒和茄子等，最适的同化温度是 20℃～30℃，超过 40℃生长几乎停止，15℃～10℃以下授粉不良，易发生落花。⑤耐热蔬菜，如冬瓜、南瓜、丝瓜、西瓜、甜瓜和豇豆等，在 40℃高温下仍可生长，总是安排在当地温度最高的季节种植。

同一种蔬菜在不同的发育时期，对温度的要求也不一样。

一般来说，种子发芽要求温度高，幼苗期要求温度低些，营养生长阶段比幼苗期要求温度高一些，大白菜、甘蓝的结球期与花椰菜的花球形成期要求温度又要低一些，但果菜类的结果期要求温度又要比营养生长阶段高一些。每一种蔬菜的不同生长发育时期，都有不同的温度要求。因此，蔬菜的栽培和调节控制过程，必须考虑温度的影响。

限制蔬菜地区分布和栽培季节的主要因素是温度。过低或过高的温度都会对蔬菜造成危害。寒害和冻害分别是冰点以上和冰点以下低温逆境对蔬菜作物的危害，轻则生长迟缓或停止，重则冻死。乌塌菜、羽衣甘蓝等蔬菜的细胞液浓度很高，结冰的温度很低，因此非常耐寒。低温还能引起茄果类蔬菜的畸形花果，影响瓜类蔬菜的雌雄花比例和果实发育。高温及强光引起作物剧烈蒸腾失水，进而导致原生质脱水和原生质蛋白质凝固；高温还会引起落花和落果。

春化作用，主要是指一段时间的低温，对植物由营养生长转为生殖生长的诱导作用。白菜、萝卜、菠菜和莴苣等作物的种子处在萌动状态，就能感受低温的诱导而通过春化阶段，称为种子春化型。如白菜在0℃～8℃都有春化效果，萝卜在5℃左右时春化效果最好，处理时间为10～30天，菜心、菜薹的栽培品种，春化5天就有效果。有些植物，如甘蓝、洋葱、大蒜、大葱和芹菜等，要求植物长到一定大小，才能感受低温的诱导，通过春化阶段，称为绿体春化型。种子春化型的植物在幼苗时往往对低温更加敏感。植物必须通过春化阶段后，再通过光照阶段，才能完成阶段发育，转入生殖生长。以花、果、种子及其附属部分为产品的蔬菜植物，要促进春化阶段的完成；以叶球、花球、肉质根和鳞茎为产品的蔬菜植物，要防止越冬及早春与晚秋的低温通过春化阶段引起先期抽薹，而丧失商品价值。植物生长调节剂如赤霉素对蔬菜的抽薹开花，有很好的调控作用。

(2)光照因素 光照强度通过影响光合作用和温度，而影响作物的生长发育。按照对光照强度要求的不同，可以把蔬菜分为以下三大类：①要求较强光照的，如瓜类和茄果类的西瓜、甜瓜、南瓜、黄瓜、番茄、茄子及薯芋类的芋、豆薯等。我国西北、西南光照充足的地区，不但西瓜和甜瓜很甜，白菜和萝卜的含糖量也高，风味也浓。②要求中等光照的，如白菜类、根菜类和葱蒜类蔬菜。③要求较弱光照的，如生姜和菠菜、莴苣、茼蒿和芹菜等绿叶菜类。南方冬、春季的保护地栽培，弱光往往是影响蔬菜生产的重要因素。

光周期，是指日照长短的周期性变化对植物生长发育的影响。日照的长短与季节和纬度有关。夏至在每年 6 月 22 日前后。这时阳光直射北回归线，北半球白昼最长，其后白昼渐短；到冬至(在每年 12 月 22 日前后)，阳光直射南回归线，北半球白昼最短，其后白昼渐长。纬度越高，季节之间日照的长短相差越大。如哈尔滨在冬至这一天，白昼长 8～9 小时，而夏至这一天白昼长达 15.6 小时。广州冬至日长 10～11 小时，而夏至为 13.3 小时。光周期对蔬菜生长发育的影响，主要集中在两个方面：一是影响花芽分化和生殖生长。由此将植物分为如下几类：①长日照植物，在日照 12～14 小时以上或延长光照促进开花；而在较短的光照下，则不开花或延迟开花。包括白菜类(大白菜和白菜)、甘蓝类(甘蓝、球茎甘蓝、花椰菜等)、芥菜类、萝卜、胡萝卜、芹菜、菠菜、莴苣、蚕豆、豌豆、大葱和大蒜等蔬菜，都在春季长日照下抽薹开花。②短日照植物，在 12～14 小时的较短日照或缩短光照时间，促进开花结实；而在较长的日照下不能开花或延迟开花。如扁豆、刀豆、茼蒿、苋菜、蕹菜和毛豆的晚熟品种等，大都在秋季短日照下开花结实。③中日性植物，开花结果对日长的选择不严。菜豆、黄瓜、番茄、辣椒和茄子等，在理论上属于短日照的蔬菜及毛豆的早熟品种，适应日照长短变化的范围很大，称为中日性植物。中日性植物只要温度适宜，春季、秋季和保护地环境中，都能开花结实。同种而不同品种和不同生态类型之间，在光周期反应上可以有很大的不同。二是影响蔬菜产品器官的形成。马铃薯和菊芋的块茎，甘薯的块根，芋头、荸荠和慈姑球茎的形成要求较短的日照，但其中的早熟品种对日照长短的要求不严；洋葱、大蒜鳞茎的形成则要求较长的日照。北方的长日照型洋葱品种，引种到南方，由于不会遇到要求的日长，叶丛生长茂盛，不形成鳞茎；反之南方的短日照型洋葱品种引种到北方，由于很容易遇到要求的日长，植株来不及充分生长就形成很小的鳞茎。因此，应当根据种植地的日照情况，选择相应日照特性的蔬菜种类及品种。

(3)大气、土壤和肥水等因素 大气中的氧气和二氧化碳通过影响呼吸和光合作用，而影响蔬菜作物的生长发育，增加密闭设施中二氧化碳的浓度，可以增强光合作用，增加蔬菜产量。工矿区放出的二氧化硫、氨气、氯和氟化氢等有毒气体，因浓度不同而会对植物产生不同程度的危害。一氧化碳和乙烯会影响瓜类蔬菜花的雌雄分化。

土壤的种类、肥力、降水和水利资源，是影响蔬菜产量和品质的重要因素。不同的蔬菜种类及品种，对栽培地大气、土壤和肥水等生态条件的要求也不同。要使所选蔬菜种类和品种在种植地环境中受到良好的调控效果，就应彻底搞清楚栽培地的大气、土壤种类、肥力、降水和水力资源情况，以此为依据，选择适宜的蔬菜种类和优良品种。土壤和水源污染不仅影响蔬菜作物生长发育，还影响蔬菜品质，危害人类的健康。因此，必须尽量使用经过充分腐熟的有机肥料，保持土壤肥力、良好的质地和结构，严格执行保证蔬菜品质和食用安全的各项法规。

二、采用多种形式的耕作方式

（一）我国蔬菜产地周年供应特点

我国栽培的蔬菜，大多数喜温怕冷和喜凉怕热，在冬季严寒和夏季高温季节不能正常生产，从而形成了各地不同的蔬菜生产季节性。

东北、西北地区和青藏高原等边远省区，全年无霜期仅3～4个月，冬季漫长，露地蔬菜栽培主要在夏秋季节进行。秋末冬春，土地封冻，一般无法进行蔬菜露地生产，即形成夏秋旺季和冬春淡季的生产与供应特点。

华北地区及辽东半岛，全年无霜期7～8个月。冬季寒冷，除少数多年生宿根菜及耐寒力强的蔬菜外，一般蔬菜难以在露地栽培过冬，一年内主要栽培春秋两大季，造成6～7月和10～11月两个上市旺季，而逢冬春严寒和夏秋高温多雨、茬口交替季节，蔬菜供应便出现春淡和夏淡两个淡季。

华中地区全年主要栽培三大季，除春秋两季外，冬季还可栽培一茬越冬菜。生产上存在“两旺两淡”的特点，越冬的二年生蔬菜在翌春转暖时迅速抽薹开花，若安排不当，每年清明前后越冬菜大量抽薹开花前，形成集中上市，出现小“旺季”；而在越冬菜大量抽薹开花后，夏菜大量上市前，又形成了一个小“淡季”，造成烂菜或缺菜，影响市场供应。

华南和西南地区，冬季基本无霜雪，四季常青，属一年多作菜区，除一些灾害天气影响外，一般淡旺季不明显。

要实现蔬菜的周年均衡供应，就要从数量上、品种上和质量上，满足市场的需要，并适应目前人们对优质无公害蔬菜、高档细菜、特菜的需求，做到淡季不缺、旺季不过剩。因此，必须通过一系列措施，如栽培方式选择、生长发育调节、环境控制、保鲜贮藏等方面，对蔬菜进行调控，以保障蔬菜的周年供应。

（二）轮作、间套作与蔬菜调控

1. 轮作与连作

在同一块地上，按一定的年限轮换栽种几种性质不同的蔬菜，称为轮作，也叫换茬或倒茬。连作是在同一块土地上的不同年份内，连年栽种同一种蔬菜。如第一年春季栽番茄，秋季栽其他种类蔬菜，第二年春又栽番茄，仍为连作。

在同一块土地上，一年内或连年重复栽种相同的蔬菜，将造成病虫害严重流行以及不能合理利用土壤肥力等不良后果。特别是在设施栽培中，常以淡季蔬菜生产为主，且多种植经济价值高的某几种蔬菜，这就给轮作带来很大的困难。因此，对栽培技术要求更高，除了给予合理的茬口安排外，必须运用栽培与防病相结合的综合技术，来减轻连作带来的危害。可以把大范围的菜地划分成多个区块，在每个区块上，按下述原则轮换种植不同的蔬菜：①按根系深浅和对土壤矿质营养汲取的不同进行轮作。如用浅根的绿叶菜类、葱蒜类和深根的茄果类、瓜类轮换；用需氮肥多的叶菜，与需磷肥较多的果菜、需钾肥较多的根菜轮换。②用互相不传染病虫害的蔬菜进行轮作。同科植物不连作，可进行菜粮轮换和水旱轮换。③从有利于改善土壤和生长环境的角度进行蔬菜轮作。如在种植豆科、禾本科蔬菜后种植需氮较多的白菜类、甘蓝类、茄果类，再次种需氮较少的根菜类，最后种需氮最少的豆类蔬菜，可以改善土壤的团粒结构和肥力；葱蒜类可以减少后作的病虫害；南瓜、冬瓜等叶大、蔓密的蔬菜可以抑制杂草，有利于枝叶稀少的后作蔬菜等。通过在同一块土地上轮换种植不同蔬菜的轮作栽培制度，可调控蔬菜的供应种类。

2. 间作、混作与套作

在同一块土地上，在一种蔬菜的畦、行或株间，有规律地播种或定植另一种（或几种）蔬菜，称为间作。将不同的蔬菜无规则地混合种植，则称为混作。若两种作物生长期相互错开，称为套作。合理的蔬菜间作与套种，有利于充分利用气候与土地资源，提高蔬菜产量和改善品质，是实行排开播种、增加花色品种和淡季蔬菜供应的重要途径。进行蔬菜间套作，应注意主作、副作蔬菜间的互相协调。如对株秆高矮、直立与塌地、喜光与耐阴、生长期长短等进行合理的搭配，才能有效地发挥其增产与淡季供应的潜力。

蔬菜间套作的类型，依据各地气候条件和设施条件的不同，形式繁多。但就淡季蔬菜看，长江流域地区间套作方式有：早春菜间套春夏菜，如春萝卜和小白菜等早春速生菜地间套爬地瓜类、豆类、茄子和辣椒等，可增加春淡季蔬菜上市量。早秋速生菜与秋冬生长菜间套作，如早秋白菜、秋茼蒿和甘蓝、秋菜豆间套，早秋速生菜是秋淡季的主要品种。早熟过冬菜与晚熟过冬菜间作，如耐寒白菜、菠菜等与洋葱、大蒜、春甘蓝等间作，越冬早茬是冬春淡季的好品种。在北方地区的设施栽培中，如大棚黄瓜与芹菜的隔行间套作；韭菜埂上间作莴笋、番茄、辣（甜）椒等；为充分利用空间，在棚间的支柱下播种菜豆和豇豆，顺柱爬蔓；大棚四周点播苦瓜、丝瓜，夏季炎热时，瓜蔓已顺柱爬上，可起遮荫降温作用；日光温室墙内北侧等空闲地带，可种耐阴耐寒叶菜、速生菜，培养食用菌、香椿等，空间也可吊挂育苗盘培育子苗，或进行芽菜生产。

除了蔬菜之间的间套作外，也有进行粮菜、果菜、棉菜间套作的。如马铃薯、洋葱、大蒜等菜套种玉米；棉花地套种甘蓝等蔬菜；果树行间套作南瓜或其他蔬菜等。总之，间套作形式很多，应据市场需要和生产条件具体掌握，充分利用光热资源、有效空间、土壤与肥力条件，以达提高产量、增加品种、弥补淡季、周年供应、四时调节、增加收入的目的。

（三）采用设施栽培调控蔬菜生长期

利用地膜覆盖，塑料大、中、小棚，遮阳网棚、防虫网棚、日光温室、玻璃温室和阳畦等保护设施，进行蔬菜生产，可满足一年四季供应种类齐全，品种、花色丰富，商品特性优良的蔬菜的需求。保护设施栽培，可以使多种蔬菜春提前、秋延晚和越冬栽培，增加生产和供应时间，使蔬菜能周年连续生产和均衡供应，从而增加经济收益，改善市场供应状况。

（四）改变播种时间进行反季节栽培

在适宜栽种地区，可改变蔬菜的播种时间，选择早熟或晚熟品种，来调控收获季节。如茄果类蔬菜，多于春前提早育苗，在立春断霜后栽植于露地。在长江流域地区，多于 3 月初至 4 月上中旬定植，6～7 月份大量收获上市。

但是，也有一些品种可以进行早秋栽培。如秋番茄、秋茄子和秋辣椒。这一季是解决蔬菜秋淡季，增加花色品种的一季破季栽培。在长江流域地区，一般于 6 月份播种育苗，7 月份定植，9～10 月份大量收获上市。此季可作为调节蔬菜秋淡季供应的茄果类蔬菜。

通过改变播种育苗时间，即进行反季节蔬菜栽培，使其上市期比正常生长期及供应期提前或延后，从而达到周年生产、均衡供应的目的。

反季节栽培有以下几种类型：

第一类是利用山区气候资源，进行春秋季反季节生产。在夏秋季节利用高山区的自然凉爽气候资源和昼夜温差大的特点，发展夏秋反季节蔬菜生产。如越夏的番茄、甜椒、荷兰豆、包心生菜等。

第二类是利用冬春温暖小气候进行冬季反季节蔬菜生产。如番茄、冬瓜、茄子、苦瓜、菜豆、豆角、甜椒和辣椒等。

第三类是利用保护性、半保护性设施进行反季节栽培。

表 1-1，表 1-2 和表 1-3，是一些蔬菜改变播种时间或者利用设施栽培等技术，调控生产收获季节，以满足夏秋淡季蔬菜供应的例子。

表 1-1　夏季栽培的夏、秋淡季蔬菜调控时间安排

蔬菜名称	栽培方式	播种期	定植期	收获期	注意事项
紫甘蓝	露地垄作	6月上旬	7月上旬	9月中下旬	也可山地生产
食荚豌豆	露地高畦栽培	5月上旬	直　播	8月上中旬	也可山地生产
冬　瓜	夏露地生产	5月上中旬	6月上中旬	7月下旬至9月中旬	
团生菜	露地高畦遮阳防雨	4月中旬至6月中旬	5月下旬至7月下旬	7月中旬至9月下旬	也可秋季生产，2个月一个周期
黄　瓜	夏遮阳栽培	6月下旬至7月上旬	直　播	8月上旬至9月下旬	

续表 1-1

蔬菜名称	栽培方式	播种期	定植期	收获期	注意事项
黄　瓜	秋大棚	7月下旬	直　播	8月下旬至10月份	
甘　蓝	夏露地	5月上旬至6月上旬	6月下旬至7月中旬	8月中旬至9月下旬	也可山地生产
菜　花	夏露地	6月中下旬	7月中下旬	9月中旬至10月中旬	也可山地生产
菜　豆	夏露地(早)	5月中下旬	直　播	7月中旬至9月上旬	
菜　豆	夏露地	6月下旬至7月上旬	直　播	8月份至10月上旬	也可山地生产
豇　豆	夏露地	5月份	直　播	7月上旬至8月下旬	

表 1-2　春季栽培的夏、秋淡季蔬菜调控时间安排

蔬菜名称	栽培方式	播种期	定植期	收获期	注意事项
黄　瓜	春保护地	4月上旬至中旬	5月上中旬	6月中旬至7月下旬	
冬　瓜	春保护地	3月下旬至4月中旬	5月中旬至5月下旬	7月上旬至8月中旬	
冬　瓜	春露地	4月下旬至5月上旬	5月下旬至6月上旬	7月中旬至8月下旬	
西芹菜	春棚夏遮阳	3月下旬	5月下旬	7月下旬至9月中旬	也可山地生产
西葫芦	春保护地夏遮阳	3月中旬至4月下旬	5月中旬至6月上旬	6月下旬至7月下旬	也可山地生产
番　茄	春保护地夏遮阳	1～2月份	3月份至5月上旬	6月上旬至7月下旬	

续表 1-2

蔬菜名称	栽培方式	播种期	定植期	收获期	注意事项
番　茄	春保护地夏遮阳	3月中旬至4月上旬	5月上旬至5月中旬	6月中旬至9月中旬	也可山地生产
茄　子	春保护地	1月份至3月上旬	4月份至5月中旬	6月份至8月下旬	
茄　子	春播恋秋	4月上旬至5月上旬	5月下旬至6月下旬	7月下旬至9月下旬	也可山地生产
青　椒	春棚夏遮阳	1月份至2月上中旬	3月中旬至4月下旬	5月中旬至8月中旬	也可山地生产
甘　蓝	春保护地	1～2月份	4月份	6月中下旬至7月下旬	
菜　花	春保护地	3月上旬至4月上旬	4月下旬至5月中旬	6月中旬至7月中旬	
菜　豆	春　棚	2月下旬至3月上旬	3月下旬至4月上旬	5月下旬至7月下旬	
豇　豆	春保护(地膜)	4月中下旬	直　播	6月下旬至8月中旬	
丝　瓜	春保护地	3月下旬至4月中旬	5月上旬至5月中旬	7月份至10月中旬	
苦　瓜	春保护地	3月下旬至4月下旬	5月份	6月中旬至10月中旬	

表 1-3　夏、秋淡季的速生菜调控时间安排

蔬菜种类	播种期	种植样式	收获期	特殊栽培措施
小白菜	6月中下旬至7月中下旬	撒播(条播)	8月份	遮阳，防虫、草害，必须高畦或垄作
小油菜	6月下旬至7月下旬	条播或撒畦	8月上中旬	遮阳，防虫、草害，必须高畦或垄作

续表 1-3

蔬菜种类	播种期	种植样式	收获期	特殊栽培措施
紫苋菜	7月上中旬	条播或畦播	8月上旬至9月中旬	可割茬收获，遮阳，防虫、草害，必须高畦或垄作
香　菜	6月中下旬	撒　播	8月中旬至9月中旬	遮阳，防虫、草害，必须高畦或垄作
茴　香	6月中下旬	撒　播	8月中旬至9月中旬	遮阳，防雨，防虫、草害，必须高畦或垄作
蕹　菜	7月上中旬	高畦撒播	8月中旬至10月中旬	可多茬割或采摘
小萝卜（水萝卜）	7月下旬至9月上旬	高畦或垄作	9月中下旬至10月上旬	遮阳，防雨，防草
散叶生菜	7月上中旬	10天后间苗或移栽	8月下旬至9月下旬	遮阳降温，排涝
苦苣菜	7月中下旬	高畦条播	8月下旬至10月下旬	可擗叶或间拔
茼　蒿	8月份	高畦撒播	9月中旬至10月中旬	适当遮阳降温
荠　菜	8月份	高畦撒播	9月中下旬至10月中旬	预防干旱杂草
冬寒菜	8月中下旬	高畦撒播	9月中旬至10月中旬	防杂草，防涝

（五）适宜的茬口调节

适当的茬口调节，可尽量满足周年供菜的需求。蔬菜的茬口安排，一般分为两种。一种是根据当地的自然气候、生产条件和技术水平，在同一块土地上安排一年的蔬菜种植茬口，称为土地利用茬口。另一种则是根据全年的不同季节，安排蔬菜种植茬口，称为季节茬口。蔬菜的茬口安排，除了露地栽培外，还有设施栽培，并涉及综合运用轮作、间套作等方法，可使蔬菜达到高产优质、终年供应的目的。茬口安排应注意如下几方面：

1. 注意蔬菜生长的适应性

进行蔬菜栽培，应该把其产品器官的正常生长期，安排在温、光等条件最适宜的季节里，以保证产品的高产和优质。各类蔬菜生长的适宜温度范围见表 1-4。另外，雨量、病虫害发生情况等方面，也与栽培季节及茬口安排有关，都应该给予认真的考虑。

表 1-4　各类蔬菜对温度的适应范围　（单位：℃）

类　型	适宜温度	适应温度	蔬菜种类举例
耐寒的多年生宿根菜	15～25	5～30； 最低－10～－15	韭菜、石刁柏等
耐寒性蔬菜	15～20	5～25； 短期－3～－5	芹菜、甘蓝、洋葱等
半耐寒性蔬菜	17～20	5～25； 短期－1～－2	大白菜、花椰菜、莴苣等
喜温性蔬菜	20～30	10～35； 零度下冻死	黄瓜、番茄、四季豆等
耐热蔬菜	25～30	10～40； 零度下冻死	冬瓜、丝瓜、豇豆等

2. 按设施条件安排茬口

进行设施栽培，人为地创造蔬菜生长发育的较好条件，是一种保护性栽培。但不同的设施结构，有不同的温光等性能；即使是同一种构型的棚室，在不同地区的温光性能也不一样。所以，必须按已建成棚室的温光条件，来安排作物的茬口。这是保证淡季高产、高效益的关键，否则将会导致蔬菜减产或栽培的失败。如一般性的日光温室，室内最低气温常低于8℃，甚至有些日光温室常出现3℃以下的低温，其秋冬茬只宜种耐寒性的叶菜类蔬菜，若用来生产喜温性的瓜果类蔬菜，则是很难成功的。

3. 要利于轮作倒茬

蔬菜茬口安排，既要考虑短期利益，也要考虑长远利益。特别是设施栽培中连作障碍不可避免，在安排茬口时，对那些忌连作的蔬菜必须给予重视。通常在连年种植瓜果类菜的棚室中，定期插入一茬韭菜和青蒜，是很有利的。

4. 按技术水平和生产条件安排茬口

在栽培技术水平较低的地区，进行茬口安排时，可考虑先生产一些简单、成功率高的蔬菜种类和茬次。栽培技术水平高的地区，可安排一些效益高、生产技术难度大的蔬菜和茬口。安排蔬菜栽培茬口，一定要实事求是，从当地的生产技术水平和生产条件出发。不能抛开当地实际水平，一味强调淡季栽培难度大的瓜果类或效益高的蔬菜，以免事与愿违，造成不必要的损失。

比如设施栽培方式多样，栽培茬口各地也有所不同。但总的来看，日光温室等温光条件好的保护设施，通常采用冬春一大茬；秋冬、早春两茬或多茬生产茬口安排形式；大棚通常采用春夏茬接秋冬茬两茬制，或年内三茬、四茬，甚至五茬的茬口形式。表1-5和表1-6列举了我国一些重要蔬菜在设施环境条件下的可能茬口安排，可供生产蔬菜时参考。

表 1-5　日光温室和加温温室若干蔬菜主要茬口安排

蔬菜种类	播种期（月/旬）	苗龄（天）	定植期（月/旬）	始收期（月/旬）	结束期
冬春茬					
黄　瓜	10/中至 11/上	35	11/下至 12/初	1/上中	5/下至 7/上
西葫芦	10/上至 11/上	35	11/上至 12/上	12/上至 1/上	5/上至 6/上
茄　子	9/上中至 10/中	60～70	11/中下至 12/中	1/上中至 2/下	6/下至 7/上
辣　椒	8/下至 9/上	70～80	11/中下	1/上	6/下至 7/上
番　茄	9/上中	50～60	11/上中	12/下至 1/上	6/中下
韭　菜	4/下至 6/初		初霜期扣膜	1/初至 2/上	3/上中
芹　菜	7/中下	50～60	9/上中	11/下	5 月份
春　茬					
番　茄	11/中下	60～70	1/中至 2/初	3/下至 4/上	5/中至 6/中
辣　椒	10/下至 12/上	80～100	2/初～2/中下	3/中下	5 月份以后
黄　瓜	12/中下	40	1/中至 2/初	2/中下	5/上至 5/下
西葫芦	1/上	35	2/上	3/中	5/中至 6/中
芹　菜	11/中下	60～70	1/中下至 2/初	4/上中	5/中

表 1-6　塑料中、小棚若干淡季蔬菜主要茬口安排

蔬菜种类	播种期（月/旬）	苗龄（天）	定植期（月/旬）	始收期（月/旬）	结束期	育苗方式
春　茬						
番　茄	12/下	70	2/下	4/下至 5/初	6/上中	温室育苗
青　椒	12/上	90	3/上	5/上	7/初	温室育苗
矮生菜豆	2/上	20～30	2/初至 3/上	4/中至 5/上	6/上	温室育苗
西葫芦	1/下	30～40	3/初	4/中	6/中	温室育苗

续表 1-6

蔬菜种类	播种期（月/旬）	苗龄（天）	定植期（月/旬）	始收期（月/旬）	结束期	育苗方式
冬 茬						
芹 菜	7/中下	50～60	9/下至 10/初	3/下至 4/上		露地遮阳育苗
油 菜	1/上中	30～90	11/上至 2/初	3/上中		阳畦育苗
菠 菜	10/中		直播	3/中		
韭 菜	4/下至 5/上	100	7/下至 8/中	1/下	5/上	露地育苗

注：中、小棚用草帘覆盖

总之，我国幅员辽阔，南、北地区气候条件差异较大。以传统的露地栽培为例，从土地利用茬口来看，东北地区、青藏高原及蒙新地区为单主作区；华北、西北地区为双主作区；长江中下游地区和西南地区为三主作区；华南地区为多主作区。但这些地区由于局部小气候的差异，或者利用生长期短的早熟品种，或充分利用间套技术，其土地利用茬口可演变成形式繁多的蔬菜茬口。例如华北一年二收为主，但也可一年三收或二年五收。

三、调控蔬菜的生长环境

通过栽培管理，如浇水和施肥，或人工环境，如日光温室和塑料大棚等，可调节蔬菜的生物学性状，改变其保鲜耐贮性能，从而延长蔬菜的供应时期。这也是蔬菜科学调控保鲜的一条重要途径。

（一）土壤状况

因地制宜，适地适种，保持营养平衡，调节水分供应，是采后蔬菜保鲜贮藏的基础。土质和土壤养分会影响蔬菜的成分与结构。如轻砂土可增加西瓜果皮的坚固性，使它的耐贮性和耐运输能力增强。在盐碱土中生长的甜椒，其果实可滴定酸和抗坏血酸含量均低，而在非盐碱地生长时，其果实抗坏血酸含量高。在弱酸和未加微量元素的土壤中生长的菠菜含磷较多，而在弱碱且加微量元素的土壤中生长的菠菜含磷较少，但氧化钙含量高。在含硫量高的土壤中生长的洋葱，香精油含量高，其挥发物杀菌能力强，耐贮藏。在砂土中生长的蔬菜，早期生长快，外观美，但根部老化快，植株易早衰，抗病、耐寒性都较弱，产品品质差，味淡，不耐贮藏。砂壤土质地均匀，粉粒含量高，物理性能好，抗逆能力强，通气透水，保水保肥和抗旱力强，适合于栽种许多蔬菜，其产品品质和耐贮性都好。在平原洼地、山间盆地、湖积平原地区的黏土，以黏粒占优势，质地黏重，结构致密，保水保肥力大，通气透水力差，适于种植晚熟品种蔬菜，植株生根慢，生长迟缓，形小不美观，但根部不易老化，成熟迟，耐病、耐寒、耐热性强，产品品质好，味浓，耐贮藏。

（二）合理施肥

蔬菜生长期间施肥的多少与所施肥料的种类，直接影响蔬菜的耐贮性和商品品质。

蔬菜生长的速度快，生长期短，应注意增施有机肥和合理施用化肥，只有在适宜营养条件下生长的蔬菜，才有优良的品质，并且耐贮藏运输，否则容易发生采后生理失调。钾肥及磷肥充足时，能促进淀粉和糖分的积累。氮肥过多时，则不利于淀粉和糖分的积累。锰、硼等微量元素能提高蔬菜中维生素C、维生素P、维生素 B_1 和维生素 B_2 的含量。

土壤中的氮肥，既是蔬菜生长的必需营养，又是保障产量的主要元素。但施用氮肥的数量和时间，必须根据蔬菜的需要来决定。施用氮肥过多，蔬菜的颜色差，在保鲜贮藏中容易发生生理性病害。施用氮肥过多的蔬菜，呼吸强度大，物质消耗加快，贮藏过程中糖、酸含量下降也快。施用氮肥的时期与蔬菜的耐贮性也有很大关系，尤其在生长后期大量施用氮肥，会使蔬菜的耐贮性下降。

土壤中缺磷，种植在这种土壤中的蔬菜色泽不鲜艳，可溶性固形物含量降低，在贮藏中容易发生褐变和烂心等生理性病害。

此外，土壤中缺乏某些微量元素，如锌、铜、锰、硼、钼等，或是某些微量元素过多，都会影响蔬菜的生长发育，最终影响蔬菜的保鲜贮藏寿命。

（三）适宜浇水

水分是植物体生命代谢的必需物质，土壤水分的供给对蔬菜的生长、发育、品质及耐贮性，有重要的影响，采后贮藏期间产品失水，可导致生理代谢失调。要保鲜贮藏的叶菜，生长期应避免因灌水过多引起徒长，对于绝大多数蔬菜来讲，采前灌水都不利于贮藏。大白菜、洋葱和油菜心，采前1周不要浇水。如果洋葱生长中期灌水过多，就会加重贮藏中的颈腐、黑腐和细菌性腐烂。在干旱缺雨的年份或轻质土壤上栽培的萝卜，贮藏中容易糠心，而在黏质土上栽培的，以及在水分充足年份或地区生长的萝卜糠心较少，出现糠心的时间也较晚。大白菜蹲苗期，土壤干旱缺水，会引起土壤溶液浓度增高，阻碍钙的吸收，易发生干烧心病。

(四)栽培时的温度控制

在栽种和收获的时期对蔬菜进行调控时,经常碰到的难题就是温度的变化,采用如下方法可以调节蔬菜的温度适应性。

1. 抗低温栽培

(1)增温保温 用温室、大棚和中、小棚等进行栽培,可以不同程度地提高棚室内温度。采用日光温室可比外界最低温度提高7℃～20℃以上;单层大棚比外界最低温度提高2℃～3℃,若进行多层覆盖,保温效果会更好。一般一层草苫可提高温度3℃～6℃;加一层薄膜可提高1℃～3℃;加一层不织布可提高1℃～2℃;加一层纸被(4～6层纸)可提高温度2℃～3℃;地膜覆盖可提高地温2℃～4℃,生产上用多层覆盖等综合增温保温技术,进行冬春淡季蔬菜生产和育苗。栽培中,应注意选择相应的蔬菜种类和品种。对于喜温性蔬菜,应采用耐低温的品种进行栽培。

(2)嫁接栽培 采用嫁接技术可使一些瓜果类蔬菜耐低温性增强,并可防止土传性病害,较大幅度地提高产量。采用顶插接法,操作简便,成活率高,嫁接速度快。采用劈接法,伤口愈合好,成活率高,嫁接效果好,但嫁接效率比顶插法低,嫁接苗管理也要求较严格。斜插法(切接法)基本同劈接法。靠接法成活率高,但较费工。嫁接法是调节蔬菜生长周期的一种有效方法。

(3)低温锻炼 对喜温蔬菜进行低温锻炼,能增强它对低温的忍耐能力。喜温蔬菜在种子萌发后,就可进行低温锻炼,幼苗通过低温锻炼后,可发生干物质、糖的含量增加等一系列形态和生理变化。许多喜温蔬菜在一般情况下,遇到5℃～

10℃的温度就会遭受冻害，但幼苗经过低温干旱锻炼后，在受到0℃～5℃的短期低温也不会产生冻害现象。

(4)临时加温　为了防止低温或寒流的影响，可采用明火熏烟、生火炉或暖气加温等办法进行临时防御，对保温性差的大棚等设施效果较好。有条件的地方，可在棚室内设几个临时加温炉或暖气管，夜间加温几小时，这不仅可以防冻，而且可以使蔬菜早定植，为早熟丰产创造有利条件。

2. 抗热栽培

(1)抗高温危害措施　除了选用耐热性蔬菜和抗热品种外，可采用遮光栽培，用遮阳网、不织布、苇帘等遮阳降温。进行间作套种，可用高秆和矮秆作物间套作，喜光和耐阴作物间套作等。棚室内温度过高，可采用冷水喷雾和通风相结合的方法降温；也可采用早、晚灌水降低地温或地面覆盖稻草等措施降低地温。

(2)覆盖降温的方法　蔬菜遮阳网绝大部分都在夏季高温季节应用，晴天白天盖，晚上揭；阴天全不盖；雷雨来之前盖，过后揭；35℃以上的晴天从早上8时到下午5时盖；30℃以上晴天从早上9时到下午4时盖；25℃以下不盖遮阳网。随着作物的生长，覆盖方式也相应改变，不同的作物、不同的栽培形式，覆盖方式也应不同。

(3)栽培形式　夏、秋季蔬菜育苗主要用于秋甘蓝、秋花菜、秋芹菜、秋莴笋和秋番茄等蔬菜栽培，以提高出苗率。例如甘蓝播种后，即进行浮面覆盖，待苗基本出齐，则进行小环棚覆盖。夏、秋季蔬菜栽培主要用于秋番茄、花椰菜、甘蓝、菠菜、茼蒿、早大白菜等。在定植后或直播后用遮阳网进行覆盖。定植的在活棵后揭网或继续覆网，直播的则在收获前5～7天揭网。如小青菜，定植后即覆盖遮网，活棵后揭网；秋黄瓜直播后即覆盖，可以一直搭架。春播蔬菜秋延栽培，主要用于辣椒、番茄、茄子等蔬菜。例如定植于中管棚内的，则在5月下旬揭膜后，于6月下旬遮网。

（五）植物生长调节剂和杀菌剂的应用

采收前对蔬菜喷洒植物生长调节剂、杀菌剂或其他矿质元素，是增强蔬菜耐贮性，防止某些生理病害和真菌病害的辅助措施之一。杀菌剂如多菌灵、甲基或乙基托布津、苯来特、特克多、伊迈唑和仲丁胺等，对于防止蔬菜生霉腐烂，都有明显的效果。

（六）栽培环境的综合因素

包括地理条件、各年的气候变化，以及一年中不同天气如晴天、阴天、气温、光照等，都会影响到蔬菜的生长发育，而蔬菜的品质和耐藏力也受这些因素的影响，往往表现得很突出。

栽培地区的纬度和海拔高度，对蔬菜的化学组成有明显的影响。一般来说，暖热的气候适于糖分和纤维素的积累，而凉爽的气候则适于维生素C及有机酸的积累。因此，同一种类的蔬菜，由北向南，其糖和纤维素的含量逐渐增高，而维生素C和有机酸的含量逐渐减少。在一定范围内，海拔较高的地区，昼夜温差大，日照较充足，因此，有机物质积累也较多。与同纬度的平原地区相比，高原及山区栽培的蔬菜，其可溶性固形物、蛋白质、维生素C和色素等含量均较高，蔬菜的耐贮性和抗病性也较强。

夏季和秋季是蔬菜生长发育的关键时期，如果在此期间是多阴雨天气，雨量大，光照不足，气温较低，则蔬菜含糖量下降，味感变淡，色素物质形成不足，着色较差，挥发油形成较少，香气不足，影响蔬菜的品质。可通过人工方法调节植物生长环境的温度、湿度、光照和降水量等，如温室大棚、铺设反光膜、施用着色剂、喷（滴）灌和施肥等，来改善蔬菜生长条件，提高蔬菜产品品质，增强其耐贮性。

（七）灵活应用植株调整技术

采用多种方法调整植株生长状况，可以达到调控蔬菜收获期的目的。如整枝、摘心、打杈、摘叶、束叶、压蔓、捆蔓、保花、保果、疏花和疏果等。

如番茄、黄瓜、菜豆等蔬菜，顶端生长旺盛，主枝顶芽无限延伸，形成繁茂枝叶，对其适当整枝摘心后，不仅收获期提前，而且产量也提高了。及时除去老叶、病叶，增加通风、透光，改善了株间的环境，也保证了提早成熟及果实品质。

四、用不同育苗方式调控蔬菜生长期

通过采用多种不同的育苗方式，可以有效地控制蔬菜的生长周期，调节蔬菜的收获季节，并节省菜园用地。

（一）不同育苗方式的选择

1. 营养土方育苗

营养土方育苗，是将园土、有机肥及无机肥，按一定比例混匀，制成适宜幼苗生长发育的营养土，并做成土方，以供培育蔬菜幼苗之用。它可保证土质疏松，营养充足，幼苗根系发育良好，移植时伤根少，定植缓苗快，苗齐苗壮，也为蔬菜生长增加了 1～2 个月时间，有利于调整收获期。

(1)营养土的配制　营养土配制，原则上应就地取材，因地制宜。其要求是营养丰富，质地紧而不硬，松而不散，无病菌虫卵，pH 值 6.5～7.0。各种腐熟过筛的有机肥和肥沃菜园土按 4∶6 或 3∶7 体积混合，最好再加上 0.1%的过磷酸钙、草木灰和磷酸氢二铵等无机肥。可根据当地的情况，适当调整营养土组成种类及配比，以保证营养土质量。

(2)营养土方育苗关键技术 ①营养土方用于播种的，盖土应深浅一致。进行分苗时，要精选壮苗，栽植要深浅适当。②适时搬坨。苗期为提高地温，促进发根和缓苗，防止根系扎入土方下土层，要及时搬动苗坨。一般黄瓜长至 2 片真叶、番茄长至 2～3 片真叶或分苗后 3～5 天内，即可进行。随着幼苗的生长，可逐渐加大苗坨距离，并将大苗移至较凉爽处，小苗移入较温暖处，以促进幼苗生长整齐一致，便于管理。③加强浇水，控温不控水。营养土方养分充足，无须追肥。但是，其蒸发量大，浇水量和浇水次数远多于常规育苗。故土方育苗主要通过控温防止幼苗徒长，只要土方干燥和幼苗需水，便可喷水，以土方不散坨为宜。浇水最好选晴天上午温度较高、阳光充足时进行，使用室内贮存水为宜，自然河水温度较低，浇后易闪苗。④填土保墒。幼苗前期土坨之间缝隙要撒土弥合，以利保墒和护根；搬坨、倒坨后，应适当提高室温，护根保温，以利幼苗根系恢复和生长。

2. 营养盘钵育苗

(1)营养盘钵育苗的优点

①设备简单，一次投资多年使用，适合工厂化生产，既可用营养土育苗，又可采用基质，浇营养液育苗。

②不受育苗场地限制。在日光温室内可设育苗场地，盘钵可随时移动，搬运方便，尤其适宜搬运成苗。

③护根效果好。基本上不伤根不断根，定植后不需缓苗

即可继续生长，利于早熟高产。同时易于培养壮苗，幼苗叶大茎粗，根系发达，苗龄适中，可避免土传病害，苗齐苗壮。

(2)营养盘钵的类型

①硬质塑料育苗盘 为长方形硬塑料盘，黑色或浅灰色，长、宽、高为 6 厘米×30 厘米×(4～6)厘米，盘底布满小眼，以备漏水和透气，装满营养土抹平，即可供育苗和分苗用。

②连格式分苗盘 有透明塑料、白色泡沫塑料分苗盘，每格 5 厘米×5 厘米。也可根据不同蔬菜生长特点，制成多种规格，供各种蔬菜分苗用。

③育苗纸钵 用纸做成蜂窝状或方格状无底连格纸钵，可放在硬塑料盘中或方木柜内配合使用。每格一苗，一次性使用后可不回收，省土省力，降低成本。也可用废旧报纸卷成直径为 10 厘米左右的圆筒做成无底纸钵，装入干营养土用于分苗。这种纸钵可就地取材，方便实用。

④软塑料营养钵 用塑料压膜而成，形似圆锥体，多为蓝色和黑色半透明。上口直径为 8～10 厘米，底径为 6～8 厘米，钵高 8～10 厘米，底部中央打一直径为 1 厘米左右的小孔，便于育苗时透水、通气。培育瓜类苗，可选上口直径为 10 厘米的小钵较宜，叶菜类、茄果类苗略小，育苗时选直径为 8 厘米的钵即可。营养钵既可供直播用，又可供分苗用。

(3)营养盘钵育苗的技术要点

①盘钵消毒 营养盘钵一次投资，可连续多年使用。每次用前务必彻底消毒，以免传染各种病菌。消毒方法是用 1%的漂白粉溶液浸泡 8～12 小时。

②适量装钵 盘钵装营养土或基质，不宜装得过满，以距苗钵上口 1.5 厘米左右为宜，以利浇水，营养钵分苗，最好边装土边栽苗，栽后将苗钵码放整齐，缓慢浇透水，防止冲倒幼

苗。

③加强水分管理 钵中营养土水分蒸发快，需水多，应及时浇水。浇水要慢而透，每次最好来回浇二遍，切忌天天浇而又次次浇不透。特别是高温干燥季节育苗，早晚均需浇水。但应注意，炼苗时要适当控水。炼苗期不宜太长，当幼苗白天出现萎蔫时即需浇水。

④精心起苗 用营养钵育苗的，定植时先用右手拿住苗钵，将苗连营养土翻扣在左手上，左手中指和食指夹着幼茎基部并托着土坨，再用右手食指伸入底部排水孔稍往下压，使营养土坨与苗钵分离，小心脱出苗钵，避免散坨。营养盘育苗的，可用铲起苗；基质育苗的，则直接揪住苗将基质抖掉即可。

3. 电热温床育苗

电热温床育苗，是将特制电热线埋入土层10厘米深处，或直接放入营养土方、塑料营养盘及营养钵基质下面，利用电热增加土温，创造适宜的温度条件，再加之设施配套，可快速培育蔬菜壮苗，以解决常规育苗地温较低、耗能过多的弊端。

(1)电热设备 包括控温仪、电加热线、交流接触器、控制台或控制板，以及附属电器材料等。

(2)电热温床育苗管理关键技术

①多行干籽直播 进行电热温床育苗，可根据各种蔬菜的适温要求控制地温，播种后出苗较快，不必浸种催芽，用干籽直播即可。播前苗床应预热，先浇底水，后加温。当地温升到所需温度时，再开始播种。

②控温不控水 电热温床是以高地温、低气温为主要特征的，减少不必要的消耗，多以适温低限作为指标进行调控。一般黄瓜育苗地温为20℃左右，番茄为15℃～18℃，甜椒和茄子为18℃～22℃。不同苗期，温度高低有别。播种及分苗

后温度要偏高些；齐苗及缓苗后温度应降低些；阴雪天温度要偏低些；炼苗时，地温由高降低，直至停止加温。由于电热畦地温高，苗床蒸发量大，因此，比常规育苗或营养土方育苗浇水多，加之温度易调控，故有控温不控水之说。

③升温护根 由于起苗会伤根，故起苗固苗后，为促进幼苗根系伤口愈合，仍需通电加温 1～2 天，促进伤口愈合，再撤温炼苗。这样既可防止幼苗传染病害，又利于培育壮苗。

4. 无土育苗

无土育苗，是用通透性良好的基质代替土壤，配合施用由各种营养元素按一定比例配制而成的营养液，来培育蔬菜幼苗的方式。可分半程无土育苗和全程无土育苗两种。前者是在分苗前采用无土育苗，后分至普通苗床；后者是从播种到定植整个苗期，均用无土育苗。全程无土育苗，幼苗生长量大，苗期长，对基质、营养液及育苗技术要求严格，占用设备较多。与此相应，秧苗生长整齐，病害少，易培育适龄壮苗，很有发展前途。半程无土育苗多采用架床多层育苗，可将现代育苗技术与常规育苗手段有机结合。

5. 工厂化育苗

工厂化育苗，又称三室配套快速育苗，将催芽室、绿化室和培苗室匹配起来，组成小车间流水线作业，进行室内集中育苗。工厂化育苗，速度快，苗龄短，便于操作，高效低耗。

(1)工厂化育苗的特点

①能培育适龄壮苗 工厂化育苗采用车间流水线作业，室内环境条件可人为严格控制，能满足不同蔬菜、不同生产方式所需幼苗要求。表现为苗齐，苗全，苗壮，苗龄短，一般茄果类蔬菜苗期可缩短 20～26 天，定植后植株生长发育快，可增产 20%～40%。

②能降低育苗成本 首先，可节约用种，尤其是名贵蔬菜良种效果更为显著；其次，可减少分散育苗所花精力和用工，减少开支，而且育苗技术简单易行，风险小；第三，出苗快，生长快，可提高育苗效率，增加育苗数量。因此，可大大降低育苗成本，提高蔬菜经济效益和市场竞争力。

③便于集约化规模经营 工厂化车间式作业，有利于建立专业化育苗企业，可连续有计划地供应商品苗，在蔬菜生产中率先实现种苗工厂化，有利于进一步提高蔬菜产量，降低生产成本，增产增收，特别是在调控蔬菜生产收获期方面，具有广阔的应用前景。

(2)培养室设置

①催芽室 为密闭小室，室内设置多层育苗盘架或小车式苗架，控温仪自动调控电热加温，小风扇保证室内温、湿度均匀一致，而且结构合理，保温密闭性能好。此室主要用于种子处理、浸种、催芽和播种等工作。

②绿化室 多用日光温室作绿化室，将催出芽的种芽带苗盘放于架上，或直接放置床上，下铺电热线加温，上覆扣塑料小拱棚保温。绿化室应尽量增加光照，延长日照时数，迅速促进小苗由黄变绿，防止幼苗黄化徒长。

③培苗室 又叫成苗室，是将绿化好的小苗进行分苗与培育的场所。苗床应选用营养土，可直接设于温室中，视情况覆扣小拱棚，其上覆盖一层草苫，下铺地热线，效果更佳。

(3)育苗技术

①育苗准备 首先应就地取材准备好育苗基质，以炉灰渣、炭化稻壳、细沙、蛭石、珍珠岩最为常用。

②催　芽 按预定播期提前3～5天浸种，浸好种后再播种。当大部分种子出苗时，可适当降低室温，并及时将苗盘移

至绿化室。

③**绿　化**　绿化室要求光照充足，初期昼温应控制在25℃～30℃，夜温为15℃左右。以后逐步降温、降湿。绿化期一般从出芽到幼苗子叶充分展开并变为深绿色为止。不同蔬菜苗的绿化期长短不同，黄瓜苗为4天，番茄苗为6天，甜椒、茄子苗为10天左右。

④**分　苗**　绿化期结束后，应立即分苗，瓜类分一次，茄果类可分两次。第一次分苗后仍放在绿化室培养，长至3～4片叶后再进行第二次分苗。分苗时可采用营养土方、塑料苗钵等，也可进行无土育苗。

⑤**培　苗**　培苗过程中，要加强营养液或水分管理，始终保持基质或营养土的湿润。定植前一周，停止浇水，逐步降温、降湿。应逐渐撤去夜间覆盖物，进行低温炼苗。

此外，育苗方式还包括机械化育苗、嫁接育苗和扦插育苗等。

（二）育苗环节的控制

1. 播前的种子处理

(1)精选种子　播前，对种子必须进行晾晒和精选，剔出破损、瘪粒、畸形、虫蛀及腐粒种子，以保证发芽率高，出苗快而整齐。

(2)种子消毒

①干热消毒法　如番茄种子等，干燥时耐热力强，可用干热法消毒。为防治番茄病毒病和溃疡病，可事先将种子充分暴晒，使其含水量降至7%以下，然后置于烘箱内缓慢升温至70℃～73℃，处理4天待播。

②**热水浸种消毒法**　该法广泛用于杀死种子表面的病

菌，特别是菠菜、茄子、甜椒、黄瓜等表皮较硬的种子，能耐较高的水温。一般可先将水温调至70℃左右，再缓缓倒入种子，边倒边搅拌。至水温降至30℃时保温浸种催芽。

③药液消毒法　主要目的是杀灭种子表面所带有的田间传播的病菌，把好种子消毒灭菌关。

④药粉拌种消毒法　为防止猝倒病，常用福美双可湿性粉剂、克菌丹可湿性粉剂、多福可湿性粉剂及百菌清等，用量为种子量的0.3%，拌后的种子适于直播，不宜催芽。

(3)浸种催芽　一般常用温水浸种，即2份开水对1份凉水，至温度为50℃～55℃，边倒种子边搅拌，水温降至30℃左右时停止搅拌，再继续浸泡。浸种时间的长短，因种子的大小、种皮厚薄和吸水难易而异。豆类种子粒大，种皮薄，易吸水膨胀，浸种时间宜短；菠菜、香菜、茴香等菜的种子，应先搓开种子再浸种；小白菜、油菜、茼蒿和菠菜的种子，浸种后宜直播。其他蔬菜多浸种催芽。浸种后清水淘洗2～3遍。稍凉，再用湿纱布或毛巾、麻袋片包裹，置于洁净的瓦盆内，放在潮湿处催芽。每隔4～5小时上下翻动一遍，至60%以上种子露芽时播种。若将催芽后的种子放在10℃～12℃低温下处理，可提高发芽整齐度和生活力，以利壮苗。

2. 播　种

(1)适期播种　适宜的播种期，要根据当地的气候条件、蔬菜种类、栽培方式、苗期是否分苗，以及适宜的苗龄、苗床种类和定植期等而定，其中定植期的确定最为关键。日光温室早熟栽培，因有防寒和保温设备，可适当提前进行。此外，还要注意不同蔬菜、不同育苗方式的适宜苗龄不同。阳畦育苗的适宜苗龄为：番茄60～70天，甜椒、茄子80～90天，黄瓜30～40天，西葫芦20～25天，甘蓝70～80天，苤蓝、莴笋和芹菜50～60天。而温室电热温床育苗，苗龄大大缩短，黄瓜为28～35天，番茄37～55天，茄子55～70天，甜椒55～70天。据此，可由定植期始向前推以适宜苗龄天数，即可确定不同蔬菜的相应播期。

(2)播种方法 首先根据定植面积，计算播种量、播种床及分苗床面积。为保险起见，需要留以30%～50%的安全系数。

播前8～10天烤畦，提高地温。播时先浇足底水，湿透培养土。选晴天上午播种较宜。茄果类、甘蓝、花椰菜、莴笋、芹菜和油菜等，适宜撒播。水渗后，先在畦面撒一薄层细土，然后播种。可将种子与细沙混合后撒播，以利均匀。播后覆土0.7～1.0厘米厚。瓜类、豆类蔬菜宜点播。方法是待底水渗完后，在畦面按10厘米见方画方格或切方块，把种芽放在方格中间，随播随用少量细土盖严，全畦播完后再覆土。瓜类种子覆土厚度为1.5厘米左右，呈堆状；豆类种子覆土2厘米厚为宜。此外，也可播在营养纸筒或营养钵中，覆土厚度同前。覆土后，立即盖上塑料薄膜或玻璃，并把四周封严，以利提高畦温，促进幼芽出土。

3. 苗床管理

苗床管理是培育壮苗最重要的技术环节，应视天气、苗情等采取相应的措施，以保证幼苗在有促有控、促控结合的管理过程中，苗壮成长。

(1)发芽期苗床管理 从种子萌动到第一片真叶显露时为发芽期。从播种到出苗要求充足的水分、较高的温度和良好的通气条件，尤以地温影响显著。

播后苗床覆土对幼苗影响较大。覆土过薄，易造成子叶“戴帽”，子叶扭曲畸形，叶缘缺刻，影响以后叶片的正常生长。

覆土过厚，子叶顶土困难，苗瘦弱。所以应分次覆盖潮湿细土，填补床土裂缝，增加土表湿度及压力。当子叶展开到第一片真叶初现，表明幼苗开始转向独立生活，应加强管理。幼苗出土后，要逐渐降低畦温，如果温度过高，加之光照不足，则易引起胚轴徒长而形成“高脚苗”，并易诱发苗期病害。此时的温度标准是：喜温蔬菜白天为20℃～25℃，夜间为12℃～16℃；喜凉蔬菜白天为8℃～12℃，夜间为5℃～6℃。大部分幼苗出土后，逐步加大通风量。草苫覆盖要早揭晚盖，增加幼苗见光时间。苗出齐后，要撒盖细干土，弥补裂缝，以利保温、保墒和降低畦内湿度。

(2)幼苗期苗床管理 从第一片真叶破心到苗的适宜形态称幼苗期。蔬菜适宜定植苗龄为：茄果类现大蕾，花蕾长0.5～1厘米；瓜类3～4片叶展平，豆类初生复叶期，茎叶菜类、花椰菜为6～8片叶团棵期。苗期管理要抓好以下几个重要环节：

①花芽分化前后管理 果菜类花芽分化较早，番茄为2～3叶时，茄子和甜椒为3～4叶时，黄瓜为2～4叶时，矮生菜豆为第一对真叶展开，即开始花芽分化。管理上要适当控制营养生长，促进花芽分化和根系发育。主要措施是适当提高温度，果菜类白天适温为20℃～25℃，夜间为15℃～18℃；茎菜、叶菜和花椰菜类白天为18℃～22℃，夜间为10℃～12℃。要早揭晚盖草苫，加大通风量和通风时间。

②分　苗 分苗的主要作用，是扩大植株营养面积，改善光照条件，促进侧根发育，调整幼苗上下部的平衡。分苗前3～4天，要通风降温，对幼苗进行适当锻炼；分苗前两天将播种床浇透水，以便带土起苗，同时分苗期要充分晒畦，提高土温。分苗宜选晴天进行，这既可用湿栽法，即先浇水，后栽苗，

又可开沟栽苗后再浇水；还可把幼苗移到营养纸筒或营养钵中。分苗时要尽量少伤根，随挖随栽，适当选苗，将小苗栽到条件最好的地方，以利幼苗生长整齐。

③分苗后管理　适当提高土温，促进发根，喜温菜苗要求土温在16℃以上，喜凉菜苗土温在8℃以上，同时保持床内空气高湿。一般缓苗期为4～6天，缓苗后要做好通风及保湿工作，通过调节夜温高低，并结合白天通风，控制幼苗生长。若幼苗生长过快或细弱，应降低夜温；生长过慢及心叶不舒展，或停止生长，应升高夜温。缓苗后追肥、浇水，并结合行间深中耕，促进发根壮秧。

(3)炼苗和囤苗　定植前，为使幼苗迅速适应定植后的环境条件，缩短缓苗时间，常在定植前10～15天，白天加强通风，夜间逐渐减少覆盖，降温、降湿，提高幼苗抗逆性。定植前4～5天，如无霜冻，夜间可完全揭除苗床覆盖物，番茄可降温至8℃左右；黄瓜降温至10℃，一般锻炼至秧苗健壮，叶色较深，叶片较厚，但不萎蔫为原则。炼苗时，要注意防冻，以免造成老化苗。结合炼苗，在定植前3～7天可起苗囤苗，控制幼苗徒长，切出的土块，定植时不易破碎，并能促进侧根生长，增强幼苗抗性，对促进缓苗有良好效果。叶面喷施0.3%～0.5%磷酸二氢钾溶液和尿素溶液，亦能有效地抑制徒长现象。经低温炼苗后，茄果类等喜温蔬菜在8℃～13℃下不受影响；甘蓝等耐寒蔬菜，短期0℃低温不会伤害幼苗。因此，适度炼苗和囤苗，是培育壮苗的重要环节，不可忽视。

通过上述管理措施，结合各地实际情况，严格育苗技术环节，培育适龄壮苗是蔬菜高产、优质、高效的关键。壮苗标准应是：茎粗，节短，叶厚，叶柄短，色浓绿，根系粗壮，侧根发达，无损伤，无病虫，枝叶完整，抗性强，定植后缓苗快。适龄标准，则因蔬菜不同而不同。黄瓜露地定植苗为 3 叶 1 心，30 天苗龄；温室春早熟黄瓜栽培，黄瓜苗常为 4 叶 1 心，40 天苗龄；西葫芦为 22 天苗龄；番茄为 7～8 片真叶，第一花穗现蕾，苗龄为 65～70 天较宜；茄子为 5～6 叶，70～80 天苗龄最佳；甜椒 9～11 片叶，80～90 天苗龄；甘蓝、花椰菜等多以团棵前 6～8 片叶，80 片左右苗龄定植为宜。

第二章　蔬菜的设施栽培调控

设施栽培技术的发展，使蔬菜生产在某种程度上摆脱了完全依靠气候的被动局面，人们可利用设施，部分地改善蔬菜生长环境，调控蔬菜生长发育进程和收获时期，为周年供应新鲜蔬菜创造条件。

一、塑料棚栽培调控

塑料棚栽培不仅可以提高蔬菜产量，还能调控收获时期。如春季塑料棚栽培茄果类蔬菜的，收获时间，可比露地蔬菜提早15～20天，增产30%～50%，产值增加1倍以上。秋延后栽培的茄果类蔬菜，可延长供应期30天以上，到元旦、春节供应市场，能获得较好的经济效益。

（一）塑料棚的场地选择与排放方位

采用塑料棚栽培时，既要考虑如何争取更多的光照，使棚内充分采光，又要考虑塑料棚的保温和排湿。因此，在选择建棚的地址时，应选择背风向阳，地势较高燥，地下水位低，排水好，灌溉方便，土层较厚、肥沃的地块。还应注意塑料大棚不要建在公路边和污染重的地方，以免影响光照。

塑料棚的方位直接影响光照进入棚内。要争取较多的光照进入棚内，就必须根据棚形来确定棚的方位。双屋面和圆拱形的大、中、小棚，宜采用南北延长、东西向的方位，使光照分布均匀。半圆拱形的大、中、小棚，宜采用坐北朝南、东西延长的方位，以利于充分采光。

（二）塑料棚的种类

塑料棚的种类，一般依棚的大小或高矮来区分。北方地区多以棚的大小分类，南方地区多以棚的高矮分类。一般分成小棚、中棚和大棚三种。

1. 塑料小棚

塑料小棚一般多用轻型材料建造，如毛竹片、细竹竿、荆条或直径为6～8毫米的钢筋作骨架，按80～100厘米的间距插一拱架，棚的高度为50～100厘米，棚宽130～150厘米，棚长一般为5～10米，也可依地形而定。根据覆盖形式的不同，小棚可分为圆拱棚和半圆拱棚两种类型。将棚架做成圆拱形，用竹竿纵向连接各拱架顶部，以固定棚架，其上覆盖塑料薄膜，形成圆拱形塑料小棚；另一种类型是在北面做1米高的墙，拱架的一端固定在墙上，另一端插在苗床的南侧，其上再覆盖塑料薄膜，形成半圆拱棚。塑料小棚的温度、光照和湿度的控制情况如下：

（1）温度控制 小棚的热源为太阳光，棚内气温随外界气温的变化而变化，并受薄膜特性的影响，因而棚温的高低具有局限性。在一般条件下，小棚的增温能力只有3℃～6℃。外界气温升高时，棚内增温显著，最大增温能力可达15℃～20℃。早春外界气温回升快，若遇晴天有太阳光时，中午前后棚内温度可达30℃～40℃，棚内容易造成高温危害，应注意及时通风降温。在阴天、低温或夜间没有阳光照射，棚内最低温度仅比露地高1℃～3℃，遇有寒潮极易受霜冻危害。小棚的棚温变化较大，温度忽高忽低，必须注意棚温管理。冬、春季用小棚育苗或栽培蔬菜时，宜在小拱棚上再加一拱架盖膜，形成双拱、双层膜覆盖；也可在小棚薄膜上盖草帘，以保温防寒。加盖草帘的小棚，棚温可以提高 2℃以上，气温比露地提高 4℃～8℃。

(2)光照控制 薄膜的透光性能与薄膜的质量、被污染或老化的程度有关，也与薄膜内侧吸附水滴的情况有关。新薄膜的透光率不少于 80%。薄膜因污染可使透光率减少 10%～50%，严重污染时透光率只有 10%左右。光照强度不仅影响蔬菜的光合效能，也影响棚温和土温，因此，必须注意防尘、除尘和排除水滴。最好选用防尘、无滴膜。

小棚的受光状况与棚型、结构、栽培及管理情况等因素有关。在小棚内，距阳光透射面越近光照越强，如小棚上层光照强，下层光照弱。距地面 10～40 厘米处光照差异比较明显。水平方向的照度，以南面受光最强，南、北光量相差 7%左右。如果棚顶加有覆盖物等，照度便会减少。因此必须注意，小棚不能太高和太宽，应争取最大限度地受光。

(3)湿度控制 薄膜的气密性强，在密闭的情况下，棚内与棚外隔绝，由于地面水分蒸发和植物的蒸腾作用，造成棚内湿度较高。一般棚内相对湿度可达 90%～100%，平均比外界高 20%左右。白天通风时，棚内空气相对湿度可保持在 40%～60%。棚内相对湿度的变化，随棚内气温的升高而降低，随气温的降低而增高；晴天湿度降低，阴天、雨天湿度升高。棚内的高温高湿和低温高湿都是病害发生的有利条件，必须加强通风和排湿，保持适于作物生长的湿度。

2. 塑料中棚

塑料中棚的高度介于小棚与大棚之间，比小棚稍大，人可以蹲在棚内操作。塑料中棚一般宽 3～4 米，中高 1.5 米左右，长 10 米左右。用竹木或钢材支成支架，每隔 30～50 厘米插竹竿1根做拱杆，纵向加3根竹竿做拉杆，以固定棚架，其上覆盖薄膜即成中型拱棚。常用的中棚也有圆拱形棚和半圆拱形棚。中棚的结构与小棚相同。中棚的性能比小棚要好，保温性能强于小棚，但次于大棚。中棚内可搭小拱棚覆盖保温防寒。

3. 塑料大棚

塑料大棚又称大棚，用竹木、钢筋混凝土、钢材和钢管等材料，支成拱形或屋脊形骨架，覆盖薄膜而成。一般北方地区的大棚较大，占地面积300平方米以上，棚高2～3米，宽8～12米，长30～60米。南方地区由于光照差，湿度大，大棚不宜过大，一般占地面积为120～200平方米，棚高2～2.5米，宽5～8米，长20～30米。塑料大棚的棚体大，保温性能强于中、小棚，人可在棚内操作管理，人为地调节环境条件。

大棚按其覆盖形式，分为单栋棚和连栋棚。单栋棚南北各地应用较广泛，尤其是南方地区为了充分采光，又能降温、排湿好，在生产中大量采用单栋棚。连栋棚的保温性能强于单栋棚。因此，在气温较低的北方地区应用较多。

单栋大棚是以竹木、钢材、混凝土构件及薄壁热镀锌钢管等材料组装而成，有拱圆形和屋脊形两种。拱圆形棚由于散热面小于屋脊形棚，因此，其保温性能强于屋脊形棚，生产上最好采用拱圆形棚。单栋大棚的面积不宜过大，宽度不宜过宽，棚向以南北延长为好，使光照分布均匀，有利于充分采光。

连栋大棚是以两栋或两栋以上的拱圆形或屋脊形单栋大棚连接而成，一般占地面积在1 000平方米以上。连栋大棚覆盖面积大，土地利用充分，棚温较高，保温性能强，温度比较稳定。但因通风条件不好，容易造成高温多湿的危害。因此，连栋大棚的连栋数目不宜过多，跨度也不宜过宽。

为了减少棚内夜间的热辐射，加强防寒保温性能，提高大棚的夜间温度，可采用多层薄膜覆盖。多层覆盖是在大棚内覆盖双层或几层薄膜，一般两层薄膜间相隔 30～50 厘米，以减弱冷热气流的传导、辐射、对流现象，减低地面辐射。因此，双层棚的保温效果较好。

塑料大棚可采取多层覆盖的形式。在单层棚的基础上，于棚内吊挂一层薄膜（四边及棚顶），进行棚内防寒的，俗称二层幕，白天将二层幕拉开受光，夜间将薄膜盖严保温。还可采用大棚内加盖小棚，畦面用地膜覆盖，并加用二层幕等多层覆盖方式保温。

多层覆盖应用的薄膜种类很多，一般应用 0.1 毫米的聚乙烯薄膜，或用厚度为 0.06 毫米的银灰色反光膜或地膜，最好采用丰收布（无纺布或称不织布）。

塑料大棚依照建棚所用的材料不同，棚形结构可分为竹木结构大棚、钢结构大棚、钢筋混凝土结构大棚、装配式镀锌钢管大棚等类型。大棚内的温度，晴天可比露地高 5℃～8℃，甚至更高；夜间温度通常也比外界高 3℃～6℃。棚内光照较为均匀。湿度较大，且夜间高于白天。因而要注意掌握和调控温度与湿度。

二、阳畦和温床栽培调控

（一）阳　畦

1. 阳畦的类型和结构特点

阳畦分槽子畦和抢阳畦。抢阳畦南框低，北框高，东西两框顺势向南成斜坡状，覆盖透明材料，具有一定的角度，故称抢阳畦。而槽子畦的四条边框基本是一样高。在露地，阳畦一般都是与风障结合起来成为风障畦使用。抢阳畦的温、光条件比槽子畦为好，我国北方一般多采用抢阳畦。

选择背风向阳、土质条件适宜的地方修造阳畦。所修阳畦的宽度一般不宜超过 1.7 米，长度应控制在 6.6～10 米，尽量成东西向一字排列，东西两个阳畦之间的距离一般应达到 1.5 米左右。而且一道风障前只能有一排阳畦，如果需要建造多排阳畦时，风障之间的距离一般不能少于 5～6 米，以防遮荫。

建造土筑的半地下式抢阳畦时，从床底面算起，北框高 35～60 厘米，框顶宽 15～20 厘米；南框高 25～45 厘米，框顶宽 25 厘米；两框底宽均为 30～40 厘米，高度相差 30 厘米左右。东西两框成自然斜坡即可。北侧架起风障，一般高 1.5 米左右。床内装入营养土，框上横担上竹竿或木杆，覆盖棚膜，备好草苫。

早春使用的阳畦，最好在上年大地没有上冻以前完成土方工程，并采取覆盖措施防止土框冻融、床底出现严重冻结的现象。

2. 阳畦的环境条件

阳畦的热量来源主要是太阳辐射能。晴天白天上午 9～10 时揭开草苫后，大约 1 个小时后温度可以提高 7℃～10℃；13～14 时温度达到最高，以后下降较快，到盖苫后有一个温度暂短的回升过程。而后，便一直处在一个缓慢的温度下降过程，直到次日揭苫前达到最低点。揭苫要适时，揭苫后可能会出现温度临时性的下降，随后便很快地上升。阴天时因为较少有热量补给，温度可能很低。特别是遇到有连阴雨雪天时，畦内原有的热量不停地损失，床温也持续地下降。连阴天结束之前，往往出现畦内的最低温度。这个低温如果下降的幅度较大，持续时间长，就会发生寒根或沤根现象。连阴骤晴处理不当时，还会出现“闪死苗”的严重后果。

阳畦是个“热岛”。严冬和早春时，它的热量要不断地与周围热量进行交换，其中通过土壤向四周传热，使阳畦四周的地温都比中间低。靠南边由于畦框的遮荫，地温最低；靠北部由于畦框反射阳光，使北边 1/3 处温度最高。这一温度的不均匀性，就难免导致秧苗生长不整齐。

阳畦里的空气相对湿度，直接受浇水、放风和温度的影响。浇水后湿度明显增大；放风会使湿度降低。一般阴天和夜间相对湿度较大。阳畦的光照通常只有外界的 60％左右。

（二）温　床

温床一般是在阳畦的基础上，附加上加温设施而成。主要有如下几种：

1. 酿热物温床

这类温床的酿热物，是将铡碎的作物秸秆，放在水中浸泡后捞出，与新鲜的骡马粪按 3∶1 的比例混合，再加入一定量的人粪尿混匀，然后堆到床内，盖上塑料薄膜，晚上加盖草苫，促使发酵，温度升高。

要发挥此类温床的性能，须注意以下几点：一是酿热物用料必须是新鲜的；二是酿热物要有一定的厚度，一般为 20 厘米左右，越是靠北部的地区越要注意铺用酿热物的质量和厚度；三是酿热物要有合适的碳氮比，加入一定的人粪尿是必要的；四是原料不能过干也不能过湿，一般原料的含水量为 70％左右，并保持一定的松紧度；五是初始的温度一般不得低于 10℃。

2. 火道温床

火道温床是用火炉、烟道或工厂余热，进行阳畦的加温。

火道温床由于采用人工加温，温度可以由人根据需要控制，因此比酿热物温床更加安全可靠。火道温床可用于早熟栽培生产，以及严冬和早春季节的育苗。

3. 电热温床

电热温床是在阳畦的床底，按要求铺设专用的农用电热线，通电发热以满足育苗的需要。

在黄淮海地区，电热温床1月份平均温度可保持在15℃左右。在高寒地区可通过增加功率密度来保持和提高温度。电热线与自控仪结合，可以做到温度的自控。

4. 太阳能温床

太阳能温床相对于阳畦而言，是对它的地温采取了两种加温补温形式：一是利用太阳辐射热来直接提高地温。具体方法是在阳畦的中间开挖贮热池。贮热池与阳畦南、北各有一条输热管道直接相通。该输热管道从阳畦一端折回，接近贮热池又折返，两条输热道共同进入主输热道，主输热道的末端连着烟囱。二是贮热池里放置酿热物，在天气不好或者温度不足时，通过酿热物发热，既可以提高阳畦里的气温，也可以通过输热道将热能导入地下。

在江苏省实测表明，太阳能温床1月份的平均温度为15.1℃，比一般阳畦高9.1℃；在1月下旬连阴6天的情况下，畦内中午的地温达28℃，比一般阳畦高10.5℃。畦内温度比较平稳，不同地点的温度相差0.5℃～1℃，昼夜温差10℃左右。

由于提高了采光角度，太阳能温床的光照比一般阳畦高20%～25%。

三、地膜覆盖栽培调控

（一）地膜覆盖的作用

地膜覆盖栽培，又叫护根栽培。地膜覆盖的作用很多。一是可提高地温。土壤覆盖地膜后，地温一般可比露地高2℃～4℃。二是可保墒防涝。由于阻止了土壤水分的蒸发，因而具有较好的保墒效果。可以阻挡雨水垂直渗入土壤，并汇集降水从畦沟排到田外，从而减少沥涝危害。三是可防止土壤板结，改善土壤结构，促进养分的转化，减轻盐碱危害。四是可防除杂草。覆盖除草地膜后，可以抑制多种杂草的滋生。五是可改善近地面的小气候条件，特别是改善植株中下部的光照条件。六是可减轻病虫的危害。其结果是蔬菜早长早发，生长繁茂，一般可以提早成熟5～10天，增产30％以上。由于地膜覆盖后再施用有机肥比较困难，所以在整地时一定要施足基肥，这是地膜覆盖栽培获得高产的一个关键。另外，地面要整细、整平，这也是不可缺少的技术措施。

（二）覆盖的形式

地膜覆盖，主要有普通地膜覆盖和改良地膜覆盖。普通地膜覆盖，就是一次性地把地膜直接覆盖到栽培作物的根际。从严格意义上讲，这是真正从一开始就起到单一的护根作用。改良地膜覆盖，是先把栽培作物播种或定植到沟或穴里，然后在地面覆盖薄膜，薄膜虽然覆盖在地面，但对栽培的作物来说，首先盖的是天。当植株生长顶到薄膜，便破膜把苗放出来，再在根周围围土封压住膜，到此才回到普通地膜覆盖的形式。所以这种覆盖方式，又叫做先盖天后盖地。普通地膜覆盖和改良地膜覆盖，又各有多种覆盖方式。

（三）地膜的种类

地膜覆盖栽培用的薄膜，以透明的聚乙烯膜为主，通用的厚度为 0.015～0.02 毫米，微膜厚度为 0.003～0.006 毫米。要求薄膜具有一定的强度，以便耐抗覆盖时的拉力，并经受住风吹和日晒，在生育期不易破损。由于地面覆盖的要求不同，市面上出售的薄膜有不同的种类，常见的地膜有以下几种：

1. 无色透明膜

无色透明膜，是生产上应用最广的一种薄膜，常见的为聚乙烯膜。无色透明膜的透光率高，土壤增温效果好，早春使用可使耕层土温提高 2℃～4℃，高温时期膜下地表温度可达 50℃～60℃。在春、秋、冬季均可用于覆盖。膜的幅宽为45～140 厘米，可根据不同栽培方式选用。无色透明膜因透光性好，覆盖膜下易生杂草。

2. 黑 色 膜

黑色膜，是在聚乙烯树脂中加入 2%～3%的炭黑而制成的。黑色膜的透光率较低，覆盖膜下的杂草因缺光黄化而死亡。黑色膜增温效果较差，一般覆后可使土壤增温 1℃～3℃。由于黑色膜吸热，因而容易老化。

3. 绿 色 膜

绿色膜，不透紫外线，能减少可见红橙光的透光率。绿色光不被植物吸收利用，因而能抑制杂草的生长。绿色膜的增温作用较强，一般覆后 1～10 厘米深的土层可增温 1.5℃～10℃，最高可达 16℃以上。由于绿颜料对聚乙烯有破坏作用，因而绿色膜使用的耐久性较差。同时绿色素在光照下极易分解，故绿色膜极易褪色。

4. 银灰色反光膜

将铝粉薄薄地粘在聚乙烯膜的正、反面，制成夹层膜，或在聚乙烯树脂中掺入2%～3%的铝粉，可制成含铝银灰色反光膜。反光膜具有隔热和较强的反光作用。银色反光膜的透光率≤15%，反光率≥35%，对紫外线的反射率高达90%，并能增加植株下部叶片的光照强度。银色反光膜的增温效果较差，用它覆盖土壤后可比覆盖透明膜的土温低0.5℃～3.0℃，最高达5℃（深1～10厘米的土层）。银灰色反光膜具有驱避蚜虫的作用，可减少蚜虫的危害和减轻病毒病的发生，常在高温季节里进行降温覆盖栽培。

5. 双 色 膜

为了克服黑色膜的缺点，制成了双色膜。即采用一条宽10～15厘米的透明膜，相接一条同样宽度的黑色膜或银色反光膜，两色相间成为双色膜。双色膜既可透光增温，又不影响根系生长，并能抑制杂草生长。

6. 双 面 膜

双面膜，是一面为乳白色或银灰色，另一面为黑色的复合膜。覆盖时乳白色或银灰色面向上，黑色面向下。双面膜一般可降低土温0.5℃～5℃，可用于夏季覆盖。既有利于反光、降温、避蚜虫，又可抑制杂草生长，效果较好。

此外还有特制的杀草膜、保温膜和光解膜等，生产上可根据需要选择使用不同种类的地膜。

四、遮阳网覆盖栽培调控

遮阳网，是一种用于遮阳、降温的塑料网状覆盖材料，又叫凉爽纱、寒冷纱。它是以聚乙烯烃树脂为主要原料，通过拉丝后编织而成的一种轻便、高强度、耐老化的网状新型农用覆盖物。遮阳网在我国蔬菜夏季育苗和夏、秋季蔬菜栽培上广泛推广应用，效果十分显著，对调控蔬菜生长时期、缓解秋淡季蔬菜供应，起到了很重要的作用。

（一）遮阳网的种类

生产上使用的遮阳网按颜色分类，有黑色、白色、银灰色、绿色、蓝色和黑色与银灰色相间的双色网膜等，以黑色和银灰色应用最普遍。

遮阳网的幅宽规格，有 90 厘米、140 厘米、150 厘米、160 厘米、200 厘米和 220 厘米等多种。生产上可根据栽培方式和覆盖方法，选用不同规格的遮阳网。一般遮阳网可使用3～5 年。

（二）遮阳网覆盖的作用

夏季采用遮阳网覆盖，可以遮光、降温、防风和防暴雨。冬季和早春的夜间，采用遮阳网覆盖可防霜冻。遮阳网覆盖又能保持土壤湿润，防止雨水冲刷造成的土壤板结，减少养分流失，又有利于作物的生长发育。

1. 遮　光

蔬菜生长发育要求一定的光照强度，若光照过强，超过光饱和点，任何作物不但不能积累养分，相反会导致叶绿素分解，温度升高，呼吸作用加剧，水分大量散失，发生生理失调，光合作用下降，蔬菜生长发育受阻，使植株早衰死亡。一般地区夏季若遇晴天，光照强度过高，对作物生长发育造成严重危害，使某些蔬菜大量落花、落果，果实变小，产量降低，品质变劣。当采用遮阳网覆盖后，会大大减弱光照强度，为作物创造适宜的光照环境。

由于遮阳网的颜色与规格不同，其遮光效果也不相同。如黑色网的遮光率为67.5%；银灰色网的遮光率为56.9%；蓝色网的遮光率为53.1%；绿色网的遮光率为43.9%；银白色网的遮光率为18.2%。

2. 降　温

大气温度主要受太阳辐射的影响，光照越强，气温越高，夏季中午的气温常在35℃以上，而且地温也相应增高。如茄果类蔬菜一般适宜的生长发育温度为25℃～30℃，超过35℃以上时会出现落花落果的现象。而采用遮阳网覆盖后，可遮光降温，创造适宜蔬菜生长发育的温度环境，避免高温危害。

遮阳网覆盖后，降温效果明显，一般可降低地温2℃～8℃。在气温最高的14时测定，一般黑色遮阳网可降温3.7℃～4.5℃；白色遮阳网可降温2℃～3℃。据重庆市农业局蔬菜处1992年8月10日至12日连续三天在气温高达42℃时，于中午12时测定：露地地表温度为50℃～60℃，在遮光率为55%的黑色遮阳网覆盖下，地表温度为39℃，降温效果很显著。

3. 防暴雨

夏季暴雨较多，作物受暴雨危害后，土壤易板结、渍水，造成根系受害，根系因缺氧而窒息死亡。若暴雨后又遇高温，更会造成植株生理性失水，生长发育受阻。覆盖遮阳网后，可避免雨水对地面的直接冲击，减少土壤板结。据测定：在日降雨量为90毫米的暴雨下，水滴对地面的冲击力，覆盖遮阳网的只有不覆盖遮阳网的2%。又由于覆盖遮阳网后，温度可缓慢上升，避免或减少了植株雨后生理性失水现象，从而可减轻暴雨的危害。因此，生产上应用遮阳网覆盖进行蔬菜的遮雨栽培，有利于蔬菜的生长发育，开花结果，减轻病害，提高产量。

4. 防　风

覆盖遮阳网可降低风速，防风效果可达60%。据测定，风速为6.6米/秒时，网内离网10厘米处的风速为2.2米/秒；离网25厘米处的风速为1.4米/秒；离网50厘米处的风速为0米/秒，说明覆盖遮阳网后，防风效果很显著。

5. 保湿减轻霜冻

冬季和早春蔬菜，易受低温影响而使作物受冻害。在土壤干燥的情况下，冷空气入侵往往使土温迅速下降，加剧蔬菜的冻害程度。按照传统的习惯，常在寒潮来临前浇水和用稻草覆盖等方法，来防止低温冻害。覆盖遮阳网可防止地面热量的扩散而保湿增温，减轻霜冻的危害程度。一般覆盖遮阳网后，在地表10厘米处土壤内含水量可增加10%左右，近地面空气相对湿度可增加5%～10%。据测定，冬春季夜间用遮阳网覆盖后，空气相对湿度增加13.7%，地面最低温可提高1℃～2℃。日出后网内温度缓慢上升，可防止网内植株表面水分快速蒸发而造成的生理性失水。因此，蔬菜冬季育苗和早春栽培，可将遮阳网于夜间覆盖在塑料拱棚上，防止霜冻危害。

（三）遮阳网的覆盖方式

遮阳网的覆盖方式，可分为浮面覆盖、棚架覆盖和部位覆盖等几种，各地可根据季节和蔬菜的不同生育期，选择不同的覆盖方式。

浮面覆盖，是在蔬菜种子播种后或定植后，直接将遮阳网覆盖在畦面上或植株上的一种覆盖方式。

棚架覆盖可采用小棚、中棚和大棚架上覆盖遮阳网，以防强光、暴雨危害蔬菜作物，并影响其生长发育。可采用遮阳网单独覆盖，也可将遮阳网再盖在塑料大棚顶膜上，形成遮阳网结合薄膜覆盖。大棚覆盖一般离地面1～1.5米不覆盖，以利于通风透气，有利于蔬菜的生长发育。

部位覆盖可根据遮阳网覆盖部位的不同，分成全覆盖和半覆盖。蔬菜早秋栽培，定植时若遇高温和强光照，可采用遮阳网小拱棚全覆盖，春、夏季栽培的蔬菜后期覆盖遮阳网，可采用大棚顶部覆盖，大棚架四周不覆盖。

五、日光温室与加温温室栽培调控

（一）温室的类型

根据热源的不同，温室可分为日光温室和加温温室。为了降低成本，在大多数情况下，蔬菜栽培主要使用日光温室。日光温室内的热量主要靠太阳辐射，仅在最寒冷的季节或遭遇连阴、风、雪等灾害性天气时，辅以短时人工加温，因而又叫高效节能日光温室。

加温温室有固定的加温设备，如加温火炉（即烟道加温）、水暖、暖风和蒸汽加温设施等。

烟道加温系统，主要由炉灶、烟道和烟囱三部分组成。用煤炭燃烧释放的热量，通过炉灶、烟道散热提高室温。这种加温系统设备简单，成本低，便于施工，但热能利用率低，仅为25%～30%，适用于小型温室使用。

水暖加温是用燃料将锅炉内的水加热，热水通过管道进入室内的铁管或暖水片中，再将热量散发于室内。这种加热方式适于大型温室或温室群，散热均匀，温度易调节，热能利用率可达60%～70%。

(二)温室的气候特点及调控

1. 气　温

日光温室是一些透明的半封闭空间，白天太阳光入射到温室后有明显的增温效果。当然增温作用与室内被加热的空气能否被保持有关，如果温室不严密，缝隙较多，增温效果就不显著。

由于温室与露地相比，容积小，因此白天升温快，而且温度高。温室体积越小，白天升温就越快越高。如果在密闭性能良好的情况下，晴天小的温室很快就能升到50℃以上，而体积大的温室升温就较缓慢。夜间，温室通过覆盖物向外放热。由于覆盖物的阻隔，室内温度比室外温度下降得慢。但温室放热量大，在没有保温设备的条件下，气温只能比室外高2℃～4℃，因此温室内日温差比外界环境要大，而且体积越小，日温差越大。温室有日温差的变化，对蔬菜生长是有利的。但是温差过大，春季易发生高温危害，冬季易发生冻害。在生产过程中必须加以调节。

由于结构不同，温室内各部位温度状况也是有差异的。一面坡和改良式温室内的南部，在不加温的情况下，因白天受光多，增温快，温度比北部高；夜间因散热快，温度又比北部低。因此，这种温室南部比北部温差变化大。

冬季温室应注意避免低温危害。一般当温度降低至0℃或以下时，便会发生冻害。生产上往往通过保温和加温措施，避免低温危害。叶根类菜要求较低的气温环境，一般不进行加温，但要注意加强保温措施。而果菜类需要有较高的温度，若冬季气候过分寒冷时，则应考虑加温。

正因为温室是一个半封闭空间，不易向外界散发热量，白天很易出现高温。在晚春和初夏，若不注意通风管理，白天室内气温超过 40℃是常有的事。高温引起嫩叶叶烧病，持续时间长则叶烧严重，而不能恢复。高温还影响花芽分化发育，使授粉受阻。为了避免高温障碍，保护地内通风是必要的，以保持适温。

2. 光　照

温室的材料有玻璃和塑料薄膜两种。保护地内所透入光的波长，因其覆盖材料不同而有一定的差异。与玻璃相比，塑料薄膜覆盖的保护地内，可以得到较为完善的光谱。

因为所有的塑料薄膜都具有穿透紫外光线的能力，其中尤以聚乙烯薄膜和醋酸乙烯薄膜透过量最多，玻璃则不能透过。由于玻璃保护地没有穿透紫外光线的能力，所以蔬菜植株往往生长细弱，病害较多，而且蔬菜产品维生素含量较少，营养价值较低；相反，塑料薄膜保护地内的蔬菜，植株较健壮，产量高，富含营养物质。据试验，塑料薄膜覆盖生产的番茄维生素 C 含量比玻璃覆盖生产的高出 20%左右。

日光温室内蔬菜生产对光照条件的要求，一是光照要充足；二是光照分布要均匀。特别是在冬季生产或阴天多、日照时间短的地区，保护地内光照不足，需要补光。而在夏季生产或进行软化栽培时，就需要遮荫。

增加光照的措施如下：

(1)选择透光性强的覆盖材料　不同覆盖材料的透光率不同。在日照时数短、光照弱的季节，进行保护地蔬菜生产，要选择透光率高、保温性能好、污染后容易除污的覆盖材料。

但覆盖材料很易被污染，特别是塑料薄膜。因此，即使选择透光性好的覆盖材料，也需要经常清洗，消除污染和排除水珠。若选用防滴剂处理的无滴膜则更好。塑料薄膜的老化比玻璃要容易，所以透光率较差的覆盖材料要及时更换。

(2)增加反射光 可将棚室的北墙刷白，这样通过反光作用可提高附近的光照强度，也可以在近北墙处安装镀铝聚酯反光幕，以增加后部的反射光。

(3)加强田间管理 在有利于保温的条件下，应尽早揭帘，晚盖帘，延长光照时间。双层覆盖的温室和大棚，内层膜要及时打开，以提高透光率。

(4)蔬菜作物要布局合理 温室的后部因前部作物遮荫而光照较弱，特别是高秆作物。因此，有必要将高秆作物定植于后部，矮秆作物定植于前部；耐阴作物定植于后部，喜光作物定植于前部。应采用南北向的畦。

(5)人工补光 人工补光主要是为了满足某些蔬菜对光周期的要求。通过补光，抑制或促进花芽分化，调节花期。也有采用人工补光作为光合作用的能源，但由于要求这种补充光照强度大，大面积使用是不经济的。只能在寒冷季节育苗畦小面积使用。一般每天补光2～4小时，补光次数因苗情和天气而定。对茄果类蔬菜苗期补光，能培育壮苗，可明显提高前期产量，达到优质高产。

采用的光源，有日光灯、白炽灯和农用高压汞灯等。白炽灯光照较弱，但能产生一定的热量，提高温度。日光灯和农用高压汞灯可节省电源，提高光照强度。一般灯与秧苗顶部叶片的距离为60～70厘米。

降低光照强度可进行遮光。在夏季，遮光既能降低光照，又可以防止高温危害。有些蔬菜，如韭菜、大蒜进行软化栽培，也需要进行遮光处理。可根据蔬菜品种和栽培目的的不同，选用黑色棉被、不织布、草苫和瓦罐等来降低光照。生产蒜黄常选用黑暗的地下温窖和半地下温窖，以利遮光。

3. 空气湿度

温室内的空气湿度，通常是比较高的。造成这种现象的主要原因是密闭性较好，在冬季经常不通风的条件下，通过地表和作物蒸发出去的水分不能散发，造成室内空气湿度偏高，相对湿度常在80%～90%以上，夜间可达100%，呈饱和状态。空气湿度与土壤湿度和保护地结构有关。密闭性较好的设施，空气相对湿度大；密闭性差的设施，则相对湿度低；矮小的保护地内空气湿度大，高大的保护地设施内空气湿度小；一般塑料薄膜覆盖的相对湿度较高，而玻璃覆盖的因缝隙较多，相对湿度较低；阴天、雨雪天相对湿度高，晴天、刮风天相对湿度低；晚上温度低，蒸发量小，相对湿度高，白天温度高，蒸发量大，相对湿度低。在绝对湿度相同的情况下，相对湿度和室温成反比，温度每升高1℃，相对湿度下降5%左右。

引起温室高湿的主要原因是灌水。若采用沟灌或畦灌，整个地表被水浸透，土壤水分饱和，造成空气湿度骤然提高。这不仅会造成作物生理失调，又易引起病虫害的发生。

蔬菜属于需水量多的作物。叶菜类作物蒸腾量很大，果菜类作物不仅蒸腾量大，而且果实本身含水量很高。一般蔬菜作物的含水量在90%以上。有些蔬菜作物如番茄、黄瓜等含水量达98%，不仅植物组织含水量高，维持正常生理更需要水。土壤含水量（相对含水量）在60%～70%时，大多数蔬菜生长良好（水生蔬菜除外）。而对空气相对湿度的要求，各种蔬菜是不一样的。例如，黄瓜和芹菜要求较高，可以忍耐90%左右的空气相对湿度；番茄、茄子、辣椒、西葫芦和豆类等作物，要求的空气相对湿度在70%左右；而西瓜、甜瓜等最怕湿度过高，只要50%的空气相对湿度就已足够。如果空气湿度过大，一则不利于蔬菜的蒸腾作用，影响根对土壤营养的吸收；二则造成病菌的感染和传播。当然，长期不灌水，土壤中原有的水分蒸发之后，引起过分干燥，也会妨碍所种蔬菜作物的生长。

(1)降湿方法

①通风换气 应根据栽培季节和蔬菜作物种类，灵活掌握温室和大棚的通风换气。作为秋、冬栽培蔬菜，定植时外界温度还比较高，通风的目的是降湿和降温，根据天气状况可在上、下午各通风一次，可以放底风。当进入寒冷天气后，通风应以降湿为目的，并且同时注意保温，一般可打开天窗或放顶风，通风时间不宜过长；若温度有明显下降即可停止。通风以在中午进行为好。加温温室可在通风之后加温，使室温提高到20℃以上，以保证作物光合作用的正常进行。

②加　温 温室加温可降低室内空气相对湿度。只要叶片表面保持不结露，就可以防止一些病害的发生和蔓延。

③地膜覆盖 地膜覆盖不仅可以减少蒸发，降低湿度，还可以提高地温。也有采用稻草及其他作物秸秆覆盖的，同样可以降低保护地内的湿度。

④控制灌水 传统上采用沟畦灌水，水分消耗大，造成环境中湿度增加，引起地表径流、渗漏和地面板结，水分的利用率不到30%。若能采用滴灌，用水效率可提高到70%，既能保证蔬菜作物需水，又可以降低空气湿度，但滴灌设备费用较高。也可以采用简易的方法，用地膜将小垄沟覆盖，灌水时水沿地膜下的小垄沟流入，地膜阻止水分蒸发，可防止灌水后空气湿度的大幅度增加。

(2)加湿方法

①喷壶洒水 可以增加温室内地面和空气中的含水量，维持合适的湿度环境，以利作物发育。

②滴　灌 采用固定或移动滴灌设备进行灌溉。

③控制灌溉水的温度 不同作物适应不同的温度。如果保护地内种植的是耐寒性蔬菜，如大葱、韭菜和菠菜等，可不必考虑水温。但在多数情况下，主要是栽培喜温蔬菜，如黄瓜、番茄、茄子和辣椒等，就需要考虑水温。在北方地区常用地下水灌溉，其温度在10℃以下，这样低的水温会降低土壤温度，延缓作物的生长。为了提高灌溉水的温度，可以把水井抽出的水在保护地内多流一段路程，以提高水温。在大型温室内，可以建一个贮水池，使灌溉水的温度能满足作物的生长要求。灌水的时间，以晴天上午9时到下午2时为宜。

4.土　壤

日光温室环境常处于密闭条件下，温度高、湿度大，不受雨淋，而且为了得到较高的收获，经常种植相同的作物，连续施用大量同样的肥料，形成高度连作的栽培方式。这样，土壤性质常发生很大变化，其中一些已严重影响蔬菜生产，有必要采取合理的措施进行调节，以利于作物正常生长。

日光温室土壤中盐分浓度较高，是由两方面的原因造成的。一是为获得保护地蔬菜作物的高产，大量施肥，肥料中的有效成分被作物吸收，但不能利用的成分却留了下来。若连续施用氮肥，硫酸盐和硝酸盐会大量积累下来；二是由于没有雨水冲洗，室内温度高，土壤容易干燥，深层土壤水分沿着毛细管上升，肥料也随水向地表移动，结果聚集在地表面。由于常年聚积使土壤盐分浓度过高，从而损伤作物根部和妨碍根部对养分的吸收。

对于土壤的盐害，可采用下列方法进行控制：

(1)合理施肥 增施有机肥，可提高土壤有机质含量，增强土壤的交换能力和蓄水能力，减轻土壤中盐的积累。施用化肥时，要避免单纯使用同一种化肥，并尽量少用硫化物和氯化物，以及注意有机肥和化肥的配合使用。可选用尿素、硝酸铵、磷酸铵、高效复合肥和粒状肥料，特别要注意一次施用量不可过多。基肥采用有机肥全面铺施；化肥在定植时沟施或穴施，避免表面施用，应施在12～15厘米深度以下。追肥可用化肥和有机肥交替使用。微量元素肥料可采用根外喷施。在高温季节，应控制肥料的施用数量。

(2)深翻土地 加强中耕松土，以切断土壤毛细管，防止表层土壤的盐类积聚。

(3)夏季灌溉 若夏季保护地不生产时，可进行一次大量灌水，进行洗盐。也可拆除塑料棚的薄膜和温室玻璃窗，任雨水淋洗棚内的土壤，都有较好的效果。

(4)地膜覆盖 进行地膜覆盖，可降低地下深层盐类沿毛细管上升的数量。

(5)换土或迁移保护地到新场地 这种方法在保护地盐类浓度很高又难以降低时采用。

第三章　蔬菜的无土栽培调控

一、无土栽培的特点与优点

（一）无土栽培的特点

无土栽培，是把作物生长所需要的矿质营养物质，溶解于水中配成营养液，通过一定的栽培设施或栽培基质供给作物生长发育需要而进行栽培的方式。因为这种方式不用土壤栽培作物，所以称为无土栽培，又称营养液栽培或水培。

无土栽培的特点是，以人工创造的作物根系环境，来取代土壤环境。这种人工创造的根系环境，不仅可满足作物对矿物质营养、水分、空气等条件的需要，而且可对其进行人工的控制和调节，以促进作物的生长和发育，使它发挥最大的生产潜力。同时，无土栽培也十分有利于人为调节控制蔬菜生长发育的进程。

（二）无土栽培的优点

无土栽培的优点如下：

1. 长势强，产量高，品质好

无土栽培解决了土壤栽培中不易解决的水、气和养分的供应问题，特别是水分和空气的供需矛盾。在土壤中，当作物有充足的水分时，往往又缺乏空气；当空气能满足需要时，又会感到水分不足。土壤栽培不易解决的这些问题，在无土栽培中可得到较好的改善。同时，无土栽培还可连续不断地向蔬菜提供所需的营养，作物不会出现饥饿或过量毒害现象，使作物生长势强，产量增加。

2. 节约养分和水分

土壤栽培所灌溉的水分，作物仅吸收利用少部分，大部分都因蒸发、流失和渗漏而损失了，所施用的肥料一般也损失1/2以上。而无土栽培则可根据蔬菜的不同种类和不同生育期，按需要配制和定量供应营养液，并且营养液还可以回收再利用，因而可避免土壤施肥中的水分和养分损失，做到节约用肥、用水。

3. 病虫害少，产品清洁卫生

无土栽培的蔬菜，生长健壮，可减轻病虫害的侵染。由于蔬菜离开了土壤，可避免很多土壤病虫害的影响，改善了生长环境，不存在有机粪肥的寄生虫卵及重金属、盐的污染，大大减少了农药的使用，使得产品既卫生，又安全。

4. 节省劳力，有利于实现蔬菜栽培的现代化

无土栽培脱离了土壤，简化了土壤栽培的翻土、做畦和中耕除草等栽培环节，可节省大量劳力。同时，也便于栽培设施操作管理向自动化、现代化方向发展。

5. 不受土地限制，栽培地点选择余地大

无土栽培可在本不适宜于农业生产的地方，如沙漠、石山、盐碱地等荒地上进行作物栽培。特别是城市里还可利用楼顶、阳台等进行栽培，温室还可发展立体栽培，因而可充分挖掘温室的生产潜力。

无土栽培便于自动化、机械化管理，是实现蔬菜现代化生产的有效途径。在人口不断增加，人均耕地日益减少的情况下，无土栽培有着广阔的前景。

二、无土栽培的方式

根据基质和营养液设施的不同，无土栽培可分为固体基质栽培和水培两大类，每一类又有许多种栽培方式。

（一）固体基质栽培

固体基质栽培，是在一定的容器内，利用某种基质固定作物根系，作物通过基质吸收营养液和氧气的一种栽培方式。这种栽培方式的特点是：由基质固定根系并借以保持和供应营养液及空气；在多数情况下，水、肥、气三者协调，供应充足；设备投资较低，便于就地取材进行生产，生产能力优良而稳定。其缺点是基质占用部分投资，体积较大；填充、消毒再利用费工较多。

1. 常用基质种类及性能

我国常用的基质有岩棉、珍珠岩、蛭石、泥炭、炉渣、菇菌渣、炭化稻壳、甘蔗渣等及复合基质来进行无土栽培。

(1) 岩　棉　岩棉是用多种岩石熔融在一起，经抽丝冷却粘合成疏松多孔可成型的基质。岩棉的外观是白色或浅绿色的丝状体，孔隙度大，吸水力很强。成型的岩棉块在作物栽培的整个过程中，不会产生形态的变化，它也不含病虫害和其他有机物，植物根系很容易伸进去，透气、持水性能好。

(2) 炉　渣　炉渣具有来源丰富、成本低的优点。新炉渣不带菌，栽培时病害少。炉渣的持水、通气性能好，并含有较多的速效磷、钾、钙和微量元素。炉渣使用前要过筛，使80％的炉渣粒径在1～5毫米。有些炉渣pH值偏高，使用前要注意用清洁水洗碱。

(3)菇菌渣　菇菌渣是种植食用菌后废弃的培养基质。使用前将废菇渣加水至70%的含水量，堆沤3～4个月。然后取出风干，过5毫米筛，将其中的粗大植物残体筛掉即可。菇菌渣含较高的氮、磷和石灰，不宜直接作为基质使用，应与泥炭、炉渣、炭化稻壳和沙等基质，按比例混合使用，菇菌渣在混合基质中不应超过40%（体积计）。

(4)泥　炭　泥炭是由半分解的植被组成，是最好的一种无土栽培基质。它质地细腻，透气性较差，持水、保水力强，酸性或偏酸，富含有机质，含有作物所需的多种养分。在无土育苗及栽培中，常以泥炭为主，与沙子、炉渣、蛭石或珍珠岩等基质混合使用，植株生长较好。

(5)蛭石和珍珠岩　蛭石和珍珠岩均为矿石加热膨胀形成的轻基质，容重很小，孔隙度大，透气，持水性强。蛭石颗粒由许多平行的片状物组成，具有较高的盐基代换量，并含有许多易被作物吸收的营养元素。珍珠岩为膨胀疏松的颗粒体，具有较低的盐基代换量，无缓冲作用，所含养分也多不能被作物吸收利用。两者的容重过轻，浇水时易浮在水面上，而且均易破碎，从而降低孔隙度。在栽培中多与其他基质混合使用。

(6)炭化稻壳　新鲜的炭化稻壳经过燃烧，带菌少，容重轻，透气性较好，含多种营养元素，尤其钾含量多。缺点是空气容积过大，易失水干燥。常与其他基质混合使用。

无土栽培使用基质时，常以两种或三种基质配制成复合基质，以使容重适宜，增加孔隙度，提高水分和空气的含量。各地可因地制宜，就地取材，合理配制基质。基质使用前还应注意进行消毒。

2. 基质栽培类型

(1)岩棉栽培　用岩棉栽培蔬菜，常将岩棉切成定型的块状，用塑料薄膜包成枕头袋状(称为岩棉种植垫)。定植时，将岩棉种植垫的面上薄膜开一个小穴，安放一块带苗的育苗小块于穴上，并滴入营养液，让作物在其中扎根，吸收水肥而生长。由于营养液利用方式的不同，岩棉可分为开放式岩棉培和循环式岩棉培两种。

①**开放式岩棉栽培** 这种栽培类型的主要特点是，供给作物的营养液不能循环利用。通过滴灌滴入岩棉种植垫内的营养液，多余的部分从垫底流出，排出室外弃之不用。常用的岩棉板宽度为 20～30 厘米，厚度为 5～10 厘米。在地面以下挖略大于岩棉板的栽培槽，保持约 1∶100 的坡度，下铺黑白膜后，上面铺放岩棉块并用膜包被。每株设微型滴管 1～2 条，以供滴灌供液。在栽培过程中，营养液的电导率值(EC)应控制在 2.5～3.5，冬季 EC 值略高，以 3～3.5 为宜，夏天以 2.0～2.5 为宜。

②**循环式岩棉栽培** 这种栽培类型的特点是，滴灌的营养液通过回流管道流回集液池中，供循环使用，从而经济利用营养液。一般用砖木板或硬泡沫塑料板在地面上做成床框。床高 7～15 厘米，宽 30 米，长 20～30 米，以 1∶100～1∶200 的坡度倾斜，并用薄膜垫底(最好用无纺布衬里面)。供液池高约 1.8 米，依靠重力将营养液滴灌入或从栽培床上端喷洒入营养液，每小时供液速度为每株 2 000 毫升，约 12 小时或 24 小时循环一次。

(2)基质槽栽 基质槽栽法，是在栽培床中填入基质，浇灌营养液进行作物栽培的方法，设施由栽培床、贮液池、水泵和管道等几部分构成。栽培槽宽度以 80～100 厘米为宜，高 15～30 厘米，槽长 15～30 米。贮液池应建于地下，100 平方米的面积约需 2 立方米的贮液池。水泵用扬程低但扬水量大的自吸泵，以每分钟 200 升为宜。一般选用口径为 40 毫米、功率为 750 瓦的水泵即可满足要求。

基质槽栽时，灌入的营养液最好不超过基质表面以下2～3 厘米，不要漫浸到基质表面，使表面保持干燥，阻止藻类生长；并防止根系进入基质表层，以免受到光、高温和低温的危害；也可减少水分损失和避免营养液浓度在基质表面升高而形成盐霜。

(3) 袋培 用塑料袋装上基质，按一定距离在袋上打孔，将作物栽入孔内，并用滴灌方法供应营养液。袋内填充的基质一般为泥炭 40%，蛭石 30%，珍珠岩或塑料泡沫 30%。袋培又可分为立式袋培或平铺式袋培。一般每 5 分钟供液一次，每次每袋供液 1 000～2 000 毫升。

（二）水 培

水培的主要特征，是作物根系悬挂在营养液中，营养液的深浅不一，但都必须流动，循环供液。在水培中植株必须能得到固定，并且根系能浸润到营养液，使根系能获得足够的氧气；同时还要使营养液和根系处于黑暗之中。

常见的蔬菜水培技术主要有两大类：一是深液流技术(DFT)，二是营养液膜技术(NFT)。这两大类型的主要区别在于，深液流水培技术所用营养液的液层较深，植株悬挂于液面上，其重量由定植网框或定植板块承载，根系垂入营养液中；营养液膜水培技术所用液层很浅，植株置放于营养液槽的底部，其重量由槽底承载，根系平展于槽的底部，让营养液以很薄的一层流过。

1. 深液流技术

深液流水培的特点，是所用营养液量多，并且液层较深，使得营养液的浓度、酸碱度、溶解氧、温度及水分的总量，都不易急剧变化，为根系提供了一个较稳定的生长环境。

深液流水培的设施，由种植槽、悬挂作物的定植板块、地下贮液池和营养液循环流动系统等四大部分组成。

(1) 种植槽 一般种植槽宽度为 60～80 厘米，槽深 12～15 厘米，槽长 10～20 米，用砖混结构筑成。

(2) 定植板 用硬泡沫聚苯乙烯板块制成，板面开定植孔，孔的多少视所种植菜类而定。定植孔内嵌一只塑料定植杯，定植杯高 7.5～8.5 厘米，杯口直径略大于定植孔，下半部分及底部开有许多孔，孔径约 3 厘米，杯内用小石砾固定植株。定植株的宽度与种植槽外沿宽度一致，一般为 150 厘米左右。当槽宽大于 80 厘米时，需在槽宽度的中央增设一支承重物，以支持定植板的重量。

(3) 地下贮液池 贮液池的作用是增大营养液的缓冲能力，为作物根系创造一个较稳定的生存环境。一般 100 平方米的栽培面积需 3 平方米左右的贮液池。使用时池上应加盖，以保持池内黑暗，防止藻类滋生。

(4) 营养液循环系统 包括供液管道、回流管道、水泵及定时控制器。所有管道最好用硬塑料制成。

新建的种植槽会有碱性物浸出，要用稀酸浸渍中和。深液流栽培中的关键技术措施，是要注意调节槽内营养液面的高低，使其既保证下部根系的吸收，又能促进空气中的氧气向营养液中扩散，保证供氧。换茬时要进行整个系统的清洗和消毒。

2. 营养液膜技术

营养液膜技术是一种将作物种植在浅层流动的营养液中的水培方法。作物的根系一部分在浅层营养液中，另一部分则暴露于种植槽内的湿气中，只要维持浅层的营养液在根系周围循环流动，就可以较好地解决根系呼吸对氧的需要。营养液膜栽培的种植槽是用轻质的塑料薄膜制成的，使设备的结构更轻便简单，大大降低了投资成本。

营养液膜技术的设施，主要由种植槽、贮液池和营养液循环流动装置三个主要部分组成。

在营养液膜栽培技术中，营养液供给量少，液层浅，其中的养分和氧气很容易被消耗到很低的程度，同时液温的变化幅度也较大。因此，栽培的重点是要保证供液，并采用间隙供液的方法，来提高对根系的供氧。一般夏季每小时供液 15 分钟，停止供液 45 分钟；冬季每 2 小时供液 15 分钟，停供液 105 分钟。营养液的温度，以夏季不超过 28℃～30℃，冬季不低于 15℃～20℃为宜。

三、营养液配制及调控管理

（一）营养液配制原则

1. 营养全面

营养液是无土栽培作物所需矿质营养和水分的主要来源，它的组成应包含作物所需要的所有成分，如氮、磷、钾、钙、镁、硫等大量元素和铁、锰、硼、锌、铜等微量元素。营养液的总浓度不宜超过 0.4％。对绝大多数植物来说，它们需要的养分浓度在 0.2％左右。表 3-1 是国际上广泛采用的营养液配方。当然，不同蔬菜要求的营养元素比例有一定差异，可根据实际情况作适当调整，以保证最大效益。

表 3-1 营养液配方 （单位：毫克/升）

营养液类别	化合物名称	霍格兰配方	园试配方
大量元素	硝酸钙	945	945
	硝酸钾	607	808
	磷酸二氢铵	115	152
	硫酸镁	493	493
微量元素	硼　酸	2.86	2.86
	硫酸锰	2.13	2.13
	硫酸锌	0.22	0.22
	硫酸铜	0.08	0.08
	钼酸铵	0.02	0.02
	螯合铁	20～40	20～40

2. 容易吸收

配制营养液的肥料应以化学态为主，在水中有良好的溶解性，并能有效地被作物吸收利用。不能直接被作物吸收的有机态肥料，不宜作为营养液肥料。

3. 比例均衡

根据作物的种类和栽培条件，确定营养液中各元素的比例，以充分发挥元素的有效性和保证作物的均衡吸收，同时还要考虑作物生长的不同阶段对营养元素要求的不同比例。

4. 水质优良

水质是决定无土栽培营养液配制的关键，所用水源应不含有害物质，不受污染，使用时应避免使用含大于 50 微升/升钠离子和大于 70 微升/升氯离子的水。水质过硬，应事先予以处理。

(二)营养液的酸碱度调整

营养液的酸碱度，是营养液的基本性质，它直接影响到营养液中养分的存在状态、转化和有效性。pH 值过低，钙、镁溶解度变小；pH 值过高，磷酸根易沉淀；同时，一些微量元素如铁、锰、硼、锌和铜，也会沉淀析出。不同的作物，对营养液的酸碱度也有不同的要求。主要蔬菜作物营养液的适宜 pH 值如表 3-2 所示。pH 值不适宜，会干扰作物内部的代谢过程，影响无机离子的吸收。多数作物要求营养液的适宜的 pH 值范围为 5.5～6.5。

营养液的 pH 值受水质、基质及作物呼吸代谢的影响，其中水质影响较大。水质大多偏碱性，在配营养液前应首先用酸来校正水的 pH 值，使其达到微酸性。校正方法：用硝酸或磷酸分别配成 10%～20%的酸液，或将 2 份硝酸与 1 份磷酸混合，配成 10%～20%的酸液。夏天宜用硝酸，冬天宜用磷酸。水的 pH 值校正合适后，再配成营养液，而后对营养液再进行的 pH 值的测试和校正，使营养液的 pH 值达到所需要的范围。

表 3-2　蔬菜作物营养液的适宜 pH 值

作　物	pH 值	作　物	pH 值
胡萝卜	7.5	芹　菜	7.5
茄　子	6.5	大　蒜	6.5
芥　蓝	6.8	莴　苣	7.0
洋　葱	7.5	抱子甘蓝	6.5
萝　卜	6.5	花椰菜	7.5
南　瓜	6.0	马铃薯	5.5

续表 3-2

作　物	pH 值	作　物	pH 值
甜　瓜	6.0	豌　豆	6.0
黄　瓜	6.5	笋　瓜	5.0
芜　菁	6.0	菠　菜	6.5
菜　豆	6.0～6.5	辣　椒	6.0
甘　蓝	7.5	韭　菜	6.5
西　瓜	6.0		

(三)营养液的管理

1. 浓度管理

循环式供液的无土栽培中，营养液因被作物吸收和蒸发，矿物质营养和水分会不断减少。因此，必须定期地进行测定和补充，使它恢复到原有的水平。其补充方法有以下几种：①用电导仪测定营养液盐浓度，通过分别测定标准营养液和浓度不同的营养液的电导值(EC 值)，画出营养液浓度、电导率值和营养液母液追加关系的标准线，据此查算出母液的补充量；②根据营养液中硝态氮(NO_3-N)的减少量，按比例计算出其他元素的减少量，然后加以补充；③调查无土栽培中不同作物的水分消耗量和养分吸收量之间的关系，再根据水分减少量，计算出各种养分的补充量。

2. 含氧量管理

无土栽培中，作物所需氧气的一部分来自营养液，特别是在水培中，营养液的溶氧量对作物影响更大。营养液中的氧气被营养液的不断流动或营养液的落差大量带入。

3. 温度管理

大多数作物的生长适宜温度为15℃～28℃，低于15℃则发生严重的生理障碍，长时间高于30℃则生长不良。

4. 铁元素管理

在高温或强光下，作物的耗铁量增加，pH值偏高也会降低铁的有效性，使作物发生缺铁症。pH值＜7.5时，添加乙二胺四乙酸螯合铁；pH值＞7.5时，添加二乙三胺五乙酸螯合铁。铁的浓度超过4微升/升时，对作物有害。

5. 营养液消毒

无土栽培设施内病原菌不易受到其他微生物的抑制，所以传播很快，特别是使用循环营养液，会加重病害的发生和传播。所以，必须对栽培床、基质和用具等用紫外线照射消毒，或用1%～2%的福尔马林液浸泡或喷洒消毒。

四、无土栽培的育苗技术

无土栽培调控蔬菜生产虽然有许多优点，但由于成本较高，又有一定的技术难度，因而在蔬菜全生育期的大面积应用方面还不普遍，而用于育苗则潜力很大，易于推广。

（一）无土育苗的种类

无土育苗的种类，包括水培育苗法、基质育苗法和营养纸育苗法。

1. 水培育苗

不用任何固体基质，只用营养液进行育苗。

2. 基质育苗

所用基质有沙砾、碎石、炉渣、蛭石、珍珠岩、草炭、炭化稻壳、炭化玉米秸及生产食用菌废弃培养料等。选择基质时，应本着就地取材、经济实用的原则，要求质轻，透水透气，吸水保温，含有一定微量元素，尽量简化营养液配方和微量元素种类。

3. 营养纸育苗

介于水培育苗法和基质育苗法之间，更接近于水培育苗法。通过折叠的纸片来保持幼苗直立和吸水，以保证幼苗正常生长，方法简便易行，很适合农家菜园使用。

（二）无土育苗适用的营养液配方

有关配方很多。如配方①：每 1 000 升水，加入尿素 400～500 克，磷酸二氢钾 450～600 克，硫酸镁 500 克，硫酸钙 500 克。配方②：每 1 000 升水，加入尿素 400～500 克，磷酸二氢钾 450～500 克。配方③：每 1 000 升水，加入磷酸二氢钾 400～500 克，硝酸铵 600～700 克。配方④：每 1 000 升水，加入硫酸镁 500 克，硝酸铵 320 克，硝酸钾 810 克，过磷酸钙 550 克。

确定无土育苗营养液配方，须掌握原料易购，价格低廉，配制简便，养分齐全，使用安全，尽量使用常用化肥作主料的原则。上述配方适于基质中已含一定微量元素的无土育苗。如果采用水培法及单一用珍珠岩、碎石、炭化稻壳作基质育苗时，还须加入微量元素，即 1 000 升上述溶液加硼酸 3 克，硫酸锌 0.22 克，硫酸镁 2 克，硫酸钠 3 克，硫酸铜 0.05 克。

（三）无土育苗技术

1. 设备配制

(1)育苗盘 市售育苗盘一般长 40～50 厘米，宽 25～30

厘米，高 4～5 厘米。也可自制木箱，箱底及四壁用整块塑料薄膜铺衬，以防漏水。播前铺 2～3 厘米厚基质，整平备用。

(2)育苗室 育苗室的大小和高度，以操作方便、经济实用为原则。室内应装 1 000 瓦空气电热加温线 2 根，中间放置 500 瓦电炉，炉上放敞口锅。以增温补湿。顶部安装一对流排风扇，保证室内温、湿度均匀。加温线由控温仪自动调节。育苗架可用三角铁焊接而成；高 1.8 米，分 11 层，每层 15 厘米，宽 1.8 米，可依育苗盘宽窄分成 5～6 格。

(3)设备消毒 育苗室用前熏蒸消毒，每平方米用硫黄粉 1.5 克，敌百虫 5 克，掺锯末 5 克，置于铁片上，烧炭火，密闭熏蒸即可。育苗盘及农具等可用 50～100 倍福尔马林药液刷洗消毒，然后用清水冲洗干净，晾干备用。

2. 播　种

播前将基质浇透清水，然后将浸泡好或已催芽的种子均匀地撒到育苗盘，播种密度与用种量因蔬菜种类而异。1 平方米的播种量，甘蓝为 6～8 克，番茄为 8～10 克，甜椒为15～20 克，芹菜为 10～14 克，黄瓜为 50～85 克。播后在种子上盖基质 0.5～1.0 厘米厚。

3. 苗期管理

(1)温度调控 播后温度应控制在 25℃～30℃，空气相对湿度在 85%以上。出苗后立即将苗盘由育苗室移至温室光足的地方，以保证子叶绿化，防止幼苗黄化徒长。温度调控标准为：昼温为 23℃～28℃，夜温为 15℃～18℃。要适当通风，降低温度，以利培育壮苗。

(2)浇灌营养液 蔬菜幼苗子叶展开后，应及时浇灌营养液，使基质全部湿润，底部有 1～2 厘米液层即可。浇施营养液后要用清水喷一下幼苗，以免营养液灼伤幼苗。一般每周浇两次营养液即可。

(3)适时移苗 幼苗大小适中时，应及时移苗至育苗盘或塑料营养钵中，基质厚度以5～8厘米为宜。移苗前要降低温度，减少供液。移苗后隔2天浇一次营养液，底部仍保持1～2厘米深营养液。成苗单株营养面积应为(8～10)厘米×(8～10)厘米。

(4)炼　苗 一般定植前一周，应少浇营养液，并放风炼苗。无土栽培者可不炼苗；定植于温室进行设施保护栽培者，可轻度炼苗；露地生产用苗可炼苗重些。

第四章 蔬菜的植物生长调节剂与保鲜剂调控

一、植物生长调节剂与保鲜剂的作用

(一)植物生长调节剂的作用

1. 植物生长调节剂的概念

植物在生长发育过程中,除了要求适宜的温度、光照、氧气等环境条件和需要一般的营养物质,如水分、无机盐、有机物外,还需要一些对生长发育有特殊作用,但含量甚微的生理活性物质。这类物质极少量存在,就可以调节和控制植物的生长发育及各种生理活动。这类物质称为植物生长物质,包括植物激素和植物生长调节剂。

植物激素,是植物体内源产生的活性物质。它可以由合成的器官或组织,运转到别的器官或组织,这些物质在植物体内含量极微,但起的作用却很大,参与调节植物的各种生理活动。植物的发芽、生根、生长、器官分化、开花、结果、成熟、脱落和休眠等,无不受到植物激素的调节控制。植物如果缺少了这些活性物质,便不能正常生长发育,甚至会死亡。

植物激素的生理作用是多方面的,既能促进植物的生长发育,也可抑制或阻碍植物的生长发育。植物从种胚的形成,种子萌发,营养体生长,开花结实,到植株衰老、死亡,都受到植物激素的调控。不同的植物激素具有不同的生理功能,同一激素往往又具有多种生理作用，植物的同一生理过程一般又受多种植物激素的调控。植物激素间既相互促进，相辅相成，又相互对抗，它们共同协调和控制整个植株的生长发育。

具有与植物激素类似的生理效应，也能对植物的生长发育起重要调节作用的，并施用于植物的外源化学物质，称之为植物生长调节剂。

植物生长调节剂，因其显著、高效的调节效应，已被广泛地应用于包括蔬菜在内的各种植物，并取得了显著的经济效益。植物生长调节剂的特点之一是只要使用很低浓度（甚至不到百万分之一），就能对植物的生长、发育和代谢，起重要的调节作用。一些栽培技术措施难以解决的问题，能通过使用植物生长调节剂得到解决，如打破休眠、调节性别、促进开花、株型调整、防止脱落、促进生根和增强抗性等。

植物生长调节剂，根据其作用方式可分为许多种类型，如植物生长促进剂、植物生长延缓剂、植物生长抑制剂。也可根据作用的对象的不同，将植物生长调节剂分为生根剂、壮秧剂和催熟剂等。

值得注意的是，尽管植物生长调节剂具有很多生理作用，但它并不能代替植物的营养物质，二者之间存在着根本的区别。植物营养物质，是指那些供给植物生长发育所需的矿质元素，如氮、磷、钾等。它们是植物生长发育不可缺少的，直接参加植物的各种新陈代谢活动，或是植物体内许多有机物的组成成分，参与植物体的结构组成。植物的生长发育对营养物质的需要量较大，由土壤供给或施肥来补充。而植物生长调节剂，不提供植物生长发育所需的矿质元素，而是一类辅助物质。它主要通过调节植物的各种生理活动，来影响植物的生长发育，一般不参与植物体的结构组成。其效应的大小不取决于其必要元素的含量，植物对它们的需要量很小，用量过大反而会影响植物的正常生长发育，甚至导致植物死亡。可见植物生长调节剂与植物矿质营养物质，是完全不同的两类物质，二者不能混为一谈。目前市场上销售的有些产品，如微肥属于植物营养物质，并不是植物生长调节剂。当然，也有一些制剂是将微肥与植物生长调节剂混合在一起的。

此外，市场上还有一类产品即生物制剂销售，如增产菌和根瘤菌种等。生物制剂本身就是一种微生物，如细菌、真菌等，是有生命的东西，高温、强酸和强碱等不良条件，可降低或使其失去生物活性。因此，在贮藏和使用过程中需要特别小心。生物制剂是利用微生物与植物之间的共生关系，相互依赖，互相促进，从而影响植物的生长发育。因此，生物制剂也不是植物生长调节剂，购买和使用时应注意它们的性质和作用的不同。同样的道理，一些生物制剂里也可能含有植物生长物质，有调节植物生长发育的效应，起到植物生长调节剂的作用。

2. 植物生长调节剂的作用

(1)促进插条生根与苗木繁育 利用生长素类物质可促进插条生根，特别是对于一些难以生根、较为名贵的植物种类，以生长素促根，可以加快繁殖速度，有较大的经济价值。生长素类调节剂中，2，4-D、α-萘乙酸、萘乙酰胺、吲哚乙酸和吲哚丁酸等，都具有不同程度促使插条形成不定根的作用。

(2)促使种子和块根块茎发芽 种子发芽，除了需要适宜的温度、水分和氧气等先决条件外，要使种子顺利发芽，还须打破种子的休眠。利用植物生长调节剂，如赤霉素、细胞分裂素、油菜素内酯和三十烷醇等，打破种子休眠，提高发芽率，取得了很大的成功，比如用于促进马铃薯、甘薯等块根块茎的发芽。

(3)促进细胞分裂和伸长 生长素、赤霉素、细胞分裂素和油菜素内酯等植物生长调节剂，都有促进细胞伸长的作用。生长素用于防止器官脱落方面较多。赤霉素可促进茎、叶生长，这在芹菜、菠菜和莴苣等蔬菜上，已有大量应用。细胞分裂素除了促进细胞伸长，使细胞体积加大外，更重要的是促进细胞分裂，在促进组织分化、抑制衰老、防止生理落花落果等方面应用广泛。

(4)诱导花芽分化与无籽果实的形成 细胞分裂素，具有对养分的动员作用和创造“库”的能力，可促使营养物质向应用部位移动，抑制细胞的纵向伸长而允许横向扩大，因而可促进侧芽的萌发，这对于利用侧枝增大光合面积和结果的作物效果甚为显著。还可以提高坐果率，增加含糖量，改善果实品质。生长素和赤霉素类物质，还能够诱导无籽果实的形成。

(5)保花保果与疏花疏果 利用植物生长调节剂，可调节和控制果柄离层的形成，防止器官的脱落，达到保花、保果的目的。生长素、细胞分裂素和赤霉素等植物生长调节剂，都具有防止器官脱落的功能，如防止生理落果，提高茄果类蔬菜的坐果率等。吲哚丁酸、萘乙酸、2，4-D和赤霉素等，被广泛应用于蔬菜的保花和保果，从而达到增加产量的目的。同样，也可以利用植物生长调节剂来疏花疏果，提高果实的品质。

(6)调控雌雄性别 调控植物花的雌雄性别，是植物生长调节剂的特有生理功能之一。应用最广泛、效果显著的是乙烯利和赤霉素。乙烯利的作用，在于当瓜类植株的发育处于“两性期”时，抑制了雄蕊的发育，促进了雌蕊的发育，引起植株花序性别改变，使雄花转变为雌花。赤霉素调控花的性别，其作用与乙烯利相反，它抑制雌花的发育，促进雄花的发生。

因此，用赤霉素处理后，花的性别表现是，每节都不生雌花，而只生雄花。还有一些植物生长调节剂，也能用于调控性别的分化。

(7)抑制植物徒长与矮化整形 植株由于环境因素的影响，诸如气候(日照、雨水、温湿度)、肥料(偏施氮肥)、灌溉(长期积水或灌深水)等因素，以及植物品种的内在因素，都能引起植株的徒长。如果营养生长过旺，影响生殖生长，就会因造成光合产物的消耗而减产。运用植物生长调节剂进行化学调控，抑制徒长，调整株形，可收到良好的效果。

(8)增强植物的抗逆力 植物生长调节剂的应用，还可克服异常气候和环境条件对蔬菜生产造成不利的影响，在防灾、抗病方面有独特的作用和效果。

(9)促使早熟丰产与改善品质 除了采用一系列的传统农艺手段之外，运用植物生长调节剂，促使蔬菜提早成熟，改善品质，已成为生产上广泛应用的技术措施。在番茄转色期用乙烯利处理后，可使番茄提早 6～8 天成熟，同时可增加早期产量和改善果实风味。在西瓜上应用细胞分裂素浸种及花期喷施，使西瓜提前 3～7 天成熟，并使含糖量提高 0.5～1.0 度。植物生长调节剂在促进成熟，改善品质等方面起着重要的作用。

(10)贮藏保鲜防衰老 植物生长调节剂可用于延长水果、蔬菜和花卉在采收后的保鲜期，防止衰老、变质和腐烂，提高食用品质和商品价值，减少在运输和贮藏过程中的损失。细胞分裂素类物质有延缓衰老的功能，如用 6-苄基腺嘌呤处理甘蓝、抱子甘蓝、花椰菜、芹菜、莴苣、菠菜、萝卜和胡萝卜等，都能有效地保持采收后的新鲜状态，对提高食用品质和商品价值十分有利。应用比久、矮壮素和 2,4-D 等植物生长调节剂，处理大白菜、洋葱、大蒜、马铃薯等作物，防止在贮藏期间变质、变色和发芽，有较好的效果。

（二）保鲜剂的作用

蔬菜收获后，一方面自身不断地进行呼吸、代谢等一系列生理活动，消耗体内的营养，以致逐渐衰老变质；另一方面内部和表面都带有产地的病原菌，在贮运过程中还会被碰伤及接触到大量的腐生菌，一旦温度、湿度适宜，各种菌便生长繁殖，引起蔬菜的腐烂。同时，因采摘后贮藏条件的改变，还会诱发蔬菜的生理紊乱，产生有毒物质，并在体内积累，也会导致腐烂。因此，必须抑制蔬菜的呼吸、代谢，降低体内酶的活性，控制潜伏性病害的扩展和致腐菌的生长与繁殖，以及有毒物质的积累，才能保持品质新鲜。除了植物生长调节剂在蔬菜保鲜中的应用外，还有一些专门的保鲜剂可以起到这些作用。这些保鲜剂是从生理和病理方面保持蔬菜的新鲜度，延长贮藏时间的药物。

保鲜剂的品种很多，依据用法和药剂的性质，可分成以下几类：

1. 清 洗 剂

收获后的果菜，在防腐处理之前需进行清洗。用于清洗果菜的药物，有碳酸氢钠、邻苯基酚钠、二苯胺乙醇液和硼砂等。有的果菜的防腐处理，往往与洗果合为一道工序，因此，清洗剂和浸渍剂没有明确的区分。

2. 浸 渍 剂

在几类保鲜剂中，以浸渍剂防腐效果最好，使用的历史最久，药剂的品种也最多，处理果蔬的数量不受限制，方法简便，手工或机械化操作都可进行。

浸渍剂中多半是微生物病害防腐剂(即杀菌剂),也有一小部分是生理性病害防腐剂,如虎皮灵、二苯胺抗氧剂、氯化钙、硼砂和亚硫酸铁等。这类药剂针对性很强。但在实际应用中,具体果菜品种发生的病害不只一种,因此,抗氧化剂等往往要与杀菌剂结合使用。常用的浸渍处理方法,有徒手浸渍、网袋浸渍、箱装浸渍、流水浸渍和机械传送浸渍等。徒手浸渍处理质量最好,机械损伤少,但效率太低,只是在药量极少的情况下采用。网袋浸果蔬最易碰伤果面。以整箱果实(即连箱带果)一起浸入药液槽,沥干后原箱存放贮藏的方法较好。水流浸果法为半机械化处理,果实在药液中停留时间较长,整箱果实浸药,原箱贮藏,效果也很好。

3. 熏 蒸 剂

熏蒸剂这类药物在室温下可以汽化,以气体形态扩散到贮藏果蔬的表面。因此,熏蒸气体对预防仓库或其他严密封闭场所中的贮藏病害尤其有用,更适合于对浆果类蔬菜的防腐处理。使用熏蒸剂时应备有熏蒸室。如果没有熏蒸室,可采用一种很轻的塑料薄膜或气密性篷布,少量果蔬可以在一个空筒或其他类似的容器中熏蒸,以使熏蒸剂保持所需的熏蒸时间。对熏蒸用设备的要求是不堆放其他废弃物品和疏松泥土。处理前,必须彻底清扫库房。墙壁、天花板和地板都要消毒。熏蒸室要加设小电风扇,以便通风和加快熏蒸剂的分布。熏蒸剂的用量通常以有效气体的浓度(c)和熏蒸时间(t)之乘积来表示,公式为:用量=ct。所以,低浓度、长时间和高浓度、短时间之熏蒸,同样有效。实用的办法是,熏蒸时间既不太长,浓度也不要太高。

使用的熏蒸保鲜剂里,除漂白粉、过氧乙酸、仲丁胺、臭氧、一氧化碳和二氧化硫缓释剂,可以防贮藏病害之外,还有防贮藏害虫的溴甲烷和磷化铝等。

4. 涂膜剂

药剂浸渍处理，防腐效果虽好，但有失重现象，因为萎蔫造成贮藏中一大损耗，同时也降低了抗病力和新鲜度。将涂膜剂薄薄地涂一层在果菜的表面，可以为果菜创造外层保护结构。这层膜可适当调节皮孔的过度失水，抑制呼吸，减少营养成分的消耗，延长后熟的进程，而且还能阻止微生物的浸染，增加表面的光洁度，改善外观和提高商品价值。

涂膜剂多用石蜡、松香、虫胶和蜂蜡等配制而成，加热熔化后进行浸渍或喷涂处理。广为利用的是水溶性涂料，其种类甚多，效果不一。随着人们对食品安全的关注，天然涂膜剂开发日益增多，如壳聚糖类、魔芋提取物和可食性涂膜剂等。

5. 中草药煎剂

自古以来，就有应用天然物质防腐的做法。如用松针和果蔬混藏，蒜泥用于马铃薯堆贮，都有一定的效果。果菜用这类中草药煎剂防腐，腐烂率低，失重也少，果实外观饱满，有光泽，风味可口，酸甜适宜。这些药物不仅无毒，而且对人体健康有好处。中草药取材容易，价格便宜，成本低廉，是就地取材、因地制宜的保鲜药剂，适宜在农村推广。

6. 吸附剂

为了抑制果蔬的后熟，最大限度地延长贮藏寿命，必须降低氧的含量，排除内源乙烯和水果呼吸时产生的过量二氧化碳，因在空气不够流通和闭塞的情况下，乙醛、乙醇和脂类物质也会被诱发，引起果肉果皮褐变和软化，亦应排除。在贮藏中，若在各种有害气体刚刚产生时，就用吸附剂来吸收，则可以防止有害气体对果蔬的破坏作用，避免腐烂的发生。如铁粉、活性炭、沸石、活性矾土、铝酸盐、亚铁盐、氢氧化钙、分子筛、高锰酸钾和硅藻土等，有不同程度的吸附效果。

值得注意的是，随着人们对环境保护和食品安全的日益重视，我国正在实施"无公害食品行动计划"。无公害蔬菜，绿色食品蔬菜，有机食品蔬菜的概念，正在被人们所接受。施用植物生长调节剂和保鲜剂时，应严格遵循相关的使用准则和国家标准。

二、植物生长调节剂与保鲜剂的施用

（一）植物生长调节剂与环境条件的关系

植物生长调节剂的使用效果，与温度、湿度和光照等外界环境条件，有着密切的关系。

在一定的温度范围内，植物使用植物生长调节剂的效果，一般随着温度的升高而增大。这是因为温度升高会加大叶面角质层的透性，加快叶片对植物生长调节剂的吸收。同时温度较高，叶片的蒸腾作用和光合作用较强，植物体内的水分和同化物质的运输也较快，这也有利于植物生长调节剂在植物体内的传导。生长物质一般在高温下使用浓度要低些，在低温下使用时则浓度要高些。

有些植物生长调节剂的应用，在不甚适宜的环境下更能显示出它的效果，而在正常条件下，则不需要使用。如番茄等在低温或高温下会大量落花，这时使用 2,4-D 或防落素，防止落花的效果会非常明显。而在适宜的温度下，由于落花不严重，因此使用 2,4-D 或防落素的效果也就不明显。

光照，能促进植物光合效率的提高和光合产物的运转，并促进气孔张开，有利于对药液的吸收，同时还促进了蒸腾作用，又有利于药液在植物体内的传导。因此，植物生长调节剂多在晴天使用。但是，光照过强，则叶面的药液易被蒸发，留存时间短，不利于叶面对生长调节剂的吸收。因为叶片不能吸收固体物质，故夏季使用植物生长调节剂时，要注意避免在烈日下喷洒。

空气湿度大，能使叶面角质层处于高度水合状态，延长药滴的湿润时间，有利于吸收与运转，叶面上的残留量相对较少，能够提高使用效果。

风速过大，植物叶片的气孔可能关闭，而且药液易干燥，不利于被吸收。故一般不宜在风太强时施用。

施药时或施药后下雨，会冲刷掉药液。在一般情况下，要求喷洒后 12～24 小时不下雨，才能保证药效不受影响。否则应重施。

环境因素除了影响药效外，更重要的是影响植物的生长发育。不同的环境条件下，植物生长发育不同，需要调控的方面也有差异。例如，干旱情况下，植物需要提高抗旱力；低温情况下，植物易受冷害，应提高其抗低温能力。因此，应该根据各地环境条件，选用适宜的植物生长调节剂，对症下药，并确定适宜的浓度和施用时期，采用正确的施用技术，才能真正发挥生长调节剂的作用。

要使植物生长调节剂在农业生产上应用时获得理想的效果，就一定要配合其他的栽培措施。例如，萘乙酸、吲哚丁酸处理插条后，可以促进生根，但是如果不保持苗床内一定的湿度和温度，生根是难以保证的。如果栽培措施不合理，土壤瘠薄，肥水不足，或有病虫害等，也不能产生应有的效果。例如，用防落素、2,4-D、萘乙酸和比久等防止落花、落果，还需加强肥水管理，保证营养物质的不断供给，才能获得高产。又如，用乙烯利催熟果实，还应与适时采收相结合，否则达不到催熟的目的。因此，使用生长调节剂时，不能离开正常的栽培措施，而应该与合理的栽培措施相结合，才能收到预期的效果。

要用生长调节剂促使植物健壮地生长发育，就决不能离开农业技术措施的综合应用。如果舍本逐末，即使应用植物生长调节剂，也不能达到预期的目的。大量实践表明，植物生长调节剂的应用效果同农业措施密切相关。如乙烯利处理黄瓜，能多开雌花多结瓜，这就需要对它供给更多的营养，才能显著地增加黄瓜的产量。但如果肥水等营养条件不能满足，则会造成黄瓜后劲不足和早衰，反而降低产量。如用乙烯利培育后季稻矮壮秧，其效果与秧田密度关系很大。如在稀落谷的条件下，培育矮壮秧的效果很好。但如果密度过高，则容易造成秧苗在秧田拔节，降低秧苗素质。

（二）植物生长调节剂的施用方法

植物生长调节剂的施用方法较多。一种植物生长调节剂具体采用何种使用方法，随生长调节剂种类、应用对象和使用目的而异。方法得当，事半功倍；方法不妥，则适得其反。在实际应用中，要根据实际情况灵活选择。

1. 溶液喷洒

溶液喷洒是生长调节剂应用中的常用方法。根据应用目的，可以对叶、果实或全株进行喷洒。先按需要配制成相应的浓度，喷洒时液滴要细小均匀，药液用量以喷洒部位湿润为度。为了使药液易于粘附在植物体表面，可在药液中加入少许乳化剂，如中性皂、洗衣粉、烷基磺酸钠，或表面活性剂，如吐温－20 和吐温－80，或其他辅助剂，以增加药液的附着力。溶液喷洒多用于田间作物，对盆栽作物也可使用。为了使药液在植物体表面存留时间长，吸收较充分，使用时间最好选择在傍晚，气温不宜过高，使药剂中的水分不致很快蒸发。否则，过量未被吸收的药剂沉积在叶表面，对组织有害。傍晚喷施后，第二天早上的露水有助于药剂被充分吸收。如处理后4小时内下雨，叶面的药剂易被冲刷掉，降低药效，需要重新再喷。要根据使用量，选择不同型号的喷雾器。

2. 药液浸泡

浸泡法常用于种子处理、促进插条生根、催熟果实和贮藏保鲜等。进行种子处理时，所浸种的用药液量要正好没过种子，使种子充分吸收药剂。浸泡时间为6～24小时。如果室温较高，药剂容易被种子吸收，浸泡时间可以缩短到6小时左右；温度低时，则浸泡时间应适当延长，但一般不要超过24小时。要等种子表面的药剂晾干后再播种。促进插条生根，可将插条基部2.5厘米左右长浸泡在含有植物生长调节剂的水溶液中。浸泡时间的长短与药液浓度有关。如将带叶的木本插条，放在5～10毫克/升吲哚丁酸中浸泡12～24小时，较为适宜。如药剂浓度改为100毫克/升，则只需浸泡1～2小时。浸泡时，应放置在室温下的阴暗处，空气湿度要大，以免蒸发过快，插条干燥，影响生根。浸泡后，可将插条直接插入苗床中，四周保持透气，并有适宜的温度与湿度。也可采用快蘸法，操作简便，而且省工。将插条基部2.5厘米左右长放在萘乙酸或吲哚乙酸酒精溶液中，浸蘸5～10秒钟，药剂可以通过组织或切口，很快进入植物体，待药液干后，可立即插入苗床中。也可用较高浓度的水溶剂，如5 000毫克/升丁酰肼快蘸处理，促进生根。另外还可用粉剂处理，将苗木插条下端半寸左右先在水中浸湿，再蘸沾拌有生长素的粉剂。为防止扦插时擦去蘸在插条上的药粉，可先挖一条小沟，把插条排在沟中，然后覆土压紧。催熟果实，是将成熟的果实采摘下来后，浸泡在事先配制好的药液中，浸泡一段时间，取出晾干后，放在透气的筐内。如用乙烯利催熟，果实吸收乙烯利后，有充分的氧气才能释放出乙烯气并诱导生成内源乙烯，达到催熟的目的。马铃薯催芽，也可采用此方法。贮藏保鲜多用保鲜剂。进行保花、保果处理时，可将药剂盛在杯中蘸花簇，蘸湿即可。

3. 药液涂抹

涂抹法，是用毛笔或其他工具，将药液涂抹在植物某一部位的施用方法。如将 2,4-D 涂布在番茄花上，可防止落花，并可避免药液对嫩叶及幼芽产生危害。此法便于控制施药的部位，避免植物体的其他器官接触药液。对于一些对处理部位要求较高的操作，或是容易引起其他器官伤害的药剂，涂抹法是一个较好的选择。用羊毛脂处理时，将含有药剂的羊毛脂直接涂抹在处理部位，大多涂在切口处，有利于促进生根，或涂芽促进发芽。

4. 土壤浇灌

土壤浇灌法，是配成水溶液直接灌在土壤中或与肥料等混合使用，使根部充分吸收的施用方法。盆栽植物的浇灌用水量，可根据植株大小与盆器的大小而定。9～12 厘米口径的盆，一般浇 100 毫升，15 厘米以上的盆，需浇 200～300 毫升。用水量不要太多，以免药剂从盆底泄水口流失，降低药效。如果是溶液培养，可将药剂直接加入培养液中，在育苗床中处理时，除叶面喷洒外，还可进行土壤浇灌。如西红柿，可随灌溉，将药剂徐徐加入流水中，供根系吸收。大面积应用时，可按一定面积用量，与灌溉水一同施入田中，也可按一定比例，把生长调节剂与土壤混合，进行撒施。施入土壤的植物生长调节剂，可以是一定浓度的药液，也可以按照一定比例混在肥料、细土中。在一些盆栽花卉中，可以根据植株的大小和花盆的大小，确定药液的用量。也可以按照用量直接拌入盆土中。在林地使用时要除去地表的枯枝败叶等，让表土裸露。另外，土壤的性质和结构，尤其是土壤有机质含量的多少，对药效的影响较大，施用时要根据实际情况适当增减用药剂量。为促进开花，控制植株茎、枝伸长生长等，可将药剂水溶液直接注入筒状叶中。如处理叶腋或花芽，为防止药剂流失，可事先放一小块脱脂棉，将药剂滴注在棉花上，使之能充分吸收，而不致流失。

5. 药液注射

采用注射法，是将药剂通过注射器，多方向地注入植物输导系统中，以帮助植物吸收。用于木本植物可在树干基部注入药液。

6. 药液熏蒸

熏蒸法，是利用气态或在常温下容易汽化的熏蒸剂，在密闭条件下施用的方式。熏蒸剂的选择是取得良好效果的前提。在进行气体熏蒸时，温度和熏蒸容器的密闭程度，是两个重要的影响因素。气温高，药剂的汽化效果好，处理效果也好；气温低，则相反。处理容器的密闭性越好，处理效果也越好；处理容器的密闭性不好，处理效果则相反。萘乙酸甲酯可用于窖藏马铃薯、大蒜和洋葱等的处理。将萘乙酸甲酯倒在纸条上，待充分吸收后，将纸条与受熏体放在一起，置于密闭的贮藏窖内。取出时，抽出纸条，将块茎或鳞茎放在通风处，待萘乙酸甲酯全部挥发后，即可。

7. 浸液签插

签插法，是一般用于移栽植株的生长调节剂施用方法。将浸泡过生长素类药液的小木签，插在移植后的苗木或幼树根际四周的土壤中。木签中的药剂溶入土壤水中，被根系吸收，有助于长新根，提高移栽成活率。

8. 高枝压条切口涂抹

生长调节剂高枝压条切口涂抹法，可用于名贵的难生根植株的繁殖。进行时，在枝条上进行环割，露出韧皮部，将含有生长素类药剂的羊毛脂，涂抹在切口处，用苔藓等保持湿润，外面用薄膜包裹，防止水分蒸发。当枝条长出根来以后，可切下生根枝条进行扦插。

9. 拌种与作种衣

拌种法与种衣法专用于种子处理的生长调节剂施用方法。用杀菌剂、杀虫剂或微肥等处理种子时，可适当添加植物生长调节剂。拌种法，是将药剂与种子混合拌匀，使种子外表沾上药剂，如用喷壶将药剂洒在种子上，边洒边拌，搅拌均匀即可。种衣法，是用专用剂型种衣剂，将其包裹在种子外面，形成有一定厚度的薄膜，可同时达到防治病虫害、增加矿质营养、调节植物生长的目的，省工、省时、效率高。

（三）应用植物生长调节剂的注意事项

1. 进行一定规模的预备试验

有许多药剂会产生同一个效果。如化学整型，有好些植物生长延缓剂可供选择，如丁酰肼、矮壮素、多效唑和嘧啶醇等。各种不同植物对不同药剂反应不同。根据所拥有的药剂，最好做一次对比试验，1 周后就能观察到效果。选择一种药效显著、没有副作用、使用简便、价格便宜的药剂，作大面积应用。有的药剂药效期短，往往需要多次处理。若选择药效期长的一次处理即可，可以节省劳力。但如果一次使用后出现药害，如叶色发黄、有枯萎现象等，则不如选用低剂量、进行多次处理更好。

在我国，地理、气候和土壤条件各地相差很大。文献上即使有同样的试验报告，但由于作物种类不同，品种不同，对作物的影响也是不同的。即使是同一作物、同一品种，由于南北地区气候条件不同，甚至每年条件不同，土壤类型不同，种植后的结果也是不会相同的。使用植物生长调节剂不做预备试验是会有危险的。此外，同一药剂，由于厂家不同，批号不同，存放的时间长短不同，都有可能出现问题。因此，在大规模试验或处理作物之前，一定要做预备试验(处理)。以供试药液供试浓度，处理供试作物 3～5 株(或果树的 1～2 枝条)，三五天后进行观察，如无烧伤或其他异常现象，就可以大规模应用于田间。如植物有异常反应，则应降低浓度或剂量等，再行试验，直到安全无害为止。这个措施就是保证不会大面积伤害植物。这个环节非常重要。因为生长调节剂的浓度不同，使用后的效果完全相反，甚至有烧死作物的危险。这是需要格外注意的。

2. 选定适宜的使用时期

使用植物生长调节剂的时期至关重要。只有在适宜的时期内使用植物生长调节剂，才能收到应有的效果。使用时期不当，则效果不佳，甚至还有副作用。植物生长调节剂的适宜使用期，主要取决于植物的发育阶段和应用目的。如使用萘乙酸作疏果剂，则在花后使用；若作保果剂，则在采前使用。使用乙烯利诱导黄瓜雌花形成，必须在幼苗 1～3 叶期喷洒，过迟用药，则早期花的雌雄性别已定，达不到诱导雌花的目的。

作物的不同生育时期，对外施生长调节剂的反应(敏感性)不同。为了防止果菜的落花、落果，必须在发生落花、落果前进行处理；过迟则起不到防止脱落的作用。抑制夏梢发生，应在夏梢发生前或生长初期处理，才有明显的抑制作用；若处理过迟，不仅不能抑制夏梢生长，反而抑制了秋梢的生长。对果实的催熟，应在果实转色期处理，可提早 7～15 天成熟；若处理过早，会使果实品质受影响；反之催熟作用不大。此外，植物吸收生长调节剂之后，运输到作用部位，需经一定的时间，并要经过一系列的生理生化变化，到表现出形态变化，尚需一定时间，因此，喷药时间也应提早几天。

由上看来，植物生长调节剂的适宜使用时期，不能简单地以某一日期为准，而是要根据使用目的、生育阶段和药剂特性等因素，从当地实际情况出发，通过试验来确定最适宜的用药时期。

3. 正确的处理部位和施用方式

要根据问题的实质决定处理部位。例如用 2,4-D 防止落花落果，就要把药剂涂在花朵上，抑制离层的形成；若用 2,4-D 溶液处理幼叶，则会造成伤害。植物的根、茎、叶、花、果实和种子等，对同一种生长调节剂或同一大小剂量的反应不同。同样的浓度对根有明显的抑制作用，而对茎则可能有促进作用；对茎有促进作用的浓度，往往比促进芽的高些。如浓度为 10～20 毫克/升的 2,4-D 药液，对果实膨大生长有促进作用，而对于幼芽和嫩叶却有明显的抑制作用，甚至引起变形。因此，使用时必须选择适当的用药器具，对准所需用药的部位施药，否则会产生药害。一般生长调节剂可通过叶面被吸收，常用叶面喷洒。有的生长调节剂较易被根吸收，则以土壤施用效果较好。还有一些生长调节剂，既可通过叶面吸收，又可通过根系吸收，则两种使用方法均可采用。

4. 防止药害，保证安全施用

药害是一种由于生长调节剂使用不当而引起的与使用目

的不相符的植物形态和生理变态反应。如使用保花保果剂而导致落花、落果，使用生长素类调节剂引起植株畸形、叶片斑点、枯焦和黄化，以及落叶、小果与劣(裂)果等一系列症状变化，均是属于药害的范畴。植物生长调节剂引起药害，有急性与慢性之分。急性药害一般在施药后 1～10 天内表现；慢性药害则都在 10 天以后发生，有的甚至到作物收获期方可测得。所以，对于植物生长调节剂药害的症状、原因和预防，必须予以足够的重视。

药害产生的原因很多，如与气候的关系。温度高低不仅影响到使用植物生长调节剂的效果，而且常是导致作物药害的重要因素。2,4-D、防落素和增产灵等苯氧乙酸类调节剂，使用时对温度要求较为严格，过高或过低都将引起不良后果。如番茄在气温高于 35℃以上时，用 2,4-D 点花保果，就很容易产生药害。

5. 正确的施用浓度

植物生长调节剂的一个重要特点，就是其效应与浓度有关。如 2,4-D、抑芽丹、调节膦和增甘膦等药剂，在较低浓度时起调节植物生长的功能，而在高浓度时则可起除草剂的作用。因此，如果使用浓度掌握不当，用药量过大，则常常导致药害的发生。

每一种生长调节剂对各种作物的应用浓度是有差异的，甚至同一种浓度对同种作物不同器官的致害浓度亦不一样。如 2,4-D 是番茄的一种点花保果剂，常用浓度为 10 毫克/升，对花瓣无药害，但对叶片却有药害。所以，各种作物对不同的植物生长调节剂的敏感性是不同的。

引起生长调节剂药害的主要原因，往往是对它的不合理使用。如错用药剂、喷施浓度过高、栽培管理不当、施药方法不合理等，均可导致作物药害的发生。

预防药害的发生，要注意如下问题：正确选择适宜的生长调节剂，是安全用药的先决条件。选用时须注意掌握生长调节剂的基本性能。由于每一种调节剂都有各自的理化性质、作用机理和适用作物，所以在使用前了解它的使用要点和注意事项，避免错用药而造成药害。

使用前，要明确使用生长调节剂的目的。常用生长调节剂，有促根、助长、抑生、保花、保果、增糖、杀雄和催熟等功能，而每一种作物在不同生育期又有不同的生理要求。生长调节剂不是万能灵药，要因作物、因生育期而选择对症的药剂，并且合理地使用。

使用时，要正确配制生长调节剂的适宜浓度。如对番茄使用 2,4-D 点花保果，气温在 15℃左右时，浓度宜控制在 15 毫克/升；25℃左右时，以 10 毫克/升较好；30℃时应降至 7.5 毫克/升；当气温超过 35℃时，不宜采用 2,4-D 点花保果。要根据药剂有效成分配准浓度。由于生长调节剂种类繁多，有效成分含量各不相同，如有 85％赤霉素晶体，也有 4％赤霉素乳剂，在配制时，要根据有效成分的多少，加适量的水，稀释成适宜的浓度。

要正确掌握生长调节剂的施药方法。采用喷雾法时，在掌握适期和配准浓度的同时，要选择适宜的田块喷雾，如喷施调节啶或矮壮素，要选择对茎叶生长旺盛的田块喷施。以点花法施用生长调节剂时，要选好药剂和浓度，避免在高温时点花，同时要在药液中适当加入颜料混合，以防止重复点花。浸蘸法施药，要注意浓度与环境的关系，如在空气干燥时，枝叶蒸发量大，要适当提高浓度，缩短浸渍时间，避免插条吸收过量药剂而引起药害；要注意扦插温度，一般生根发芽以20℃～

30℃最适宜；要抓好插条药后管理。插条以放在通气、排水良好的砂质土壤或细砂中为好，防止阳光直射。

6. 恰当的管理措施

要正确抓好药后管理。施用植物生长调节剂的作物，要根据作物生长特点和生长调节剂的特有要求抓好管理。一般施用助壮素、增产灵等药剂后，要适当增施氮、磷、钾肥料，促进植株生长，防止早衰。

喷施植物生长调节剂时，要制定安全间隔期。对各种植物生长调节剂制定最后一次施药离收获期的间隔时间，可控制生长调节剂残留量在安全系数以内。

调节剂之间混用的目的要明确。在植物生长调节剂混用时，要根据作物对象明确应用目的，再注意调节剂的功能，做到混用的目的与生长调节剂的生理功能相一致，不能将两种生理功能完全不同的调节剂进行混用。否则，混合后不能对应用目的起增效作用，甚至是对立的生长调节剂混用，使各自的生理功能互相抵消。例如多效唑、矮壮素和比久等，不能与赤霉素混用。

酸性调节剂不能与碱性调节剂混用。混合使用植物生长调节剂时，要注意各自的化学性质，不能将酸性与碱性的两种调节剂混用，以免发生中和反应，而使药剂失效。例如乙烯利是强酸性的生长调节剂，当 pH 值>4.1时，就会释放乙烯。所以，它不能与碱性的生长调节剂或农药混用。

要注意混用化合物的相容性。植物生长调节剂之间，或生长调节剂与某些植物营养元素混用时，要注意彼此间的相容性，保持离子间的平衡关系。在生长调节剂中加入某些植物营养元素时，要防止出现沉淀、分层等反应。例如应用比久时，不能加入铜制剂，否则将使比久的生理功能遭到破坏。同时也要防止植物营养元素间的互相沉淀析出现象。

7. 妥善保管植物生长调节剂

温度对于植物生长调节剂的影响较大，一般温度愈高，影响愈大。温度的变化，会使植物生长调节剂产生物理变化或化学反应，以致使其活性下降，甚至失去调节功能。如三十烷醇水剂，在常温下（20℃～25℃）呈无色透明，若长时期在35℃以上的环境中贮藏，则易产生乳析以致变质。赤霉素晶体在低温、干燥的条件下可以保存较长时间，而在温度高于32℃以上时开始降解，随着温度的提高，降解的速度加快，甚至可丧失活性。赤霉素的粗制品制成乳剂较难保存，稳定性比结晶粉剂差。

在植物生长调节剂中，防落素、萘乙酸、矮壮素、调节膦等药剂，吸湿性较强，在湿度较大的空气中易潮解，逐渐发生水解反应，使药剂质量变劣，甚至失效。制作成片剂、粉剂、可湿性粉剂或可溶性粉剂的植物生长调节剂，往往吸湿性也较强，特别是片剂和可溶性粉剂，如果包装破裂或贮藏不当，则很容易吸湿潮解，从而降低有效成分含量。如赤霉素片剂一旦发生潮解，就必须立即使用，否则就会失去调节功能。一些可湿性粉剂，吸潮后常引起结块，也会影响调节作用的效果。

光照，对植物生长调节剂亦可带来不同程度的影响。因为日光中的紫外线可加速调节剂的分解。如萘乙酸和吲哚乙酸，都有遇光分解变质的特性。棕色玻璃瓶的透光率为23％，绿色玻璃瓶的透光率为75％，无色玻璃的透光率达90％。用棕色玻璃瓶可以减少日光对药剂的影响。同时，贮藏植物生长调节剂的地方，要防止阳光照射，避免阳光对植物生长调节剂的不良影响，

存放植物生长调节剂的容器，也是影响药剂质量的一个

重要方面。一些调节剂不能用金属容器存放，如乙烯利、防落素对金属有腐蚀作用，比久易与铜离子作用而变质。大多数农药与碱易反应，如赤霉素遇碱迅速失效。有些生长调节剂遇碱易分解，如乙烯利在 pH4 以上就可释放乙烯而分解。

由于植物生长调节剂的使用技术较为严格，保管要求也较高，所以要做到专门保管，以免与其他杀虫剂、杀菌剂和除草剂搞错。有时，同一种植物生长调节剂有几种浓度规格，在贮藏时，除了要注意药剂的名称之外，更应对有效成分含量做醒目的标记，以防在应用时由于浓度搞错而对作物造成不应有的损失。不同的植物生长调节剂，在贮藏时应分开贮藏，特别是贮藏时间较长的更应如此。

植物生长调节剂应用深色的玻璃瓶装存，或用深色的厚纸包装，放在不被阳光直接照射的地方，或者放在木柜中保存。一般植物生长调节剂宜贮藏在 20℃以下的环境中，对于需要贮藏较长时间的原药及高浓度的母液，最宜放在阴凉环境中。有条件的也可将其放于专门存放化学药品的低温冰箱中保存。不能将药品与食物同放在一只冰箱内，以防对人体造成不良影响或中毒。

有些植物生长调节剂需要贮藏的时间较长，可以采取密封贮藏的方法，以防止发生化学反应。如采用磨口瓶贮藏或用瓶装后，瓶口用蜡封口，可减少与空气接触，并置于阴凉、避光的地方。植物生长调节剂贮藏在相对湿度为 75%以下的环境中，为避免药剂受潮，在搞好药剂本身防潮包装的基础上，选择干燥的场所贮藏。

目前在市场上销售的植物生长调节剂，厂方为了便于农户应用，多数是稀释后加工成粉剂、水剂或乳剂等形式，进行销售。如 2,4-D 配制成含量为 1.5%的水剂，赤霉素等配以辅料制成粉剂，乙烯利为含量40%的醇剂，矮壮素为含量50%的水剂等。因此，这些植物生长调节剂的贮藏期不宜太长，一般在2年左右，有的甚至更短。所以，必须注意其出厂日期和贮藏时间，对于超过2年以上的调节剂，在应用前必须先做田间试验或化验分析，观察是否失效，再确定是否用于生产。

所以，由厂方稀释配制后的植物生长调节剂，经过一段较长时间的贮藏后，要经常认真检查药剂的质量变化。如发生药剂混浊分层沉淀或者色泽变化等，均应考虑变质的可能性。有的生长调节剂气味较大，如2，4-D、防落素等，均有很重的气味，即使贮藏两三年，其气味仍很浓重。对于这一类药品的质量，不能仅用直感的气味来判别，有时虽然尚有气味，但实际上已经失效。

有些植物生长调节剂，由于封装时消毒不严，或者使用了一部分，将剩余部分贮藏起来，因而很容易引起微生物污染，使药剂发生变质。如目前市场上销售的复配型制剂，在植物生长调节剂中加入矿质元素或微量元素，也有的配以有机质如氨基酸之类，常因消毒不严，或开瓶使用部分后引起微生物污染，而失去生理活性。所以，在使用植物生长调节剂之前，一定要认真检查是否被微生物污染；若出现污染，就应停止使用。

8. 选用合格的植物生长调节剂

蔬菜生产效果与经济效益的高低，与正确选用和合理使用生长调节剂关系密切。市场上植物生长调节剂的种类较多。为了避免伪劣药剂的危害，应该注意以下问题：购药前，应弄清使用的目的，即用植物生长调节剂解决什么问题。其次，要在经过严格检验并且合格的农资公司、供销社和农技部门等单位购买。购药时，要根据使用目的选购药剂，并查询产品有无"三证"。要购买"三证"齐备的产品，仔细阅读使用说明书，了解其主要作用、使用对象和使用方法，认清产品商标、生产厂家和出厂日期。切忌购买陈旧过期药剂和那些未经研究应用和毒性鉴定的无商标、未注册的产品。对于市场销售的新药剂，或应用效果还有争议的药剂，不要盲目购买，更不宜大面积上推广应用，以免造成不必要的浪费或起反作用。而应由农业技术部门进行多点试验，确定有效浓度与剂量后，并经示范验证确有良好效果后，才进一步推广应用。

在不同年份、不同栽培措施和不同环境条件下，生长调节剂的使用效果有差异。这是使用效果受诸多因素制约的缘故。因此，必须正确选用药剂，合理使用，才能发挥其效果，提高经济效益。否则效果不稳定，甚至无效，有时还可能产生药害。

此外，还要严格按照有关规定施用，注意安全，防止污染，保护环境。

三、植物生长调节剂与保鲜剂在蔬菜调控中的应用

近年来，蔬菜生产有了长足的发展。在品种方面，早、中、晚熟性的品种配套，能适应四季栽培；在栽培方式上，各种类型的保护地栽培和露地栽培并重，基本上做到了四季生产，周年供应。特别是地膜，中、小棚大面积推广，日光温室在我国迅速发展，对我国北方喜温果菜类的供应起了重大的作用，基本解决冬季蔬菜品种单一的问题。利用植物生长调节剂与保鲜剂，防止蔬菜器官脱落，打破休眠，控制徒长，促进成熟、提

高坐果率以及嫁接育苗、保鲜贮藏等，已成为蔬菜生产的重要措施。

细胞分裂素、丁酰肼、矮壮素和萘乙酸等，常用于蔬菜保鲜贮存。但不同种类和品种的蔬菜，具有不同的遗传特性，由此决定了它们不同的新陈代谢方式和强度，因而表现出不同的品质特征和生长特性。在植物生长调节剂的施用上，也各有特点。如叶菜类富含多种维生素，但株体表面积大，代谢旺盛；块茎、球茎等类蔬菜，有一个生理上的休眠阶段。又如菠菜以尖叶有刺品种耐寒，适宜冻藏；圆叶品种叶肉厚，丰产，但耐寒性差，不耐贮藏；圆叶与尖叶杂交品种既耐寒又丰产，是耐藏的优良品种。

蔬菜生理性状与耐贮性的关系极为密切，其中成熟度是蔬菜生理性状的主要标志。因而常据需要用乙烯释放剂或抑制剂，来调节蔬菜的成熟度。成熟过度或成熟不足的蔬菜不耐贮存，因为过熟的蔬菜已处于生理衰老状态，贮存器官的贮存特质已经消耗；而不到成熟期的幼嫩蔬菜，其中的内容物不充足。各种蔬菜的成熟度常以风味品质的优劣作为采收的首要依据。对某些果菜类，如茄子、黄瓜等，是按开花后的天数作为采收标准，如过早采收，果嫩，营养与风味淡薄，易萎蔫；而过晚采收，皮厚子老风味差，贮藏时易老化。植物生长调节剂赤霉素和助壮素等，可用于调节生长速度，以确定最佳的采收时间。

生长在不同纬度及海拔高度的同一种蔬菜，由于温度、雨量和光照等气候条件的差异，其结构、成分和生理特性也随之改变。蔬菜对温度的要求范围，与原产地及其整个系统发育过程中形成的生物学特性有关。温度高，生长快，产品组织柔嫩，可溶性固形物含量低。昼夜温差大，生长发育良好，可溶性固形物含量高。不同季节的气温差异，也会使产品特性发生变化。不同年份的气温条件不同，影响产品的组织结构和成分的变化，也是影响蔬菜生长发育的重要原因。

空气湿度和雨水，对蔬菜的成分和组织结构有很大影响。高湿多雨，会使番茄干物质含量减少；气候潮湿，特别是接近采收季节阴凉多雨时，常使西瓜含糖量降低，缺乏应有的色泽、风味和香气。但在一定生长阶段降雨过少，常会影响某种矿物质元素的吸收，导致缺素病症。降雨多少还关系到土壤水分、土壤 pH 值以及土壤中可溶性盐类的含量，从而影响蔬菜的化学组成与品质。一些植物生长调节剂，可以用于提高蔬菜对温湿度变化的抵抗力。

采前喷洒一些植物生长调节剂、杀菌剂或其他矿物质营养元素，是栽培上改进蔬菜品质，增强耐藏力，防止某些生理病害和真菌病害的辅助措施之一。常用的植物生长调节剂如萘乙酸和二氯苯氧乙酸，其高浓度对植物生长起抑制作用，低浓度时则有促进作用；比久（B_9）和矮壮素（CCC）是生长抑制剂；赤霉素（GA）促进植物细胞分裂和伸长；乙烯和乙烯利促进果实成熟等。

与其他农业种植学科相比，蔬菜栽培有以下几个突出特点：蔬菜种类繁多，食用器官多样。据粗略统计，目前我国栽培的蔬菜种类（包括种、亚种及变种）共有 210 种，分属于 32 个科。其可食用器官多种多样，有嫩叶（菠菜、油菜菜等）、叶球（如大白菜、甘蓝、结球莴苣等）、嫩茎（如莴笋、菜苔、茎用芥菜等）、块茎（如马铃薯、山药等）、球茎（如芋、荸荠等）、鳞茎（如大蒜、洋葱等）、根状茎（如生姜、草石蚕等）、肉质根（如萝卜、胡萝卜、芜菁等）、新鲜的果实（如瓜类、茄果类、荚果类等）、花和花球（如金针菜、花椰菜等）。食用器官的多样化，要求较高而复杂的栽培技术，因而对植物生长调节剂控制的时期、部位、方式等，都提出了不同的要求。

由于蔬菜生长快，产量高，要求产品鲜嫩，加之各种蔬菜生长习性的差异，这就要求菜园土壤肥沃，疏松透气，保肥保水。要有充足的水源，并实行精耕细作，如做畦、选垄、支架、绑蔓、整枝、打杈、摘心、疏花疏果与保花保果等技术。许多植物生长调节剂就用于此。如用防落素、6-BA、萘乙酸于黄瓜保花保果；用 2,4-D、赤霉素和防落素溶液于茄子的保花保果等。

育苗移栽，这是集约化蔬菜栽培的主要特点之一。除个别蔬菜外，绝大多蔬菜均需育苗。其优点：一是苗期集中，便于管理；二是可在不适宜蔬菜生长的季节，利用设施创造适宜的环境条件进行育苗，等大田环境条件适宜时再定植，从而增加露地栽培蔬菜的适宜生育时间。这不但可以提前上市，还可以提高产量和经济效益。吲哚乙酸、萘乙酸和矮壮素等，常用于培育壮苗，提高移栽苗的发根力。

保护地栽培，也是蔬菜栽培的新技术之一。保护地的设施有地膜、塑料棚（大、中、小）、温室、软化栽培场地和遮阳网等。保护地栽培一方面可以使蔬菜四季生长，周年均衡供应，丰富人们淡季的菜篮子，一方面可以增加菜农的经济收入。用植物生长调节剂三十烷醇、芸薹素内酯、喷施宝、石油助长剂等，来调控保护地蔬菜生长，促进其优质和高产，也不乏成功实例。

此外，用乙烯利和草甘膦等于番茄、马铃薯等的催熟及茎叶的干燥；用青鲜素和细胞分裂素等抑制叶菜、根菜类的抽薹；用赤霉素促进胡萝卜、菠菜和甘蓝等的花芽分化和抽薹；用乙烯利、吲哚乙酸、矮壮素和激动素等，来调控瓜类花的性别。实践表明，植物生长调节剂在蔬菜中的应用十分广泛，效果明显。

第五章　蔬菜的合理采收和装运调控

一、蔬菜的合理适时采收

（一）蔬菜的采收标准

蔬菜的采收，是蔬菜保鲜贮藏的基础，直接影响到蔬菜贮藏的效果。蔬菜采收的总原则是，及时采收，完好无伤，达到保质保量，减少损耗的目的。

蔬菜的表面结构，是良好的天然保护层。损伤了它就会破坏保护层，失去自然的抵抗力，易受病菌的感染而造成腐烂。所以，蔬菜的采收应避免一切损伤。

蔬菜的采收应根据蔬菜的种类和用途，确定适宜的采收成熟度和采收期。

1. 表面色泽

蔬菜的色泽及其变化状况，是判断成熟度的重要标志。如番茄果实作为远距离运输或贮藏的，应在绿熟时采收；就地销售的，可在粉红色时采收；加工用的，可在红色时采收。茄子应在明亮而有光泽时采收。黄瓜应在深绿色尚未变黄时采收。

2. 坚实度

番茄和辣椒等在硬度较大、未过熟变软时采收，较耐贮藏。结球甘蓝和花椰菜在叶球或花球充实、坚硬时采收，耐贮性好。

3. 营养成分

糖和淀粉是成熟采收的重要指标。如青豌豆和菜豆，以食用幼嫩组织为主的，以糖多、淀粉少时采收品质较好。而马铃薯和甘薯，在淀粉含量较高时采收，产量高，营养丰富，耐贮藏。

4. 生长状况

如洋葱、大蒜、芋头和姜等蔬菜，以在地上部枯黄时采收为宜，这时采收的产品耐贮性强。黄瓜、丝瓜、茄子和菜豆，在种子膨大、硬化之前采收，品质较好，否则，采收过晚，产品木质化、纤维化，品质下降。南瓜在果皮发生白粉并硬化时采收。冬瓜在果皮上的茸毛消失，出现蜡质白粉时采收，可长期贮藏。

5. 采收适期

正确合理的采收时间，对于贮藏保鲜十分重要。对于大多数蔬菜来说，提早采收虽然保持绿色的时间较长，但产量低，组织柔嫩，易失水，品质差。而延迟采收，又会增加产品的衰老和腐烂。

用于贮藏的蔬菜，其适宜的采收生长度或成熟度，根据供食用器官和贮藏方式的不同而不同。一般营养器官采收后无后熟过程，采收成熟度应掌握在充分成长，达完熟期稍前一点收获。繁殖器官一般有后熟过程，不能在完熟期采收。例如贮藏大白菜，为了防止裂球，窖藏用时选九成生长度时采收；埋藏用则在八成生长度采收，因为埋藏时能从土中吸收水分。如用结球坚实的产品埋藏，更易裂球和衰老。再如用于较长期贮藏的番茄，应在果脐泛白、果实坚硬的绿熟期采收，在贮藏过程中自然后熟达到最佳食用品质。采后只作短期贮藏或运输的番茄，可在果顶显色时采收，经过短时间也可自然后熟。而完全转色的番茄红果，耐藏性已降低，不能再贮藏。采收的时间也影响产品的品质和贮藏。采收时的高温不利于品质的保持，一般应在晴天早晨或傍晚气温和菜温较低时采收。降雨后采收果皮颜色不好，且易腐烂。供冬季贮藏用的芹菜和菠菜等耐寒蔬菜，应在不受冻害的原则下，适当延迟采收。采收太早，温度尚高，贮藏时易失水、发热、变黄及腐烂；采收太晚则易受冻害。

总之，各种蔬菜都要以风味、营养成分和品质的优劣，作为采收的首要依据；用作长期贮藏的蔬菜，还要以贮藏结束时的风味、品质及损耗状况为标准。对某些果菜类，如黄瓜、茄子等，可以开花后的天数作为采收的标准，不可过早也不可过晚。过早采收，果嫩，营养与风味淡化，易萎蔫；过晚采收，皮厚籽老风味差，贮藏时易老化。例如茄子，供短期贮藏的，应以适熟期为好，即开花后 15 天左右采收；而采后即供应市场的，则以在开花后 20 天左右采收为适宜成熟度。

（二）采收方法

不正确的采收方法，往往会使蔬菜受损和变色，这不仅降低了产品的商品价值，而且导致呼吸作用显著增加，生理病害发生，甚至还会成为微生物的通道而招致腐烂，缩短贮藏寿命。因此，采取正确的采收方法，对防止蔬菜大量损耗有着积极的意义。

地下根茎类蔬菜的采收，都应挖得深些，以免伤及根际，如胡萝卜、马铃薯、大蒜等。马铃薯采收时，要求块茎的湿度含量较低，故在挖掘前应提早割去枝叶，或挖后将块茎在地上摊晾 60～120 分钟。

用刀割收的蔬菜，如甘蓝和大白菜等，收割时应留 2～3

片包叶作为衬垫。芹菜采收时，叶柄应当连在基部。还有一些蔬菜采用手摘，如黄瓜脆嫩，采收时要特别注意轻拿轻放，避免损伤。番茄果实与枝条之间有离层，成熟的番茄很容易摘取。

（三）采后处理

从蔬菜采收后到贮藏前的这段时间，还应根据蔬菜的种类和贮藏方法，进行一系列的处理。

1. 愈　伤

愈伤的本意是治愈。蔬菜在采收过程中，很难避免各种机械损伤，即使是不易发觉的伤口，也会招致微生物的侵入而引起腐烂。有些蔬菜，采收后的愈伤处理十分重要。如马铃薯的块茎，采收后适当愈伤，可使贮藏期延长，还可减少腐烂。又如洋葱和大蒜头，收获后应使外部鳞片干燥。这不仅可减少微生物的侵染，而且对鳞茎的颈部和盘部的伤口有愈合作用。其他蔬菜如甘蓝、南瓜等，采后在高温高湿或干燥条件下，都可加速愈伤组织的形成，从而有利于贮藏。

愈伤是植物的一种自卫手段。当植物表面受伤的时候，在伤口处可以再生愈伤组织进行自我保护。但是，许多蔬菜收获以后，愈伤组织的形成能力较弱，蔬菜表面细微的伤口或收获时的损伤，都易导致腐烂。所以在采收、挑选、包装和运输等一系列处理过程中，要尽可能地轻拿轻放，精细操作。像甘薯等，贮藏前在较高温度下进行愈伤处理，可以人为地促进愈伤组织的形成。

2. 晾　晒

蔬菜采收时含水量高，组织脆嫩，在贮运中很容易被损伤，并有利于病虫的危害。在生理上，呼吸与蒸腾作用也都较为旺盛，如直接贮藏，必然会使库内湿度增高，引起微生物繁殖而导致腐败。因此，应根据蔬菜，种类和贮藏方式，进行必要的藏前晾晒。晾晒一般适用于含水量高、生理作用旺盛的叶菜类，以及通风性能较差的贮藏库。晾晒不可过度，否则易引起萎蔫，而使蔬菜品质下降。如大白菜，晾晒失水超过10%时，贮藏期叶片易黄化衰老，自然损耗增大；而以晾晒失水在5%左右较为适宜，一般晾晒1～2天。除叶菜类外，葱、蒜类在贮藏前也要晾晒，使外层鳞片充分干燥，形成膜质保护层。

3. 催　熟

有的蔬菜，如番茄，为了提早上市，或夏季温度过高，果实在植株上很难着色时，常须在绿熟期采收，于食用前进行人工催熟。催熟后不但色泽变红，而且品质也有一定改进。如用浓度为4 000微升/升的乙烯利溶液浸果，稍晾干装于箱中，用塑料薄膜帐密闭，在室温20℃～28℃时，经过6～8天即可成熟。另外，在温度较高的地方，果实也可以成熟，但时间较长，果实容易萎蔫，甚至腐烂。

4. 杀菌保鲜处理

用植物生长调节剂处理，可以促进或延迟蔬菜的成熟和衰老，以适应市场的需要。杀菌保鲜剂的应用，对抑制微生物的繁殖生长，保持蔬菜鲜度，延长贮藏期，可起到一定的辅助作用。如洋葱、芹菜和甘蓝等，用6-苄基腺嘌呤(BA)10～200毫克/升溶液处理，可延续贮期，保持新鲜度。对番茄用浓度为0.15%～0.2%的托布津溶液、浓度为0.3%～0.5%的过氧乙酸溶液、浓度为3%～5%的硼酸溶液浸果，或用二氧化硫气体熏蒸，都可收到杀灭病原菌的良好效果。对马铃薯用25%青鲜素加水70～90倍，洋葱用25%青鲜素加水60～70

倍，于收获前一周每 667 平方米喷 40 千克，可防止贮藏期发芽。用 25％青鲜素加水 40～180 倍，于收获前一周每 667 平方米喷 40 千克，可防萝卜贮藏期抽薹空心。对大白菜，在采收前 5～6 天，用浓度为 50～100 毫升/升的萘乙酸稀溶液，喷在植株基部，或在贮藏前用浓度为 50～100 毫克/升的萘乙酸稀溶液，或再加浓度为 0.15％～0.2％托布津溶液混合液，浸蘸或喷洒在根部，可防止贮藏中的脱帮。采收前对洋葱叶喷浓度为 0.4 毫克/升的萘乙酸溶液，可延长葱头的贮藏期。又如用 98％的萘乙酸甲酯 150 克，溶解于 300 克的丙酮或酒精中，再加拌 10 千克干细泥土，均匀地撒在 500 千克马铃薯上，可抑制马铃薯发芽，延长其贮藏期限。

（四）蔬菜的预冷

1. 预冷的作用

在装车运输或入库贮藏之前，将蔬菜所携带的田间热尽快散发出去，称为预冷。

蔬菜采收后带有田间热，体温高，因蔬菜含水量高，比热大，温度下降慢，其品质降低的速度与温度有密切关系。温度愈高，品质下降速度愈快。因此，蔬菜采收后应尽快将其体温降低到最适或接近最适温度。

如果将大量高温的蔬菜，堆积于装运车或贮藏库内，热量无法散发，呼吸作用强烈，会使其品质迅速变劣甚至大批腐烂，缩短贮藏期。蔬菜预冷有以下作用：

(1)保持新鲜　蔬菜预冷，可迅速降低温度，从而降低其呼吸强度，有利于保持贮藏期间蔬菜品质的新鲜，减少腐烂变质。

(2)减少能耗　蔬菜进入冷藏车或冷藏库后，消耗较少的冷气，防止车温或库温的上升，可减少能量的消耗。

(3)增强抗冷性 经过预冷的蔬菜，在以后的冷藏中比较抗冷害，可减少生理病害的发生。

(4)缩小温差 未经预冷的蔬菜装在冷藏车内，由于其温度和车厢温度相差大，蔬菜水分蒸发快，使车厢内湿度过高，顶部水汽凝结成水珠滴在装箱上，这对运输极为不利。蔬菜经过预冷，就可避免这种现象的发生。

蔬菜采后预冷必须及时；延迟冷却，效果不佳。豌豆采后当天预冷，贮藏在1℃的库内，比采后在20℃温度下放1～3天，然后再贮藏在1℃库内，其品质保持期延长12～25天。

2. 预冷的方法

最简单的预冷方法，是将采收的蔬菜放在背阴、冷凉的通风场所，让其自然降温。

现代化的预冷方法有水冷、风冷及真空预冷。水冷，有制冷水(0.5℃)冷却和自来水冷却两种。水冷却的方式有浸泡式、喷水式和冲水式，冷却速度快，成本低，但易被水污染。如结合采用某些药剂(防腐剂、钙等)进行处理，则效果更好。水冷却多用于果菜、根菜类的预冷，其他蔬菜一般不用水冷却。

风冷，是将蔬菜放在预冷室内，利用制冷机制造冷气，再用鼓风机将冷气通入预冷室内使其冷却，只要有冷库便可采用。

真空冷却，是将蔬菜放入耐压的密闭容器内，用真空泵抽气减压，使蔬菜处在低压之下，借助蒸发水分带走热量，迅速降低体温。真空预冷速度极快，适用于表面积大的叶菜类，如大白菜和甘蓝等，但对果菜的冷却效果不理想。利用真空预冷，叶菜的温度在15～30分钟即可降低到2℃～3℃，水分蒸发失重1%～2%，但不影响新鲜度。这项预冷技术，可将整卡车的蔬菜直接送进真空冷却室，迅速降温。

冷水预冷应在包装前进行，而风冷及真空预冷可在包装后进行。

二、蔬菜的分级、包装与运输

（一）蔬菜的挑选和分级

无论是供贮藏用还是不经贮藏直接进入流通的蔬菜产品，采收之后都要经过严格的挑选，剔除有病虫伤害的个体，并按质量标准分级，用一定规格的容器进行包装。经过挑选和分级后的产品，在品质、色泽、大小、成熟度和清洁度等方面基本一致，便于按级论价，做到优级优价，同时减少损耗，便于运输和贮藏时进行管理。

分级的标准，因蔬菜的种类和品种不同而不同。一般是按品质、颜色、个体大小、重量、新鲜程度和有无病伤等分级。特级蔬菜品质最好，具有本品种的典型形状和色泽，没有内部缺点，大小一致，并且在包装内排列整齐。其数量或重量允许有5%的误差。

分级的方法有手工分级和机械分级。叶菜类、草莓和蘑菇等形状不规则和易受损伤的种类，多用手工挑选和分级。番茄、甜椒和黄瓜等形状较规格的种类，可用机械挑选分级。分级时还应清洗或用毛刷刷掉蔬菜上面的附着物。

（二）蔬菜的包装

蔬菜保鲜贮藏或进入流通领域，都要有一定的包装。因为蔬菜在贮藏或流通过程中鲜度会逐渐下降，有时会完全失去商品性。之所以如此，一是因呼吸作用使贮存的营养物质分解，二是因水分蒸散而萎蔫，三是因病原菌的繁殖而腐烂，四是还有机械损伤及生理活性的影响等。适宜的包装可以减少呼吸消耗和水分蒸散，减少因互相摩擦、碰撞、挤压而造成的损伤，减少病害的传染蔓延，保持品质。规格化的包装还便于搬运、堆码和管理。蔬菜包装是蔬菜产品商品化和标准化，以及保护产品、提高商品价值、便于贮运销的重要措施。

用于蔬菜的包装材料，有纸、塑料、木材、纤维和一些天然材料等。用于蔬菜的包装容器，有筐、箱、袋、桶和托盘等。

1. 包装材料和容器应具备的功能

作为蔬菜的包装材料和容器，应适合蔬菜的组织特性，具有一定的保护功能。此外，包装材料和容器也应该起到促进销售和方便流通、方便使用等作用。归纳起来，包装材料和容器应该具备如下几方面的功能。

第一，具有适宜蔬菜包装需要的透气性、透湿性、稳定性、物理性能、机械性能和遮光性能等。

第二，能满足机械化作业的要求。

第三，具有良好的外观装潢设计。

第四，不含任何不良气味和有害成分污染，卫生安全。

第五，来源广泛，取材方便，成本低廉，使用后便于处理，不污染环境。

2. 保鲜包装材料和容器的类型

用于蔬菜贮藏、运输、销售的包装材料和容器，有筐、篓、麻袋、瓦楞纸箱、木箱、塑料箱、钙塑瓦楞箱、泡沫塑料箱、塑料保鲜薄膜和保鲜包装辅助材料等。

(1) 筐、篓、麻袋、网袋 用竹子、柳条或荆条编制的筐、篓，主要用于运输包装，便于盛装蔬菜和搬运，防止运输过程中出现机械伤。由于筐、篓的孔眼多，透气量大，容易引起蔬菜脱水和微生物的感染，保持包装内合适的气体成分更不可能。在这种情况下，可以先将塑料薄膜袋衬入筐或篓内，然后装入蔬菜。采用筐、篓包装，在运输过程中蔬菜容易受到擦伤、压伤、挤伤、钩伤等。因此，在装菜之前，可以在里面铺纸、麻包、杂草或麦秸等，以减少机械伤的发生。麻袋和网袋无支撑力，透过气体和水蒸气的量都很大，只起便于搬运的作用，主要用于耐压蔬菜的包装，如马铃薯、洋葱和大蒜等。

(2)瓦楞纸箱 瓦楞纸箱由瓦楞纸板折合而成。瓦楞纸箱保护性好，使用方便，便于印刷，空箱可折叠平放，运输费用低。和木箱、塑料箱相比，它成本低，重量轻，废旧箱容易处理，对环境无污染。在保鲜方面，首先在温度上较易控制，其主要原因是瓦楞纸箱有较好的隔热作用，热传导慢，容易实现冷藏或保温运输，可以避免蔬菜短时间内受冻或受热。由于密封性好，内部湿度可达90%以上，对防止蔬菜的水分蒸发可起到很好的作用。另外，在气体组成上也能减慢蔬菜呼吸，达到贮藏保鲜的目的。瓦楞纸箱可用于大部分蔬菜的贮藏、运输和商品包装。

(3)木箱、塑料箱、钙塑瓦楞箱和泡沫塑料箱 木箱包括木板箱、条格箱和胶合板箱。木箱支撑力强，坚固耐用，可码高垛，但成本较高。塑料箱有较强的支撑能力，便于刷洗消毒，可多次使用，但回空运输体积大，多用于近距离装运。木箱和塑料箱透过气体和水蒸气的量较大，主要用于蔬菜的运输包装；钙塑瓦楞箱的原纸是以亚硫酸钙、碳酸钙为主要填料，根据不同的用途要求与不同比例的高、低密度聚乙烯，共混压延而成，有的产品还掺入少量的乙烯-醋酸乙烯树脂。用钙塑纸生产瓦楞板箱的工艺，与用纸生产板箱的工艺基本相同。不同之处只是用纸生产瓦楞要在加热加湿的情况下进行，而钙塑瓦楞的成型则可以冷加工。和纸瓦楞箱相比，钙塑瓦楞箱的耐水性能是很优越的。因此，特别适合用来包装水产品、蔬菜、水果等含水量较高的食品。泡沫塑料箱主要由聚苯乙烯或聚氨酯等泡沫材料制成，具有良好的保温性能，密封性好，轻便防潮，而且缓冲性能好，但价格较高，主要用于高档蔬菜的销售包装和运输包装。

(4)塑料保鲜薄膜　新鲜蔬菜在采后处理和贮藏、运输、销售期间，很容易失水萎蔫。用塑料保鲜薄膜进行包装，可以使包装内部的小环境中保持较高的相对湿度，从而使产品在贮运和销售时很难控制的环境相对湿度得到有效的控制。同时，由于蔬菜自身的呼吸作用，在包装内形成一个低氧、高二氧化碳的自发气调环境，从而抑制蔬菜的呼吸作用，减少产品内部的营养消耗，延缓成熟和衰老的进程，达到延长贮藏寿命和货架寿命的目的。塑料保鲜薄膜有普通塑料保鲜薄膜和功能性塑料保鲜薄膜之分。

3. 蔬菜包装方法

(1)按包装放置方法分类　蔬菜包装按放置的方法的不同，可以分为定位放置包装法和容积填装包装法两种。

①定位放置包装　也叫制模放置法。是将同一大小等级的蔬菜产品，放入逐个隔开或分层隔开的纸浆模塑托盘或泡沫塑料托盘的包装方法。采用这种包装方法，数量准确，并能有效地防止震动损伤，但包装费用较高，适于经济价值较高的外销蔬菜的包装。主要用于果菜的包装，如番茄和甜瓜等。

②容积填装包装　也可叫密集填装法。是将蔬菜散装(也可逐个包裹)在容器内的包装方法。这种方法可以按标准重量进行包装，包装费用低，适用于一般流通蔬菜的包装。

(2)按包装目的分类　按包装目的不同,可分为销售包装和运输包装。

①销售包装　以销售为主要目的,与蔬菜一起到达消费者手中的包装。如塑料薄膜包装、浅盘包装、纸箱或纸盒包装等。销售包装因为直接和产品接触,所以要求卫生安全。包装设计要美观大方,以吸引更多的消费者。

②运输包装　以运输为主要目的,便于装卸、贮存和销售的包装。运输包装首先应该保护蔬菜不受机械损伤,并能适应蔬菜新陈代谢的需要,防止蔬菜发生腐烂变质。最理想的包装形式是,运输包装也兼有销售包装的功能,在不倒动蔬菜的情况下,可以直接在市场上展销。

蔬菜的包装,可根据保护产品、搬运方便和促进销售等功能要求,因产品而异。条状的蔬菜如黄瓜、茄子和丝瓜等,可采用聚氯乙烯或乙烯-醋酸乙烯薄膜拉伸包装;大白菜、甘蓝等蔬菜,可采用抗撕裂强度较高的并印有商标的聚氯乙烯薄膜收缩包装。有时一个袋子里搭配几种不同的蔬菜,以适应顾客的要求。也可以采用手提式开窗结构的纸盒包装。

(三)蔬菜运输中的保鲜控制

1. 蔬菜运输的重要作用

蔬菜的运输,既是采后商品化过程中各环节的连接纽带,也是重要的独立环节,是蔬菜生产与消费的桥梁。据统计,70%以上的蔬菜需要经过各种途径的运输后才到达消费者的手中,实现其商品价值。

2. 蔬菜对运输保鲜的调控要求

(1)适宜的环境条件　环境条件直接决定着蔬菜的品质及损耗,因此,运输过程中应尽可能保持一种适合蔬菜保鲜的环境条件，尤其是温度的控制尤为重要。

(2)快装快运 蔬菜从产地到销地之间运输时间长，途中各种环境因素变化较大，且运输过程中的环境条件是很难满足要求的，特别是气候的变化和道路的颠簸，果菜质量必将受到不利的影响。另外，运输只不过是一种调拨手段，其最终目的是运往市场、包装场或贮藏库。所以要求快装快运，绝不能堆积和积压。

(3)轻装轻卸 绝大部分蔬菜体内含有80%～90%的水分，属于鲜嫩易腐货物，在搬运、装卸过程中稍有碰压，就会发生破损，加速腐烂变质。因此，装卸蔬菜时要严格做到轻装轻卸，避免撞压、挤压、跌落和野蛮装卸等现象。

(4)防热防冻 各种蔬菜都有其适宜的温度要求和受冻的临界温度。温度过高引起呼吸加强，促进蔬菜的衰败，过低则容易遭受冷伤和冻害。在运输途中，温度波动太大也是不利的。

现在许多运输工具具备了降温和防冻的功能，如冷藏卡车、铁路冷藏车和冷藏轮船等。还发展有控温调气的大集装箱。但我国目前这一类的运输工具还满足不了生产的需要，仍然大量地利用普通卡车等不能控温的运输工具。遮盖是一般的防日晒、雨淋的处理方法，但在温度较高的环境下，果菜往往处于较高的环境中。因此，必须注意通风散热。

(5)防　震 震动会造成蔬菜的机械损伤和生理伤害，不但会影响商品外观，而且会引起贮藏性降低。一般说来，强度大的振动可直接造成蔬菜的机械损伤。频繁的小振动会使蔬菜的硬度下降。

贮藏是在静止状态下进行的，没有振动的问题。而运输是在运动的状态下进行的，振动则成为影响蔬菜品质的重要条件。强烈的振动会对蔬菜生理及品质产生很大的不良影响。振动能引起番茄呼吸强度明显上升。超越一定范围的强振,能使番茄后熟发生异常。催色期是指番茄颜色转红的后熟期。催色期的番茄对振动最敏感。如果这时发生振动,其影响更显著,完熟后风味变劣。然而番茄通常恰是在催色期采收并进行运输的。叶菜类、草莓、西瓜、茄子、黄瓜和结球类蔬菜等,对振动的感受性也都较高,要求运输中要尽可能减少强烈的振动。

此外,有些蔬菜在贮藏或运输时所摆放的方向对贮运的效果也产生影响。蔬菜是垂直正放,即与生长状态方向相同,垂直倒放即与生长状态方向相反,还是水平方向摆放,也与蔬菜的代谢活动和贮运品质有关。例如菠菜和甜玉米在贮藏中,垂直正方向摆放的较水平方向摆放的全糖含量较高。甘蓝在贮藏中,正方向存放的呼吸强度较低,失重和腐烂少,叶球外叶保绿指数较高。还有像茼蒿和芦笋等蔬菜,如果水平方向存放的话,常发生叶端向上翘起、茎秆弯曲的现象,降低商品价值。这种由摆放方向造成的保鲜上的差异,虽不像前述的那些环境条件的影响大,但为了保证贮运的高品质,也应注意在存放时,以尽量接近自然生长状态较好。

(四)蔬菜销售中的保鲜控制

蔬菜贮藏时,处于相对安定的环境,可以贮藏于各自的最适温度、最适气调环境中;而作为商品的蔬菜,在货架上销售时,销售货架的温湿度条件难以控制,蔬菜经长期贮运后生理主要表现为衰老,而且还必须让顾客看得见,摸得着,以最好的外观状态展现在顾客面前。

货架寿命是由蔬菜的质量及货架条件来决定的。蔬菜的质量受很多采前及采后因子的影响，这些因子包括品种、生长期的气候条件、栽培管理方法、采收处理方法和贮运条件等。货架条件，从保鲜的角度来讲与贮藏条件相似，即最适货架条件就是最适贮藏条件。但是，货架条件与贮藏条件有不同之处，货架期温度较高，湿度较低，易失水，条件不易控制。销售货架期间的表现与管理是蔬菜调控保鲜处理的终点，将直接关系到货架寿命及商品价值。

1. 蔬菜在销售期间的生理变化

在此期间，由于温度较高，而且蔬菜经过长期贮运，蔬菜的生理变化主要表现为衰老。衰老通常为呼吸作用的骤然升高，是一系列不可逆变化的开始，最终细胞崩溃，整个器官死亡。呼吸基质减少，风味变淡，膜透性增强，氧化作用加速，褐变出现，抗性下降。

采后长时间不可逆的消耗，使蔬菜的呼吸基质，如糖、酸大量消耗，因此蔬菜在贮藏后期和出库后，风味降低；氧化作用使酚类、酮类氧化，褐变出现，并产生异味；叶绿素大量分解，使蔬菜变黄；果胶分解，使硬度下降；代谢中间产物积累越来越多，易使蔬菜产生中毒伤害。

货架期蔬菜处于极度衰老时期，抗性降低，如衰老型虎皮病，主要发生在贮藏后期或采收过晚的果实，症状是果皮开始褐变。贮藏后期，果菜出库或摆在货架上时，由于温度突然升高（特别冷藏），气调贮藏气体成分（主要 O_2）突然改变，都可能引发大量的生理病害。

2. 蔬菜销售上架前的准备

蔬菜上架前需要打开贮运时的大包装，剔除黄化、腐烂与劣质蔬菜，以及菜帮等部分后，分解为消费者利用方便的小包装。其目的是：①使消费者携带、食用方便。②将印刷有品名、产地、特色等简洁内容的宣传标签以及定价标签，粘贴于小包装上。③美化商品，提高商品价值。④保持鲜度。小包装有网套包装、伸缩薄膜包装和塑料袋包装等。伸缩薄膜包装在市场上应用越来越多。这种包装利用具有伸缩性、黏合性、不易刺穿、气体透过率高的软质聚氯乙烯薄膜，能够抑制水分蒸发，提高美观度，是目前货架蔬菜包装的主要形式。这种包装使用形态有：单个或半个装（可用于白菜、甘蓝、萝卜、菜花、西瓜和甜香瓜等）、寡数包装（少数几个装在一起，用于长形菜，如黄瓜、茄子、大葱和石刁柏等）和方塑盘包装。方塑盘包装，是将果蔬装进透明或发泡方塑盘，用薄膜将盘与果蔬一起包起来。盘的大小和深浅，可根据果蔬的特性来选择。如莲藕、番茄、菜豆和生姜，可用浅盘，青豌豆和马铃薯等可用深盘。目前，市场上流行的果篮，就有利用这类方式包装的。

3. 蔬菜销售展示设备

蔬菜产品展示设备，有较先进的冷藏展示台，即目前许多大型市场或超市出售蔬菜的货架，也有常温货架，简单的如小贩的水泥台等。

(1)简易销售展示陈列设备　在经济不发达地区或一些集贸市场，蔬菜销售时主要摆放在一些没有控温能力的台子上，如水泥台和木台等。在这种陈列台上，许多新鲜果蔬在常温下会很快变质、萎蔫、腐烂。最不耐高温的蔬菜有：甜玉米、菜豆类（豆角、青豆和青豌豆等）、叶茎菜类（菠菜、茼蒿、小白菜、莴苣、石刁柏等）和花菜类（菜花、绿菜花等）。对于这些蔬菜，需要给以降低温度的条件。

为了改善常温货架的温度条件，可以用铺冰袋、保冷剂等方法来降温。保冷剂是由吸水性能好的高分子聚合物、淀粉等充分吸水后，用非织造布包起来，然后密封于聚乙烯等塑料袋内而制成的。用于封装保冷剂的塑料袋，应耐低温和撞击，袋形为枕状或棒状。保冷剂使用前在冷冻库中进行冷冻。使用时铺在货架上，把包装好的菜置于其上。为了有效地利用保冷剂，要减少保冷剂与热空气的接触，可以将保冷剂铺于发泡聚苯乙烯箱上，包装好的果蔬置于其上。也有的利用冷水进行降温。

为了保持台面冷凉，每天每平方米的台面需放置 1.81～2.27 千克的碎冰。同时，应该准备一个提桶用于接收融化的冰水。

向一些蔬菜表面喷洒干净的凉水，保持台面之上有相对高的湿度，可以防止果蔬过度失水。

(2)低温销售展示陈列设备 选用新型冷藏柜，既有利于保证蔬菜的质量，也有利于降低能耗和少占商场经营面积。目前，主要应用的冷藏销售柜是货架式陈列柜。

货架式陈列柜又称壁式陈列柜，一般沿超市墙壁立放。它具有多层陈列货架，展示蔬菜。货架式陈列柜因蔬菜陈列的技术要求和顾客取货的方便，则又有开式和闭式之分。

第六章　蔬菜保鲜贮藏的环境控制

一、不同蔬菜的保鲜耐贮特性

(一)蔬菜采后的生物学特性

蔬菜在田间生长期间，植株进行着旺盛的生命活动，不断地将从土壤中吸收的水、矿质营养和从空气中吸收的二氧化碳，通过光合作用合成有机物。同时又通过呼吸作用，将有机物氧化分解，变为构成株体的成分与能量。这种生命活动，不仅为蔬菜的个体发育、后代繁衍等提供了物质基础，而且也是蔬菜个体能够抵抗不良环境，特别是抵抗各种病害的内在因素。一旦这种生命活动处于不正常的状态，植株就容易发生病害。如果生命活动停止，则植株很快发霉腐烂。这说明正常的生命活动，对于活的生物体的保存，是至关重要的。

蔬菜收获以后，虽然离开了土壤或母体，失去了外界营养的来源，但仍然是一个生物体，继续进行着生命活动。不过，这时的生命活动主要表现为呼吸作用和水分的蒸散等方面。由于呼吸作用等生命活动，蔬菜产品不断地分解消耗体内贮存的有机物，品质逐渐变劣，机体趋于衰老。所以，蔬菜的保鲜贮藏寿命是有限的。但另一方面，这种生命活动对于蔬菜产品抵抗病原物的侵袭，延长贮藏寿命，又是不可缺少的。在常温条件下，蔬菜之所以不像鱼、肉类那样在极短的时间内腐败，其根本原因就在于蔬菜是仍在进行呼吸作用的生物活体。

活体对不良环境和病原物具有一定的抵抗力，而鱼、肉类则是呼吸早已停止了的死体，极易腐败。但反过来说，对于鱼、肉类的死体，可以采用冷冻等简单办法来保存，不需考虑保持生命的问题；而对于蔬菜，则必须充分掌握其生命活动规律，针对其生物特性，采取相应的贮运措施。这是蔬菜产品的生物学特性决定的。

（二）蔬菜采后品质下降的原因

蔬菜产品一般含水量很高，组织很柔嫩，收获后生理活性也很强，是比较难以贮藏的农产品。为了使收获后的蔬菜产品能保持较好的品质，首先就要了解哪些因素可引起其品质下降。表 6-1 列出了蔬菜采后品质下降的主要原因及其表现，可供进行蔬菜贮运时参考。

蔬菜采后处理及贮藏的主要目的，就是最大限度地减少品质下降。贮藏和运输中的温度、湿度、气体条件、病虫害及损伤等多种环境因素，都直接或间接地影响到蔬菜品质的变化。通过对各种因素进行合理的控制和调节，在不产生生理伤害的前提下，维持其缓慢的正常的生命活动，减少营养和水分损失，达到延长贮期、保持品质的目的。这就是采后处理和保鲜贮藏技术的基本原理。

表 6-1 蔬菜采后品质下降的原因及其表现

品质下降的原因		表　现
内在因素	后　熟	组织软化、变色、变质
	继续生长	异常伸长、组织老化、发芽、抽薹、发根
	呼吸作用	营养成分消耗、发热
	蒸散作用	萎蔫、变色、组织劣化

续表 6-1

品质下降的原因		表　现
	生物侵害	侵染性病害、虫害
	损　伤	擦伤、折损、振动重压造成的破损
	药　害	异常的生理反应、变色、变质
外部因素	异常低温	冷害、冻害
	异常高温	促进生理活动、变质
	干　燥	失水、萎蔫
	异常气体条件	窒息、促进后熟、气体伤害

(三)不同蔬菜的耐贮特性

蔬菜的种类非常之多。其食用部分包括其植物体的根、茎、叶、花、果实和种子。这些食用部分,从幼嫩到老熟,成熟度不一。因此,每一种蔬菜都有其本身特有的贮藏特性,种与种之间,品种与品种之间差异甚大。有的蔬菜,在通常条件下只能贮藏几天,即使采取先进的手段,也不可能贮藏很久。而有的蔬菜,在简易的条件下就可贮藏几个月。同时,它们对贮藏环境的温度、湿度和气体成分等,要求也各不相同。这是因为各种蔬菜的生长发育习性和栽培特点不同,其产品又分别属于蔬菜体的不同器官。如萝卜和胡萝卜等产品,是肥大的肉质根;莴笋和马铃薯产品,是肥大的茎;菠菜、芹菜、大白菜和韭菜等产品,是叶及叶柄;花椰菜和青花菜产品,为花器官;番茄、甜椒、茄子和瓜类、豆类等产品,为果实和种子。这些不同的器官,在长期的系统发育过程中,形成了各种不同的特性。它们具有不同的新陈代谢类型,其结构、功能和发育阶段也不相同，这些特点就决定了它们的耐藏性必然会有很大的差异。因此，对于不同种类的蔬菜，所控制的贮藏条件和采取的措施也应不同。在调控保鲜时，应充分考虑这些特点。

1. 绿叶菜类

菠菜、芹菜、莴苣、油菜(白菜)、韭菜及芫荽等蔬菜，是以其鲜嫩的叶子和叶柄供食用的，它们是处于生长发育中的幼嫩组织，薄而扁平的结构和众多的气孔，适于气体交换和水分蒸散，生理活性很强。这类蔬菜的特点是，呼吸作用旺盛，容易失水，收获后如不及时处理就会萎蔫，黄化，乃至变质腐烂，在高温条件下不能久藏。但这类蔬菜比较耐寒，能适应较低的温度。贮藏时，可以用低温把生理活动降到最低水平。一般贮藏的适宜温度为 0℃左右。其中秋菠菜还可以忍耐－6℃的低温，芹菜也能忍耐轻度的冻结。由于这类蔬菜易于失水，因此应注意保水措施或采用特殊的贮藏方式。例如菠菜和芹菜的微冻贮藏，芹菜和油菜的假植贮藏等。

2. 叶球菜类

大白菜和结球甘蓝等蔬菜，它们的球叶已变态成为养分贮藏器官，相互抱合成球，不再像绿叶菜那样分散摊开。这些蔬菜的叶球，一般都在营养生长结束时收获，营养物质贮存充足，新陈代谢强度已有明显下降，而且控制低温可使之处于强迫休眠状态，所以比较耐贮藏。

3. 花 菜 类

花和果实是植物的繁殖器官，其新陈代谢也比较旺盛，在成熟过程中还会形成乙烯，故难贮藏。如新鲜的黄花菜(金针菜)，花蕾采收后一天就将开放，并且很快腐烂，其商品品质及经济价值降低，因此必须及时干制。但有些花菜，如花椰菜，是成熟的变态花序，蒜薹食用的是花序梗，具有类似茎的特点。此二者都比较耐寒，在 0℃冷藏条件下并配合其他措施，有可能作较长期的贮藏。

4. 根菜类和茎菜类

马铃薯、萝卜、洋葱、葱和蒜等蔬菜，都是已经长成了的贮藏器官，很多已处于生理上的休眠阶段，或容易被控制在强迫休眠的状态，这时生理代谢过程和物质消耗都减少到最低限度，所以比较起来最耐贮藏。

5. 果 菜 类

果菜类包括瓜、果、豆类，情况较复杂。多数果菜类原产于温热带地区，不耐低温，贮藏温度在 8℃～10℃以下就易遭受冷害。果菜类多以幼嫩果实供食用(如黄瓜、豆类等)，具有幼嫩蔬菜的一般特点——处在旺盛生长的幼年发育阶段，新陈代谢旺盛，外层保护组织尚不完善，有利于气体交换和水分蒸散，也易遭受病菌的侵入。这是很多果菜类难以贮藏的原因。而有些充分成熟时采收的瓜果(如南瓜、冬瓜)，代谢强度已经下降，营养物质积累丰富，表面保护组织发育完好，有的还有较厚的角质层或蜡层、蜡粉与茸毛，所以较耐贮藏。

同一种蔬菜的不同品种，其耐贮性也可能有很大差异。大白菜中，直筒形的比圆球形的耐贮藏，青帮的比白帮的耐贮藏，晚熟的比早熟的耐贮藏。如小青口、青麻叶、抱头青、核桃纹等品种的生长期都较长，结球坚实，抗病耐寒。又如天津的白庙芹菜，陕西的实秆绿芹，北京的棒儿菜，都很耐贮藏。而空秆类型的芹菜，贮藏后容易变糠，纤维增多，不堪食用。菠菜中尖叶菠菜耐寒，适宜冷藏；圆叶菠菜虽叶厚高产，但耐寒性差，不耐贮藏；而圆叶与尖叶的杂交种，既耐寒又丰产，是耐贮藏的优良品种。纤维素含量高的甘蓝是耐贮藏品种，瓜类中以南瓜耐贮性最强，在适宜的条件下能贮藏 1 年以上。大规模商品贮藏的蒜薹，在冷藏气调的环境条件下，可以贮藏8个月之久。但不同品种的蒜薹，耐藏性差异较大。如山东省的仓山和金乡，河北省的永年、顺平和保定产的普通蒜薹较耐藏；而杂交蒜薹不耐藏，一般只能贮藏3～4个月。雨后采收的蒜薹，其可溶性固形物含量明显降低，耐藏性变差。

（四）蔬菜采后的再生、后熟和休眠

1. 再　生

蔬菜的生长发育，是一个由幼嫩到成熟和衰老的过程。许多蔬菜在生长的初级阶段达到食用品质的最佳点，此后的生长往往导致食用品质下降，出现组织硬化、纤维增多、色泽与风味变劣和抽薹等现象。因此，许多蔬菜都是在幼嫩时期收获。但收获以后的蔬菜，仍可在外部形态、内部物质及生理过程等方面，发生复杂而多样的变化，主要表现有再生长、后熟和衰老。这些变化对于贮藏往往是不利的。例如，芦笋的嫩茎收获后在高温下可继续伸长，并由切口处向上发生木质化；萝卜和胡萝卜等会发生糠心和抽薹；白菜和甘蓝等菜的侧芽生长和抽薹，致使叶球破裂；马铃薯和洋葱发芽，蘑菇开伞，等等。这些继续生长的现象，是由于蔬菜采后的生理活动、物质转移和转化的结果。这些结果使得产品的品质大大下降，食用价值受到极大影响，贮藏中必须想办法抑制这些变化的发生及其程度的加重。

2. 后　熟

与上述明显的组织形态变化和量的增长现象相对应，蔬菜采后的后熟和衰老则以内部物质的转化为主要内容。它是蔬菜生命活动的继续，主要表现为进一步成熟，如成分的转变，组织的软化，香气的产生，颜色的变化等，称之为后熟。再进一步，如果组织开始解体，褪绿，黄衰，则称为衰老。大多数蔬菜在成熟和衰老过程中的物质转变，是从合成—水解的动态平衡转向于加强水解。如大白菜贮藏后风味变甜，是由于淀粉水解成了糖；绿熟番茄和青椒，在贮藏中渐渐变红，是由于叶绿素分解，同时又合成了红色色素。另外黄瓜在贮藏中随着衰老程度的加深，花端部膨大，产生“大肚”现象。有的蔬菜的抽薹、发芽等现象，都伴随着大量的物质转化和转移。这些变化，从保持贮藏品质的角度来讲，是应该避免的。

3. 休　眠

有些种类的蔬菜具有休眠的特性。例如大白菜、萝卜、马铃薯、洋葱和大蒜等，在结束了田间生长以后，体内积累了大量的营养物质，生命活动发生深刻变化，生长发育暂时停止，新陈代谢降低到最微弱的程度，物质消耗和水分蒸散减少到最低限度，进入相对静止的阶段，这就是休眠。休眠是蔬菜在长期的进化过程中，为适应不良环境所形成的一种特性。对于蔬菜贮藏来说，休眠是一种有利的生理现象。在休眠期间，蔬菜成分和品质变化很小，不发生抽薹和发芽，并能忍耐不适宜的外界环境条件。因此，进行蔬菜贮藏时，应利用这一特性，延长蔬菜的贮藏期。

休眠分为生理休眠（也称自发性休眠）和强制休眠（也称他发性休眠）两种类型。前者是无论环境条件如何，蔬菜本身必定要休眠一段时间。后者是由于某一环境因素不适，如温度过高或过低等，促使蔬菜进入休眠，如果条件适合了，就会停止休眠。马铃薯、洋葱、大蒜和姜等属于前者，大白菜、萝卜、莴苣和花椰菜属于后者。对于强制休眠的蔬菜，在贮藏中要采取更多的措施，造成一定的环境条件，使蔬菜处于被迫休眠状态，延长贮藏期。

二、蔬菜的水分调控与保鲜贮藏

（一）蔬菜含水量与空气湿度

蔬菜本身含水量很高，蔬菜保鲜的意义在很大程度上是保持水分。蔬菜水分的蒸腾，与贮藏环境中的空气湿度关系极为密切。空气湿度是指空气内含水分的多少。空气中的实际含水量称为绝对湿度。空气湿度达到饱和时的含水量称为饱和湿度。绝对湿度占饱和湿度的百分率则称为相对湿度。空气的流动会改变空气的绝对湿度。当空气静止时，蔬菜因其自身的蒸腾作用使周围的空气湿度不断增高，趋于饱和，这时的蒸腾速度就较慢。如果空气不断地流动，将高湿度的空气带走，代之而来的是干燥的空气，蔬菜的蒸腾作用就会加快。

在高湿度中贮藏的产品降低了水分的损失，保持了蔬菜的鲜嫩。特别是许多叶菜类，能保持新鲜的颜色和光泽。当然高湿条件也有不利的一面，空气湿度达到饱和并凝聚成水滴，附着于蔬菜外表时，有利于病原菌的活动，有可能促进病害的发生。但是靠降低湿度来控制病原菌的办法，对于大多数蔬菜来讲往往是得不偿失的。湿度太低不仅造成蔬菜失水、失鲜，而且抗病性反而有可能降低。可以用适宜的低温和无毒有效的防腐剂，来控制病原菌的活动。少数种类的蔬菜，如洋葱和大蒜等，收获后要求适度晾晒或风干，使外表的鳞片干燥成膜质，并放在较低的湿度下贮藏，以减弱呼吸，加强休眠，减轻腐烂。

为了保持贮藏中的高湿条件，蔬菜应有一定的覆盖物，或采用带孔纸箱或塑料薄膜进行包装。也可采用一定的加湿措施，如在库中喷雾和地面洒水等，以提高贮藏环境中的空气湿度。

（二）蔬菜蒸腾作用的调控

1. 影响蒸腾作用的因素

水在蔬菜的生长发育过程中，一直处于不断变化中。一方面，蔬菜的根系不断从土壤中吸收水分，另一方面，体内的水分又不断从地上部分蒸腾出去。水分不断的吸收、转移和蒸腾，也就促进了蔬菜对养分的吸收和转移，这对于蔬菜的正常生理活动有着重要的意义。蔬菜采收后，切断了水源，但未中止水分蒸腾。这样，新鲜的蔬菜就会因此减少重量，造成直接的损失，而且还会使蔬菜的光泽消失，出现皱缩，失去商品价值。若不调节和控制贮藏环境中的相对湿度，也会降低某些蔬菜的耐贮性，出现一些生理病害。

蔬菜的蒸腾作用受到许多内外因素的影响，不同种类及品种的蔬菜，其组织结构不同，水分的蒸腾作用相差很大。在贮运期间，环境条件对蔬菜的蒸腾作用也有很大影响。影响蔬菜蒸腾作用的内外因素，主要有以下几个方面：

(1) 表面积比　表面积比，是指蔬菜单位重量（或体积）所占表面积的比率（平方厘米/克）。蔬菜蒸腾作用的物理过程是水分蒸发，蒸发是在表面进行的。从这一点来说，蔬菜的表面积比越大，蒸腾作用越强。蔬菜中以叶菜类的表面积比较大。同一品种蔬菜，个头越小，表面积比就越大。

(2) 表面保护结构　蔬菜的水分蒸腾有两个主要途径，一是通过表皮层，二是通过气孔和皮孔。水分通过气孔蒸腾的速度比通过表皮层蒸腾的速度大得多。幼嫩蔬菜的表皮层尚不发达，极易蒸腾失水。随着器官成熟，角质层发育、加厚，结构变得更完整。有的蔬菜表面还有蜡层、蜡粉或油脂。这些都有利于保持水分，减轻蒸腾作用。

(3)细胞的保水力 蔬菜细胞原生质亲水胶体可溶性固形物的含量高，会使细胞具有较强的保水力。

(4)空气湿度 直接影响蔬菜蒸腾作用的环境条件是空气湿度。蔬菜的水分蒸发是以水汽的状态移动的，与其他气体一样，水汽是从高密度向低密度处移动。蔬菜内部的空气相对湿度最少是99%，因此，当蔬菜贮藏在一个相对湿度低于99%的空气环境中时，水分就会从蔬菜中蒸发到贮藏环境中去。贮藏环境越干燥，这种水汽的流动就越快，也就是水分损失越快。当蔬菜内部空气的水汽压力大于周围空气中的水汽压力时，必然要进行蒸发，只要还存在着这种水汽压力的差别，蒸发就会继续进行。

2. 蒸腾作用与萎蔫、结露

蔬菜在采后贮藏、运输期间，因容易蒸腾脱水而引起组织萎蔫，光泽消退，失去新鲜状态等一些不良现象，严重地影响其食用品质和商品品质。一般情况下，易腐蔬菜失水5%就会出现萎蔫和皱缩。失水会严重影响蔬菜的口感、脆度、颜色和风味。

萎蔫会引起蔬菜代谢失调。萎蔫时，水解酶活性提高，块根、块茎类蔬菜中的大分子物质加速向小分子转化，呼吸基质累积会进一步刺激呼吸作用。如风干的甘薯变甜，是因为脱水引起淀粉水解为糖所致。因此，在蔬菜采后处理和贮藏、运输过程中，应该注意控制失水，保持产品品质，延长产品的贮藏寿命。但是也有一些例外，如洋葱、大蒜在贮藏前要适当晾晒，加速鳞片的干燥，促进产品休眠。大白菜采收后也要进行适度的晾晒，使叶片轻度失水，降低冰点，提高抗寒能力。由于细胞脱水而膨压下降，组织较柔软，有利于减少机械伤和产品内部水分蒸发，但过度晾晒会加重贮藏中的脱帮。

蔬菜采收以后，可采取包装、打蜡、增加空气湿度和适当通风，使用夹层冷库、微风冷库等措施，使其在最佳湿度环境下贮藏，控制失水，保持新鲜的品质(表 6-2)。

表 6-2 若干蔬菜的含水量与最佳贮藏湿度

品 种	含水量(%)	贮藏湿度(%)
甘 蓝	92.4	90～95
萝 卜	90.9	90～95
莴 苣	94.8	95
菜 花	91.7	90～95
西红柿	94.7	85～90
甜 椒	92.4	90～95
尖 椒	12.0	65～75
黄 瓜	96.1	90～95
茄 子	92.7	90
菠 菜	92.7	90～95
芹 菜	93.7	90～95
蘑 菇	91.1	90
胡萝卜	88.2	90～95
马铃薯	77.8	90
甘 薯	68.5	85～90
洋 葱	87.5	65～70
大 蒜	74.2	65～70
菜 豆	88.9	90～95

续表 6-2

品　种	含水量(%)	贮藏湿度(%)
青豌豆	74.3	90～95
南　瓜	88.6	70～75
芦　笋	93.0	90～95
黄秋葵	89.8	90～95
青花菜	89.9	90～95
甜玉米	73.9	90～95
食用大黄	94.9	90～95
笋　瓜	88.6	70～75
芜　菁	90.9	90～95

在贮藏过程中，有时蔬菜表面和库顶、墙壁等处凝结水珠，这就是结露现象，俗称“出汗”或“发汗”。出现结露对蔬菜的安全贮藏是不利的，因为液态水附着或滴落在蔬菜表面，为微生物的侵染创造了良好的条件。

出现结露现象，是由于温度下降到露点温度的缘故。以下几种情况，容易出现结露现象：一是贮藏库内不同部位温差较大，一般说来，不同部位的温差超过 5℃，就会出现结露现象；二是贮藏初期蔬菜蒸腾大量水分，库温又下降较快；三是贮藏库通风时，库内外温差较大；四是冷藏的蔬菜出库后，放置在气温较高的场所。

为了防止结露现象出现，一是要消除或尽量缩小贮藏库内各部位的温差，例如注意合理堆放产品，盛装蔬菜的容器不宜过大，贮藏库的隔热效能应达到规定标准等；二是贮藏库进行通风时，库内外的温差不要超过 5℃；三是冷藏的蔬菜出库前应逐步升温；四是采用塑料薄膜包装蔬菜时，应将其预冷到适宜贮温后再封闭包装。

三、蔬菜的温度调控与保鲜贮藏

（一）蔬菜贮藏品质与温度的关系

温度是最重要的贮运条件。通常情况下，适当的低温可以保持蔬菜的品质，而高温对贮运总是不利的。

低温可以使蔬菜的呼吸以及其他代谢活动受到抑制，使后熟、软化、营养成分的消耗等大大减少。

测定在不同贮藏温度下蔬菜的呼吸强度，可见温度越低呼吸强度越弱。将豌豆分别贮于1℃，6℃，10℃，20℃条件下时，温度越低，含糖量越高，风味也越好。适宜的低温还可以推迟呼吸跃变型蔬菜（如番茄）呼吸高峰的到来，延迟其后熟和软化。

对于很多蔬菜来讲，低温对蒸腾有抑制作用。因为单位容积中所能容纳的最大含水量（饱和含水量）与温度有关。温度越高，饱和含水量越大，温度越低则越小。蔬菜贮藏时，由于蒸腾作用，使环境中含水量增加。在低温条件下，环境湿度容易接近饱和，组织内外的蒸汽压梯度便得到缓和，蔬菜的蒸腾可减缓或停止。高温时，蔬菜需要蒸腾很多水分，才能使环境湿度饱和，致使蒸腾十分强烈。高温还可促进水汽分子的运动，细胞中的水分在组织内容易移动，结果就促进了蒸腾。低温时的情况则正好与此相反。

低温可以减少蔬菜腐烂。因为引起蔬菜腐烂的微生物的活动，受温度影响很大。在低温下，大多数微生物的活动受到抑制，腐烂可以大大减少。当然，环境温度不同，病害的种类也有所不同。

低温对洋葱和马铃薯等蔬菜，有抑制发芽和发根的作用。这类蔬菜收获后，具有休眠特性，低温有使其休眠期延长的作用，从而可保持很长时间不发芽，不发根。

（二）蔬菜贮藏适宜的温度条件

低温，通常在保持蔬菜品质方面具有良好作用。但是，蔬菜贮藏或运输时并不是温度越低越好。除了个别的特别耐寒的蔬菜以外，冻结对蔬菜贮运都是有害的。因为冻结使蔬菜细胞组织受到破坏，解冻之后就不能再运输或贮藏了。有些蔬菜对低温很敏感，不仅不能受冻，还应防止不适低温对它引起的冷害。

按蔬菜对低温的敏感程度，可粗略地将蔬菜分为耐低温类型和对低温敏感类型两大类。例如菠菜、芹菜、大白菜、结球甘蓝、莴苣、花椰菜、蒜薹、洋葱、萝卜和胡萝卜等，属于耐低温类型。这类蔬菜随着温度的降低，贮藏寿命大大延长。适宜的贮藏温度为0℃～2℃，菠菜和芹菜还可忍耐0℃以下的低温。而番茄、茄子、甜椒、黄瓜、菜豆、姜、西瓜和甜瓜等，属于低温敏感类型，要求贮藏温度较高，适宜的贮藏温度为9℃～12℃或更高。这类蔬菜在冷害临界温度以上的安全温度范围内，贮藏寿命是随温度的降低而延长的。但在临界温度以下，由于发生冷害的原因，贮藏寿命随温度降低而缩短。有人将蔬菜对低温的敏感程度，详细地分为不敏感、轻度敏感、高度敏感三类。表6-3综合有关材料列出了各种蔬菜的贮藏适温，可供参考。

表 6-3 若干蔬菜的适宜贮藏温度

菜 类	温度(℃)	菜 类	温度(℃)	菜 类	温度(℃)
绿熟番茄	11～13	洋 葱	0	茭 白	0～2
红熟番茄	7～10	大 蒜	0	百 合	15～20
甜 椒	9～12	马铃薯	3～5	黄秋葵	7～10
茄 子	11～12	甜 菜	0～1.5	青花菜	0
黄 瓜	12～13	大白菜	0	甜玉米	0
菜 豆	8～10	绿球甘蓝	0	食用大黄	0
生 姜	10～15	菠 菜	−3～0	芜 菁	0
芋 头	10～15	芹 菜	−2～0	甘 薯	13～16
山 药	13～15	莴 苣	0～1	蘑 菇	0
甜 瓜	10～13	花椰菜	0～1	莲 藕	10～15
西 瓜	16～18	蒜 薹	0	大 葱	−4～1
萝 卜	0～3	芦 笋	1～3	冬 瓜	3～4
胡萝卜	0～1	青豌豆	0	扁 豆	1～7.5
生 菜	0～1	笋 瓜	10～13	石刁柏	0～2
芫 荽	−5～0	西葫芦	10～13		

(三)温度过低对贮藏蔬菜的伤害

虽然在低温条件下可以延缓蔬菜的生理活动，并有效地抑制微生物的生长和繁育，减少贮藏期间的病腐损耗，延长贮藏期。但是，温度过低，也会造成冷害或冻害。

1. 冷 害

冷害，是指由蔬菜组织冰点以上的不适低温，所造成的伤害。大部分起源于热带的蔬菜作物，在温度低于 10℃左右、高于0℃的温度下，会发生生理失调，如菜豆、黄瓜、茄子、甜瓜、甜椒、西葫芦和番茄等。在低于冷害临界温度时，组织不能进行正常的代谢活动，抵抗能力降低，产生多种生理生化失调，最终导致各种冷害症状的出现。如产品表面组织出现凹陷、水浸斑、坏死和变色，种子或组织褐变，内部组织崩溃，绿熟果实不能正常成熟，产生异味或腐烂等。不同的蔬菜，有其不同的冷害临界温度和症状表现。具体情况如表6-4所示。

表6-4　部分蔬菜冷害的临界温度及症状

蔬菜种类	冷害临界温度(℃)	症　状
黄　瓜	7.2	凹陷，水浸状斑点，腐败
扁　豆	7.2～10	凹陷，变色
茄　子	7.2	烫伤病状，腐烂
西　瓜	4.4	凹陷，异味
青　椒	7.2	水浸状，凹陷，种子与萼片褐变
土　豆	3.3～4.4	褐变，糖分增加
南　瓜	10.0	腐　烂
番　茄		
成熟果	7.2～10.0	水浸状，软化，腐烂
未熟果	12.8～13.9	后熟不良，腐烂
秋　葵	10.0	褐变，凹陷，维生素C迅速减少
生　姜	10.0	内部褐变
芋　头	10.0	贮藏后升温，腐烂

影响冷害的因素有品种、成熟度和温度等，一般成熟度大的较成熟度小的冷害轻。冷害的发生及其严重程度，取决于蔬菜的冷敏性、低温的程度和在冷害温度下持续的时间。冷

敏性或冷害的临界温度，常因蔬菜种类、品种和成熟度的不同而异。热带、亚热带起源的果菜类、地下根茎菜类冷敏性高，一般都比较容易遭受冷害；而叶菜类的冷敏性较低。绿色番茄等蔬菜的贮藏适温为12℃～14℃，甘薯、山药、芋头和生姜等的贮藏温度不低于10℃。同一种蔬菜的不同品种间，也存在着冷敏性的差异。如甘薯中的黄泽西品种比波多黎各品种敏感性更强。品种间的冷敏性差异还与栽培地区的气候条件有关。温暖地区栽培的品种比冷凉地区栽培的品种对冷更敏感，夏季生长的品种比秋季生长的品种冷敏性更高。

冷害与低温程度和持续时间之间也有密切关系，将甘薯放在0℃下一天就受冷害，但在10℃中4天尚无明显伤害，10天后则损伤严重。又如绿色番茄放在0℃和4℃下8天，升温到20℃后，果实仍然可以正常转红，但在0℃温度条件下超过16天，果实则不能正常成熟或完全不能成熟。

冷害引起产品代谢产物的渗漏，氨基酸、糖和无机盐等从细胞中流失出来，细胞结构的破坏，都给致病微生物，尤其是给真菌的生长提供了良好的条件。因此，在冷敏蔬菜采收、运输、销售和贮藏过程中，冷害造成的腐烂是一种潜在的危机，热带、亚热带蔬菜在不良低温下贮藏后，腐烂率增高，尤其是升温后腐烂更加迅速。冷害的另一个影响，是会引起蔬菜风味降低或产生异味。

针对冷害发生、发展的种种因素，可采取以下措施来防止和减轻其危害：

(1)适温下贮藏　表6-4中所示的是部分蔬菜的临界温度。低于某一临界温度，相应的蔬菜就会出现冷害症状。如果贮藏温度刚刚低于这个临界温度，那么冷害症状出现的时间要迟一些。因此，防止冷害的最好的方法是，掌握蔬菜的冷害临界温度，将蔬菜置于临界温度以上的环境中。

(2)温度调节和温度锻炼 将蔬菜放在略高于冷害临界温度的环境中一段时间，可增加蔬菜的抗冷性。有些蔬菜在临界温度下经过短时间的锻炼，然后置于较高的贮藏温度中，可以防止或减轻冷害。

(3)间歇升温 采后可用一次或多次短期升温来中断其冷害，改善低温对冷敏蔬菜的影响。番茄、甘薯和秋葵，在贮藏中采用中间升温的方法，可增加对冷害的抗性和延长贮藏的寿命。如将黄瓜每三天从 2.5℃ 的温度下，间歇升温至 12.5℃，保持 18 小时，可在贮后置于 20℃下降低乙烯的产生和离子的渗出，以及凹陷和腐烂。

(4)变温处理 如果蔬菜采前已经受到冷害温度的影响，采后立即放到温暖处，则可以减轻损伤。如将甘薯挖收后放在温度为 29.5℃ 中 8 天，可以抵消田间 1℃下一天或 7.2℃下 4 天的低温伤害；番茄在 20℃ 下 2～3 天，可以消除它在 0℃下 2～3 天低温的不良影响。

(5)调节气体成分 调节贮藏环境的气体成分，能够减轻秋葵、西葫芦的冷害。气调贮藏减轻冷害症状，依赖于蔬菜种类及氧和二氧化碳的浓度，甚至与处理时期、处理的持续时间及贮藏温度的影响也有关系。

(6)湿度调节 接近于 100％的相对湿度，可以减轻冷害症状。相对湿度过低则会加重冷害症状。黄瓜和辣椒在 100％的相对湿度下凹陷斑减少；辣椒在 0℃ 及相对湿度 88％～90％的环境中贮藏 12 天，凹陷斑为 67％，而在同样的温度和时间及 96％～98％的相对湿度中，凹陷斑的百分率为 33％。

(7)化学处理 有些化学物质，可以通过降低水分损失、修饰细胞膜脂类的化学组成及增加抗氧化物活性，来增强蔬菜对冷害的忍受力，以便有效地减轻冷害。贮藏前进行氯化钙处理，可以减轻番茄、秋葵的冷害，但不影响后熟。苯甲酸钠有清除自由基的作用，用它处理黄瓜和甜椒，能减轻冷害的影响。

植物生长调节剂能影响各种生理和生化过程，一些生长调节剂的含量和平衡，还能影响蔬菜组织对冷害的抗性。脱落酸可以减轻南瓜的冷害，这是由于脱落酸具有抗蒸腾剂的活性，及对细胞膜降解有抑制作用，还可以通过稳定膜系统，抑制细胞质渗透性的增加及阻止还原型谷胱甘肽的丧失，使蔬菜不受冷害。

2. 冻　害

新鲜蔬菜含水量很高，细胞液的冰点仅稍低于0℃。不同蔬菜品种的冰点温度不同(表6-5)。如果环境温度低于冰点，组织就会结冰。冻害，是指环境温度低于细胞液的冰点温度，而使植物细胞内结冰的现象。大多数蔬菜首先是胞间冻结，胞间小晶核不断增大，使细胞内水分不断从细胞中迁移出来，在细胞间隙中结晶，最终使细胞结构被破坏。若环境温度很低，则可使细胞内结冰，称胞内冻结。胞内冻结对细胞质和细胞器的破坏性很大，几乎是毁灭性的。如果冻结程度不深，可选择适宜的解冻方式，如解冻温度低，速度慢，解冻后就不会出现失水、褐变或异味等冻害症状。

有些蔬菜的耐寒能力较强，如菠菜冻至－9℃，解冻后仍可以恢复新鲜状态。还有些蔬菜，冻结虽不严重，但因解冻太快，细胞来不及吸收水分，结果发生汁液外流，也能造成细胞死亡。如果冻害达到胞内冻结程度，则无论采取何种解冻方式，都将表现冻害症状。

表 6-5　一些蔬菜组织的冰点温度

菜　类	冰点(℃)	菜　类	冰点(℃)
绿熟番茄	−0.6	草　莓	−0.8
成熟番茄	−0.5	莴　苣	−0.2
黄　瓜	−0.5	菠　菜	−0.3
茄　子	−0.8	芹　菜	−0.5
青　椒	−0.7	龙须菜	−0.6
秋　葵	−1.8	荷兰芹	−1.1
青豌豆	−0.6	洋　葱	−0.8
扁　豆	−0.7	大　蒜	−0.8
甜玉米	−0.6	胡萝卜	−1.4
花椰菜	−0.8	南　瓜	−0.8
抱子甘蓝	−0.6	马铃薯	−0.6
甘　蓝	−0.9	蘑　菇	−0.9
萝　卜	−1.1	甘　薯	−1.3
甜　椒	−0.7	菜　豆	−0.7
芦　笋	−0.6	青花菜	−0.6
食用大黄	−0.9	笋　瓜	−0.9
芜　菁	−1.1		

不论哪种蔬菜，冻结都会引起不良影响。所以，进行蔬菜保鲜贮藏，首先要掌握蔬菜最适宜的贮藏温度，将产品放在适温下贮藏，严格控制环境温度，避免蔬菜长时间处于冰点以下的温度中。冷库中靠近蒸发器的一端温度较低，在产品上要稍加覆盖，以防止产品受冻。采用通风贮藏库贮藏产品时，在外界气温过低时要注意保温防寒，通风换气的次数要相对减

少，应该在中午气温较高时进行通风换气。最好用机械保温车或冰保温车进行长途运输，使产品处于适当的温度中。如果使用无冷源车辆运输，途经南方炎热地区时要加冰降温；而途经北方寒冷地区时，要注意采取覆盖保温措施。如果管理不当，产品发生了轻微冻害时，则不要移动产品，以免损伤细胞；而应就地缓慢升温，使细胞间隙中的冰晶融化成水，转回到细胞中去。

蔬菜遭受冻害的程度，还决定于受冻的温度和时间的长短。受冻的温度越低，冻结所需的时间越短。冻结过程伴随着细胞脱水的过程。脱水必将引起细胞内氢离子、矿质离子等浓度增大，对原生质造成伤害；脱水本身对原生质也有影响。这些最后都可能导致原生质的不可逆变化。

已经冻结的蔬菜，非常容易遭受机械损伤。因此，在解冻之前不可任意搬动。葱、菠菜和芹菜等蔬菜冻结以后，经缓慢解冻，可以使其恢复新鲜状态。若解冻过快，融化的水来不及被细胞吸收，会伤害组织。一般认为，蔬菜解冻在0℃～4℃条件下比较适宜。

四、蔬菜的气体调控与保鲜贮藏

（一）蔬菜采后的呼吸作用

1. 蔬菜的有氧呼吸与无氧呼吸

蔬菜采后同化作用基本停止，呼吸作用便成为采后生理的主要方面。呼吸作用直接或间接地联系着各种生理生化过程，也必将影响蔬菜的性状和品质。由于贮藏环境条件的不同，蔬菜的呼吸作用可分为有氧呼吸和无氧呼吸两种。

有氧呼吸是主要的呼吸方式。进行有氧呼吸时，蔬菜从空气中吸收分子态氧，呼吸底物（又称呼吸基质，如糖）最终彻底氧化成水和二氧化碳，放出的热量多。无氧呼吸是蔬菜在缺氧或缺乏氧化酶的条件下所进行的不正常的呼吸作用，呼吸底物不能被彻底氧化，结果形成酒精、乳酸和二氧化碳，同时放出少量的热量。

无氧呼吸对蔬菜的贮藏是不利的或是有害的。当然，蔬菜进行部分无氧呼吸，也是适应环境条件的需要。只有较长时间处于无氧呼吸，消耗较多的有机物，积累过多的酒精或乳酸，才会影响蔬菜的正常新陈代谢，导致生理性病害。

呼吸作用对蔬菜贮藏的影响，表现在水分、糖、酸、维生素等营养物质的消耗，导致重量减轻和组织衰老，放出热量和二氧化碳，改变贮藏环境的条件；而改变贮藏的环境条件，又反过来影响蔬菜的贮藏。所以，贮藏中合理地控制蔬菜的呼吸作用，削弱不利因素，充分利用有利条件，是贮藏管理的基本任务。

2. 影响蔬菜呼吸作用的因素

蔬菜的呼吸作用与品种有着直接的联系。即使属于同一种类的蔬菜，如果品种不同，呼吸强度也不同。一般中熟和晚熟品种的呼吸强度比较高，早熟品种的呼吸强度比较低。这是由于晚熟品种的生长发育期比较长，有机物质相对积累比较多一些，蔬菜组织中氧化系统酶的活性也比较强的缘故。

温度对蔬菜呼吸强度的影响很显著。在一定的温度范围内，呼吸强度随着温度的上升而增强。接近 0℃时最弱，升高到 35℃左右时最强，超过 45℃时呼吸强度便骤然下降。一般呼吸作用的最适温度为 30℃左右。

新鲜蔬菜中含有大量的水分。在蔬菜贮藏过程中，其所含有的水分随着逐渐蒸发而降低。蔬菜失水后，水解酶活性加强，使有机物分解为可溶性糖类，为呼吸作用提供了更多的基质，从而使呼吸强度显著增加。但有些蔬菜，在空气湿度过大时，也会造成呼吸强度的增加。所以，蔬菜鲜藏中应保持恰当的相对湿度。

贮藏环境中气体成分的变化，影响着蔬菜的呼吸强度和呼吸类型。因此，控制贮藏环境中的气体成分，是使蔬菜长期贮藏后仍然保持鲜嫩品质的重要措施。贮藏中正确采用适时通风等手段，不仅是为了调节温、湿度，也可改变贮藏环境中的空气成分，使之适合蔬菜的不同要求。

蔬菜在采收、运输和贮藏过程中，经常会遭受挤压、碰撞和割裂等损伤。遇有这种情况，蔬菜的呼吸强度都有可能增强。这是因为受到机械损伤的组织，增加了与外界空气的接触，刺激了氧化酶活性的结果。所以，对贮藏的蔬菜，必须在各个环节上防止机械损伤。

此外，如病菌的侵害、光线的强弱和辐射线的照射，都将影响蔬菜的生理活动，引起呼吸强度的变化。不能只强调某一因素，忽视另一种因素，而应充分考虑各种因素的综合影响，采取相应而灵活的调节措施，创造贮藏保鲜的最适环境。

（二）气体组成与蔬菜保鲜贮藏

通常，空气中含有21%的氧，二氧化碳仅占0.03%。但蔬菜贮藏环境中往往并非如此。如果贮藏环境是一个通风不良或密闭系统的话，由于蔬菜的呼吸作用不断吸收氧气，排出二氧化碳，使空气中的氧分压下降，二氧化碳分压上升，这种空气组成的改变，会对蔬菜产生很大的影响。另外，人们还常通过人为的办法，有意识地改变和控制贮藏环境中的气体组成，主要是降低空气中的氧浓度和适当提高二氧化碳浓度，来达到延长蔬菜寿命的目的。

1. 适宜的低氧与高二氧化碳对蔬菜的影响

降低空气中的氧浓度(一般降至1%~7%)和适当提高二氧化碳浓度(为1%~20%),至少可以在以下几个方面对蔬菜产生极大的影响:

(1)蔬菜的呼吸强度明显降低,推迟呼吸高峰的到来 蔬菜的呼吸可大致分为受二氧化碳影响大的、受氧影响大的和受二者共同影响的三种情况。但一般来说,同时降低氧浓度、升高二氧化碳的浓度,总是比单一调节氧或二氧化碳抑制呼吸的效果大。

(2)降低乙烯的产生 乙烯是蔬菜自身产生的一种气体,能加速蔬菜的后熟衰老,缩短贮藏寿命。适宜的低氧和高二氧化碳条件,不仅可抑制乙烯的产生,还可降低蔬菜对乙烯的敏感性。

(3)减少叶绿素的损失 叶绿素除了随着贮藏温度的降低而损失减少之外,还与气体组成有关。在空气中叶绿素损失较多,而在氧为1%~6%、二氧化碳为5%~10%的气调条件下,损失较少,尤其是在低温下,效果更明显。

(4)减少果胶物质的转变 使原果胶不易变成可溶性果胶,这样可以保持硬度。

(5)保持蔬菜品质 在低氧和高二氧化碳下,往往可保持有机物和营养的含量,减少营养物质的损失。

(6)抑制微生物的生长,减少腐烂 如引起蔬菜腐烂的链格孢菌、灰霉菌等,在氧为4%以下时生长速度急剧降低。据测定,草莓能忍受高浓度的二氧化碳,提高二氧化碳浓度,可使草莓大大减少腐烂,并使货架寿命延长。

因此,适当的气体控制,常可收到延缓后熟、抑制衰老、保持绿色、防止软化、保持品质、减轻腐烂等效果。

2. 蔬菜贮藏的适宜氧气与二氧化碳气体条件

蔬菜对气体条件的适应性和对温度一样，有其适宜的范围，不能过低或过高。贮藏环境中，如果氧含量过低，二氧化碳过高，会促进无氧呼吸的发生，引起一系列有害反应及生理病害。不同种类的蔬菜对低氧的敏感性不同，对高二氧化碳的忍受能力也不同(表 6-6)。大部分蔬菜的低氧临界浓度为2%左右，也有些蔬菜高达 5%～10%。蔬菜贮藏中，气体的最适组成因蔬菜种类和品种而有不同，还随蔬菜的发育阶段、生理状态及贮藏温度而有变化。

表 6-6 蔬菜在推荐的温度下能忍耐的最低氧和最高二氧化碳浓度

气 体	浓度(%)	蔬菜种类
二氧化碳	1	花叶莴苣
	2	结球莴苣、芹菜、朝鲜蓟、菊苣
	4	胡萝卜
	5	结球甘蓝、抱子甘蓝、花椰菜、苦苣、甜椒(12.5℃)
	7	茄子、青豌豆
	10	黄秋葵、黄瓜、网纹甜瓜、西葫芦、芦笋(5℃)、洋葱、大蒜、马铃薯
	15	青花菜、韭菜、芦笋(2℃)
	20	甜玉米、蘑菇、去荚的菜豆、羽衣甘蓝、菠菜、叶甜菜
氧	10	马铃薯、芦笋
	7	甘 薯
	5	青豌豆
	3	番茄、黄瓜、甜椒、朝鲜蓟、胡萝卜

续表 6-6

气体	浓度(%)	蔬菜种类
氧	2	结球甘蓝、花椰菜、抱子甘蓝、网纹甜瓜、甜玉米、菊苣、菜豆、芹菜、苦苣、结球莴苣、萝卜
	1	洋葱、大蒜、蘑菇、青花菜、马铃薯

3. 氧气与二氧化碳失调对蔬菜的伤害

二氧化碳伤害最明显的特征是，产生褐色斑点、凹陷。有些伤害是从维管束开始的。马铃薯受二氧化碳伤害后往往产生褐心。受害组织的水分很容易被附近组织消耗，使受害部分出现空腔。番茄果实受高浓度二氧化碳伤害后，初始的症状是果实表皮出现白点和凹陷斑痕，进一步逐渐变为褐色。严重时大面积下陷，果实变软，坏死，并有很浓的酒精味。蒜薹受二氧化碳伤害后在薹茎上出现黄色小斑，以后扩大为不规则的下陷坑。薹苞由绿色变为灰白色，进一步发展为水渍状。严重时整个蒜薹成为水煮状，暗透明，腐烂，有极浓的酒精味或其他异味。网纹甜瓜受伤害后有明显的异味。叶菜类受二氧化碳伤害后的症状是，出现生理萎蔫，细胞失去膨压，水分渗透到细胞间隙，成水浸状。在高二氧化碳浓度下，结球甘蓝、结球莴苣内部变褐，芦笋表皮变褐，甜椒发生软烂。

低氧伤害与二氧化碳伤害症状相似。受低氧伤害后的蔬菜，表皮产生局部下陷和褐色斑点，不能正常后熟，并有异味。马铃薯在低氧条件下产生黑心，转移到常温下尤其严重。番茄在0～1%氧气中，表皮产生局部凹陷，凹陷面积较二氧化碳伤害面积大，凹陷部分变为褐色或者褪绿变白，果肉有很浓的酒精味。低氧可造成莴苣叶脉变褐，使很多蔬菜有酒精味或异味产生。较大个体的蔬菜，如洋葱、马铃薯等因其组织传递氧时间长，呼吸需氧极易产生组织内部缺氧(环境中氧含量可能很高，甚至为空气，含21%的氧)，或者呼吸产物二氧化碳的输出滞留，而产生二氧化碳伤害，如低氧时马铃薯的黑心病、结球莴苣叶脉褐变，这类产品对低氧、高二氧化碳的敏感水平，甚至可以作为调控贮藏时气体伤害的指标，有的产品如青椒，二氧化碳含量大于5%即造成软烂。

4. 蔬菜贮藏中的乙烯控制

乙烯是植物的一种分子最简单的激素，对于采后蔬菜，它主要的作用是引起后熟，促进衰老。因此，乙烯在蔬菜贮藏过程中是很不受欢迎的，但在产品上市之前的催熟、着色、改变风味上，又有很多有利之处。在蔬菜采后生理研究中，乙烯问题一直是科学家最关注的焦点。

很多蔬菜在贮藏过程中，本身就释放乙烯。当贮藏库中的乙烯积累到一定水平时，就会启动蔬菜后熟，加速衰老与腐烂，而且这种作用是不可逆转的。如将莴苣同苹果贮藏在一起，苹果产生的乙烯会使莴苣叶脉两侧出现褐斑，如果用外源乙烯，即非产品内部释放，而是人为处理到环境中去的乙烯(20～35毫克/千克)，处理莴苣也可得到相同的叶面病斑。这证明乙烯是出现病斑的病因，同时也证明乙烯在自由空间是促使莴苣在高温下发生老化的主要成分。提高二氧化碳的浓度，降低氧气的浓度，以及在不至于造成冷害和冻害的前提下，降低贮藏温度，都可以抑制乙烯的生成和降低乙烯的生理活性。此外，机械伤和病虫害侵染，也会刺激乙烯产生。因此，在蔬菜的采收、分级、包装、运输和销售中，要轻拿轻放，避免损伤。

但是，不管如何小心地加以控制，蔬菜采后总是会有乙烯释放出来，加之乙烯有自身的催化作用，因此应该及时除去环境中的乙烯。排除乙烯最常用的简单方法是通风换气。在冷库和通风贮藏库中,常用这种方法排除乙烯。

为了避免乙烯这种挥发性气体对贮藏蔬菜的影响,还必须注意如下几点:第一,贮藏乙烯释放量大的蔬菜时,尤其是在常温状态贮藏时,宜使用乙烯吸收剂;第二,在贮藏时,最好不要将果菜混贮或几种菜混贮,特别是不能将大量释放乙烯的水果蔬菜与其他果蔬混贮;第三,库房通风、排气必须注意,以消除二氧化碳及乙烯对贮藏果蔬的影响为主要目的;第四,在贮藏库,如使用紫外灯杀菌,紫外光还可以破坏乙烯,使乙烯浓度降低。

五、蔬菜保鲜贮藏的病害控制

蔬菜在保鲜贮藏过程中,会发生各种各样不利于保持鲜嫩品质和风味特点的病害,严重时会使蔬菜大量腐烂变质。蔬菜贮藏中病害发生的原因较多,概括起来有由病原微生物侵染所造成的侵染性病害,和由各种环境因素不当而引起的生理病害(非侵染性病害)两大类。

(一)侵染性病害的控制

1. 病害的种类

蔬菜在贮藏过程中,由于受病原微生物的侵染而引起腐烂、品质下降的现象,称之为侵染性病害。侵染性病害的种类,常以病原菌感染后在植株上所表现的病状来区分,有干腐病,软腐病,各种变色斑,组织肿大或坏死,器官破坏或表面粗糙等。引起蔬菜贮藏侵染性病害的微生物,有细菌、放线菌、真菌和病毒四大类,其中以真菌和细菌性病原为主。

2. 病害的侵染

贮藏病害的侵染方式，分为伤口侵染、自然孔道侵染以及直接侵染三种。从侵染时间看，可分为采前侵染和采后浸染，也可以在采收时发生侵染。

采前侵染，也称为田间侵染，包括田间侵染后病菌在寄主体内已蔓延扩散，但在采收时，产品上病症不明显或尚未显现，如马铃薯的环腐病、大白菜软腐病等的发生。也包括潜伏侵染，即病菌在采前已完成侵入过程，但侵入后的病原体暂时潜伏不活动，在环境条件适宜时，即从潜伏状态变为暴发状态而表现病症，如菜豆和辣椒的炭疽病等的发生。

在采收和采后的处理过程中，都难免出现种种损伤。这些损伤即为病菌入侵的门户。如果贮藏环境和包装容器等消毒不严，管理不善，病原微生物有条件繁殖后，就会引起病害。

3. 常见病害的发生与防治

蔬菜贮藏过程中，常见的病害主要有软腐病、炭疽病、轮纹病、霜霉病、疮痂病和病毒病等。

(1)细菌性软腐病 本病是多种蔬菜的重要病害，由杆菌感染而引起。大白菜、甘蓝、萝卜、胡萝卜、黄瓜和番茄等蔬菜，都可受害。本病既是蔬菜的重要田间病害，也是蔬菜采后的主要病害。产品常在田间受害带菌，采后继续扩染蔓延。

软腐细菌不能由寄主表面直接侵入，大多由伤口侵入组织而发病。如大白菜在采收、搬运及贮藏中出现的机械伤害和冻害等，均可成为该病菌的侵染途径。

蔬菜受到侵染后的症状为，接近根部的叶柄、叶片上，出现半透明的水渍状病斑，随后慢慢扩大。在空气湿度大时，病斑上常溢出黄褐色黏性分泌物，干燥时，分泌物粘着在病斑表面，像一滴胶水，称为“菌脓”。还有一种病症是在蔬菜组织内部开始腐烂，而后逐渐向外扩展，使整株腐烂死亡，发出恶臭，丧失食用价值。

这种病害在气温较高、湿度较大、蔬菜受机械损伤时，发生尤为严重。该病菌在低温下（2℃～5℃）也能生长发育，是蔬菜低温贮藏中常见的病害。但该病菌对干燥的环境条件抵抗力很差，采取通风措施使菜体表面干燥，采取包装办法或促使伤口愈合等措施，都有一定的预防作用。采后24小时内进行急速预冷，使菜体中心温度下降到5℃以下，对防止软腐病的发生与蔓延，都有显著的效果。如果采后立即装箱或码成大堆，使冷却速度变慢，湿度增大，就会加速该病的蔓延。大白菜收获后适当晾晒，采取单码一层的方法预贮，以及入窖初期翻倒几次等措施，有利于防止软腐病的蔓延。

(2)炭疽病 引起炭疽病的病原菌是霉菌。受炭疽病危害的蔬菜，有菜豆、辣椒、黄瓜和洋葱等。此病多在田间侵染，贮运过程中发病。蔬菜被侵染上炭疽病后，叶片上将出现褐色病斑，病斑中部稍现灰褐色的轮纹，叶片容易脱落。果实上的病斑为褐色，边缘稍暗，中央稍凹陷，周围有粉红色黏状分泌物。在空气湿度稍大时，果实容易腐败。

病菌发育适温为24℃，在4℃以下分生孢子不发芽，10℃以下病菌停止生长。但在较低温度下贮藏，则易出现冷害。因此，对炭疽病的防治，应以选择无病蔬菜贮藏为主，或采收后进行表面药剂处理后，再进行贮藏。

(3)轮纹病 这是番茄、马铃薯和茄子等贮藏中的重要病害。病原菌为菌丝状微生物，是霉菌的一种。番茄被轮纹病原菌感染后，表面初期出现暗褐色小斑点。以后逐渐扩大，扩大后的病斑略成圆形，并有显著的同心轮纹，表面有黑色绒毛，中间成凹形。病斑直径一般在1～2厘米范围内。

这种病菌在田间就附着在菜体表面，运输贮藏中发病，并逐渐向无病蔬菜传播。染病蔬菜在高温高湿情况下，腐烂加重。生长过程中及时用药剂防治，采收期间防止机械伤害，应用化学防腐剂等，对控制病害的蔓延有一定的作用。

(4)霜霉病 也由霉菌所引起。这种病害对大白菜、甘蓝、洋葱、大蒜和黄瓜等蔬菜有一定的危害。初期症状不明显，叶片上出现水浸状小斑点。以后逐渐扩大，形成不规则病斑，叶包由淡黄色变为浅褐色。环境湿润时，病斑的反面出现白霉状物，这是病菌的分生孢子梗。发病严重时，菜叶枯黄脱落。贮藏中遇有适宜的环境条件，病情进一步发展。感病部位出现褐色或水浸状斑点，致使叶片变为黏湿状，并在病斑表面形成霉菌或菌核体。

为减少霜霉病在贮藏期的蔓延，需在采收后对蔬菜的外叶进行修整，在运输贮藏中注意轻拿轻放，并控制贮藏中的适温为0℃～1.5℃。

(5)病毒病 病毒病对辣椒、马铃薯、番茄和大白菜等都有危害。在田间受病毒侵染后的蔬菜，症状表现为叶脉褪绿形成“明脉”，然后叶片的一部分组织褪绿，使整个叶片出现颜色浓淡相间的花叶，叶片边缘略微卷曲、皱缩成畸形，植株矮化，枝条细小丛生，所结果实少而小。病毒病对蔬菜的危害症状表现较为明显，大部分可在贮藏前识别出来，从而予以剔除，但也会有一部分不易识别。这些染病蔬菜，在贮藏中遇有适宜的环境条件，病情将进一步发展，造成损失。

(二)非侵染性病害的控制

由于各种环境因素不当而引起的病害，称为非侵染性病害，也称为生理性病害。这是蔬菜在鲜藏过程中，由于物理、化学及生物等因素的影响，引起菜体老化、腐败、代谢异常等现象，最终导致细胞衰亡。其中凡未经病原微生物侵染而引起的代谢异常、组织衰老乃至败坏变质等现象，都称之为生理病害。由于不是病原微生物引起，故只在个体发生，而不会传染。

1. 发生的原因

生理病害发生的原因，大体可分为采前和采后两方面。采前因素有微量元素过量或不足；栽培管理不当，如施肥用药过多等；采收成熟度不适；日灼、多雨或日照不足等。采后因素为蔬菜在贮运中温、湿、气、光等外界不良环境条件的影响，尤其是多种不利因素的综合影响。

2. 常见的病害

生理病害的病症多在蔬菜表面或内部出现凹陷、褐变和异臭味，不能正常后熟等，使蔬菜的商品与食用价值下降。

(1)中　毒　贮藏中的蔬菜，由于不利的环境条件，正常的生理机能被破坏，致使无氧呼吸加强，呼吸过程中产生的二氧化碳和酒精等中间产物，在组织中积累过多，造成细胞中毒，使蔬菜外观色泽褐变，内部品质下降。细胞中毒的原因和症状较多。如贮藏室内氧气浓度过低，菜体表面就会出现面积很小、形状不规则的点状褐色缺氧斑。长期缺氧，蔬菜就会败坏腐烂，产生强烈的酒精气味。当二氧化碳浓度过高时，也会造成生理病害，甚至引起窒息死亡。在用氯气或漂白粉消毒防腐时，用量过大易使蔬菜发生氯气中毒。如番茄中毒后会明显表现出整个果蒂下陷，果实开裂，迅速引起败坏。

(2)劣　变　在蔬菜鲜藏过程中，呼吸作用和物质代谢过程紊乱后，尽管没有微生物的侵染，仍会引起多种病害，使品质劣变，如辣椒和番茄的脐腐病（顶腐病）就是劣变造成的。

发病初期，果实的脐部出现水浸状大小不等的浅灰褐色病斑。以后病部渐渐凹入并扩大，有的甚至扩展到半个果实以上，很快变成暗褐色或黑色，变质部分角质化，质地坚硬粗糙。随着病害的发展，病部还会开裂。

又如马铃薯，在未完全成熟时收获贮藏，贮藏中进入萌动阶段后温度过高、湿度过小，或受到机械损伤，堆藏数量过大及通风不良时，都会引起薯块变黑。引起变黑的原因主要是薯块中积累了由呼吸作用产生的二氧化碳，块茎中酪氨酸成分在酶的作用下，变成黑色素的结果。

(3)机械伤害 机械伤害，是指收获、贮运过程中由外部机械力造成的蔬菜组织的伤害，包括外伤和内伤。外伤指直接破坏了蔬菜的表面保护组织及其附近的组织结构，形成了开放性的创伤，如刺伤和擦伤等。这种外伤加速了组织的呼吸作用和水分的蒸散作用，并且为许多病原菌的侵入开放了大门，对保鲜贮藏极为不利。内伤指由挤、压、碰、震等造成的蔬菜内部组织的损伤。这种损伤，外表不易看出，但内部细胞受伤后不能继续进行正常的生理活动，终至组织死亡，丧失对病原菌的抵抗性。由于任何机械伤害对蔬菜贮藏都极其有害，应加以避免。

(4)僵　化 具有后熟作用的蔬菜在不良的环境条件下，正常的代谢活动遭到破坏。后熟过程中化学成分不能按照生长发育和成熟的规律进行转化，淀粉水解停止，有机酸不再分解，可溶性鞣质中止凝固，原果胶和叶绿素的分解停顿，后熟作用中断，蔬菜出现僵化状态，失去了应有的生理特性。该软的不软，应转色的不转色，有的味道酸涩，有的失去特有的辛香味。出现以上这些不正常的情况，如不及早采取措施，极易造成严重损失。

3. 非侵染性病害的防治

防治蔬菜贮藏过程中非侵染性病害，除了在蔬菜生产过程中，改善栽培管理，提高供贮蔬菜的品质以外，其贮藏过程中的主要措施，是加强贮藏环境的建设和管理，改善温、湿、气、光等环境条件，科学进行贮前处理，消除各种致病原因，合理进行操作，减少振动损伤，科学通风换气，使蔬菜处在安全适宜的贮藏环境之中。

第七章　常见蔬菜保鲜贮藏方式

蔬菜的保鲜贮藏要有适宜的设施，根据其生理特性创造适宜的环境条件，使它们在维持正常代谢和不产生失调症的前提下，最大限度地减少产品的物质消耗，延缓成熟和衰老进程，延长采后寿命和货架期。

蔬菜的贮藏方式很多，主要是控制贮藏期间的温度、水分、气体成分等方面的变化，其中最重要的是控制贮藏中的温度。按控制温度方法的不同，可分为利用自然低温方式和人工降温方式两大类。

利用自然低温方式，是指利用自然气候的季节性变化和昼夜温差，来调节贮藏场所温度的方式。寒冷时要保温，温度高时要隔热，尽量维持所要求的贮藏温度。这些方式包括堆藏、埋藏、假植贮藏、冻藏和窖藏等简易贮藏和通风库贮藏。其方法简便经济，行之有效，在生产上起着十分重要的作用。但是，由于是利用自然温度的变化，来调节贮藏温度，因而常受到地区和季节的限制。

人工降温方式，是指利用冰块融解吸热或者机械制冷，来获得适宜的低温，包括冰窖贮藏、机械冷藏、气调贮藏和减压贮藏等。这些方式不受季节和地区的限制，贮藏效果好，但投资较大，成本较高。

一种蔬菜可以用多种方式贮藏，一种贮藏方式也可以贮藏多种蔬菜。具体如何进行，可根据蔬菜的贮藏特性和当地条件选择决定。

一、堆　藏

堆藏，是设置在菜园、田间或空地上的临时性贮藏场所，多在使用时临时建造，贮后便拆除。在北方地区，大白菜、甘蓝、洋葱、马铃薯的贮藏常用此法。

堆藏，是将蔬菜直接堆放在田间地面或浅沟中，根据气温的变化，分次加厚覆盖物，以维持适宜的温、湿度。覆盖物有草帘、作物秸秆、松针叶和泥土等。蔬菜堆藏的宽度和高度，应视气候的特点、蔬菜种类及用途而定。一般宽 1.5～2 米，高约 2 米。宽度过大，易造成通风散热不良，导致腐烂；堆码过高，压力过大，易倒塌，造成机械损伤。

在入贮初期，由于蔬菜带有较多的田间热，呼吸旺盛，应注意通风散热，晴天应防止日晒，雨天防淋。在温暖的地区或季节，覆盖有隔热的作用，可以减少外界温度的影响。在寒冷的地区或季节，覆盖有保温防冻的作用。

堆藏时，由于蔬菜堆于地面，故堆温受地温影响小，受气温影响大。所以贮藏效果常取决于覆盖的好坏。特别是在贮藏初期，温度难以降低，易造成腐烂损失。所以，堆藏在气温较高的地区不宜采用，而适于比较温暖地区的晚秋、冬季及早春采用，作为一种短期贮藏的方式。

二、沟　藏

沟藏，是将蔬菜堆放在挖好的沟内，堆积到一定的厚度，上面进行覆盖。沟藏的保温、保湿性能比堆藏好，多用于贮藏根菜类、种姜等蔬菜。贮藏沟应选在地势高，土壤黏重，排水良好，地下水位较低之处。寒冷地区，沟走向以南北长为宜；温暖地区，以东西长为宜，可提高保温和降温性能。沟宽一般以1～1.5米为宜，沟深1米左右。

沟藏的覆盖技术与堆藏相似，具有遮荫、防雨、防寒、保温和保湿等特点。采用这种贮藏方式，应根据气温的变化而逐渐增加或减少覆盖层厚度。

沟藏能保持较高而稳定的相对湿度，可减少蔬菜的萎蔫，减少失重，还能积累一定的二氧化碳，形成自发气调环境，有利于减慢蔬菜衰老和减少微生物引起的腐烂。

沟藏主要受土温的影响，受气温影响较小，所以沟藏的保温保湿性能比堆藏好，但降温性能比堆藏差。特别是在入贮初期，容易造成沟室温度太高，引起腐烂。所以，蔬菜在入贮前，最好先经短时间预冷，以散去田间热，并且在入贮后，注意通风降温，方可取得较好的贮藏效果。

三、窖　藏

贮藏窖多根据当地的自然、地理条件特点进行建造，既可自由进出检查，又便于调节温湿度，贮藏效果较好。因此，这种贮藏方式适于多种蔬菜的贮藏。贮藏窖主要有棚窖、窑窖和井窖等类型。

（一）棚　窖

棚窖是一种临时性的简易贮藏场所，根据入土的深浅可分为半地下式和地下式两种。在温暖或地下水位高的地区，多采用半地下式。建造时先挖一长方形窖身，入土1～1.3米深，然后在沟四周筑高0.6～1米的土墙，在土墙上加盖棚顶。

在寒冷地区多采用地下式。入土深 2.5～3 米，上盖棚顶，再加秸秆，覆土压实。窖内的温、湿度，可依靠窖门或通气窗换气来调节。

（二）窑　窖

窑窖是充分利用地形特点，在厚土层中挖洞建成。不需棚盖，坚固耐用，可使用多年。窑窖通常长 6～8 米，宽 1～2 米，高 2～2.5 米，拱形顶，窖门稍小，有的还设有活动天窗，以利通风换气。

（三）井　窖

井窖修建在地平面以下，形似三角瓶，用石板盖上窖口后，密闭性能好，窖内温度较低，湿度较大，用于蔬菜贮藏较为适宜。井窖还可建造在室内或室外。室内窖在贮藏初期，温度较高，腐烂较室外窖重。室外窖在冬季温度较低时腐烂较轻，但春季温度上升后，腐烂较重。所以，应根据不同类型的特点进行不同的管理。井窖一般深 1～2 米，窖底宽 2～3 米，窖口宽 0.5 米，下大上小。窖口应圆而平整，便于加盖。

四、假植贮藏

假植贮藏，是将某些连根收获的蔬菜，密集地假植在沟、窖或阳畦中，使其可以继续从土壤中吸收一些水分，处于微弱的生长状态。假植时株行间要留有适当的通风空隙，土壤干燥时还须灌水。覆盖物与菜面要保持一定的空隙并留通风口，或在窖顶只做稀疏的覆盖。假植方法主要用于芹菜、普通白菜（油菜、青菜）、花椰菜、莴苣和小萝卜等。

五、微冻贮藏

微冻贮藏主要用于耐寒性较强的绿叶菜类，如菠菜和芫荽等。在上冻时，将收获的蔬菜放在背阴处的浅沟内。一般用宽约 30 厘米的窄沟。如宽 1 米以上，则须在沟底再挖通风沟，上面稍加覆盖，利用自然低温使蔬菜入沟后能迅速冻结，并在贮藏期间始终保持轻微的冻结状态。由于贮藏温度在 0℃以下，可以有效地抑制蔬菜的新陈代谢和病原菌的活动，保持蔬菜的品质。微冻贮藏的上述蔬菜，食用前经过缓慢解冻，仍能恢复新鲜状态。

六、冰窖贮藏

冰窖贮藏，是采用冰来降低和维持产品的温度，属于人工降温的一种方式。冰窖贮藏时，窖外侵入的热和产品的呼吸热，为冰块融化时所吸收，所以能保持一定的低温。一般温度可保持在 2℃～3℃。冰一般是冬天采集天然冰或人工洒水冻结而成，预贮在贮冰场或冰窖中，覆盖密封保存备用。冰窖应选地下水位低、土质坚实、接近水源、便于运输的地点建造。窖的深度一般为 3～4 米，长度和宽度则视贮藏量的多少、地形和环境而定。一般采取长壕形。窖壁的建造，若不是长久性的，应选择土质坚实的地方，挖成窖口比窖底稍宽的倾斜壁面，不另砌墙壁。窖底向一端或两端倾斜，最低处与窖外排水沟或泄水井相通，以便于排出融冰水。顶上架设“人”字形屋顶，铺芦苇草席并覆土，或只用竹竿或苇席，搭成“人”字形尖顶席棚，在顶层冰上加很厚的稻壳以隔热。也有的不设窖顶，冰块装到离窖口 0.7 米左右，上面覆盖 0.7～0.8 米厚的稻壳隔热。而永久性的冰窖，窖墙和窖顶用灰砖砌成，厚为 1.2～2 米，窖底铺石板并有排水沟通到窖外的泄水井。冰窖冬季贮冰，到夏季贮菜时移动冰块。窖底和四壁各留下厚约 0.5 米的冰块，其上放产品，产品之间填碎冰，上面加冰块后再加菜。如此重叠，最上层冰上加上稻草等隔热材料。这种方法适于贮藏蒜薹、芹菜、菠菜、芫荽和花椰菜等。

七、通风贮藏

通风贮藏，是利用通风贮藏库来贮藏蔬菜的一种方式。其原理、形式和性能，与棚窖很相似。不同的是通风库是砖、木、水泥结构的固定式建筑，所以又称为固定窖。通风库是根据自然气温和土温的变化，利用空气对流的原理引入外界的冷空气，排出库内的热空气，而起到控温作用的。它具有较完善的通风系统和隔热结构，降温和保温效果比棚窖大大提高。

通风库分地上式、半地下式和地下式三种类型。地上式的库体全部处在地面上，受气温的影响最大。地上式通风库可以把进气口设在库墙的底部，在库顶设排气口，两者有最大的高度差，最有利于空气的自然对流，所以通风降温效果最好。地下式的库体全部深入地下，仅库顶露出地面，保温性能最好。但进排气口的高度差小，空气对流速度慢，通风降温效果差。半地下式约有一半的库体在地面以下，其性能介于上述二者之间。通风库主要在秋、冬季节应用，所以温暖地区宜用地上式，寒冷地区须用地下式。此外还可根据各地气候条件及地下水位的高低，分别采用不同深度的半地下式。

通风库的位置，要求地势高燥，地下水位低于库底 1 米以下，四周通风良好，交通方便，便于接通水源和电源。

通风库多建成长方形或长条形，以南北延长较好。一般一个库房长 30～50 米，宽 5～12 米，高 3.5～4 米，可贮大白菜 10 万～15 万千克。总贮藏量大时，可分建若干个库房组成一个库群。北方较寒冷的地区，大型库群大都将库房分建成两排，中央设走廊。库房的方向与走廊相垂直成“非”字形，库门开向走廊。中央走廊宽 6～8 米，能通行汽车，顶部有顶盖和气窗，两端设双重门。中央走廊的主要作用是，防止冬季寒风直接吹入库内引起库温剧变。还可兼作分级、包装及临时贮放产品的场所。如为单个库房，则需在库门外加建缓冲套间，温暖地区的库群以单设门为好，可以直接利用库门通风。

通风库应有适当的隔热结构。因为建筑通风库用的砖、石、水泥等材料和墙外的护覆土，隔热性能都很差，需要在库顶、地面和墙壁敷衬隔热性能好的材料，构成隔热层，依靠隔热层起保护作用。通风库常用的隔热材料有锯屑、稻壳、炉渣和珍珠岩等。静止空气的隔热性能很好，用空心砖砌墙可以大大提高保温效果。

八、机械冷藏

机械冷藏，是在有良好隔热性能的库房中，装置机械制冷设备系统，根据不同产品的要求，通过机械作用，使库房保持适宜贮藏温度的一种方式。它不受外界环境条件的影响，可以周年维持冷库内所需要的低温。库内的温度、湿度及空气流通，都可以调节控制，以适于产品的贮藏。其贮藏效果较好，腐烂损失较轻。

冷藏库应注意管理。蔬菜采收以后，仍是一个有生命的有机体，继续进行着呼吸作用。蔬菜贮藏的目的是，延长其食用价值的寿命，因而在贮藏中采取各种措施，以维持产品的最低生命活动，借以延长其贮存寿命。

（一）因菜而宜，合理控制库温

不同种类、品种的蔬菜，对贮藏温度的要求有所不同。例如黄瓜，要求贮藏温度不低于 9℃～10℃，而花椰菜和蒜薹则要求贮藏温度在 0℃～1℃。应尽量把有不同温度要求的蔬菜分开贮藏，否则会引起冷害。冷害最常见的症状是，表皮凹陷，出现组织褐变。

（二）入库前的预冷

蔬菜在进入冷库前要进行预冷。即将蔬菜放在阴凉通风或专门的预冷场所，进行降温处理。这样的处理，无论是在保持蔬菜品质方面，还是在节省能源、合理利用冷库方面，都是十分有益的。

（三）注意调节库内的相对湿度

补湿可用喷雾装置进行，也可以用风扇扇起风，使风通过水面携带湿气后进入库内，还可以直接向地面洒水，以维持库内 85％以上的相对湿度。

（四）加强库内的换气工作

除鼓风式冷库外，一般应注意做好库内的换气工作，尽可能除去库内蔬菜所产生的乙醇、乙烯和过多的二氧化碳气体，以免菜体受害。

（五）出库蔬菜要缓慢升温

可将出库的蔬菜移入库房串堂或预冷间，让出库的蔬菜缓慢升至室温。如果从冷库直接取出蔬菜放在室温下，由于温度突然由低变高，差异大，将刺激蔬菜加强呼吸作用，容易引起蔬菜发热，出现水珠，加速其腐烂。

第八章　蔬菜的气调、薄膜保鲜及其他贮藏技术

一、蔬菜的气调贮藏

（一）气调贮藏的概念

气调贮藏是气体调节贮藏的简称，是利用低氧和适量二氧化碳对蔬菜采后生理生化过程影响的原理，人为改变贮藏环境的大气组成——降低空气的氧含量和增高二氧化碳含量，来保持蔬菜品质的贮藏方法。气调贮藏可抑制蔬菜的呼吸作用和乙烯的生成，延缓后熟和衰老，还可抑制病原菌的活动，减轻腐败变质的发生。

气调贮藏有两种方式：一是真正的气调贮藏，要求氧和二氧化碳控制在较小的最佳范围内；另一种为限气贮藏或简易气调贮藏，也称为 MA 贮藏，通常产品用塑料帐或袋密封，由其自身呼吸而改变空气组成，氧和二氧化碳没有严格的指标，允许有较大幅度的变动。气调技术常与冷藏相结合，可以得到更好的效果。

气调贮藏必须用气调库或塑料膜等将产品封闭起来，以避免外界空气的干扰。气调库的结构与一般的冷藏库相似，但要求有更高的气密性，可在四壁内侧和天花板、地板加衬金属薄板，或不透气的塑料板，或喷涂聚氨酯泡沫塑料。库门和各种通过墙壁的管道也都要有气密结构。在普通冷藏库内，

用塑料薄膜帐(袋)封闭蔬菜产品,也是气调的一种方法。气调贮藏关键在于控制气体成分于适宜的水平。最佳气体组成因蔬菜种类、贮藏温度、贮藏阶段而不同。为便于操作管理,气体指标应允许有一定的变动幅度。从正常空气改变到要求的组成,有一个降氧和增二氧化碳的过程。不同蔬菜对氧气和二氧化碳的适宜贮藏浓度,有不同的要求。

表 8-1 较详细地表明了主要蔬菜贮藏期间氧气浓度和二氧化碳浓度的控制范围,可供贮藏蔬菜时参考。

表 8-1　主要蔬菜气调贮藏技术指标

菜　类	温度(℃)	相对湿度(%)	气体指标(%)		贮藏期
			O_2	CO_2	
辣　椒	10	95	2～4	0～3	2～3 个月
番　茄	13	90～95	2～4	2～4	40～60 天
菜　花	0	85～90	2～4	3～5	3～4 个月
黄　瓜	13	90～95	2～4	3～5	20～40 天
香　菜	0	90～95	2～4	3～7	3～5 个月
芹　菜	0	90～95	2～5	4～6	4～5 个月
蒜　薹	−1～0	>95	2～5	5～7	8～10 个月
茄　子	12～13	90～95	2～3	3～5	15～20 天
菜　豆	10～11	90～95	3～4	3～4	30～40 天
甜玉米	0～1	90～95	2～3	10	20～25 天
元　葱	0～1	80～90	3～5	6～8	6～7 个月

(二)气调贮藏的封闭系统

进行气调贮藏,由于要创造与普通空气不同的气体环境,所以必须把贮藏产品封闭起来，以免外界空气的干扰。其中应用最早，并且迄今仍是主要封闭方式的是气调库，即整个贮藏室就是一个封闭的单位。由于此库建造费用高，管理复杂，因而在我国应用还不普遍。我国主要应用的是各种塑料薄膜的封闭系统。

1. 塑料薄膜大帐封闭系统

薄膜封闭系统，可安放在普通的机械冷藏库或通风贮藏库内，使用方便，大小随意，价格低廉，便于推广，还可在运输中应用。

塑料薄膜大帐封闭系统，是在产品堆垛的上下四周，用薄膜包围封闭。产品可以散堆，但一般都是先用容器包装再堆成垛。先在垛底或架底铺垫底薄膜，在底层薄膜上堆放蔬菜或菜架。产品摆放好后，罩上薄膜帐子，并将帐身与垫底薄膜的四边卷起，用沙压紧即可。

这种封闭系统的贮藏量，小的为 0.5～1 吨，大的可达 5 吨以上。这种方式比较适合于我国目前的生产条件。所采用的塑料薄膜厚度为 0.1～0.2 毫米。

2. 塑料薄膜小包装袋封闭系统

塑料小包装气调法，是最简单的一种气调法。它主要是利用塑料薄膜对二氧化碳和氧气的透过性，配合适当的贮藏温度和容量等因素，使袋内形成一个相对的低氧、高二氧化碳的气体环境。

此法所采用的塑料薄膜，是由较薄的聚乙烯薄膜制成的袋子，其厚度为 0.03～0.07 毫米。袋中的装量约数千克，把欲贮藏的蔬菜直接装入袋中，然后将袋口扎封。

小包装法，是通过蔬菜的呼吸作用和薄膜袋的透气性，来达到调节气体的目的，它不能像塑料大帐那样进行人工调节气体，因而气体含量不那么准确，贮藏效果不十分稳定。它通常是作为一种辅助性的贮藏手段和实现短期贮藏目的而使用的。

3. 硅橡胶窗气调系统

采用这种系统贮藏蔬菜时，需在塑料薄膜大帐或塑料小包装袋的一面，镶嵌一定面积的硅橡胶薄膜，制成类似于开了一扇窗户的塑料薄膜贮藏库或口袋，因而称为硅窗气调法。

硅橡胶材料具有比聚氯乙烯薄膜和聚乙烯薄膜大得多的透气性能。将蔬菜贮藏于这种带气窗的塑料薄帐或袋中后，帐（袋）内蔬菜释放的二氧化碳能通过气窗散发出帐（袋）外，同时，外界空气能通过气窗，补充呼吸所消耗的氧气。只要气窗的面积得当，两种气体的透比适宜于蔬菜鲜藏的要求。经过一段时间的贮藏后，帐（袋）内的氧和二氧化碳可自动调节，使二者的浓度维持在所需要的范围之内，避免了烦琐的操作管理。

硅橡胶薄膜对乙烯也有较大的透过性，可以减少乙烯对蔬菜的不利影响。

（三）气调贮藏中氧气的调节

从封闭时的正常空气组成，至达到所要求的气体组成指标，有一个降氧和升二氧化碳的过程，这个过程可称为降氧期。原则上，降氧期越短越好，使产品尽快脱离高氧环境而获得最好的气调效果。但降氧速度又涉及设备条件和费用成本。现将生产上的几种降氧方法介绍如下：

1. 自然降氧

在密封的贮藏室或塑料薄膜帐（袋）内，利用蔬菜自身的呼吸作用，自然消耗氧气，放出二氧化碳。当气体的成分达到所需要的指标时，就进行人工控制，不使氧含量继续下降，并对过多的二氧化碳采用生石灰、活性炭和分子筛等来吸收，使蔬菜在比较适宜的气体条件下贮藏。

根据自然降氧法的原则，利用透帐法和袋藏法可以取得较好的贮藏效果。

(1) 适时透帐 当帐内氧含量下降到贮藏所需要的最低限值时，打开贮藏帐或贮藏室，充入新鲜空气，然后再封闭起来。这种换气方式在整个贮藏期中，要重复进行多次。

(2) 定时开袋 在贮藏过程中，定时打开袋口，以调节袋内气体，并检查质量，同时揩干袋内壁凝结的水分。整个操作过程应尽快完成，避免蔬菜在空气中暴露时间过长。

2. 快速降氧

这种方法又叫抽氧灌氮法。密封之后，迅速将贮藏罩内的空气抽出来，并立即通入氮气，使密闭罩内的氧气含量在很短的时间内降低至要求的指标，二氧化碳可用生石灰将其吸收，将其控制在5%以下。此法能有效地降低被贮物的呼吸并抑制乙烯合成，延缓衰老，因而贮藏效果最佳。

3. 半自然降氧

这是一种自然降氧法和快速降氧法结合起来的方法。在密闭贮藏一开始，用人工方法抽出罩内部分空气，输入氮气，然后再抽出罩内部分空气，又输入氮气，交替循环直到罩内的氧气含量降到10%左右为止。此后，靠贮藏蔬菜本身的呼吸消耗氧气，使其降到规定的指标。再用人工调节控制，使氧含量保持稳定。采用这种方法，前期抽氧充氮，使含氧量迅速下降，有效地控制蔬菜的呼吸作用，后期自然降氧，又减少了氮气用量，因此，费用较快速降氧法省，但贮藏效果比自然降氧法好。

二、蔬菜的薄膜保鲜贮藏

(一)薄膜保鲜贮藏的概念

薄膜保鲜技术,是将采后产品装入具有特殊透气性的塑料袋内,借助塑料薄膜的选择透气性,依靠产品自身的呼吸作用,降低袋内氧气浓度,提高二氧化碳浓度,反过来利用形成的"低氧气和高二氧化碳"协同效应,抑制自身的呼吸消耗,延缓衰老,达到长期保鲜的目的。薄膜保鲜技术实际上就是一种简易的气调技术,薄膜又常被称为保鲜膜。其优点如下:

1. 简 易

调控因子,主要是具有一定的透气、透湿性能的塑料薄膜,当贮藏温度、品种等条件确定时,气调性能则趋于平衡,气调效果同机械气调一样稳定。

2. 节 能

该保鲜贮藏技术原理是,依靠蔬菜呼吸调节气体指标,是生物能的一种巧妙利用途径,调气过程几乎不消耗电、油、煤等传统能源。其正常耗能仅相当于机械冷库的2%。

3. 方 便

塑料保鲜袋使用时,将产品装入袋内,扎紧袋口即可,贮藏规模可任意调节。并且在贮、运、销或包装等环节中,保鲜膜可以通用或兼用,携带方便,省略固定设备。

4. 投 资 少

该保鲜贮藏技术体系的自身投资,主要是保鲜膜的购置费,小规模的投资只需几十元,折合贮藏成本占5%~10%,而机械冷库的最小投资单位不小于10万元,折合贮藏成本为

30%～40%。

5. 见效快

采用这种技术，当年投资，当年销售后便可回本盈利。

6. 效益高

该技术因投资少，正常使用费用低，无维护费，果蔬低温贮藏保鲜质量与机械冷库无显著差异。

（二）薄膜保鲜的作用

1. 防失水

薄膜包装可以使蒸发的水分保持在包装内部，从而具有保湿作用，能有效防止果蔬水分蒸发，为蔬菜创造一个相对湿度较高的环境（95%左右）。如采用薄膜包装贮藏胡萝卜，损失约为 4%，而未加薄膜包装的损失 29%；甜椒，包装的损失 1.3%，未包装的损失 8.1%；黄瓜，包装的损失 1.5%，未包装的损失 6.1%。

需要注意的是，如果包装材料透湿性太差，造成包装内部过湿状态，则又易招致腐败的发生。因此要求包装材料有一定的透湿性，使包装内环境湿度维持在适宜状态。

2. 气　调

薄膜包装所具有的气调效果，是其保鲜的基础。利用蔬菜呼吸及薄膜的透气性，保鲜膜包装内能够建立一个氧气为 2%～5%，二氧化碳可达 16%～19%的气调环境，从而可以有效地抑制蔬菜的衰老。

3. 抑制乙烯

在包装中使用功能性包装材料和去乙烯保鲜剂，还可以有效地去除蔬菜贮藏过程中产生的乙烯，抑制蔬菜的后熟作用，达到保鲜的目的。

应当注意的是不同种类、不同品种的蔬菜，其乙烯的发生有很大差异。蔬菜对乙烯的敏感性也因品种、成熟度和气体组成的不同，而有差异。

4. 防　腐

薄膜包装可以方便简单地结合使用保鲜剂，从而有效地防止果蔬的腐烂。我国已生产出混入抗菌剂、脱氧剂和脱臭剂等制成的塑料薄膜袋，可以起到一定的抗菌防腐效果。

5. 防雾、防结露

如果包装薄膜透气性差，包装内部逐渐变为高湿状态，则包装内侧很容易产生水雾。当外部温度低于包装内部空气露点温度时，就会在包装薄膜内壁产生结露。这些露水在包装内多形成碳酸水，易导致产品表面湿浊，使外观变差，商品价值降低，严重者则导致微生物侵染而腐败变质。如果采用功能性保鲜膜，则由于添加了防雾、防结露物质，因而用于包装可有效地防止水雾和结露现象。

(三)薄膜的种类

薄膜的种类较多，按用途分，有鲜贮膜、冷藏膜和包装膜等；按原料分，有聚乙烯、聚氯乙烯、硅橡胶(硅窗)、聚乙烯醇和聚丙烯等；按生产工艺分，有吹塑膜、压延膜、流延膜和共挤吹塑复合膜；按规格分，有宽幅、窄幅、薄型和超薄型；按颜色分，有无色膜和有色膜；按农产品分，有粮食膜、果膜、菜膜和加工食膜等。蔬菜保鲜贮藏用薄膜主要有以下三种：

1. 聚乙烯保鲜膜

以低密度聚乙烯(PE)为基材，加入一定量的改性材料、偶联剂、填充剂和其他化学助剂等，混合搅拌后在混炼机中混炼，用造粒机制成母料，经先进工艺吹塑成膜。通过对辅加材料种类、用量及薄膜厚度规格的调整，可使保鲜膜对透气性和透湿性，以及二氧化碳：氧气的透气比等指标，具有可调性，以适应不同蔬菜的保鲜需要。

2. 聚氯乙烯保鲜膜

在聚氯乙烯（PVC）树脂中加入一定量的增塑剂、稳定剂、润滑剂和填充剂等加工助剂，经特殊的生产工艺吹塑而成的膜。通过调整加工助剂的种类和用量及薄膜厚度规格，可使透气、透湿、耐低温和耐老化等性能得到改变，同时对乙烯等也有一定的透性。

聚氯乙烯薄膜的氧气透过率、二氧化碳透过率和透光率，随着薄膜厚度的增加而降低，即薄膜越薄，透气性越好。所以，用聚氯乙烯薄膜进行蔬菜保鲜，要选择适宜厚度的薄膜。

3. 硅橡胶膜（硅窗膜）

硅橡胶是一种有机硅高分子聚合物，由取代基的硅氧烷单体聚合而成。硅橡胶膜则是在衬布上涂布硅橡胶的织物。由于硅氧键相连形成柔软易弯曲的长链，长链之间以弱的电性松散地交联在一起。这种结构使硅橡胶具有以下的透气性特点：①硅橡胶膜对二氧化碳和氧的透气率比聚乙烯和聚氯乙烯大 200～300 倍。②硅橡胶膜的透气是一个吸附、溶解、扩散、解吸（释放）的过程。由于不同气体的分子大小、构形和极性不同，被硅橡胶吸附的情况和在其中的溶解度，以及扩散速率等也不相同。

硅橡胶膜对二氧化碳的透过率是对氧透过率的 5～6 倍，是对氮透过率的 8～12 倍。所以，蔬菜在呼吸过程中所需要的氧可从硅窗缓慢透入，而释放的二氧化碳和乙烯则可自动地从硅窗扩散出去，这为蔬菜的密封贮藏提供了有利条件。在塑料薄膜帐（袋）上镶嵌适当面积的硅橡胶窗，经过一定的时间，就能自动地调节和维持一定的气体组成。

(四)薄膜保鲜技术的应用

使用塑料薄膜封闭进行简易气调贮藏，造价低廉，使用方便。这项技术既可配合简易贮藏场所使用，也可在通风库或机械冷藏库内应用。

1. 塑料薄膜袋封法

(1)放风法 一般用0.06～0.08毫米厚的聚乙烯薄膜袋贮存，封闭袋口，当氧气降至规定的低限或二氧化碳上升至规定的限度时，打开袋口，换入新鲜空气后，再重新封闭。

(2)调气法 用0.06～0.08毫米厚的塑料薄膜袋贮存。在自然降氧期用吸收剂(生石灰等)吸收超过指标的二氧化碳，等氧气降至规定指标后，输入适量的新鲜空气，同时继续使用二氧化碳吸收剂，使两种气体稳定在规定的指标范围内。

(3)不调气法 用厚度为0.03～0.05毫米的塑料薄膜袋贮存，装菜后封口。因薄膜很薄，有一定的透气性，在不很长的时间内，可以维持适当的低氧和较高的二氧化碳，而不至于达到有害的程度。此法适用于短期贮藏或长途运输的蔬菜。

薄膜作为食品包装的一种形式，对包装材料的要求与普通食品包装有许多共同之处：

第一，外观方面要求有较高的透明度。在薄膜保鲜贮藏过程中，经常需要透过薄膜观察贮物的感观质量。如果薄膜材料的透明度不高，就需要开袋检查，这样势必会破坏袋内的气体组成。

第二，要满足食品卫生方面的要求。用作包装材料的薄膜，应当是无毒性的。我国制定有此方面的专门的规定和管理办法，必须认真贯彻执行。

第三，要有一定的抗撕裂性能；成本要低。

由于蔬菜在包装贮藏期间，仍然需要维持正常的生命活动，这一特点决定了其包装又不完全等同于普通食品的包装，两者对包装材料的要求也有许多不同之处。普通食品的包装，要求包装材料对气体和水汽的透过能力越低越好；蔬菜薄膜小包装，则要求包装材料具有良好的透气性能和适当的透水性能。

2. 硅窗塑料袋封法

采用较厚的塑料薄膜袋（厚度为 0.18～0.23 毫米），在袋上安装硅橡胶薄膜透气窗，改进透气性能，可获得较好的保鲜效果。硅橡胶薄膜对二氧化碳和氧气的渗透系数，远比常用的塑料薄膜的渗透系数大得多，且具有较大的二氧化碳和氧的透气比，即二氧化碳∶氧＝6∶1。利用硅橡胶这种特有的透气性能，在较厚的塑料薄膜袋上嵌上一定面积的硅橡胶气窗，袋内的二氧化碳和氧的含量就会自然地调节到适宜的水平。

3. 大型塑料薄膜帐简易气调法

在大型塑料薄膜帐中，密封堆码箱体，创造一种气调条件，效果很好。这种技术可在通风库、冷库或土窑洞内使用。

采用厚度为 0.18～0.23 毫米的聚乙烯塑料薄膜，制成长方形大帐子，帐子的侧面有充气口、抽气口和取样口。每帐容量达数千千克，大的可贮 1 万～2 万千克。使用时在帐底先铺大张整块塑料薄膜作底层，上面放置垫箱子用的枕木或砖块，再堆码箱子，罩上帐子，帐子底边与底层塑料薄膜相连并折叠，用沙土压紧，使帐子密封。帐子内撒生石灰吸收过多的二氧化碳。

利用塑料薄膜大帐贮藏蔬菜，采收后经预冷要尽快入帐，以利于推迟呼吸高峰的出现。

三、蔬菜保鲜贮藏中涂膜剂的应用

随着蔬菜的生长发育，在一些蔬菜的表皮细胞上不断地有角质和蜡的累积，表现为表面坚硬，有“白霜”，使果实的水分蒸发受到抑制。但在采收以后，贮藏期间果蜡易降解，所以需要在采后进行人工涂膜处理，以减少菜体的水分损失，保持其新鲜亮泽，提高蔬菜的商品价值。

（一）涂膜剂的作用

将果实蔬菜的涂膜处理，作为提高品质的重要手段之一，早在20世纪30～50年代，已在商业上普遍使用。如茄子、番茄、辣椒、黄瓜及一些根菜类等新鲜蔬菜，上市前常进行涂膜处理。

果蔬涂膜后，表面形成一层蜡质薄膜，使其处于半封闭状态。这样可以增加光泽，美化外观，提高商品价值；减少在贮藏、运输过程中的水分损失，防止表皮皱缩；减少与空气的接触，使呼吸作用受到一定的抑制，同时还能防止微生物的侵染，减少腐烂。

（二）涂膜的方法

蔬菜涂膜必须注意做到薄而均匀。一般涂膜的方法主要有两种：一种是手工涂膜，另一种是机械涂膜。

1. 手工涂膜

手工涂膜多采用浸涂法、刷涂法或抹涂法等。其中浸涂法最简便，即将被膜剂配制成适宜浓度的溶液，将果蔬浸泡其中，使果蔬表面蘸上被膜剂，取出晾干或烘干即成。另外，刷涂法是用细软毛刷蘸上被膜剂，使果蔬在刷子之间辗转擦刷，使其表面均匀地涂上一层涂料膜。抹涂法是将2米长、0.65米宽、0.2米高的木槽倾斜10°左右的角度，使果蔬能自然滚动。为了防止滚动碰伤，在槽内垫一定厚度的泡沫塑料或橡胶。在涂膜前，先用稀释涂料把毛巾和所垫泡沫塑料浸湿。

2. 机械涂膜

目前，世界上的涂膜机种类很多，一般是由洗果、擦吸干燥、涂膜、低温干燥、分级和包装等部分组成。采用的涂膜方式为浸涂、刷涂和喷涂等。

果蔬的涂膜处理虽然能有效阻止采后水分的大量蒸发，但由于果蔬缺氧易发生生理障碍，会导致产生异味和更多的腐烂。因此，涂膜处理后不宜作长期贮藏。

一般涂膜处理是在贮藏之前，或上市之前进行。涂膜的厚度是很关键的，过薄起不到应有的作用，太厚则易导致缺氧呼吸。通常涂膜的厚度应控制在0.01毫米左右，就能使果蔬处于半封闭状态。

由于涂膜处理只是减少果蔬的蒸发作用，而不能防止腐烂。所以，在被膜剂中常添加杀菌剂和防腐剂来防止果实的过湿危害及腐烂。

（三）涂膜剂的应用效果

目前商业上使用的大多数被膜剂，都以石蜡和巴西棕榈蜡混合物作为基础原料。石蜡可以很好地控制失水，而巴西棕榈蜡能使表面产生诱人的光泽。近年来，含有聚乙烯、合成树脂、乳化剂和湿润剂的被膜剂发展很快，它们常作为杀菌剂或防止衰老、生理失调和发芽抑制剂的载体。如紫胶和果蜡等被膜剂，在黄瓜、茄子和番茄等蔬菜上应用，取得了良好的效果。CFW 果蜡，又称吗啉脂肪酸盐果蜡，作为蔬菜采后商品化处理的被膜保鲜剂，可以在番茄等蔬菜上应用，如在涂料中加入 2,4-D、多菌灵及某些中草药成分，制成各种配方的混合剂，既有防腐作用，又有保鲜作用。

一般情况下，只是对短期贮藏、运输的蔬菜使用涂膜剂覆膜。蔬菜在贮藏之后、上市之前使用涂膜剂效果更好。涂膜处理只能在一定的期限内起辅助作用。蔬菜的成熟度、机械伤，贮藏环境中的温度、湿度和气体成分，对延长蔬菜贮藏寿命及保持产品品质，仍起着关键作用。

四、蔬菜的臭氧处理保鲜

臭氧(O_3)，很不稳定，容易分解产生原子氧。这种原子氧的氧化能力相当强，比氧气大 1.65 倍，能强烈地氧化破坏微生物的细胞膜，使微生物休克和死亡。臭氧能有效地控制贮藏环境中的霉菌和其他微生物的活动，达到灭菌、消毒防腐的目的，有利于延长蔬菜贮藏期。

臭氧还能抑制蔬菜产生乙烯，氧化分解蔬菜释放出来的乙烯气体，抑制细胞内氧化酶的作用，阻碍糖代谢的正常进行，因而使蔬菜的代谢水平有所降低，从而起到延长保鲜期的作用。

臭氧处理，可用空气放电保鲜机，也可直接通入臭氧气体或用臭氧水溶液浸渍处理。如马铃薯在相对湿度为 95%、温度为 6℃～14℃的条件下，若贮藏环境中臭氧浓度达到 3 毫克/立方米，则贮至 6 个月后也不会出现萌芽和腐烂现象。

臭氧的产生，有无声放电和紫外线照射两种人为途径。

目前，应用最多的是通过无声放电来获得。各种环境条件对臭氧处理的效果有很大的影响，具体表现如下：

(一)浓　度

臭氧的杀菌能力在空气中比在水中明显减弱，因此用臭氧气体处理，需要较高相对湿度的贮藏环境。当臭氧浓度高于 0.2 毫克/立方米时，才有抑制细菌生长的作用；低于这个浓度，细菌则易对臭氧产生抗性。

(二)湿　度

大量实验表明，利用臭氧进行保鲜处理的最佳湿度是90%～95%。在此条件下，蔬菜不会失重，表面不会凋萎，并且由于臭氧的作用可以有效地抑制蔬菜表面微生物的生长。

(三)温　度

用臭氧保鲜蔬菜，当贮藏温度高于 10℃时，杀菌能力降低；而低于 10℃时，则杀菌能力明显增强。这是因为贮藏温度高于 10℃时，蔬菜内的细菌繁殖速度太快；而低于 10℃则生长缓慢。所以，当贮温较低时，臭氧处理所需要的时间可以相对减少，而杀菌能力显著增大。

(四)贮藏方法

由于臭氧只能在蔬菜表面发生作用，所以在贮藏室内存放的蔬菜之间必须留有一定的间隙，使臭氧充分发挥作用。较有利的贮藏方法，有挂藏法、架藏法和装筐“品字”形垛藏法等。贮藏场所宜在通风库、棚窖和冷库中的塑料帐内进行。

五、蔬菜的空气放电处理保鲜

空气放电处理法，又称高压电场保鲜法或电子保鲜法。它主要是利用高压负静电场所产生的负离子和臭氧，对蔬菜进行消毒处理，来达到防腐保鲜的目的。

（一）空气放电处理的保鲜作用

从分子生物学的角度看，蔬菜也是一种蓄电池。在离开生产环境后会发生一系列的生理变化，电荷不断积累和发生作用。在贮藏中，要减少和避免有机物质的消耗，就必须减少或终止这种电荷积累和作用的过程。空气放电所产生的负离子，能中和蔬菜体上的电荷，使蔬菜中的代谢酶钝化，从而抑制呼吸作用，减缓新陈代谢，造成一种类似假死的现象，从而达到长期贮藏和保鲜的目的。

（二）空气放电处理所需的主要设备

空气放电处理所需的主要设备，为空气放电保鲜机。它对场地无特殊要求，可与冷藏库和通风库等配合使用，操作也较方便。由于空气放电还能使空气湿润，所以可以减少蔬菜贮藏期间因水分蒸发而引起的损耗。

（三）空气放电处理的方法

将蔬菜贮存于密封库房里，或贮存在塑料薄膜大帐内，通过塑料管道与空气放电保鲜机相连。每天开机1～2次，每次开机时间为10～40分钟。其开机时间与贮藏量多少有关。一般贮藏量多，开机时间长；在贮藏量少、贮藏容积小的情况下，开机时间应短些。另外，对于呼吸跃变型蔬菜，在入贮后的头几天所需臭氧或负离子量大，开机时间应稍长些。

六、蔬菜的热处理防腐保鲜

水或空气热处理，是一种简易的蔬菜采后防腐处理实用技术，但不同蔬菜的不同病原菌处理时间与处理温度，是不完全相同的。如甜椒感染欧氏杆菌后，用水或空气在53℃下处理1.5分钟，即可抑制；而巴特勒腐霉和核盘菌用52℃的水或空气热处理30秒就可抑制。用水或空气热处理蔬菜，对蔬菜代谢与物理性质影响较大，所以要求操作十分严格。

此外，还有一些其他的处理技术，也在蔬菜的保鲜贮藏中应用，如减压贮藏保鲜、辐射处理保鲜等。

第九章　瓜类蔬菜的调控保鲜技术

瓜类属一年生或多年生攀缘草本植物，包括黄瓜、甜瓜、菜瓜、冬瓜、南瓜、西葫芦、西瓜、丝瓜、苦瓜和瓠瓜等，其果实均可供食用，是全世界包括中国的主要蔬菜作物，在生产和消费上占有重要位置。

在瓜类蔬菜的果实中，甜瓜、西瓜和南瓜的碳水化合物含量高。苦瓜、丝瓜的蛋白质含量高，碳水化合物含量较高，苦瓜还含有较多粗纤维，苦瓜的抗坏血酸含量最高。冬瓜、丝瓜、瓠瓜、苦瓜、西瓜和南瓜等都有药用功效，是保健蔬菜。

瓜菜的多数种类为攀缘性植物，其生育周期分为种子发芽、幼苗、抽蔓和开花结果等生长期。从种子萌动至子叶展开、第一真叶刚露出种子为发芽期；子叶展开至第五、第六片真叶展开、卷须抽出为幼苗期；至植株现蕾为抽蔓期；现蕾至果实采收结束或果实生理成熟为开花结果期。一般在幼苗期开始花芽分化。花芽最初带有雌雄两性的原基。其后，若雄性原基继续发育而雌花原基部停止发育便成为雄花；若雌性原基继续发育而雄性原基停止发育则成为雌花；若雌雄原基部正常发育便成为两性花。瓜类的不同种类及其品种，其雌雄性别的分化各有特点，是遗传基因的表现，也受环境条件影响。瓜类的性型有多种，主要有雌性雄性同株和两性雄性同株两种。多数种类属于前者。对于雌雄同株异花植物，在花芽开始分化时是中性花，以后根据雌雄蕊发育状况才决定花的性别的瓜类，可以促进其雌花的形成，从而提高早期产量。

瓜类喜温耐热，怕寒冷，生长适温为 20℃～30℃，15℃左右时生长缓慢或生长不良，10℃以下时引起生理障碍以至受害。稍低温度有诱导雌性花的作用。瓜类中以甜瓜、西瓜和南瓜最耐热，且适宜高温干燥气候；冬瓜、丝瓜、苦瓜、瓠瓜和黄瓜等，比较适于炎热湿润的气候；西葫芦既不耐热也不耐寒。瓜类属短日照植物，对日照长短的反应因种类与品种而异，在苗期有短日照，特别是低温短日照，可提早花芽分化及雌性发育。

瓜类的生长期较长，根的再生能力较强，直播或育苗移栽均可。为了争取季节，延长生长期，提高产量，宜采用育苗移栽。由于根系强大，茎叶多，果实需水需肥多，应选择耕作层较深厚、有机质丰富、保水排水力强的土壤。

在瓜类蔬菜中，有以采收嫩果为食的，如黄瓜、丝瓜、苦瓜和西葫芦等；其他种类如西瓜、甜瓜、冬瓜和南瓜等，则以采收成熟果实供食用。不过，冬瓜和南瓜的嫩果也可食用。根据瓜类的茎蔓生长习性和雌花发生规律，都有多次坐果的可能。但采收成熟果实的一般不宜或难以多次坐果；采收嫩果的，则应争取多次坐果，提高产量。

瓜类蔬菜在苗期花芽分化以后，就开始生殖生长，以后生殖生长和营养生长同时进行。营养生长是生殖生长的基础，两者互相影响，互相制约，栽培上应处理好两者的关系。

一、黄瓜的调控与保鲜

黄瓜，又名胡瓜、王瓜、青瓜等，是葫芦科甜瓜属攀缘草本植物。黄瓜原产于喜马拉雅山南麓的印度北部地区，现分布于全世界。我国南北各地均有栽培，种质资源丰富，其栽培方式多种多样。黄瓜喜温暖，较耐高温，不耐霜冻，喜强光，但也能适应较弱的光照，需较高的土壤和空气湿度，不耐旱也不耐涝。对土壤的酸碱度要求不太严格，不耐盐，适于肥沃、通透的砂质壤土。

（一）南方地区黄瓜的周年生产调节

我国长江流域及其以南地区，无霜期长，只要将露地栽培与设施栽培相结合，一年四季均可种黄瓜，较易实现周年供应。

1. 春季早熟栽培（或称早春栽培）

长江流域有塑料薄膜小拱棚覆盖栽培和露地栽培两种方式。前者提早采收，产量和产值都高。播种期主要在 2 月份，育苗后移栽，采收期为 5～6 月份。华南地区播种期为 12 月份至次年 1 月份，可催芽直播或育苗移植，前期采用薄膜小拱棚覆盖，采收期 3～4 月份。

2. 夏季栽培

长江流域及其以南各地，黄瓜播种期均在 4～5 月份，栽培方式为露地直播，采收期为 6～7 月份。

3. 秋季栽培

多露地直播。在长江流域，播种期为 6～8 月份，采收期为 7～9 月份。在华南地区，播种期为 8～9 月份，采收期为 9～11 月份。

4. 冬春栽培

在长江流域，播种期为 1 月中旬至 2 月中旬，用塑料大、中棚栽培，3～5 月份采收。在华南地区，播种期为 10～11 月份，多用塑料大、中棚栽培。在海南省和一些热带地区，可露地栽培，采收期为 12 月至次年 2 月份。

(二)北方地区黄瓜的周年生产调节

在我国北方地区,由于日光温室和塑料棚与露地配套生产调节,合理安排茬口,选择适当品种,因而许多地方也实现了黄瓜的周年生产供应。

下面以北纬 40°地区为例,可以看出合理的栽培方式和茬口安排是如何调节黄瓜的周年生产供应的(表 9-1)。北纬 40°线主要穿过我国的辽宁、河北、天津、北京、山西、内蒙、甘肃和新疆等地,在北纬 40°以南和以北地区,其茬口安排可据当地气温适当地提前或延后。

表 9-1 北方地区黄瓜周年生产茬口安排

茬口安排	播种育苗期	定植期	采收期
露地春黄瓜	3 月下旬	5 月上旬	6 月上旬至 7 月上旬
露地半夏黄瓜	5 月下旬	—	7 月上旬至 8 月中旬
露地秋黄瓜	7 月中旬	—	8 月下旬至 9 月下旬
小拱棚黄瓜	2 月中旬	4 月中旬	5 月中旬至 7 月上旬
大、中棚春黄瓜	2 月上旬	4 月上旬	5 月上旬至 7 月上旬
大、中棚秋黄瓜	7 月中旬	—	8 月上旬至 10 月中旬
日光温室冬春茬黄瓜	10 月中下旬	12 月上旬	2 月上旬至 6 月上旬
日光温室早春茬黄瓜	12 月中下旬	2 月中旬	3 月下旬至 6 月下旬
日光温室秋冬茬黄瓜	8 月中旬	—	9 月下旬至次年 1 月下旬

(三)促进种子活力与植株健壮的调节

1. 种子处理

为促进黄瓜种子早出苗,出齐苗,出壮苗,增加芽和幼苗的抗性，可进行种子处理。如用温汤浸种和药剂消毒处理，也可用植物生长调节剂处理黄瓜种子。

黄瓜种子用 0.05 毫克/升芸薹素内酯浸种 24 小时，或以三十烷醇 1 毫克/升浸种 24 小时，均可提高种子的活力。

以爱多收 6 000 倍液浸种 12 小时，可使种子发芽快，幼苗根系发达，苗壮，早结果，果形正，不同程度提高黄瓜的抗病抗逆能力。

用 100 毫克/升尿囊素溶液浸种 6 小时，可提高发芽率及发芽势。经 ABT 药液处理后，黄瓜种子的发芽率和发芽势均有较明显的提高，其中 ABT13 号 20 毫克/升浸种处理 1.5 小时，与对照相比，发芽率提高 15.1%；ABT15 号 20 毫克/升浸种处理 1.5 小时，与对照相比，发芽势提高 6%。

2. 苗期处理

黄瓜育苗时，温度过高，光照不足，氮肥过量、播种过密等，会造成徒长，影响幼苗的素质。利用植物生长调节剂，可以有效地控制黄瓜幼苗的徒长，培育出壮苗。

在黄瓜幼苗的 2～4 叶期或出现“高脚苗”时，用 100～200 毫克/升的多效唑药液进行叶面喷洒，药液用量为每 667 平方米 40～50 升，可以防止高脚苗的发生，或使已经出现的高脚现象有一定的缓解。

在黄瓜生产中，可用植物生长延缓剂控制幼苗生长，防止徒长，使植株矮化，叶色浓绿，茎秆短且粗壮。如用 250～500 毫克/升矮壮素药进行土壤浇灌，或在定植沟内每 667 平方米施 1 千克矮丰灵，或用 1 000～2 000 毫克/升的比久溶液，进行叶面喷洒。处理 5～7 天后，对黄瓜植株可产生矮化作用，并一直维持 20～30 天，使植株茎节粗短，叶色浓绿，抗病性增强，但并不影响植物叶片和花等器官的分化。较高浓度的乙烯利也可起抑制作用。因为施用植物生长延缓剂，只影响和控制茎蔓顶端分生组织的生长，而不影响顶端分生组织的分化。

在黄瓜生长到 14～15 片叶时，也可以用 50～100 毫克/升矮壮素溶液喷洒，使节间缩短，促其后期坐果。另外，也可以通过喷施赤霉素来提高产量。施用赤霉素最明显的作用，是增加植株高度，促进节间伸长。用 20～50 毫克/升赤霉素处理黄瓜植株，能促进植株生长，使叶片数增多，叶片增大，茎和节间伸长。

（四）黄瓜多开雌花多结果的调节

黄瓜是雌雄同株异花植物。在花芽开始分化时都是中性花，以后根据雌雄蕊发育状况才确定花的性别。增加雌花数量是增加黄瓜产量的先决条件。利用乙烯利处理，对增加黄瓜雌花数量，降低雌花着生节位，具有十分明显的效果。处理后，以开花顺序来说，对照首先出现雄花，然后才出现雌花。但用乙烯利处理后，则先开雌花，后开雄花，并可促使植株生长前期形成较多雌花，因而相应提高了早期采瓜数量，同时也提高了总产量。

当黄瓜幼苗长到 1～3 片真叶时，为适宜的用药时期。用药过早，雌花着生节位过低，对植株营养体生长抑制过度，反而会对黄瓜中后期的产量产生不利的影响；用药过迟，便失去增加植株下部雌花的作用。乙烯利浓度以 100～200 毫克/升为宜，浓度过低，诱导雌花发生的效果不明显；浓度过高，对植株生长会造成过度抑制，雌花也会过多，反而会影响产量和品质。乙烯利喷施量以喷湿叶片为度，不宜多喷。一般在黄瓜幼苗叶片上均匀地喷洒一次即可。也可用药两次，即在第一次用药后1周再喷第二次。

但必须注意的是，用乙烯利处理黄瓜增加雌花数，只是为增产提供可能性，而并不具增产的必然性。在使用乙烯利促进雌花时，一定要加强水肥管理，因为只有在保证了充足营养供应的条件下，才能保证黄瓜的正常生长，获得高产优质的黄瓜。如果以为开花多了就会提高产量，而忽视了水肥管理，大量的幼苗得不到足够的营养，不能正常生长，必然降低结实率，形成畸形瓜，产量和质量都会受到影响。

此外，用10毫克/升浓度的萘乙酸溶液或500毫克/升吲哚乙酸溶液，喷洒黄瓜幼苗，也可促进雌花分化，抑制雄花的形成。用比久处理，也有助于黄瓜雌花分化。

用增瓜灵（为4%多元素的复配剂）处理黄瓜，既可促进增加雌花数，又可提供相应的营养物质。其用法是在黄瓜苗2～3片真叶时，用400倍液（15克增瓜灵加水6升）进行叶面喷施，6～10片叶期再喷一次效果更好。

（五）提高黄瓜抗病抗寒能力的调节

为提高黄瓜植株的抗病抗寒能力，可采取以下调节措施：

第一，在黄瓜花期，喷洒浓度为100～120毫克/升的助壮素溶液，可达到增产防病的目的，特别可提高抗霜霉病能力。

第二，使用浓度为0.5毫克/升的三十烷醇溶液，在2～4片叶期进行叶面喷施，每隔7～10天喷一次，共喷3～4次，可使植株健壮，叶色浓绿，幼苗猝倒病减轻，开花数增加，结瓜率和单瓜重提高。若与100毫克/升乙烯利配合使用（3～4片真叶时喷），效果更佳。

第三，在播种前用浓度为50毫克/升的多效唑溶液，浸种6小时。再于幼苗4叶期，用浓度为50毫克/升的多效唑溶液进行叶面喷施，可以提高黄瓜对霜霉病的抵抗能力。

第四，在黄瓜定植后，分别用细胞分裂素 400 倍液、500 倍液和 600 倍液，进行叶面喷雾，每隔 8 天喷一次，共喷三次。喷药后，植株枯萎病病情指数比对照减轻 44.1%，27.5%和 13.4%，黄瓜霜霉病分别减轻 13.1%，4.2%和 15.1%，产量分别增加 21.0%，13.5%和 7.5%。可在黄瓜定植后用细胞分裂素粉剂 400～500 倍液，每 667 平方米喷 30～40 升，以后每隔 7～10 天喷施一次，共喷 3～4 次。在施用细胞分裂素时，可与其他农药混用，但不能与碱性农药以及抑制性植物生长调节剂混合使用。

第五，黄瓜用芸薹素内酯浸种或作叶面喷施，可提高发芽势和发芽率，增加植株抗寒性，同时使第一雌花节位下降，花期提前，坐果率提高，产量增加，品质改善，蛋白质、氨基酸和维生素 C 含量均有所增加，并使植株衰老延缓。黄瓜施用芸薹素内酯后，坐果率提高 16.9%～23.4%，增加产量 20%～25%。用作浸根或叶面喷施后，对瓜苗在低于 10℃的临界温度下，其叶面积、株高、根部干重及总根长均增加，并可减轻在低温下植株叶片黄化的症状。

芸薹素内酯的使用方法是：可用 0.05 毫克/升的芸薹素内酯溶液，浸后播种。也可叶面喷施，在苗期或大田期，用芸薹素内酯 0.01～0.05 毫克/升水溶液，每 667 平方米喷施 25～50 升。在大田期第一次喷施后，每隔 7～10 天喷一次，一般喷 2～3 次即可。由于芸薹素内酯用量极少，必须准确配好浓度，配制母液后再稀释，以免浓度过高，形成茎端幼芽节间茎裂。可与酸性农药混合施用，但忌与碱性农药混合。施用芸薹素内酯后，更要加强肥水管理，以充分发挥增产作用的潜力。

(六)防止黄瓜化瓜与促进坐果的调节

由于内源生长素不足,果实发育不良,加之环境条件不适,使正在生长的黄瓜停止生长,并由先端逐渐变黄而枯萎。这种现象叫"化瓜"。

化瓜是黄瓜栽培中普遍存在的问题,直接影响黄瓜的产量,特别是大棚、温室栽培,如果管理不当,例如在日照不足、高温、高湿和高肥水的条件下,极易发生疯秧徒长现象,化瓜率可高达 50%～60%,甚至更高。采取相应的生产措施,配合施用植物生长调节剂,可有效地防止化瓜,促进坐果。其具体调节措施如下:

第一,用 6-BA 浓度为 50～100 毫克/升,防落素浓度为 20～30 毫克/升,或用 NAA 浓度为 20 毫克/升,于开花前后喷施雌花子房柱头,都可明显促进坐果。

第二,用 0.1%高效坐果灵水剂(以 4PU-30 为主要成分),在雌花开放当天或第二天浸瓜胎一次(10 毫升药剂加水 0.5 升),或用微型喷雾器喷雌花柱头,也可促进坐果。但是,绝对不能超量施用。经试验后,方可大面积应用。

第三,用 10%绿兴植物生长剂 1 000 倍液,于开花初期喷施叶面 1～2 次。用石油助长剂 0.05%～0.1%溶液,于开花期喷施叶面。

第四,用芸薹素内酯 0.01～0.1 毫克/升浓度液于初花期喷 1～2 次,可有效防止化瓜,促进坐果。大棚温室黄瓜在7～8 片叶时,用 100～150 毫克/升浓度助壮素溶液喷施 1～2 次,可矮化植株,促进坐果,提高叶片光合能力,使更多光合产物运转到果实中,还可提高产量。

第五,矮丰灵是含有多效唑等生长延缓剂的缓慢释放营养剂，于开花始期每667平方米用0.5～1.5千克结合基肥混匀撒在两行苗间沟内，然后及时覆盖并灌水，可有效防止徒长，增强光合作用，促进坐果，提高产量。

第六，用三磺苯甲酸50～100毫克/升浓度液，整形素50～150毫克/升浓度液，于开花期喷洒，也可促进坐果。另外，冬季生产中可采用生长调节剂涂抹雌花花冠，不仅有促进坐瓜作用，而且还能刺激黄瓜果实生长。黄瓜生长到14～15片叶时，以浓度为50～100毫克/升矮壮素药液，对全株喷洒一次，促进坐果，增加产量。

第七，用浓度为200毫克/升的赤霉素液，在开花后喷到子房上，可以促进坐果和果实膨大，同时也可改善瓜条的商品性和品质。

（七）促进黄瓜膨大与改善品质的调控

为了促进黄瓜果实膨大，改善内在品质，可采取以下调控措施：

第一，在黄瓜开花时，以赤霉素20毫克/升浓度液浸花或喷施，可明显促进以后瓜的生长速度。在黄瓜10～11片叶时用浓度为150毫克/升的赤霉素液，喷施植株叶面，便可抑制蔓的徒长。对生长旺盛的植株，可喷1～2次，隔10天一次，可促使叶片光合产物更多运转到瓜果中去，一般可增产15%～30%。

第二，用氯化胆碱1000毫克/升浓度液，在黄瓜10～12片真叶时喷施叶面，不仅可起到控长作用，而且还可提高叶片的光合作用，使更多的光合产物运到果实中去，促进增产。

第三，用2%甲壳胺水剂600～800倍液(25～33.3毫克/升)喷黄瓜植株，可增加产量，提高抗病能力。

第四，于黄瓜苗期、初花期和结果期，各喷施一次10%绿兴水剂1 000倍液，可使幼苗健壮，叶色浓绿，叶片增厚，减轻病害，增强抗低温冷害能力；有效地防止化瓜，提高结实率，增强叶片生理功能；防止植株早衰，无畸形瓜，瓜条直，色泽黑亮，口味好，早熟5～7天，增产15%～28%。

第五，芸薹素内酯或抗蒸腾剂(OED)在黄瓜苗期、生长期、结果期各喷洒1～3次，浓度为0.1～1毫克/升，可明显提高产量。

第六，黄瓜结果期以6～10毫克/升增产灵喷果多次，可增加果重，从而可增加产量。

第七，黄核合剂3.25%水剂400～600倍液喷洒黄瓜几次，可增加黄瓜重，从而提高单位面积产量。在黄瓜开花期间，用浓度为50～100毫克/升的赤霉素液喷花处理一次，可以促进坐果，增加产量。用2.5～15毫克/升的2,4-D溶液喷花或浸花，可以促进单性结实。

(八)预防黄瓜落花落果的调节

黄瓜植株在开花结果时，营养不良，株体徒长等，会造成花和幼果的大量脱落。要解决好这一问题，首先要弄清落花落果的原因。如果是因为营养不良，就应及时施肥，补充营养；如果是其他原因，则可以考虑利用植物生长调节剂来解决。此外，在黄瓜开花坐果时，合理地利用植物生长调节剂，可以有效地避免落花落果。可以使用的药剂有以下多种，使用时应根据情况加以选择。

第一，在初花期喷洒100～200毫克/升的助壮素，能抑制植株徒长，使株型紧凑，叶色深绿，植株健壮，防止落花落果，延长结果期和增加坐果数，具有增产的效果。

第二，用 5～10 毫克/升的增产灵溶液点涂幼果，能调节植物体内的营养物质较好地运输及合理分配，从营养器官向果实转移，使果实获得较多的营养物质而减少脱落。

第三，使用 5～200 毫克/升的吡效隆液，于黄瓜雌花开放的当日，用小型手持式喷雾器，对子房进行喷雾，以子房被喷湿为止。该处理可明显提高黄瓜的坐果率。较高的浓度还可明显地增大果实，提高产量。浓度为 5 毫克/升时，坐果率可提高到 80%左右；浓度为 25 毫克/升时，坐果率可达到 100%，花后 10 天采收的黄瓜单果重增加 1 倍以上，从而使产量有较大幅度的提高。

第四，在黄瓜雌花开放前，使用浓度为 2 毫克/升的赛苯隆（TDZ）溶液对子房喷雾，可使坐果率达到 100%，并可明显提高黄瓜的重量，有显著的增产效果。如果用 2 毫克/升的赛苯隆和 100 毫克/升的赤霉素混合处理，增产效果则更为明显。

第五，当幼瓜长至 10～13 厘米时，用浓度为 30～50 毫克/升的赤霉素药液喷洒幼瓜，可以防止脱落，促进幼瓜生长。

（九）黄瓜的保鲜贮藏

黄瓜含水量高，采收后极易萎蔫，因而应保持贮藏环境 95%左右的相对湿度。黄瓜不耐低温，贮藏的适宜温度为 10℃～13℃，在低于 10℃温度下贮藏，约 2 天之后开始出现冷害症状；而在 10℃以上，成熟又相当迅速，瓜色由绿色向黄色转变。采收后的黄瓜可继续发育成长，特别是受精胚可在采后的嫩果组织内继续成长，从果肉中吸取水分，以致瓜条变形，常呈棒槌状。黄瓜保鲜贮藏方法很多，主要方法如下：

1. 沙埋贮藏

取河滩细沙洗去泥土，并用托布津或多菌灵消毒。消毒方法是:取50%的多菌灵或托布津0.05千克,溶解在100升水中,将此溶液用喷雾器向细沙喷布,边喷洒,边搅拌。操作时,先在底部铺一层沙,然后在沙上放一层黄瓜,如此类推,总共铺7～8层瓜。在7℃～8℃的温度条件下,可贮存20～30天,色泽及风味基本能保持不变。

2. 缸　藏

贮藏用的缸要洗刷干净,并盛上10～20厘米深的清水,在离水面7～10厘米处放一"井"字形木架,架上再放苇子编成的圆形箅子,箅子上平卧码放黄瓜,使瓜把向内,瓜顶向外,沿缸壁转圈码放,直至离缸口10～12厘米时为止。然后用牛皮纸封严并用绳子捆好,或覆以麻袋后加盖石板也可,维持10℃～13℃的温度。如遇寒冷天气,可将缸埋入地下一半,天气继续变冷,可在缸的四周围草或培土。这种贮藏方法可将黄瓜贮藏30天左右。

3. 大白菜包埋贮藏

将大白菜心叶摘去,把黄瓜埋放在白菜的空心处,用外叶盖严,放入白菜窖中和大白菜同窖贮藏,可以贮藏20～30天,这种方法能很好地保持黄瓜的水分、色泽和品味。

4. 涂膜保鲜

采用专用的黄瓜保鲜膜保鲜黄瓜,可有效防止失水,放在12℃的条件下可贮藏20～25天。

5. 窖　藏

贮藏黄瓜的窖一般长6.5米,宽2米,深1.5～2米。利用挖出的土,培成高0.7米的窖帮。窖的底部和四壁都要衬上脱叶的秸秆。然后码放黄瓜,码高一般不高于0.7米。也可摆一层黄瓜,摆一层秸秆,如此摆放5～6层。在贮藏期间,要保持密闭,同时要注意检查,剔除腐烂瓜条。采用此法可将黄瓜贮藏 30～50 天，损耗率为 10%左右。

6. 水窖贮藏

在地下水位高的地方，挖东西向坑，坑深 2 米，宽约 0.5 米，长 6～10 米。坑的四周用土筑成厚约 0.6 米的窖墙，然后在窖墙上架木檩，其上再铺 0.27 米厚的苇子和约 0.2 米厚的覆土，构成棚顶，棚顶开设两个 0.5～0.7 米见方的天窗通风。窖内高约 1.7 米，水深约 0.5 米，窖的两壁接近水面处用木条或竹子钉成宽约 1 米的贮藏架。为了提高窖的利用率，还可在贮藏架上面架设一层贮藏架贮藏四季豆。架与架之间，设木板作为通道。窖的一端设一缓冲间，作为出入的通道并起防寒作用。另一端从窖底挖一小沟，与设在窖外约 1.7 米远的露天水坑相通，以利降低水温。窖的南侧架设约 2 米高的遮阳风障，防止阳光直射而使窖温增高，待气温降低后方可拆除。

黄瓜入窖时，先在贮藏架上铺上一层草席，四周再围以草席，以避免黄瓜与窖壁接触而碰伤。然后，用草秆纵横间隔成 3～4 厘米见方的格子，将黄瓜柄朝下一条条插入格中。要避免黄瓜之间互相摩擦。摆好后，用薄草席盖在上面。

黄瓜贮藏初期，白天窖门与天窗要紧闭，主要利用夜晚的低温进行适当的通风，来降低窖温。天冷后，可拆除遮阳风障，并在白天进行通风。窖温一般为 5℃～10℃。

黄瓜在贮藏期间不必倒动，但要经常检查。如发现瓜尖变黄发蔫的黄瓜，则应及时剔除，以免变质腐烂。

7. 生长调节剂辅助贮藏

黄瓜采摘后，果实内靠近子房顶部的种子仍在继续生长，必然要吸取营养。因此，随着货架时间延长，就会出现大头现象，即有种子部分膨大，靠果柄部分萎缩。应用浓度为 10 毫克/升的赤霉素液加浓度为 10 毫克/升的 6-苄基氨基嘌呤液的混合液，浸泡黄瓜 30 分钟后，晾干，在常温(20℃)下，可延缓大头现象的出现，使黄瓜保绿保鲜。由于这种贮藏方式阻止了果实内的营养物质向种子转送，因而可以延长黄瓜的货架寿命。采收前用 10～50 毫克/升赤霉素液喷黄瓜，也可以延长贮藏时间。

8. 塑料袋小包装贮藏

利用通风窖和冷库调节温度时，其相对湿度低于水窖的湿度，一般需采用塑料膜包装，以保持黄瓜水分，同时进行气调贮藏。将选好的黄瓜用 0.2%的硫菌灵、苯来特或多菌灵做防腐处理。贮量大时，可用克霉灵或氯气熏蒸 24 小时后贮藏。方法是：用 0.03 毫米厚的聚乙烯薄膜做成小袋，每袋装 1～2 千克黄瓜，将浸透饱和高锰酸钾液后晾干的碎砖块，用纱布或透气袋包成小包，置于袋内吸收黄瓜释放的乙烯。然后将塑料袋折口，码入筐中贮藏。

如果不用塑料袋，也可以用塑料薄膜衬在筐内，装入黄瓜后，把膜的周边向里折，将黄瓜盖严。筐内黄瓜既可以柄朝下竖直排列，也可以纵横交错码放。若将装有黄瓜的小袋，直接放在菜架上时，则只能摆 2～3 层。而采用这种方法，在 12℃～13℃库中，却不仅装量多，而且能贮藏 1 个月。

9. 塑料大帐气调贮藏

将 20 千克黄瓜装入内衬纸或蒲包的筐内，在库内码成垛，每垛 40～50 筐，垛不宜过大。垛顶盖 1～2 层纸，以防结露水进入筐内，垛底放置消石灰吸收二氧化碳，用布条或棉球蘸取克霉灵药液或仲丁胺药液，分散放到垛、筐缝隙处，不可放在筐内与黄瓜直接接触。在筐或垛的上层，放置包有浸透饱和高锰酸钾液的碎砖块纱布包或透气小包，用于吸收黄瓜释放的乙烯。最后，用 0.02 毫米厚的聚乙烯塑料帐罩上，四周封严，用快速降氧或自然降氧的方法，将氧气含量降至 5%，保持在 2%～5%之间。二氧化碳含量不能高于 5%，但低于 3%～4%时，保绿效果差一些。随时调节帐内气体浓度，尽量维持较为适宜的气调环境。若没有克霉灵，也可以每 2～3 天向帐内通入氯气消毒，防腐效果也很明显。由于这种方法可严格控制环境气体条件，因此其效果比小袋包装好，在 12℃～13℃的条件下，可贮藏保鲜 45～60 天。

在黄瓜贮藏期间要定期检查，一般每隔 7～10 天检查一次，将衰老变黄、开始腐烂的瓜条除去，贮藏后期更应注意质量变化。上市前，可揭去大帐，改为小包装，即在筐外套一层 0.03 毫米厚的聚乙烯袋。这样使黄瓜在货架期品质变化较小，保持新鲜脆嫩。

10. 通风窖贮藏

秋冬季节，可用通风库贮藏黄瓜，贮前用硫黄、克霉灵等进行库房消毒。黄瓜用塑料薄膜包装，放入 0.03 毫米厚的聚乙烯袋中，每袋装 1～2 千克黄瓜，折口后放于贮藏架上。也可将黄瓜码在架上，上、下分别铺盖一层塑料膜保湿。还可将选好的黄瓜装入纸箱内，每箱装 15 千克左右，外面套上塑料帐，密封，帐内放入为瓜重 1/40～1/20 的高锰酸钾泡沫砖载体（泡沫砖碎块用饱和高锰酸钾液浸透），用以消除乙烯。当二氧化碳高于 5%、氧气低于 5%时，开帐通风换气。贮藏中，尽量保持要求的温度及相对湿度。每隔 5～7 天检查一次，挑出烂瓜和变色瓜。

11. 冷库冷藏

黄瓜采后尽快放入 12℃～13℃的冷库内，其贮藏方法与通风库相同。

二、南瓜的调控与保鲜

南瓜为一年生蔓生草本植物,属于葫芦科南瓜属,是世界性蔬菜,品种资源丰富。南瓜属包括中国南瓜、西葫芦、笋瓜、黑籽南瓜和灰籽南瓜等五个栽培种。我国生产上主要栽培的是前三种。

中国南瓜又称南瓜、倭瓜、饭瓜或番瓜,起源于中美洲。按果实形态分,主要有圆南瓜、长南瓜等变种。

南瓜适于较高温度的环境,需充足光照。短日照有利于其雌花分化。需水量大,有一定的耐旱性,但不耐涝。对土壤要求不严格,耐贫瘠,但以砂质壤土或壤土为宜,需肥量大。

(一)南瓜的周年生产调控

南瓜适宜于较高的温度,一般为 18℃～32℃。南瓜播种育苗期时间较长,长江流域一般在 2～4 月份;华南地区从 2 月份至 9 月份均可播种,主要有 2～3 月份的春播及 8～9 月份的秋播。在北方温暖地区,其播种育苗多在 4 月中下旬,寒冷地区多在 5 月中旬前后。通过保护地栽培等方式,可延长南瓜生产时期。即使在我国北方地区,南瓜的采收时间也大大延长。

下面以河南省郑州市及周边地区为例,其栽培季节和栽培方式安排见表 9-2。大棚内进行 2～3 层覆盖和中拱棚外夜间加盖草苫,定植期可提早 10～15 天,收获期也会相应提早 7～10 天。其余地区可参照此表并据品种的温度适应性,加以适当调整。通过不同栽培方式的调控及保鲜贮藏,可以实现南瓜的周年供应。

表 9-2 南瓜栽培季节和方式安排

栽培方式	育苗期	定植期	收获期
温室栽培	12月上旬	2月上旬	4月中旬
大棚多层覆盖	1月中旬	2月中旬	5月上旬
中拱棚栽培	1月中旬	3月中旬	5月中旬
小拱棚短期覆盖	2月上旬	3月中旬	6月中旬
春露地栽培	3月上旬	4月下旬	7月下旬至8月
秋露地栽培	7月中旬	8月上旬	10月

(二)南瓜的化学调控

南瓜在幼果期用10～20毫克/升的赤霉素液涂抹幼果，每隔5～7天涂一次，共涂2～3次，可明显促进膨大，促进成熟，提高品质。

用100～200毫克/升乙烯利溶液处理3～4片真叶期的南瓜，隔10～15天再喷一次，可抑制雄花形成，增加雌花的着生率，提早成熟，增加产量。由于果实增多，同化物质的供应相对不足，会影响单果重量。因此，应适当增加浇水和施肥。

采用丁酰肼、矮壮素、助壮素及三唑类等药剂进行处理。一般有助于培养南瓜壮苗。通常在3～4片真叶展开后使用。丁酰肼使用浓度为1 000～2 000毫克/升，作叶面喷洒；矮壮素使用浓度为100～500毫克/升，作淋苗用；助壮素使用浓度为250～500毫克/升，作叶面喷洒；多效唑使用浓度为4～20毫克/升，作淋苗用。施用生长延缓剂之后，水、肥一定要充足，其效果才能显现出来。

可用植物生长调节剂防止南瓜枝蔓徒长。由于瓜蔓生长旺盛，消耗过多的营养物质，常引起幼瓜不能长大而萎蔫，即化瓜现象。用 250～500 毫克/升矮壮素溶液浇灌根部，可以防止南瓜瓜蔓徒长，促进结瓜。

在开花授粉时，用毛笔蘸 100～200 毫克/升的萘乙酸溶液，涂抹雌蕊柱头或花托，可以防止南瓜幼瓜脱落，还可诱导形成无籽南瓜。

在南瓜中瓜期，每 667 平方米用 5 毫克叶面宝加水 40～50 升配成溶液，用以均匀喷洒南瓜茎叶。经处理后能促进南瓜生长，改善品质，提高产量。一般应在晴天下午 3 时后喷洒，喷后 6 小时内遇雨应补喷。

用 0.5 毫克/升三十烷醇液喷洒南瓜，第一次喷药后，每星期喷一次，连续喷三次。经处理的南瓜坐果率比较高。

（三）南瓜的保鲜贮藏

用于贮藏的南瓜，常以九成熟为采收适期。其标准为果皮坚硬，显现固有的色泽，果面布有蜡粉。采收时，保留一段果梗，谨防机械损伤，特别要禁止滚动和抛掷，否则内瓤震动受伤，易导致腐烂。采收后宜在 24℃～27℃温度下放置 2 周，使果皮硬化，利于贮藏。这特别是对于成熟度较差的瓜尤为重要。南瓜贮藏的适宜温度为 10℃左右，空气相对湿度为 70%～75%。具体的贮藏方法如下：

1. 堆　藏

将老熟、健壮、瓜形整齐、完整无伤的南瓜，直接堆放在空屋里。堆放前，地面上先铺一层草片或麦秸，再在上面放瓜。摆瓜的方向一般要求与田间生长时的状态相同，原来是卧地生长的要平放，原来是搭棚直立生长的，要瓜蒂向上直立放。不论哪种摆放形式，都要适当留出通道，以便检查。可将南瓜瓜蒂朝里，瓜顶向外，一个一个地依次堆码成圆堆，每堆 15～

25个，高度以5～6个瓜高为好。大型瓜不要超过三层。也可装筐或装入内衬麦秸的板条箱堆藏，每筐不得装得太满，离筐口应留有一个瓜的距离，以利通风和避免挤压。瓜筐堆放可采用骑马式，以3～4个筐高为宜。贮藏前期，外界气温较高，要在晚上打开窗户通风换气，白天关闭遮阳，避免日光直接照射，室内空气要新鲜干燥，并保持凉爽。外界气温较低时，特别是到了严寒的冬季，要关闭门窗，注意防寒。室内温度要保持在0℃以上。

2. 架　藏

架藏的仓位选择、质量检查、降温、防寒和通风等要求，与堆藏相同。不同的是在架上铺上草包，将瓜堆放在架上。此法透风散热比堆藏好，仓容量比堆藏的大，检查也比较方便。

3. 悬挂贮藏

把南瓜用绳子绑好，挂在屋檐下面进行存放，随吃随取。

4. 窖　藏

用作贮藏的南瓜应取老熟瓜。采收时，要保留一段果梗。根瓜(第一果)不宜作贮藏用，可先摘除，留主蔓上第二个瓜作贮藏用。贮藏的南瓜不能遭霜冻。应早播以保证霜前能适当成熟。生育期间最好不使瓜直接着地，可在瓜下垫砖或吊空，并要防止阳光暴晒。采收时要防内瓤震伤。入窖时，将南瓜堆放在铺好的细沙、麦秸或稻草上，堆瓜2～3层。也可将瓜摆放在菜架上。

5. 低温贮藏

此法与上面方法基本相同，不同之处是应将库温控制在7.2℃～10℃，相对湿度为70%。在此条件下可降低呼吸强度，减缓瓜内营养物的损耗，延缓瓜的衰老过程，使贮藏保鲜时间达到3～4个月。

三、西葫芦的调控与保鲜

西葫芦，又名美洲南瓜或搅瓜，起源于北美南部，为南瓜属的一年生矮生或蔓生草本植物。西葫芦的矮生类型多为早熟品种，蔓生类型多为中晚熟品种。

西葫芦耐低温能力较强，不耐高温，需要较强光照，但也耐弱光。对水分需求量较大，喜湿喜肥。

（一）西葫芦的周年生产调控

西葫芦的适宜温度较低，在我国北方的栽培多于南方。通过保护地栽培，如温室、暖窖、塑料棚以及遮阳网越夏等技术，加上选择一些适宜的早熟或晚熟品种，可做到周年上市，特别是过去冬春季节市场上很难见到西葫芦，现在也都有供应。北纬 40°地区的西葫芦生产茬口安排，可代表西葫芦周年生产供应的调节方式。其余地区在西葫芦生产茬口安排上，可据当地当时气温作适当的调节（表 9-3）。

表 9-3　北方地区西葫芦周年生产茬口安排

茬　口	播种育苗时期	定植时期	采收时期
露地早熟	3月上中旬	5月上旬	6月上旬至7月下旬
地膜覆盖	3月上中旬	4月下旬	5月下旬至7月下旬
小拱棚短期覆盖	3月上旬	4月中旬	5月中旬至7月中旬
大、中棚秋茬	7月上中旬	8月中旬	9月下旬至10月下旬
日光温室冬春茬	10月下旬至11月上旬	12月上中旬	1月下旬至5月下旬
日光温室早春茬	1月上旬	2月中旬	3月下旬至6月下旬
日光温室秋冬茬	8月中旬	9月下旬	10月下旬至次年1月中旬

（二）防止西葫芦枝蔓徒长的调控

有的西葫芦品种侧枝太多，形成旺长，枝叶密集，但瓜小质劣。对这类品种，可通过整枝，进行调控。如单蔓整枝法，将主蔓以外的侧蔓全部摘除，只留 1 个主蔓。单蔓整枝适用于中早熟和瘠薄土壤上栽培的西葫芦。单蔓整枝较早熟，亦适于密植。或如多蔓整枝法，是在主蔓长有 5～7 片叶时摘心，促进侧蔓发生，从中选留 2～3 个强壮侧蔓，并使每个侧蔓结 1～2 个嫩瓜。收老熟瓜时，每蔓只留 1 个瓜。对于选留的枝蔓要在田间合理摆布，并在第九节前后进行一次压蔓，以后相隔 5～7 节再压一次蔓。枝蔓爬近畦边时进行摘心。在保护地长期栽培的情况下，为了改善植株的光照条件和减少人为造成叶子的机械损伤，可采用支架和吊蔓的方法来调整植株，使植株尽量保持较好的受光姿态。

也可用植物生长调节剂防止枝蔓徒长。由于瓜蔓生长旺盛，消耗过多的营养物质，常引起幼瓜不能长大而萎蔫，即化瓜现象。用 250～500 毫克/升矮壮素溶液浇灌根部，可以防止西葫芦瓜蔓徒长，促进结瓜。

（三）西葫芦的化学调控

1. 促进壮苗

在北方大棚和温室中进行的越冬茬、冬春茬和早春茬西葫芦栽培，由于日光弱，湿度大，西葫芦如其他瓜类一样，生长弱，容易徒长。采用丁酰肼、矮壮素、助壮素及三唑类等药剂进行处理，有助于培养壮苗。通常在 3～4 片真叶展开后施用。丁酰肼使用浓度为 1 000～2 000 毫克/升，作叶面喷洒；矮壮素使用浓度为 100～500 毫克/升，作淋苗用；助壮素使用浓度为 250～500 用毫克/升，作叶面喷洒；多效唑使用浓度为 4～20 毫克/升，作淋苗用。施用生长延缓剂之后，水、肥一定要充足，其效果才能显现出来。施用生长延缓剂，一般还有促进雌花增加的作用。另外，在西葫芦定植时每 667 平方米一次用矮丰灵 1.5 千克，加水灌施，可使植株矮壮，不徒长，并且抗病。

在西葫芦播种前，用 10～15 毫克/升的吲丁・萘合剂的药液浸种 2～4 小时，或用 1.4%爱多收水剂 6 000 倍药液浸种 5～12 小时，可提高西葫芦发芽率，促进生根。在西葫芦苗期 2～3 片真叶时、定植结瓜前以及结瓜期，喷洒 10%绿兴植物生长剂水剂 1 000 倍液 2～4 次，可促进壮苗，缓苗快，还有预防植株衰老的作用。

2. 促进坐果

用 20～30 毫克/升的 2,4-D 药液或 30～40 毫克/升的防落素药液，涂抹开放的雌花花柱基部一圈。为防止重复涂抹在生长调节剂中加些染料，作为已涂抹的标记。用 5～10 毫克/升的 2,4-D 药液浸花，也可促进单性结实。如果在保护地内的栽培，此时期内要提高棚室内的光照强度，经常清洗棚膜灰尘，早揭晚盖覆盖物，北面挂反光幕等。在缓苗后到坐果前，一般不浇水和施肥，以促根壮秧。

用 20～30 毫克/升的 2,4-D 药液与 20～30 毫克/升的赤霉素混合液，再加上 0.1%腐霉利（速克灵）可湿性粉剂涂抹，不仅能提高保果效果，同时还能刺激果实生长，预防灰霉病。操作时，注意不要涂抹到茎叶上，使叶片受害，同时使用浓度不能超过规定的范围，否则会产生畸形瓜或化瓜。

3. 促进果实膨大

在苗期 2～3 片真叶时，定植结瓜前，以及结瓜期各喷洒

10%绿兴植物生长剂水剂1 000倍液一次，可促进壮苗，缓苗快，防止化瓜和出现畸形瓜，瓜体生长快，提早上市，商品性好，外表鲜嫩而有光泽。还有预防植株衰老的作用。

4. 促进雌花发生

乙烯利也能促进西葫芦雌花早出现和幼瓜迅速生长。在西葫芦三叶一心时，用40%乙烯利2 500～4 000(160～200毫克/升)倍液或1 500～2 000毫克/升比久(B_9)液喷洒叶片，可使雌花发生早而多，并可提早开花和结瓜。

另外，喷用增瓜灵和黄瓜灵等，也可促进雌花的发生。黄瓜灵具有促进生长，增加雌花，提早结瓜和提高产量的作用，可增产15%～20%。增瓜灵在幼苗期喷用可增加雌花，生长期喷用可增产30%；若苗期施用增瓜灵，定植后换用蔬菜灵，其增产效果会更好。

5. 保花保瓜和促进生长

每公顷每次用光合促进剂Ⅲ号375～450毫升，每10天左右喷一次，可增产30%～50%。每公顷每次施用光呼吸抑制剂(亚硫酸氢钠)225～300克，可增产10%～20%。两者配合使用，可提高光合作用效率，降低光呼吸消耗，从而增加光合产物的积累，增产效果更为明显。

西葫芦坐住后，用30～50毫克/升的赤霉素溶液涂抹瓜柄部，可促进幼瓜生长。

在对保护地栽培的西葫芦进行人工授粉的同时，合理施用植物生长调节剂，可保花保果和促进早熟增产。处理方法是：用毛笔蘸上药涂抹柱头及花冠基部，有的涂抹两次，一次是涂抹果柄或幼瓜(子房)，另一次是花谢后涂抹瓜顶。涂抹的时间宜在上午9时前后。可使用2,4-D、坐果灵药液。在涂抹液中加入0.1%的50%农利灵可湿性粉剂，可防灰霉病；

加入20～30毫克/升的赤霉素，可进一步提高防落效果和加速幼瓜生长。2，4-D药液的使用浓度，要因温度而异，低温下浓度可大些，但也不宜超过50毫克/升。

在开花期用5毫克/升萘乙酸液喷洒全株，也可防止落花落瓜，并促进植株健壮和防病毒病。

（四）西葫芦的保鲜贮藏

用于贮藏保鲜的西葫芦多为老熟瓜，一般嫩瓜不能长期贮藏。贮藏的西葫芦应在果皮坚硬、皮色发黄时采收。采收时应小心谨慎，防止造成机械损伤。采收后，要将西葫芦放在24℃～27℃的高温条件下14天，使果皮硬化，以利贮藏。常用的贮藏方法有以下三种：

1. 堆　藏

在空室内的地面上铺好麦草，把老熟、无伤、无病虫害的瓜，瓜蒂向外、瓜顶向内地依次码成圆堆，每堆15～25个，高度以5～6层为宜。也可装筐贮藏，筐内不要装得太满，瓜筐堆放以3～4层为度。无论以哪种方式贮藏，均应留出通道。贮藏前期，外界气温较高，要在晚上开窗通风换气，白天关闭遮阳。外界气温低时，要关闭门窗，注意防寒，温度应保持在0℃以上。

2. 架　藏

在空屋内，用竹、木或钢筋做成分层的贮藏架，架底垫上草袋，将瓜堆在架子上。这种方法贮藏量大，便于检查，其他管理同堆藏法。

3. 嫩瓜贮藏

若要贮藏西葫芦嫩瓜，则应在5℃～10℃温度及95％相对湿度下，采收、搬运均应注意不要损伤瓜皮，用软纸逐个包装，放在筐内或纸箱内贮藏。

四、冬瓜的调控与保鲜

冬瓜，古名白瓜、水芝、枕瓜等，是葫芦科冬瓜属的一个栽培种，起源于中国和东印度。冬瓜为一年生攀缘草本植物，在我国各地普遍栽培，以南方地区栽培较多。冬瓜是短日照植物，喜温暖，耐热，喜阳光充足和湿度较大的气候条件，吸水能力强，对土壤的适应性广。

（一）冬瓜的周年生产调控

冬瓜，生长发育适温为 25℃～32℃。在我国南方地区，冬瓜一般春季播种育苗，夏秋收获。其中华南地区可分春、夏、秋三茬。加上保护地栽培，可基本实现冬瓜周年生产供应。在北方地区，可通过保护地栽培和保鲜贮藏，来满足周年生产供应的需求。下面以北京地区为例，分析冬瓜生产的茬次安排（表 9-4），其余地区可据气候条件与品种特性作相应调整。

表 9-4　北京地区冬瓜的周年生产供应茬次安排

生产方式	茬次名称	播种育苗期	定植期	采收期
露地栽培	早春茬	3 月上中旬	4 月下旬至 5 月上旬	6 月下旬至 7 月下旬
	春　茬	3 月下旬	5 月中下旬	7 月下旬至 8 月上旬
	夏秋茬	4 月下旬至 5 月上旬	5 月下旬至 6 月上旬	8 月下旬至 10 月上旬（经贮藏保鲜可供应至次年 2 月份）

续表 9-4

生产方式	茬次名称	播种育苗期	定植期	采收期
保护地栽培	日光温室冬春茬	11月中旬至12月下旬	1月上旬至2月下旬	3月上旬至6月中旬
	大中棚春提早	1月下旬至2月上旬	3月上中旬	6月上旬至下旬
	小拱棚春早熟	2月中旬至下旬	4月上中旬	6月上旬至下旬

(二)提高冬瓜坐果率与防止枝蔓徒长的调节

在冬瓜预留雌花开放的当日10时左右采取雄花,用洁净的干毛笔蘸取花粉,轻轻涂抹雌蕊的柱头;或将雄花的花冠撕下,给每个待授粉的雌花插上1个。也可用15～20毫克/升的2,4-D药液,加入20毫克/升的赤霉素涂抹花冠和柱头,以提高坐果率。

若瓜较多,可在同一时段坐住的瓜中,选取一个位置合适、瓜形周正、发育快、果柄粗的幼瓜,将其余的酌情疏去,以提高上市瓜的质量。

如果第一个瓜生长触及地面,可在瓜下垫上塑料布或草圈,以防湿度大造成烂瓜或受到地下害虫的咬食。垫瓜时要把瓜柄调顺直,防止日后需要翻晒瓜时瓜柄被折断。

采用丁酰肼、矮壮素、助壮素及三唑类等药剂进行处理,以培养冬瓜壮苗。通常在3～4片真叶展开后使用。丁酰肼使用浓度为1 000～2 000毫克/升,作叶面喷洒;矮壮素使用浓度为 100～500 毫克/升，作淋苗用；助壮素使用浓度为 250～500 毫克/升，作叶面喷洒；多效唑使用浓度为 4～20 毫克/升，作淋苗用。应用生长延缓剂之后，水、肥一定要充足，其效果才能显现出来。

可用植物生长调节剂防止冬瓜枝蔓徒长。瓜蔓生长旺盛，消耗过多的营养物质，常引起幼瓜不能长大而萎蔫。用 250～500 毫克/升矮壮素溶液浇灌冬瓜植株根部，可以防止瓜蔓徒长，促进结瓜。

用 0.1～0.5 毫克/升的三十烷醇药液，浸泡冬瓜种子 24～72 小时后，可提高冬瓜种子发芽率，而且幼苗粗壮。

于冬瓜初花期开始，每 15 天喷一次叶面宝或喷施宝，每次每 667 平方米用药 5 毫升，加水 60 升。喷施后具有增强植株新陈代谢，加速养分运转的功能。用叶面宝喷洒能增产 34.5%，喷施宝喷洒增产 36.6%。

用 15～25 毫克/升 2,4-D 溶液，于冬瓜花半开时喷花，可防止冬瓜化瓜，并可促进冬瓜生长。高温时使用浓度不能偏高，以免发生药害。采种田不要使用。

（三）冬瓜的保鲜贮藏

需用老熟冬瓜进行贮藏。青皮冬瓜皮厚，肉厚，质地密，含水少，耐贮性优于其他品种。采摘时，要选九成熟的瓜，带一段瓜柄剪下。主蔓上第一个瓜不耐贮藏，应选用主蔓上第二个或第三个、第四个瓜进行贮藏。贮藏的瓜不能遭霜，而且生长期间最好不要接触土地。对贮藏用冬瓜，可搭架吊瓜，或在瓜下垫物隔离，并避免阳光暴晒。为此，除 70 厘米以下的侧枝和叶片可以摘除外，以上的侧枝和顶尖都不要除去，以用来遮盖瓜身。采收时，要防止机械损伤，尤其不要在地面滚动、抛掷。一旦发生内部震动受伤，在贮藏中就可能腐烂变质。冬瓜宜贮于通风良好的地方。

1. 堆　藏

贮瓜在运输和搬运过程中，要尽量减少碰撞和震动。一般房屋只要有一定保温能力，就可以用来贮藏冬瓜。贮藏的适温是 3℃～4℃，相对湿度是 70%～75%，但需要干燥通风，并做到室内无烟火。

贮藏时，先在地面铺上沙子或稻草、麦秸，然后摆放冬瓜。摆放时，要和田间生长时的状态保持一样，即原来是横卧地面的就平放，原来是立着生长的就直着放，上下位置不能颠倒。平着放置的最多摞两层。然后再隔一定距离摆放第二排，排与排之间要有距离，一般为 60 厘米左右，以便通风散热和检视。靠墙摆放时，瓜柄要背墙；直立摆放时，瓜柄一定要朝上。

贮藏期间，要通风换气，晴天时还要开窗，以保持贮藏室内空气新鲜和干爽，但要防止阳光直射瓜上。一般不要翻动和搬动，但要经常检查，发现霉烂现象要及时挑出，以防感染好瓜。天气转冷后，可在瓜上覆盖草包等保温物，防止受冻，一般可以贮藏到春节。

2. 架　藏

在贮藏室用木料等搭起分层的架子，每层架子上先铺上草包，再摆放冬瓜。按照堆藏的方法进行贮藏期间的管理，一般可以贮放 4 个月左右。

要注意克服冬瓜贮藏期间的异常变化。若果实由内向外腐烂淌水，是由于在采摘、运输和堆码等过程中丢滚震动过大，果实内部倒瓤，细胞组织受到破坏，正常的呼吸发生障碍，因而导致果实腐烂。

瓜体上出现豆斑，是田间感染炭疽病后在贮藏中的反应。

冬瓜采摘后，原来依赖的植株养分中断了，而自身的养分又在不断地被消耗，生命力减弱，抗病力降低，再遇有过高的湿度，由田间带来的这种病害就爆发出来。

冬瓜堆放中的接触面（包括瓜与瓜、瓜与架面或地面）发生霉变现象。这通常与接触部位空气不流通，热量不能及时散失，以及氧气不足，发生缺氧呼吸而造成的。

五、西瓜的调控与保鲜

西瓜，又名水瓜、寒瓜或月明瓜，为葫芦科西瓜属的栽培种，一年生蔓生草本植物，起源于非洲南部。

西瓜生长适温为 18℃～32℃，喜温耐热，喜光，需充足日照，需要空气干燥和一定土壤水分条件。

（一）西瓜的周年生产调控

我国西瓜栽培历史悠久，品种资源十分丰富，从南方到北方，由于不同生态型和品种特性的搭配，几乎可以周年收获供应（表 9-5）。

表 9-5　我国各地西瓜生产季节

生产季节类型	栽培地区	播种育苗时期	定植时期	采收时期
春播夏收	华北地区	4 月上中旬	—	7 月
	长江中下游地区	3 月中下旬	4 月中下旬	6 月下旬至 7 月中旬
	东北、内蒙、新、甘、青、宁地区	5 月上中旬	—	8 月
	华南地区	2 月上中旬	3 月上中旬	5 月

续表 9-5

生产季节类型	栽培地区	播种育苗时期	定植时期	采收时期
夏播秋收	华南地区	7月中下旬	—	10月中下旬至11月上旬
	中部地区	7月中下旬	—	9月下旬至10月中旬
秋播冬收	琼南部地区云南暖热地区	10月上中旬	—	12月下旬至1月中旬
冬播春收	琼南部地区云南暖热地区	12月下旬至1月上旬	—	4月

西瓜喜温耐热,在我国北方地区由于保护地栽培技术的发展,也几乎能够周年生产供应。下面以北京地区为例,其调节西瓜的周年生产技术,如表9-6所示,其余地区可参照气候条件和品种特性作相应的处理。

表 9-6 北京地区西瓜栽培茬次调控

栽培方式	设施名称	茬次名称	播种育苗时期	定植时期	采收时期
保护地栽培	温室	冬春茬	1月上旬	2月中下旬	4月上中旬头茬瓜采收;5月上中旬二次采收
		秋冬茬	8月中旬	8月下旬至9月上旬	11月中下旬
	大中棚	春提早	2月上中旬	3月中下旬	5月中下旬头茬瓜采收;6月中下旬二次采收
		秋延晚	7月下旬至8月上旬	8月中旬	10月下旬至11月上旬
	双覆风障	早春茬	2月中旬	4月上中旬	6月上中旬

续表 9-6

栽培方式	设施名称	茬次名称	播种育苗时期	定植时期	采收时期
露地栽培	春茬(含地膜覆盖)		3月中旬	4月下旬	6月下旬至7月上旬头茬瓜采收;7月下旬至8月上旬二次采收
	夏茬(含麦茬西瓜)		5月中旬至6月上旬	—	8月中下旬
	秋茬(含秋延迟)		6月下旬至7月上旬	7月中旬	9月中下旬

(二)西瓜壮苗培育的调节

西瓜健壮幼苗是高产的基础。健壮幼苗长相为子叶和真叶大而肥厚,颜色浓绿而有光泽,下胚轴粗壮,高度不超过 5 厘米。叶片大而叶柄短粗,根系发达,根量多,白嫩根多,叶片上茸毛多并有蜡粉。花器官分化发育正常,无病虫害。培育壮苗,除采取相应的常规栽培措施外,也可采用生长调节剂,其具体操作技术如下:

第一,用生根剂浸种,促进西瓜生根。浸种浓度为 10～25 毫克/升能促进西瓜早发芽,进而促进幼苗健壮,提高产量,改善品质。以生根剂 10 毫克/升浸种 1 小时,处理后 24 小时发芽,而且幼苗生长发育快,能培育壮苗。而以清水处理的则需 36 小时才发芽。

第二,在瓜类作物幼苗移栽前 3 天,以 10～15 毫克/升的吲哚丁酸加萘乙酸(3∶2)复合制剂液,灌根、淋苗和喷叶,都有良好的促长和壮苗作用。以其 10～20 毫克/升液，于西瓜 4～6 片真叶时喷苗或灌根，增加产量也很明显。而以灌根处理为较好。

第三，育苗时，为防止出真叶前徒长、下胚轴过长，可对子叶喷 50～100 毫克/升的多效唑药液。伸蔓至 60 厘米左右，对生长过旺植株用 200～500 毫克/升的多效唑药液对全株喷洒，相隔 10 天，连喷 2～3 次，可控制蔓长，提高坐瓜率。

第四，在移苗前 2 天，用 ABT 6 号或 ABT 8 号 10 毫克/升溶液喷洒苗床，能提高西瓜秧苗成活率，促进根系发达，缩短缓苗期，加速秧苗生长。在移栽前喷洒 ABT 的秧苗生根数比清水对照增加 60%左右，根长比对照增加 20%左右，缩短缓苗期 4～5 天。同时，能提高坐果率，增加鲜果重，提高产量和经济效益。

第五，用 0.1%三十烷醇乳剂 0.5 毫克/升浸泡西瓜种子 6 小时，可提高发芽率和幼苗素质，或在育苗过程中于 5 片真叶时再喷施一次，效果更佳。

第六，在苗期叶面喷施 10%绿兴植物生长剂 1 000 倍液 1～2 次，可明显减轻猝倒病和炭疽病的发生，并能显著地促进根系生长及加强吸收活动，增强抗寒、抗旱能力，并使叶片浓绿肥厚，有光泽。

第七，苗期喷用 0.01%芸薹素内酯乳油 0.01 毫克/升浓度液，用药液量为每 667 平方米 40 千克喷施叶面，效果较好。

第八，用 20%稻恶乳油(移栽灵)1 500 倍液进行苗床喷洒，可防治枯萎病和根腐病等。

(三)防止西瓜僵苗的调节

在西瓜育苗期或定植后一段时间里，有时出现幼苗迟迟不长的僵苗现象。引起僵苗原因比较多，如肥水供应不足，土壤干旱或黏重、通气性差和化学肥料施用过量等。但在北方地区大棚内，多半是由于苗床温度过低，日均温度不超过10℃，地温长期低于15℃，不能满足西瓜的生长需要，特别是对根系生长极为不利，造成吸收能力弱，而使幼苗出现僵苗不长。凡是影响根系生长及吸收活动的因素都可引起僵苗。除了从栽培措施上加以解决外，可用植物生长调节剂去促进其生长。

第一，用50～100毫克/升浓度液的赤霉素药液，对西瓜苗进行喷施，3～5天后即可明显地促进瓜苗根系和茎叶的生长，使节间伸长、叶片增大。

第二，含有氮、磷、钾、硼、锰、锌、铁、铜、镁和硫10种元素的叶面肥，对西瓜细胞生长、叶面光合作用，以及嫩叶、花芽与根系的生长和果实发育，都有促进作用。可在苗期用500毫克/升浓度液作叶面喷施，以缓解叶片由于施用赤霉素而生长过快所引起的缺绿。

（四）促进西瓜坐果、防止落果的调节

第一，在西瓜开花当日（受精），用95％6-BA粉剂的1％药液，按1毫升涂100个果的果柄的用量施用。或用浓度为200～500毫克/升的6-BA药液，于开花前后1～2天涂花梗。

第二，应用2,4-D药液在西瓜开花当天人工辅助授粉后，用浓度为0.2毫克/升的药液，喷施雌花整个花器。浓度不要太高，如浓度超过25毫克/升，会引起药害。

第三，用防落素（PCPA）药液，于开花后1～2天喷花，药液浓度为20～30毫克/升，药液用量为每667平方米30升。喷后可促进坐果，防止化瓜。如果用量浓度过大，达到80毫

克/升，会引起药害。因此，切不可超量应用。

第四，用助壮素在西瓜开花到结果期，以 100 毫克/升的浓度液作整株喷洒（每 667 平方米用 50 升），抑制茎蔓的旺长，促进坐果，增加产量，改善品质，并使成熟期提前 5～7 天。

第五，在土壤较贫瘠、生长势较弱的情况下，于盛花期下午 3 时以后喷浓度为 0.3～0.6 毫克/升的三十烷醇溶液，可增产 6.5%～10.2%。

第六，将 ABT6 号用在西瓜栽培上，可起到保花保瓜、增糖增甜的效果，施用时间与浓度分别是：幼苗分叉期为 15 毫克/升，第一瓜径 5～7 厘米时为 30 毫克/升，第二瓜径 12 厘米和第三瓜径 35 厘米时为 25 毫克/升，可取得良好的效果。

第七，在西瓜开花始期用 0.000 1%异戊烯腺嘌呤可湿性粉剂 600 倍液喷茎叶，每 667 平方米喷液量为 35～45 升，每隔 10 天喷一次，重复三次，可使西瓜藤势早期健壮，中后期不衰，使枯萎病和炭疽病减轻，而且使产量和含糖量增加。

第八，对西瓜叶面喷施浓度为 100～400 毫克/升的尿囊素，每隔 5～9 天喷一次，共喷 3～4 次，可促进坐果。

第九，在西瓜开花期以浓度为 20～30 毫克/升的萘乙酸溶液浸花或喷花，可促进坐果；在受精前处理可形成无籽西瓜。

（五）无籽西瓜的化控

无籽西瓜深受市场欢迎。一般是采用秋水仙碱处理，使西瓜后代变为四倍体，再与二倍体西瓜杂交，即产生三倍体无籽西瓜。用植物生长调节剂进行处理，也可得到无籽西瓜。具体的方法是：用 1%或 2%萘乙酸羊毛脂，或 1%萘乙酸加 1%吲哚乙酸羊毛脂液涂雌花，就可得到无籽果实。如果在开花期，西瓜雌花已有少量授粉，但产生激素量少，仍不能使子房膨大，可补充供给植物激素，同样能促进果实膨大生长，产生籽量少的西瓜，这种西瓜同样受到人们的欢迎。

(六)提高西瓜果实品质的调节

在西瓜幼瓜长到 0.25～0.5 千克时，施用 50～100 毫克/升的吲熟酯溶液，喷后瓜蔓受到抑制，其西瓜可早熟 7 天，糖度增加 10%～20%，且中心糖度与周边糖度的梯度相差较小，同时每 667 平方米增产 10%左右。

在西瓜开花初期、坐果期和膨果期，各喷施 10%绿兴植物生长剂 1 000 倍液，可显著提高西瓜产量，而且品质好，能提高含糖量，并早熟 4～7 天。

在西瓜上施用细胞分裂素，可使坐瓜率提高 19.5%，含糖量提高 0.5～2 度，增产 28.6%，并具有减轻病害、促进早熟等功效。施用方法：主要进行叶面喷施，从瓜蔓长到 7～8 节时开始，用浓度为 600～800 毫克/升的细胞分裂素溶液，每隔 7～12 天喷一次，连喷 3～4 次。

将赤霉素、细胞激动素、生长素复合起来应用，比单用效果要好，但它们的组合配比要达到最佳实用效果，就要做大量的筛选工作，因为不同的瓜类，其适用配比都不相同。

对生长延缓剂、生长抑制剂，近年来将助壮素和氯化胆碱，分别与萘乙酸、吲哚乙酸、赤霉素、6-苄基腺嘌呤进行复配，结果不仅促进果实膨大的效果比单用助壮素、氯化胆碱明显，还改善了瓜果的品质。

另一类生长抑制剂，如草甘膦和增甘膦，主要抑制植物芳香氨基酸的生物合成，表现在明显抑制顶端的分生组织。这类生长抑制剂，剂量大了就是灭生性除草剂，然而它们在低剂量下也是很好的增甜剂、控制顶端生长的调节剂。用草甘膦50～70毫克/升浓度液和增甘膦900～1 000毫克/升液度液，于西瓜幼果直径为7～10厘米时，对植株进行整株喷洒，可明显提高西瓜的含糖量。这是因为这两种调节剂，在抑制瓜蔓顶端生长的同时，还可以抑制酸性转化酶的活性，有利于增加蔗糖含量。

（七）防止西瓜裂瓜的调节

为防止裂瓜的发生，在西瓜生长初期，用2 000～4 000毫克/升的比久(B_9)液、200～500毫克/升的助长素(Pix)液，进行果面喷雾处理；或用15毫克/升的吲哚乙酸液、15毫克/升的赤霉素（九二〇）液、30毫克/升的萘乙酸液，或8毫克/升的细胞激动素液，以及其混合液，在西瓜开花后，每7天喷洒瓜面一次，均有一定效果。

（八）西瓜微肥施用等调节

1. 增 产 菌

增产菌是一种防病增产的生物菌肥，通过它在植株体内的繁殖和转移，可以增强植株的活力，刺激植株生长和抑制有害微生物的活动。西瓜施用增产菌，不论是拌种还是喷雾，都有增产和防病的良好效果。

2. 光 合 肥

光合肥是一类光呼吸抑制剂，它可以抑制植株体在有光条件下的呼吸消耗，从而提高净光合率，增加光合产物的积累。光呼吸抑制剂有很多种类，使用比较普遍的是亚硫酸氢钠($NaHSO_3$)。每公顷每次用75克（多了有抑制作用），用60℃～70℃温水溶解后，对水750升，进行叶面喷雾。在开花期和果实膨大期各喷用一次，对提高产量、改善品质和延缓植株衰老，有较好的效果。可与0.2%的磷酸二氢钾液混合喷施。

3. 爱 多 收

爱多收又名丰产素，主要有效成分为复硝钠。用复硝钠含量为1.8%的爱多收，配成4 000～6 000倍液喷雾，从伸蔓期开始，每10天喷一次，共喷三次，或用于灌根，可使叶色变绿，瓜蔓快长，单瓜重增加0.57～1.74千克，早熟2～3天。

4. 食　醋

用食用米醋100倍液，在6叶期和坐瓜期各喷施一次，能提高植株抗性，增强长势，加深绿色，延缓植株衰老，每公顷可增产10%。食醋与白糖(100倍液)混合喷用效果更好。

5. 钛　肥

钛肥对西瓜植株生长有明显的促进作用，施用钛肥后，植株叶绿素增加1～2成，光合强度提高72.5%～201%，每公顷平均增产10%以上，可溶性糖、可溶性固形物和可食率都有提高。

钛肥的使用浓度是5～10毫克/升，达到15毫克/升时效果就差了。一共使用两次，即雌花开放前施用一次，幼瓜迅速膨大期施用一次。

6. 稀土肥料

使用稀土肥料平均增产17.59%，含糖量提高15.2%～18.3%，西瓜质地细嫩，松脆，口感好。

稀土的使用浓度为300～500毫克/升，浓度大于700毫克/升就有抑制作用，少于100毫克/升效果不明显。一般在团棵期和盛花期各使用一次，施用时对叶片的正面和反面都要喷到。

（九）西瓜的催熟调节

西瓜催熟不仅能提早上市，同时有利于后茬作物的适时播栽。可在果实已基本长足而尚未成熟时，用浓度为 100～500 毫克/升的乙烯利溶液，于下午 4 时后喷瓜，一个瓜喷 1～2 毫升药液，可催熟西瓜。其具体使用浓度，因品种不同而有所差别。一般瓜皮薄、表皮结构疏松的品种，以 100～300 毫克/升为宜；反之，厚皮瓜以 300～500 毫克/升为好。喷瓜时，要注意避免喷到茎叶上，以免产生药害。也可用 50～100 毫克/升的乙烯利溶液，将开始进入成熟期的西瓜采摘下来摆在一起，用喷雾器对着西瓜表面喷洒，可以提早 5～7 天成熟，风味与自然成熟的相似。

用乙烯利催熟的西瓜不耐贮藏运输，处理后 2～3 天，瓜皮开始发软，品质下降，失去食用价值。所以，要根据市场销售情况，分批次催熟。

西瓜催熟还可在雌花开后 20～25 天，西瓜已经定个但没成熟时，用下述方法进行处理：

1. 挂秧处理

用浓度为 250～500 毫克/升（1 毫克 40％乙烯利水剂加水 1.6～0.8 升）乙烯利水溶液喷洒挂秧西瓜的瓜面，但绝对不能喷茎叶。

2. 浸瓜处理

将采摘下的西瓜，放到浓度为 500 毫克/升（1 毫升 40％乙烯利水剂加水 0.8 升）溶液中浸 3～5 分钟。

经过处理的西瓜，在 28℃～29℃温度条件下，经过 3～5 天，即进入最佳食用期；经过 6～7 天，即过熟。必须严格掌握放置时间，务求及时出售。

（十）西瓜的保鲜贮藏

1. 采前预处理

用于贮藏的西瓜要求果形端正，成熟度达七八成，无机械伤，采收时带瓜柄摘下或带蔓（长度约 20 厘米）一起摘下。采收时间最好安排在上午八九点钟或傍晚，因为这时瓜温较低，所带田间热少，采后利于贮藏。采收时，要轻采轻搬。对采下的西瓜，要集中放置在阴凉处或立即运回仓库，避免日晒雨淋。

西瓜的贮藏需要注意的事项，一是防止机械损伤。在采收和贮藏中，要轻拿轻放，避免人为的机械损伤。二是要注意通风换气。西瓜的贮藏环境不要密不透气，而应选择凉爽的时候开启天窗，进行通风换气，以避免西瓜的厌氧伤害。三是要定期拣选瓜。西瓜贮藏期间，特别是贮藏 1 个月后，要定期检查，对开始出现病害和腐烂的瓜，要及时挑拣出去，并对其贮藏环境进行必要的处理。

贮藏场地应选择阴凉、通风的房屋或土窖洞。贮藏前3～4 天，将室内打扫干净，然后用 40%福尔马林 150～200 倍液，或 6%的硫酸铜溶液，喷洒地面和墙壁，或点燃硫黄，密闭熏蒸 1～2 天，进行消毒。

在进行贮藏前，要对西瓜进行预冷，使瓜体尽快降温散热，最大限度地降低呼吸作用，尽量保持原有品质。其方法是将西瓜摆开，放到通风背阴处 1～2 夜即可。

西瓜贮藏前要进行消毒，用 10%～15%的食盐水，或 0.5%～1%的漂白粉溶液，或 70%甲基托布津可湿性粉剂 700 倍液，浸泡西瓜 10～15 分钟，以杀灭西瓜表面的病原菌，防止在贮藏期间腐烂变质。也可按每千克西瓜用 40 毫升的仲丁胺浸果剂的标准，准备好溶液浸果30～40秒钟。也可按每千克西瓜用0.07毫升山梨酸衍生物的标准，将贮藏西瓜熏蒸24小时。

使用植物生长抑制剂处理瓜面，可以延缓瓜皮衰老，使其保持新鲜状态；抵抗病害的侵入，防止水分散失；控制果实与外界的气体交换，降低呼吸消耗，从而使西瓜保持良好的品质。

处理时使用的药剂有：50～100毫克/升的2,4-D药液，或1000毫克/升的B_9（比久）液，10%的VBAI西瓜保鲜剂液，1%的瓜蔓浸提液。选用上述药液中的一种，将西瓜浸泡2～3分钟即可。在采收前用浓度为10～50毫克/升的赤霉素液喷瓜，也可延长西瓜的贮藏时间。

2. 沙　藏

选择通风透气的房屋，打扫干净后用细河沙铺8～10厘米厚作垫底。然后选择阴天或晴天的傍晚，采收七成熟的西瓜，要求所采收的西瓜无损伤，无病虫危害，瓜形端正，每个西瓜留三个蔓节，在两端离节3厘米左右处切断，当即将西瓜在切口沾上干草木灰，以防止细菌从切口侵入，每个瓜节要保留一片绿叶。当即将西瓜运回屋后，一个个地排放于事先铺好的细河沙上，然后再在其上加盖细河沙。沙的厚度要盖过西瓜4厘米左右，保留的3片瓜叶露外制造养分，以保瓜熟。每10天要用0.2%的磷酸二氢钾进行叶面喷洒，以保持叶片青绿。当表面沙层出现干燥现象时，要适当喷水，以保持室内有足够的湿度。铺沙、采摘、运输与贮藏，必须在当日进行完毕，切勿过夜。采用此法，西瓜贮藏30～40天后，能保持较好的香味。

3. 草　藏

西瓜地面草藏，类似于西瓜沙藏方法，所不同的只是在地面铺垫麦秸后，一层西瓜一层麦秸地进行摆瓜铺草而已。西瓜之间要保持一定的距离，共摆放2～3层。

4. 容器贮藏

贮藏前，先用稀释300～500倍的高锰酸钾水溶液，对容器进行消毒，然后阴干。贮藏时，在容器底先铺上约3.5厘米厚的熟石灰，把消过毒的西瓜分层放入，摆满，然后用塑料布将容器盖严，并用绳子捆紧。用这种方法，一般可贮藏40多天。

5. 盐水浸泡贮藏

选取成熟了的中等个头的西瓜，先用清水洗一下，再将其放入25%～30%的盐水中浸泡15～20分钟，然后取出晾干，密封在聚乙烯口袋内（不能用聚氯乙烯袋子或化肥袋子），藏入温度基本稳定在12℃～15℃的地窖里，也可放入防空洞或天然洞中。为了节省地方多放西瓜，可在地窖里设置木板做的集装箱，将西瓜放入箱内。这样贮藏，密封在聚乙烯口袋内整整一年的西瓜，取出时表皮鲜嫩如初，味道香甜可口。

6. 常温贮藏

选生长良好，无病虫害，瓜皮坚韧，八成左右熟的健壮西瓜，留作贮藏。采瓜前一星期左右，田间喷洒一次1 000倍托布津或多菌灵液，减少西瓜的带菌量。采瓜时，要用0.025%～0.03%的2,4-D溶液涂果柄，防止果柄早枯。也可在采收的当天，将西瓜放入0.06%退菌特或0.1%托布津、0.02%～0.03%的2,4-D药液中，整个瓜体被淹没后即可取出。然后将西瓜晾干，放入经过消毒的普通仓库、地下库、通风库或农村土屋内贮藏。贮藏西瓜的库房及容器，要用2%～3%的石灰水或托布津（或多菌灵）喷洒消毒。库房消毒后，在库内地面成畦状铺垫一层干净稻草或麦秆，畦宽约1.5米，长度不限，在草上摆放2～3层瓜，不宜过高。畦与畦之间要留有一定的距离，以便管理人员工作。有条件的可设层架，分层摆放，以提高库容的利用率和贮藏的效果。

在西瓜贮藏期间，要注意通风换气。在早晚和夜间应打开窗门，通入冷凉空气，白天要关闭窗门，防止高热空气入库，使库内保持温度为16℃左右，相对湿度控制在70%～80%。为了提高通风换气效率，可采用机械排风扇。经常检查果实在贮藏中的变化情况，发现流水瓜和烂瓜，应立即剔除。凡流有瓜汁的地方，均应立即抹干净，以免腐烂病菌蔓延到其他的西瓜。对不宜续贮的西瓜，要及时出库销售。

西瓜经过一段时期的贮藏后，上市高峰已过，就应逐步出库销售。当有的西瓜成熟度不够时，可用0.01%～0.03%的乙烯利溶液浸果催熟，以提高瓜瓤的色红度和糖分。其方法是：将成熟度不够的西瓜，整个放入已配制好的溶液中浸没后提出，晾干。经几天后便成熟。

采用常温贮藏法贮藏西瓜，可利用普通仓库或通风库与地下库等，一般可贮藏20～30天。

7. 低温贮藏

西瓜适于低温贮藏，其适宜的温度为3℃～5℃，相对湿度为80%～85%，冷藏期一般可达1～2个月。其选瓜、药物处理、堆垛和检查方法，与常温贮藏法相同，其关键是保持库内温度、湿度稳定和适时出库销售。

8. 短暂贮藏

销售单位或消费者将西瓜作短暂(7～10天)的贮藏时，可采用下列方法：

第一，为了延长西瓜在货架上放置的时间，可将采收上市的西瓜，放在6%～12%的腊乳剂及0.1%～1.0%的苯甲酸钠溶液中浸30～60秒。这样处理后，西瓜放置的时间比不处理的西瓜延长8天左右。

第二，销售单位一时进货较多，又难以一时销售完毕时，应将西瓜放在阴凉处。西瓜上如盖有苫布，最好用支架将其支撑起来。如果放在太阳下晒，虽盖了苫布，但热量散发不出去，西瓜仍会很快地腐烂变味。

第三，家庭短期贮藏可挑选成熟度适中、无损伤、带瓜蒂的西瓜(最好在瓜地中挑选)，放在阴凉通风的房间，将瓜蒂弯曲后用细绳扎起来。每天用干净毛巾擦瓜皮一次，以便将瓜皮的气孔堵塞。采用此法可使西瓜贮藏10天左右。

第四，城市零售市场在批量西瓜达到后，立即对其进行挑选，分好档次，分清生熟和好次。将熟瓜和次瓜立即销售。成熟度较低的瓜可作短暂贮藏，陆续销售。贮存场地最好是泥土地面，其次为地板、水泥地面，都要阴凉通风。贮存时，先在地面上铺5～10厘米厚的麦秸，然后在麦秸上堆放西瓜，一般以三层为宜，或搭架摆放。堆放时注意保持田间生长状态，即"瓜背"(原来向阳的一面)向上，"瓜肚"(原来接触地面的部分)朝下。存放期间，要勤翻堆检查，及时拣出熟瓜和次瓜，清理病瓜和烂瓜。

9. 西瓜蔓汁处理贮藏

选择成熟度为七八成熟的晚熟耐贮西瓜品种，去除带有病斑和外伤的瓜，采摘时保留一段瓜蔓。采摘后入贮越快越好。贮前先将新鲜的西瓜蔓研磨出汁，用滤纸或干净纱布将其过滤后，稀释300～500倍。用此液喷洒西瓜外表，使瓜面全湿而不流液为止。稍干后用包装纸(牛皮纸、旧报纸均可)把西瓜包卷好，将纸卷两卷封严，置凉爽通风而不过分潮湿的地方存放。瓜堆不要太高，以三层为宜，防止压伤。贮藏期间，要防止高温、阳光直射和温度大幅度变化。每隔一段时间要翻拣一次。对瓜顶变软和有霉烂的瓜，应及时拣出处理。

10. 塑料薄膜袋简易气调贮藏

在贮藏窖中，使用塑料薄膜袋包装贮藏，效果较好。其方法是：在贮藏的第一个月，保持窖内温度为15℃～18℃，第二个月为9℃～15℃，以后保持温度为4℃左右。用稀释4倍的虫胶涂料涂抹西瓜，并用0.04毫米厚的聚乙烯薄膜袋套上。每袋套入两个瓜，内放硅胶两小包，以吸收其内因降温而凝结的水分，密封袋口贮藏，10天后袋内既无水珠也无腐烂。薄膜袋内保持二氧化碳浓度为2%，氧气为10%。采用这种方法，无籽西瓜贮藏100天后经检查，均无空心和裂瓤现象。

六、甜瓜的调控与保鲜

甜瓜，别名香瓜、果瓜、哈密瓜等，为葫芦科甜瓜属一年生攀缘草本植物。甜瓜起源于中部非洲的热带地区。我国栽种的甜瓜通常分为两大生态类型：一是薄皮甜瓜，如香瓜、黄金瓜和面瓜等，主要分布在东北、华北及长江中下游地区；二是厚皮甜瓜，如哈密瓜和白兰瓜等，主要在新疆、甘肃及内蒙古地区栽培。

甜瓜喜温耐热，不耐霜冻，喜强光，需水多，对土壤酸碱度适应范围较广。

（一）甜瓜的周年生产调控

甜瓜喜温，耐热，怕霜冻，但通过合理的设施栽培调节，也可做到周年生产供应。以北京地区为例，通过适当的茬次安排，可使厚皮甜瓜周年供应（表9-7）。其余地区可据当地气候和品种特性，参考北京地区甜瓜周年生产调节情况，作适当的处理。

表 9-7　北京地区厚皮甜瓜栽培的茬次调控

栽培方式	设施名称	茬次名称	播种育苗时期	定植时期	采收时期
保护地栽培	温　室	越冬一大茬	10月上旬	11月中旬	1月下旬至3月中旬
		秋冬茬	8月上旬	9月上旬	12月上旬至1月上旬
		冬春茬	12月上旬至1月中旬	1月下旬至2月下旬	4月中旬至5月下旬
	塑料棚	春提早	2月中旬	3月下旬	5月下旬至6月下旬
		秋延晚	7月上旬	7月下旬	10月中旬至11月中旬
	近　地	早春茬	3月上中旬	4月上中旬	6月中旬至7月上旬
露地栽培		春茬	4月上旬	5月上旬	7月上中旬

（二）甜瓜培育壮苗的调控

在栽培上采用的夜冷育苗和低温炼苗，都是防止高脚苗、培育壮苗的常用方法。用生根剂促进生根，也能培育甜瓜壮苗。用 IBA＋NAA(3∶2)10～20 毫克/升浓度喷苗或用 10 毫克/升进行种子处理。

用矮壮素 100～500 毫克/升及助壮素 250～500 毫克/升药液喷施幼苗叶面，使节间短，叶片增厚色绿，抗旱抗寒。

用10%的绿兴植物生长剂1 000倍液喷1～2次，隔7天一次，可补充营养，又可促进壮苗，叶厚色深绿而有光泽，明显减轻猝倒病和叶枯病的发生。

用20%移栽灵（含硫烷基亚甲基丙烯酸化合物）的15 000倍液在移栽（定植）甜瓜苗时灌蔸，每蔸100毫升稀释药液，可防治枯萎病和根腐病等。

（三）甜瓜性别分化的调控

先进行甜瓜种子处理，再连续三次叶面喷雾丁酰肼，可以使甜瓜的两性花和雄性花的比例由对照的1∶6变为1∶4。

用100毫克/升乙烯利处理甜瓜花，可以提高两性花的比例。用250毫克/升乙烯利溶液，在甜瓜三叶期喷洒叶面，可诱导多开雌花。甜瓜的主蔓着生雄花，侧枝着生完全花，处理后，主蔓可开出完全花，且可受精发育成正常瓜，瓜重和甜度也与侧蔓瓜相同。

（四）促进甜瓜坐瓜的调控

在雌花开放或开放前用5毫升0.1%坐果灵水剂（4PU-30），加水500毫升配成水溶液，均匀喷瓜胎，可促进坐瓜。但不可重复过量喷施。坐果灵为吡效隆，又称脲动素，是人工合成的具有细胞分裂素作用的调节剂，它可促进幼果快速增大，但在甜瓜上应用应慎重，先试验，后推广。曾有超量应用，造成大量枯死烂秧的教训。

当幼瓜长到鸡蛋大小，用1.5毫克/升赤霉素液，涂抹瓜柄一次，可促进幼瓜快生长。

在开花前一天或当天，用番茄素25～35毫克/升加赤霉素100毫克/升混合剂，对雌花的柱头或子房喷雾处理，可提高坐果率。

用福斯方 200 毫克/升，在温室甜瓜开花当日（受精）涂梗，可促进坐果。或使用 99%对氯苯氧乙酸粉剂 25～50 毫克/升的药液，在甜瓜开花当日喷洒雌花，也有类似效果。

如果用苄基腺嘌呤（BA）粉剂 1%～2%的溶液，涂抹子房或花梗，可以使坐果率提高 50%，增产 35%；用萘乙酸 200～300 毫克/升水溶液喷花，也同样有促进坐果的效果。

为了促进坐果，在使用化学调节技术的同时，一些农艺措施及管理技术也必须相配合。如开花坐果期前要控制水分，土壤相对湿度保持在 70%～80%，一般不灌水；大棚室温适宜温度为 20℃，如坐果点温度低于 18℃，易形成畸形瓜。

（五）促进甜瓜膨大与改善品质的调控

在寒冷北方地区，对大棚或温室的甜瓜，于其开花当日至第二天，用 0.5%防落素水剂（PCPA）稀释 3～5 倍液，喷雌花子房部位，对以后果实生长速度有促进作用。

在厚皮甜瓜受精后 20 天和 25 天，以 1%吲熟酯稀释 1 000～1 300 倍液喷洒着果以上部位的茎叶，同样可以促进果实生长速度，加快果实的膨大。

应用 10%绿兴植物生长剂水剂的 600 倍液，在甜瓜膨大期后第九天开始喷施甜瓜植株，以后每隔 8 天喷一次，共喷 3～4 次。在甜瓜七分熟时调查表明，瓜色美观，个头大，口感好，含糖量高，霜霉病发病率较对照降低 57.3%，叶片衰老时间推迟 9～22 天。喷绿兴植物生长剂的单瓜重比对照增重 21.0～64.5 克，增产幅度为 24.54%～38.33%。

对白兰瓜和哈密瓜等甜瓜，用 500～1 000 毫克/升乙烯利喷果，有明显的催熟作用。但注意不要喷洒茎叶，并需及时采收。在甜瓜采收后，用 1 000 毫克/升乙烯利浸果 2～3 分钟，也可促进成熟。

（六）甜瓜保鲜耐贮的化学调控

以 0.3%和 0.5%氯化钙溶液，在甜瓜采收前 10～15 天喷瓜，或作采收后处理，瓜硬度好，还可提高甜瓜的抗病力。喷氯化钙液的甜瓜比不喷的果实，贮存时间可增加 10～15 天。另外，在甜瓜采后用 1 000 毫克/升的硫菌灵（托布津）或多菌灵液，或者配合 400 毫克/升的丁酰肼液，浸瓜 1～2 分钟，晾干后再用水果涂膜剂喷瓜，其中以 C4 虫胶涂料加水 2 倍效果最好。也有的人用抑毒唑（YMC）500 毫克/升液喷瓜，然后晾干贮藏。

（七）甜瓜的保鲜贮藏

1. 薄皮甜瓜的贮藏

薄皮甜瓜皮薄而软，采收期又多在炎热的夏季，故贮藏过程中极易衰老失水，腐烂变质。所以，一般不宜久藏。如果有低温环境，可于 8℃～10℃温度下作短期贮藏，也可在 O_2 为 3%～8%，CO_2 为 0～2%的塑料薄膜大帐内，贮藏 14～30 天。

2. 厚皮甜瓜的贮藏

(1) 采前栽培管理措施与贮藏的关系　厚皮甜瓜采收前的栽培管理情况和采收后的环境条件，直接影响到贮藏的效果。一般说来，中、早熟品种或由于成熟期温度较高，或由于采收后呼吸消耗大，衰老快等生理原因，一般不适于贮藏。而采收晚，果实成熟期呼吸强度相对小一些的中、晚熟品种，特别是晚熟的品种耐贮藏。由于同样的原因，同一熟型不同品种之间的耐贮性也是不一样的。

田间施用氮肥过多，特别是氮肥施用过晚的蜜瓜贮藏性不好。用于贮藏的甜瓜在栽培过程中，应注意氮、磷、钾合理搭配施用。

作为贮藏用的甜瓜，不要在浇水或下雨后采收，至少要在收获前 7 天左右停止浇水。在栽培期间更需要注意及时防治病虫害，尽量减少果实表面的带菌量。

采收过早时，果实不具有本品种的风味，而且容易失水皱缩发软，不好贮藏；采收过晚时，果实成熟过度而变软发绵，容易腐烂。

用于贮藏和长途运销的厚皮甜瓜，其适宜的采收时间是在达到八成熟时，而就地销售的则在九成熟时。

(2)贮藏时的管理措施 贮藏厚皮甜瓜主要有常温窖贮藏、控温窖贮藏和气调库贮藏三种方式。无论哪种方式，温度、湿度和通风三者的配合，对甜瓜的贮藏效果具有重要的影响。温度高了果实的呼吸作用加强，消耗的养分多，品质下降；温度低了，正常的生理活动受阻，出现生理障害或冻害；湿度过低，瓜体失水萎蔫快；高温高湿导致霉菌滋生，有利于病害的发生和蔓延，会加快瓜的腐烂；良好的通风可以减少酒精和乙醛的积累，避免和减轻生理病害的发生。

将包装材料放到库窖里，与库窖一起进行消毒。消毒多采用熏硫法。进行时，每 100 立方米的容积用硫黄 3 千克，把硫黄与锯末掺混到一起，点燃后密闭库房 2 天，而后通风排除烟气。也可以用 50 倍的福尔马林溶液喷洒消毒。

将采摘下的甜瓜晒 2～3 天，促进伤口愈合，以减少病原菌侵入的机会，对贮藏有利。

把经过拣选的蜜瓜装入果箱，搬入贮藏库内。在库房地面垫好隔潮物，然后摆放果品箱，箱间保持一定距离，以利通风换气。一般每立方米空间可放果实 100～150 千克。

若是常温窖，控温是最重要的环节。在秋季，主要是通过通风降低窖内的温度；在冬季，主要是防寒保温，使窖内的温度保持在 2℃～3℃的适宜范围之内。此时，也要伺机选择温度稍高的时间放风，以排除不利于贮藏的有害气体，但要避免冷空气突然侵入窖内伤害甜瓜。春季外温升高以后，关键是要防止窖温升高，故应将通风窗孔全部堵塞住，只在外界温度比窖温低的时候进行通风换气。

湿度是关系贮藏效果的重要环境因素。由于通风可能使窖内的湿度下降，因而此时需要加湿，以保持 70%～80%的空气相对湿度；湿度过大时，可以通过通风换气排除湿气。

化学防腐剂，对厚皮甜瓜的贮藏保鲜有着较好的作用。比如用水果保鲜剂抑霉唑(YMC)的 1 300 倍液处理秋红心脆蜜瓜，贮藏 100 天后，其好瓜率在 85%以上。

用托布津、多菌灵等杀菌剂进行处理，可以大大降低贮藏期间的果实腐烂。

(八)哈密瓜的保鲜贮藏

哈密瓜有后熟作用，用于贮藏的哈密瓜要选择耐藏品种。一般晚熟品种较耐贮藏，其瓜皮坚韧，具有弹性，肉质致密，瓜面光滑，有蜡质层。用作贮藏的哈密瓜，平时应控制灌水量，早停水可提高瓜的耐藏性。并应掌握适宜的采收期，适当提早采摘。一般在正常采收期前 6～8 天八九成熟时采收，采收时应保留 2 厘米长的瓜蔓。采摘时要轻拿轻放，不要擦伤瓜皮。凡瓜皮擦伤、碰伤的不要用于贮藏。将瓜采下后，要就地晒瓜 1～2 天。在包装与运输时，要注意尽量减少途中激烈震荡，做到平稳装运。

贮藏之前要进行灭菌消毒，或用虫胶涂瓜，以取得很好的贮藏效果。灭菌消毒方法有：①温水浸瓜。用55℃～60℃（不能超过62℃）的热水浸瓜1分钟；②药剂灭菌。用0.2%次氯酸钙或0.1%特克多、苯来特、多菌灵与托布津，或0.05%抑霉唑药液，浸瓜0.5～1分钟，也可将以上药剂结合使用。

1. 地窖贮藏

选择晚熟品种哈密瓜，经预冷后放入地窖内，利用分层隔板放置贮藏。每层隔板只摆一层瓜。贮藏中要定期翻瓜，以防止与木板接触处的瓜体腐烂。入窖初期，窖的门窗和通气孔要全部打开，以后随着气温下降，可在窖门附近放1碗清水，当水刚出现冰碴时，即应关闭窖门和通气孔，使窖温保持在2℃～4℃，相对湿度保持在85%左右。

另外，可采用地窖吊藏的方法贮藏哈密瓜。其具体方法是：在窖内一排排相距50厘米的横梁上，系好长1.5～2米的粗麻绳或布带，每三根为一组。将每组绳或布带每50厘米打一个死结。将瓜放在这三根绳或布带打结后所形成的兜内，使瓜柄向上。挂放好瓜后，每7～15天检查1次，及时拣出瓜顶变软的瓜。

2. 涂膜贮藏

药剂处理的方法是：用0.1%托布津或苯并噻唑44号浸瓜2～3分钟，捞出后晾干，再用稀释4倍的1号虫胶涂膜剂涂抹瓜面，使瓜表面形成1层半透膜，以减少水分蒸发和降低呼吸。晾干后装入包装箱，放入贮藏场所存放。贮存环境的条件要求是：温度为2℃～3℃，相对湿度为80%～85%。

3. 简易气调贮藏

简易气调贮藏的气体指标是：氧气含量为3%～5%，二氧化碳含量为 1%～1.5%，空气相对湿度为 80%，温度为 3℃～4℃。多使用聚乙烯薄膜袋进行简易气调贮藏，一般是向袋内充入氮气，以稀释袋内的氧气含量，靠哈密瓜的呼吸作用来提高二氧化碳气体的浓度，但要注意二氧化碳气体浓度不能过高。

4. 地上式密闭窖堆藏

地上式密闭窖就是土木结构的平房，其三面墙和堆房、围舍的墙相连，另一面背风向阳，墙厚 70 厘米以上，四周不留窗，房顶覆盖 30～40 厘米厚的草泥，只开一个 30 厘米见方的天窗。贮藏窖的门是在与住房相连的一面墙上开一个拱形出入口。为便于密闭，拱形出入口一般为 80 厘米×30～40 厘米大小。窖内铺干细沙，厚度在 10 厘米以上。贮藏时将瓜脐朝上，瓜多时可放 2～3 层。也可在窖内离地面 1 米高处搭一层瓜架，架面铺干玉米秸或干苇子 15～20 厘米厚，在其上再堆瓜。

5. 普通房屋贮藏

利用空闲住房作贮藏室，在地面上放一层瓜，中间留出走道，以便于在贮藏期进行瓜的检查。贮藏期间的管理工作，主要是温度管理及瓜质量的检查。一般在 11 月中旬将瓜由房内搬入窖内。这时室内气温还比较高（在 10℃～12℃），应打开天窗，挂起拱门上的门帘。当气温下降转冷时，要堵死天窗。当气温降到 0℃左右时，大约在 11 月下旬至 12 月上旬，才将小拱门上的门帘挂上。可在窖内设置一明火盘（无烟）来调节窖温，只要将窖温控制在 3℃～5℃，相对湿度保持在 80%～85%即可。一般每隔两周检查一次，剔出不宜继续贮藏的瓜，及时食用。

七、苦瓜的调控与保鲜

苦瓜又名锦荔枝、癞葡萄、凉瓜等，原产于亚热带地区。我国南方地区栽培较多，北方地区现在也开始种植。按果实色泽可分为绿苦瓜和白苦瓜两大类型。苦瓜喜温耐热，不耐寒，属于短日照植物，喜湿润，耐肥而不耐瘠。

（一）苦瓜的周年生产调控

苦瓜一般在春、夏两季栽培，南方地区周年生产者较多。采取保护地栽培等措施，在我国北方也可实现周年生产供应。如北京地区，苦瓜周年生产的茬次安排如表 9-8 所示。北方其余地区可据当地气候环境，酌情对苦瓜的茬次安排进行调控。在适宜条件下，苦瓜可连续数月开花结果，陆续采收，延长供应时间。

（二）苦瓜的保鲜贮藏

苦瓜是冷敏性蔬菜，在 10℃以下就会受冷害，因而不耐贮藏。苦瓜贮藏的条件是 13℃左右的温度，80%～85%左右的相对湿度。

贮藏的苦瓜，以在花后 12～15 天收获为宜，采收要避免碰伤，收后要及时置于 13℃～15℃的环境中预冷。然后剔除伤瓜，装入聚乙烯薄膜中冷藏。

也可将苦瓜进行气调贮藏。苦瓜气调贮藏的条件是：温度为 13℃～18℃，氧气浓度为 2%～3%，二氧化碳浓度控制在 5%以下。

表 9-8 北京地区苦瓜栽培的茬次调控

栽培方式	设施名称	茬次名称	播种育苗时期	定植时期	采收时期
保护地栽培	温　室	越冬一大茬	10月上旬	11月下旬	1月上旬至5月上旬
		秋冬茬	8月中旬	9月上旬	10月中旬至次年1月上旬
		冬春茬	12月上中旬	1月下旬至2月上旬	3月上旬至6月中旬
	塑料大中棚	春提早	2月上旬	3月下旬	4月下旬至7月中旬
		秋延晚	8月上旬	9月上旬	10月中旬至次年1月上旬
	近　地	早春茬	2月上旬至3月上旬	4月上中旬	5月中旬至8月上旬
露地栽培		春茬(早春播种)	3月中旬	4月下旬	6月中旬至9月上旬
		夏茬(恋秋栽培)	5月上旬	6月中旬	7月中旬至10月上旬

八、瓠瓜(葫芦)的调控与保鲜

瓠瓜又名扁蒲、蒲瓜、葫芦、夜开花等，为瓠瓜属的一个栽培种，一年生攀缘草本植物，原产于赤道非洲南部地区。瓠瓜适宜温暖、湿润的气候和富含有机质的土壤，属短日照植物，要求阳光充足，喜温怕严寒。

（一）瓠瓜的周年生产调控

瓠瓜可直播或育苗。在长江流域，一般3月中、下旬开始育苗；在华南地区，可在上年12月中、下旬开始育苗，或当年2～3月份直播。随着设施栽培的发展，瓠瓜的生长栽培时期也可以延长。如长江流域，在大棚内可提早到12月份开始育苗，做到早播早收。在北方地区，可在4月份进行阳畦育苗，5月份进行露地定植。也可在小拱棚内加地膜覆盖进行增温栽培，7月份便可进入采收期，一直持续到10月份。

（二）促进瓠瓜雌花形成的调控

瓠瓜花的性型具有可塑性，自然条件下主蔓多发生雄花，侧蔓的雌花出现早，发生多。应用乙烯利处理后，可促进瓠瓜雌蕊形成，而使雄蕊被抑制在一定的部位内不形成，达到化学去雄的目的。因此，在各叶腋中的花原基处于“两性期”时喷施乙烯利，使雄蕊的发育被抑制，而雌蕊则受促而继续发育，柱头膨大，胚珠分化，子房伸长，最后使雄花转化为雌花，为增产打下基础。

1. 喷　雾

在瓠瓜有5～6片真叶时，使用150毫克/升的乙烯利溶液喷施植株，经7～10天后（约有10片真叶时）再喷第二次；采用大苗移栽的，可于定植前2～3天对苗床喷施乙烯利，在定植活棵后再喷第二次。这样，可使全株从第十至十一节开始着生雌花，一直延续到第二十三至二十四节，均有雌花着生。采用喷施法的整个植株均转为雌花。为了对雌花授粉，需要保留不经乙烯利处理的植株，以利于蜜蜂授粉或进行人工授粉。

2. 蘸　顶

当瓠瓜秧苗有6～8片真叶时，用100～120毫克/升的乙烯利溶液滴于瓠瓜的心叶，或将瓠瓜苗的顶端在乙烯利溶液中浸一下，使乙烯利仅作用于顶端心叶，而对下端萌生的侧蔓不发生影响。这样，主蔓因受乙烯利的作用，其上的雄花均转化为雌花；而下端的侧蔓，则留有雄花，并以雄花居多，因而有利于授粉。同时，可省去对照行，有利于单位产量的提高。

喷施乙烯利的时间不能过早，次数不宜过多，浓度不能过高；否则，会引起结瓜过多，果形变小，植株受抑过度，影响产量和品质。为了提高黏着力，可在药液中加入少量洗衣粉。喷施乙烯利后，要加强肥水管理。乙烯利可与三十烷醇混合使用，用150毫克/升的乙烯利和1.0毫克/升的三十烷醇混合喷施，能很好地调节瓠瓜的“源”（叶）与“库”（花、果）的矛盾，使植株分枝增多，生长健壮，还明显地提高结瓜数量和单瓜重，比对照增产52%，最终效果优于单用乙烯利的处理。

（三）瓠瓜无籽果实形成的调节

在瓠瓜蕾期，以20～30毫克/升防落素浸蕾或喷蕾，可促使植株在低温下形成无籽果实。在花期（授粉后）以20～30毫克/升浸花序或喷花序，可促进在低温下坐果。在正常温度下，以15～25毫克/升药液浸蕾浸花，或喷蕾、喷花，不仅可形成无籽果实，促进坐果，还能加速果实膨大，提早成熟，并促使植株矮化。

（四）防止瓠瓜枝蔓徒长的调节

可用植物生长调节剂防止瓠瓜枝蔓徒长。枝蔓生长旺盛，消耗过多的营养物质，常引起幼瓜不能长大而萎蔫。用250～500毫克/升的矮壮素溶液浇灌根部，可以防止瓠瓜的枝蔓徒长，促进结瓜。

（五）培养瓠瓜壮苗的调节

采用丁酰肼、矮壮素、助壮素及三唑类等药剂进行处理，有助于培养瓠瓜壮苗。通常在3～4片真叶展开后使用。丁酰肼使用浓度为1 000～2 000毫克/升，作叶面喷洒；矮壮素使用浓度为100～500毫克/升，作淋苗用；助壮素使用浓度为250～500毫克/升，作叶面喷洒；多效唑使用浓度为4～20毫克/升，作淋苗用。对瓠瓜施用生长延缓剂之后，水、肥一定要充足，其效果才能显现出来。

第十章　茄果类蔬菜的调控保鲜技术

茄果类蔬菜，主要包括番茄属的番茄，茄属的茄子和香瓜茄，辣椒属的辣椒和甜椒，酸浆属的酸浆，枸杞属的枸杞，树番茄属的树番茄等茄科蔬菜。树番茄的食用部分为浆果，番茄主要食用成熟果实，茄子食用嫩果，辣椒、甜椒和酸浆嫩果和熟果都可食用；枸杞主要作为药用。

茄果类蔬菜中，番茄、茄子、辣椒和甜椒，是世界栽培历史悠久、栽培地区广泛的重要果菜种类。番茄含碳水化合物、蛋白质、维生素、胡萝卜素及多种矿质元素，除了作为鲜食品蔬菜和水果外，还可制成酱、汁、沙司等强化维生素 C 的罐头及脯、干等加工品。番茄健脾开胃，除烦润燥。它含量丰富的维生素 C 和类胡萝卜素，属非酶系统的抗氧化物质，是自由基的清除剂，有抗癌尤其是肺癌和减少心血管发病率的作用。辣椒也含有各种营养成分，鲜品可作蔬菜，调味品，包子、面包的调味配料，还可加工成辣椒干、辣椒粉、腌制辣椒等。这两种蔬菜及其加工品，在蔬菜国际贸易中占有重要地位。甜椒和茄子主要作为蔬菜供鲜食用，甜椒温中散寒，开胃消食，能增强代谢，并有一定的减肥功效，茄子清热活血，消肿通络，有治疗紫癜和防止脑血栓的作用。

茄果类蔬菜喜温暖，不耐霜寒。其耐寒性依辣椒、番茄、茄子的顺序递减；其耐热性以茄子较强，辣椒次之，番茄不耐高温；其生长发育最适温度为 22℃～28℃，温度低于 15℃和高于 28℃时均易发生落花和落果。对光周期要求不严，但充足的光照有利于茎叶生长、花芽分化和开花结果，茄果类蔬菜枝叶繁茂，栽培时间周期长，而且大多能多次采收，因此对土壤和水肥条件要求较高。

下面以番茄为例说明茄果类蔬菜的生长发育过程。番茄的生长发育包括发芽期、幼苗期和开花结果期。发芽期从种子萌发到真叶出现需 6～9 天。最适条件为温度 25℃～30℃，土壤水分充足，含氧量 10%左右。幼苗期从真叶出现到第一花序显蕾。这个时期的最适环境是昼温 20℃～25℃，夜温 13℃～17℃，光照充足，水肥充分而合理。这个时期包含着两个重要的转变：一是从异养生长到自养生长的转变，二是从以营养生长为主到营养生长和花芽分化同时进行的转变。所以，此期几乎对构成早期产量或全部产量果实的形成有重要的意义。因此，幼苗质量如何对早熟及丰产影响很大。只有培育出健壮秧苗，才能为早熟、丰产打好基础。开花结果期从第一花序显蕾到果实采收完毕。番茄在开花期对温度反应比较敏感，最适温度白天为 20℃～30℃，夜间为 15℃～20℃。此期随着花蕾的出现、开花及形成幼果，植株已从营养生长向营养生长和生殖生长并行阶段过渡，要调整好两者的关系，否则会引起徒长，推迟开花结果，进而引起落花落果。

一、番茄的调控与保鲜

番茄，又名西红柿、洋柿子、番柿，是茄科番茄属的半直立或蔓生多年生草本植物，多作一年生栽培，原产于南美洲的安第斯山地带。番茄对温度有较强的适应能力，能在 10℃～30℃下生长。对光周期要求不严。生长发育要求充足的光照和较干燥的气候。对土壤的适应能力较强，耐肥，半耐旱。在我国栽种广泛。

(一)番茄的周年生产调控

番茄对光周期要求不严,只要温度适合,一年四季均可开花结果。在我国台湾、海南、广东、福建南部,可长年露地栽培番茄。在南方其他地区,通过保护地栽培,也有效地延长了番茄的生产供应时间。在我国北方地区,通过各种设施,也实现了番茄的周年栽培供应。番茄的栽培类型,大体可以分为春季栽培、春夏栽培、春早熟栽培、秋延后栽培、秋冬栽培、冬季栽培和冬春栽培等。各种类型的栽培季节和所利用的设施,因不同地区的气候条件、栽培管理技术水平及习惯的不同而异(表 10-1)。以春季各类棚室栽培面积较大。

表 10-1　我国北方地区保护地番茄栽培类型及季节

栽培类型	利用设施	播种期(旬/月)	定植期(旬/月)	始收期(旬/月)
春早熟栽培	小拱棚	上/1 至上/2	中/3 至下/4	中/5 至上/6
春季栽培	日光温室	下/11 至下/12	上/2 至上/3	中/4 至中/5
春夏栽培	大　棚	中/12 至上/2	上/3 至中/4	中/5 至中/6
秋延后栽培	大　棚	上/6 至中/7	上/7 至中/8	中/9 至下/10
	日光温室	下/6 至下/7	下/7 至下/8	上/10 至上/11
秋冬栽培	日光温室	下/7 至下/8	下/8 至下/9	上/11 至中/12
冬季栽培	日光温室	下/8 至下/9	下/10 至下/11	上/1 至下/1
冬春栽培	日光温室	上/10 至上/11	上/12 至上/1	下/2 至下/3

注:栽培季节的确定以北纬 32°～43°地区为依据,其余地区可酌情调整

(二)北方寒冷地区番茄日光温室周年生产调节

我国北方寒冷地区在日光温室内,可进行秋番茄、冬春番茄和春番茄栽培,加上适宜的保鲜贮藏,也实现了番茄周年生

产收获，供应市场（表 10-2）。

表 10-2　我国北方地区日光温室一年三茬番茄周年生产调控

茬　口	播种育苗	定植时期	收获时期
秋番茄栽培	7月上旬	8月中旬	9月中旬至10月中旬
冬春茬番茄栽培	8月下旬	11月上旬	1月上旬至2月下旬
春番茄栽培	12月下旬	3月上旬	5月上旬至6月下旬

（三）南方番茄高山栽培反季节调控

在我国长江流域及其以南平原地区，7～8 月份常有 33℃～35℃的高温，特别是高夜温，而且持续时间较长，使番茄不能正常生长、开花和结果。在 8 月中旬至 10 月上旬，常规的栽培方式难以生产番茄。这些地方有许多高山和丘陵地区，相对比较凉爽，气温比平原低，昼夜温差大，雨量较多，空气和土壤湿度较大，利用高山地区优良的自然条件栽培番茄，可改善这些地区夏、秋淡季供应。高山番茄一般选择海拔 600～1 600 米高，坡度小于 20 度，肥源丰富，运输条件相对较好的丘陵和山区。但高山土地瘠薄，肥分容易流失，因此要尽可能逐年构筑梯田，增施有机肥料，培肥地力。由于高山土地面积有限，栽培蔬菜种类单一，轮作较困难，加上多雨潮湿，易发多种番茄病害，因此选择抗青枯病及早、晚疫病等病害的品种，加强整枝、清园和土壤消毒工作，争取与非茄科作物轮作。要勤施、薄施追肥或根外追肥，及时采收，以保持营养生长和生殖生长的平衡。

（四）促进番茄生根的调控

番茄茎容易产生不定根，采用普通方法进行扦插繁殖育苗，虽然也可以成活，但成活率较低。若应用植物生长调节剂对插条进行处理，则可以明显地提高番茄扦插的成活率。其具体处理方法是：

选取生长健壮的番茄植株侧枝，长度为 8～12 厘米。将其下端用锋利的小刀削成斜面，再用 50～100 毫克/升的萘乙酸或 50 毫克/升的萘乙酸与 100 毫克/升的吲哚丁酸混合液，浸泡处理 10 分钟。然后将其插入准备好的用沙与蛭石或珍珠岩混合而成的基质中；也可以直接插入 50～100 毫克/升的萘乙酸溶液中进行浸泡处理。

在番茄小苗 3～4 片真叶期，用 100～250 毫克/升的矮壮素溶液进行土壤浇灌，在定植分苗前进行第二次浇灌，使幼苗矮壮，增加定植密度，且定植后缓苗时间短，成苗快，有利于提早开花结实。

（五）促进番茄种子发芽的调控

番茄种子的自然萌发率较低，萌发速率较慢。因此，在播种前最好对种子进行一定的处理。番茄种子表面有一层种皮刺毛，这使得用许多植物生长调节剂处理都不能取得很好的效果。为提高番茄种子的发芽率，可采用以下方法对种子进行处理：

第一，采用表面活性剂（如洗洁精、洗衣粉等）与植物生长调节剂溶液一起处理种子。具体做法是：配制 500 毫克/升的赤霉素溶液，在其中加入 0.5%～1%的表面活性剂，混合均匀后，用它浸泡番茄种子 6～8 小时。浸种后，将种子表面水分晾干，按常规方法催芽即可。

第二，在播种前，用 50～500 毫克/升的石油助长剂浸种 12 小时，也可以提高番茄种子的发芽率。

(六)防止番茄苗期徒长的调节

1. 用矮壮素处理

在番茄秧苗有2～4片真叶时,用矮壮素250～300毫克/升药液对秧苗叶面喷雾,可促使秧苗矮壮,增加花数。

当秧苗移栽大田,植株生长至30～50厘米时,对出现徒长现象的番茄植株,可在每一植株的根部浇施250毫克/升的矮壮素药液,每株200毫升,可防止番茄植株徒长。

在番茄苗定植前,用矮壮素500毫克/升药液浸根20分钟,然后将苗植于苗床,可以提高秧苗素质,促进花芽分化,有利于早熟高产。

在番茄苗期用50～100毫克/升矮壮素溶液进行喷洒,可培育出粗壮的幼苗,从而提高番茄的产量。也可用500～1 000毫克/升矮壮素溶液,在开花前叶面喷洒一次,可使植株紧凑,促进坐果,防止因徒长而减少产量。

使用时须注意,番茄秧苗施用矮壮素,要严格掌握浓度,将浓度控制在250～500毫克/升,最适浓度为300毫克/升;若浓度超过500毫克/升以上,将使番茄秧苗受抑制过重,影响生长。施用矮壮素的田块要加强水、肥管理工作,促进植株生殖生长。应用矮壮素时,要根据番茄的不同品种和秧苗的生长状况,确定是否用药。比如对不易徒长的品种,或生长正常的秧苗,则不要使用矮壮素。

2. 用多效唑处理

番茄秧苗经多效唑处理后,也可防止徒长。对出现徒长的番茄秧苗,在其长至5～6片真叶时,用10～20毫克/升的多效唑液作叶面喷施,每667平方米用药液量为35～40升。施药后7～10天,即可控制秧苗徒长,秧苗叶色变绿,叶片增厚，植株和叶片硬挺，腋芽萌生。

使用多效唑时，必须严格掌握浓度，同时喷雾点要细，喷施要均匀，且不能重复喷施。要防止药液大量落于土壤。要避免用浇根或拌泥根施，以防在土壤中残留。

（七）防止番茄落花落果的调节

番茄常因遇到低温或高温条件，使花粉管生长不良，花粉中的淀粉含量减少，引起子房枯萎而落花，采用生长调节剂处理以后，可以阻止果柄离层的形成，防止落花落果。

第一，用 2，4-D 药液点（浸）花，可防止番茄落花落果，并使果实膨大加快，提早 10～15 天采收，使番茄早期产量增加 3.87 倍，总产量提高 1.05 倍，同时，也使果实的品质得到提高。2，4-D 药液使用的最适宜时期，是在番茄开花前后 1～2 天。施用后可防止植株落花，所结的果实生长迅速，果形整齐。如处理过早，则子房膨大很慢，所结果实很小；如果处理过迟，花柄离层已经形成，失去防止落花的作用，或者由于子房已经受精，所结的果实含有种子。2，4-D 药液的应用浓度，应根据番茄的种类和当时的气温而定。一般处理番茄的浓度为 10～20 毫克/升，气温低，浓度可适当提高，应掌握在 15～20 毫克/升，反之应掌握在 10～15 毫克/升。否则，易造成裂果或畸形果。2，4-D 药液的施药方法有两种：一是浸花法。即先配好药液，再将花及花柄浸于药液中 1 秒钟左右，然后刮去花朵上残留的药液，防止畸形果。二是点花法。先配好药液，再用毛笔或棉花球将药液涂在花柄上。

使用时须注意，番茄的枝、叶易受 2，4-D 药液药害。受到药害的叶片，表面皱缩而狭长、细小，嫩枝卷曲严重，所以药液不能溅到嫩芽上。应用 2，4-D 药液的浓度必须严格掌握，不能过高或过低。若浓度超过 25 毫克/升以上，则会出现严重的畸形果；如果浓度过低，则不能起到防止落花的效果。应用 2,4-D 药液也可防止在高温情况下的落花，但应用浓度必须很低，并且每朵花只能处理一次，不能重复。

第二，用三十烷醇 0.1～1.0 毫克/升溶液，一般以 0.5 毫克/升溶液效果最佳，在苗期和花果期喷洒 1～2 次，也可防止落花落果，提高结实率和果实重量。若用三十烷醇与 0.5～1.5 毫克/升的 2,4-D 药液混合点花，可比单用 2,4-D 药液处理的畸形果少，落果少，结果率高，产量增加。

第三，应用小喷雾器对花序（或花朵）侧喷防落素，可节省人工，提高工效，并同样达到保花、保果的效果，使果实膨大加快，提早采收，使早期产量比对照增加 4.8 倍。

将配制好的防落素溶液，用小喷雾器对花序（或花朵）进行侧喷。喷施时间一般是在开花后的 1～2 天内，喷药量以花朵被喷湿润为度。防落素的使用浓度应掌握在 20～30 毫克/升。若气温低，药液浓度可略高一些；气温高其浓度可略低一些。

防落素对番茄枝、叶的药害虽然较轻，但喷施时还是应尽量避免将药液喷到枝、叶上；如果药液接触到幼芽或嫩叶，也会引起轻度的叶片皱缩、变狭长或细小等药害现象。对出现轻度药害的番茄植株，应加强肥、水管理，以促进它的新叶正常发生。

（八）延缓番茄衰老与增加产量的调控

第一，番茄苗期喷施芸薹素内酯后，可抑制细苗猝倒病和后期的炭疽病、疫病与病毒病的发生。在大田期施用后，可提高坐果率使果形增大、产量增加，并能延缓植株的衰老。

使用方法如下：苗期用 0.01 毫克/升的芸薹素内酯溶液作叶面喷施，每 667 平方米用药液 25～30 升。大田期用 0.05 毫克/升的芸薹素内酯溶液作叶面喷施，每 667 平方米用药液 50 升，隔 7～10 天后喷第二次，共喷两次。要准确掌握施用浓度，防止因浓度过高而影响植株生长。不能将芸薹素内酯与碱性农药混用。

第二，对番茄施用三十烷醇可促进植株的根、茎、叶生长，使鲜重和干重迅速增加，提高果实中维生素的含量。

三十烷醇在番茄上的最适应用浓度为 0.5 毫克/升，每 667 平方米用药液量为 50 升，整个生长期喷施 2～3 次，间隔时间以 7～10 天为宜。喷施时，可加入磷酸二氢钾或尿素等肥料，进行混合喷施，增产效果更为显著。

对番茄喷施三十烷醇，其适宜浓度为 0.1～1.0 毫克/升；若浓度超过 1.0 毫克/升，将对植株有抑制生长的作用；低于 0.1 毫克/升，则效果较差；最适浓度为 0.5 毫克/升。在应用三十烷醇时，要注意药剂的质量，若出现药液混浊和乳析现象，都将影响三十烷醇的使用效果；喷施三十烷醇时，可以与酸性、中性农药、微量元素肥液混用，但不能与碱性农药混用；也可与赤霉素、生长素类和细胞分裂素类等生长调节剂混用，但不能与生长抑制剂类生长调节剂混用。

第三，于番茄花蕾期用 20～30 毫克/升的增产灵液喷雾两次，能调节番茄体内的营养物质较好地运输及合理分配，使营养物质从营养器官向生殖器官转移，促进开花结实，防止落花落果。

另外，有些开花过多的番茄品种，在花序形成后往花序上喷洒 800～1 000 毫克/升的乙烯利水溶液，可收到化学疏花的效果，并可改善番茄果实的品质。

(九)促进番茄早熟的调控

1. 用乙烯利促进番茄早熟

在番茄采收期应用乙烯利来促进果实提早成熟，在生产上已普遍应用，效果显著。这不仅可使番茄提早成熟，增加早期产量，而且对后期番茄的成熟也十分有利。对于贮藏加工用的番茄品种，为便于集中加工，都可应用乙烯利进行处理，而且应用乙烯利处理的番茄，其茄红素、糖、酸等的含量均与正常成熟的果实相当。

(1)涂　抹　当番茄的果实由青熟期即将进入催色期（番茄泛白色）时，将小毛巾或纱手套等放在4 000毫克/升的乙烯利溶液中浸湿后，用以在番茄果实上揩一下或摸一下即可。经乙烯利处理的果实可提早6～8天成熟，而且果实光泽鲜亮。

(2)浸　果　如果将已进入催色期的番茄采摘下来再催熟，可采用2 000毫克/升的乙烯利溶液对果实进行喷施或浸果1分钟，再将番茄置于温暖处（22～25℃左右）或室内催熟。但这样所催熟的果实不如植株上的鲜艳。

(3)大田喷果　对于一次性采收的加工番茄，可在生长后期，大部分果实已转红色但尚有一部分青果不能用作加工时，为了加速果实成熟，可全株喷施1 000毫克/升乙烯利溶液，使青果加快成熟。对于作晚季栽培的秋番茄或高山番茄，在生长后期气温逐渐下降，为防霜冻可用乙烯利喷施于植株或果实，促进果实提早成熟。

应用乙烯利促进番茄早熟，要严格掌握乙烯利的浓度；在番茄的正常生长季节，不能用乙烯利喷施植株，因为植株经乙烯利处理之后，特别是用较高浓度的乙烯利处理后，会抑制植株的生长发育，并使枝、叶迅速转黄，严重影响产量。

另外，在番茄幼苗3叶1心到5叶1心期间，利用200～300毫克/升的乙烯利溶液进行茎叶喷施，不仅能起到壮苗的作用，还能提高第一穗的坐果率，使早期产量得以增加。要注意的问题是乙烯利有一定的诱导畸形果的作用，在应用中应尽量小心，尤其不要随便提高浓度和用药量；在喷雾时，要尽量少喷入土壤（或基质）中，否则，容易引起幼苗烂根。

2. 用调节膦促进番茄早熟

调节膦能控制番茄植株的营养生长，其控制程度随药液浓度的提高而增强，还能增加叶片厚度，使叶色变深，叶绿素含量、光合作用强度和碳氮比值有所提高，植株的营养生长和生殖生长得到较好的协调，提高果实的品质。使用调节膦还能使乙烯释放量的高峰提前，进而促进果实早熟，使早期产量显著增加，经济效益明显提高。

使用方法：在番茄生长期喷药两次，第一次在第一花序开花并有部分结果、第二花序开始现蕾时，第二次在第一花序结果、第二花序普遍开花并有部分结果时，用药浓度为250～1000毫克/升。每667平方米药液用量分别为35升和45升。

（十）促进番茄无籽果实形成的调控

在番茄授粉之前，用10～25毫克/升的2,4-D液浸花，或用10～50毫克/升防落素溶液、50～100毫克/升萘氧乙酸溶液喷花，可刺激子房膨大，加快果实生长，产生无籽果实，味道好。

（十一）提高番茄抗逆抗病性的调控

冬季栽培反季节番茄易产生寒害。合理使用一些植物生长调节剂，能明显地提高番茄对低温的抵抗能力。可供选择的植物生长调节剂，有矮壮素、助壮素、多效唑和芸薹素内酯等，其使用方法如下：

1. 助 壮 素

在冷空气（寒流、降温等天气）来临之前，对番茄植株喷施助壮素溶液，浓度为 200～300 毫克/升。凡喷过的苗基本不受寒害，而未喷的显示出寒害严重。其原因是使用助壮素后植株矮化、粗壮，叶片变厚、变绿，根系发达，抵御逆境的能力加强了。另外，在番茄苗期，用 500～800 毫克/升的助壮素进行叶面喷施，可促进壮苗，提高幼苗抗寒、抗旱能力。

2. 多 效 唑

在番茄 5～8 叶期，用 10～20 毫克/升的多效唑液作叶面喷施，药液用量为每 667 平方米 35～40 升，喷后能够提高番茄对低温的抵抗能力。要注意严格控制使用浓度，千万不能随意提高使用浓度，也不能作土壤施用。

3. 矮 壮 素

在番茄的种衣剂中加入一定量的矮壮素，不仅可以培育矮化壮苗，还可以提高番茄的抗旱能力。在一般情况下，矮壮素的用量为种子量的 0.17％～0.34％。

4. 芸薹素内酯

于番茄花期，用 0.1 毫克/升的芸薹素内酯溶液（相当于 0.01％乳油 1 000 倍液或 0.04％水剂 4 000 倍液）作叶面喷雾，可提高抗低温能力，增加果重，减轻疫病的危害。

病毒病是番茄的主要病害之一，发病率高，危害严重。利用 0.15％的天然芸薹素，可以有效地防治番茄的病毒病。具体做法是：在番茄病毒病发病前，用 0.15 毫克/升的天然芸薹素溶液，以每 667 平方米 60 升的药液量进行叶面喷施，5 天后再施药一次。这样，可以防止番茄病毒病的发生，保证应有的产量。如果番茄的病毒病已经发生，就应该尽早采取措施，减少病害所造成的损失。在发现植株感病后，可以使用0.2毫克/升的天然芸薹素液作叶面喷施，以整株叶面完全喷湿为宜。5～7天后，以同样的浓度和药量进行第二次喷施。在一般情况下，10天左右后植株开始恢复，有新的枝条抽出，1个月后，能基本恢复正常，重新开始开花结果。此外，病毒病极易传播，通过人的手和工具传播是重要的途径之一。所以，在进行农事活动时，也应该特别做好人手和工具的消毒工作。

5. 硫　脲

灰霉病是番茄组织的衰老性病害，系乙烯氧化中引发游离基所导致的疾病。用抗氧化剂硫脲0.1毫克/升喷布果实，其防番茄灰霉病的效果达95%。

6. 三十烷醇

用三十烷醇0.5毫克/升溶液，在苗期和花果期喷洒1～2次，有减轻枯萎病害和增加果实糖分的趋势。

（十二）番茄采后催熟与保鲜的化控

番茄也可以进行采后处理。将快成熟的果实采下，然后作催熟处理，能减少植株在果实最后成熟过程中所需付出的养分消耗，有利于后期产量的提高。具体方法是：选择个体大小已定型、果皮颜色发白即转色期的果实；处理乙烯利的浓度以2 000～3 000毫克/升为宜，气温高时可以低一些，气温低时可以高一些；处理方法是将采下的果实放在乙烯利溶液中浸泡10～30秒钟，取出沥干药液后，堆放四层，并以塑料薄膜覆盖，温度维持在20℃～30℃（不要超过30℃）。如果要催熟的番茄量比较大时，则要保持适当通风，避免引起烂果，处理合适的话，4天后番茄开始转红，5～6天后，大部分就红熟了。

另在番茄果穗大部分果实进入绿熟期时，用 10 毫克/升芸薹素内酯液喷果，6 天后重喷一次，共喷三次。在第二次处理后五天，就有转色催熟现象出现，这可能是芸薹素内酯通过促进果实内源乙烯生成而起作用的。

将尚未成熟的(绿色)番茄采摘后，放在 10～100 毫克/升的激动素溶液中浸一下，由于激动素延缓了果实中内源乙烯的形成，可延迟番茄成熟 5～7 天，延长贮藏期，有利于进行长途运输。

(十三)番茄的保鲜贮藏

1. 科学采收

在采收前 7～10 天喷一次乙膦铝或托布津等药液，可防治病害。采前 3～5 天要停止浇水，否则果实含水量增加，会降低耐藏性。在雨后或连续降雨的情况下，不要采收果实，这样的果实贮藏时会严重腐烂；若雨后暴晒，番茄在田间染病，入窖 1～2 天就会出现黑色斑块，甚至几天内一半以上的果实会腐烂，这样的果实绝对不能贮藏。采摘应在露水干后的清晨进行。采收时，要选择植株生长健壮、病虫害少的地块。一般植株上部的果实发育不够完善，不适宜贮藏；中、下部的果实养分供应充足，发育良好，抗病性强且耐藏；接近地面的果实容易带菌腐烂，不宜贮藏。采收时，要摘取丰满而无伤的果实，并去掉果柄，以防后熟中果柄萼部因首先衰老而引起黑腐病，也防止果柄木栓化后在贮运包装中造成机械伤。

番茄喜温怕冷。绿熟果实的贮藏适宜温度为 10℃～13℃，低于 8℃即遭受冷害，遭冷害的果实出现局部或全部水渍状软烂或蒂部开裂，表面有褐色小圆斑，不能正常成熟，易感病腐烂。成熟的番茄可在 0℃～2℃下短期贮藏。适宜于番茄贮藏的气体成分是氧和二氧化碳均为2%～5%,空气相对湿度为80%～85%。

2. 简易贮藏

利用土窖、地下室和防空洞等阴凉场所,可在夏、秋季节获得较低的温度。将番茄装在浅筐或木箱中平放地面,或将果实堆放在菜架上,每层架上放2～3层果。贮藏中要经常检查,随时挑出已完熟果。此法可贮藏番茄20～30天,较适于调剂市场余缺时采用。

3. 气调贮藏

这是在对温度不加严格控制的情况下,通过人为调节贮藏帐内的气体成分,来贮藏番茄的一种方法。这种方法能减少番茄的自然损耗,保持果实新鲜,贮藏期长。

用于贮藏番茄的塑料薄膜帐,可以做成长方体形,长3.45米,宽1.54米,高1.65米,可贮藏番茄(筐装)1 200～1 250千克。封帐后,帐后气体调节可根据设备条件而定,常用的气调方法主要有以下三种:

(1)快速降氧 番茄进帐密封后,用抽气机将帐内气体抽出一部分,使四壁紧贴在筐上,然后通过入气口快速充入纯度为99%的氮气,使帐子又恢复到原状。按上述办法进行三次,需要用纯氮7立方米左右,就可使帐内气体的氧含量降至5%～4%。根据对二氧化碳的要求,用生石灰调节。以后,由于果实的呼吸作用,帐内氧的含量会逐渐下降,当氧的含量降低到番茄所需范围以下时,就需充入一定量的空气,可用鼓风机吹入空气,使氧的含量重新达到所需的程度。与此同时,帐内二氧化碳的含量也会超过规定的限量,这就要设法使其含量下降,否则会造成二氧化碳中毒。其方法主要是向帐内补充定量的生石灰,但操作比较麻烦。在二氧化碳含量较高的情况下，要求的生石灰量往往比较大。比较起来，使用氮气稀释降低二氧化碳的方法比较好，但费用有所增加。此法对番茄“压青”延缓后熟，延长贮藏期限效果显著。

(2)自然降氧 封帐后，不充氮降氧，利用番茄本身的呼吸作用，将帐内的氧气含量由 21%逐渐降到 2%～4%，然后再调节控制氧含量在需要的范围内。采用自然降氧法，可使帐内氧降到要求的指标。在贮藏温度为 27℃～28℃时，可能需要 2～3 天(贮量 1 250 千克)。用这种方法贮藏番茄果实，同样可以明显地抑制果实的后熟作用，延长贮藏时间。从贮藏效果来看，这种方法不如快速降氧法好，但由于不使用工业氮气，简化了操作过程，降低了成本，因而更适合于农村、农户推广应用。

采用此法贮藏番茄，由于贮藏初期果实呼吸强度较高，放出的二氧化碳较多，因而在开始时一定要放入生石灰，以便吸收过多的二氧化碳。同时由于呼吸强度大，帐内湿度也大，故需要注意防腐消毒。

(3)透　帐 采用此法需定期透帐。透帐时，先将帐子揭去，擦干帐壁上的水珠，再罩帐密封。每次透帐时间不宜太长，一般在 15 分钟左右。每隔两三天需透帐一次，不然会引起缺氧和二氧化碳过高。透帐气调贮藏的番茄，呼吸作用仅受到一定程度的抑制，果实后熟转红仍然较快。此法适宜于番茄上市旺季作短期贮藏时采用。

4. 硅橡胶窗气调贮藏

采用甲基乙烯橡胶薄膜做番茄贮藏帐，通过硅窗调节帐内二氧化碳的浓度，并补入氧气，从而使氧气和二氧化碳浓度自动维持在适宜的范围内。此法操作简便，省事。

番茄果实在不同温度下采用硅窗气调时，硅窗面积的大小与贮藏温度的高低成正比。在固定容积的贮藏帐内，随着贮藏量的增加或减少，硅窗面积也相应扩大或缩小。在生产上，硅窗面积的大小，大致可以根据小量典型试验按正比关系推算出来。例如有效容积为 4 立方米的塑料薄膜帐，贮藏 550 千克番茄，需开 0.45～0.5 平方米的硅窗，那么贮藏 55 千克番茄时，所需塑料帐的有效容积为 0.4 立方米，其硅窗面积应为 0.045～0.05 平方米。

5. 吸附剂保鲜

用 30 份沸石，20 份活性炭，30 份硫酸亚铁，30 份氢氧化钙和 1 份水，制备成一种吸附剂型的番茄保鲜剂。在贮藏番茄时，将此保鲜剂用 10 克装入一个内衬多孔聚乙烯薄膜袋内，并用 0.5 克水将袋调湿，然后放入一个内盛番茄的聚乙烯大袋内。采用这种方法，番茄在室温下贮藏 60 天，其颜色保持不变。

6. 加热处理保鲜

将绿白熟期或催色期采摘的番茄，连续加热到 33℃，并在此温度下保持一定时间，再将番茄贮藏在低于 30℃的温度下，可得到满意的保鲜效果。如连续在 33℃下处理 10 天，在最佳条件下可贮藏 180 天不变质；在 33℃温度下连续处理 5 天，可贮藏 60 天；在 33℃温度下连续处理 3 天，则只能贮藏 20 天。事实表明，番茄耐贮性与加热处理持续的时间有关。

7. 石灰水贮藏

用清水和石灰配制成饱和石灰水，澄清后取上清液，通入二氧化硫，调整溶液 pH 值为 5～5.5。将预冷的全红番茄浸入上述溶液中，用干净木板等材料，把番茄压住，使溶液浸没果实 2～3 厘米，用双层塑料布密封容器，并置冷凉处贮存，保持温度为 1℃～10℃效果更佳。用这种方法贮藏的番茄果实含有微量亚硫酸及其盐类，生吃时有轻微涩味，故以熟食为好。如用0.6%双氧水浸泡果实24小时，再用清水洗净，即可消除涩味。此法用于进入红熟期的番茄贮藏，贮藏期可达40～50天。

8. 化学保鲜剂贮藏

保鲜剂的配方多种多样，其作用机理也不相同。但都是以化学物质调控果实的代谢过程，延缓后熟衰老及抑制病原菌的发生发展，达到贮藏保鲜的目的。在使用过程中，化学保鲜剂与其他贮藏方法如窖藏、冷库贮藏、气调贮藏等相结合，贮藏效果更好。表10-3为常用化学保鲜剂及其应用方法，可参考使用。

表10-3 番茄贮藏常用化学保鲜剂及其应用

种类	作用机理	成分及配方	使用浓度或用量	使用方法	备注
氧化剂	通过游离氧灭菌	过氧乙酸	100微升/升	浸泡、喷雾或熏蒸	
		氯气	500～1000微升/升	通入包装袋内	有效期较短，毒性较强
		过磷酸钠	10000毫克/升	浸渍	
		臭氧	9～11微升/升	通入包装袋内	贮期达2个月
熏蒸剂	混合物缓慢释放杀菌气体灭菌	碱金属或碱土金属的焦亚硫酸盐，明矾	前者用量为果重0.001%～5%、后者用量为果重0.001%	将熏蒸剂装入多孔小袋内，与番茄同时装入大袋内	贮期达1个月
二氧化氯保鲜剂	二氧化氯气体灭菌并抑制乙烯产生	碱性二氧化氯前体物质7%～9%、二氧化氯前体活性物质18%以下、硅酸钙或沸石0.5%、稳定剂9%以下	果实重量的0.025%	将混合物装入有孔小袋内，放于贮藏容器中	贮期1个月

续表 10-3

种　类	作用机理	成分及配方	使用浓度或用量	使用方法	备　注
防腐涂膜保鲜剂	调控呼吸进程，延迟成熟时期	蜜糖 10 份、醋朊 2 份、蔗糖脂肪酸脂 1 份		涂果实梗部	混合即成乳浊状涂料
		蜜醋 70 份、阿拉伯胶 20 份、蔗糖脂肪酸脂 1 份		涂果实梗部	加热到 40℃成糊状涂料
小苏打混合液保鲜剂	小苏打抑制病菌繁殖，2,4-D 提高抗病力	小苏打 2,4-D 钠盐	2.5%小苏打混合液，200 毫克/升 2,4-D 钠盐	浸果 0.5～1 分钟	肉质不变软，光泽好，绿蒂多
其　他	控制呼吸延迟衰老	赤霉素（九二 O）	50～100 毫克/升	浸果 5 分钟	
	杀灭病菌	苯来特	500～1 000 毫克/升	采前喷洒或采后浸渍	

二、茄子的调控与保鲜

茄子，为茄科茄属灌木状直立性多年生草本植物，生产上通常作一年生栽培。

茄子起源于亚洲东南部热带地区，耐热性较强，喜光，对日照长度和强度要求较高，需水量大，但不耐通气不良和过于潮湿的土壤。

茄子的栽培种主要有圆茄、长茄和卵茄三个变种。圆茄植株高大，多为中晚熟品种，不耐湿热及多雨气候。长茄高度及长势中等，以早、中熟品种为多。卵茄又名矮茄，植株低矮，多为早熟品种。

（一）茄子的周年生产调控

茄子生长发育需较高温度，生育适温为22℃～30℃。在我国南方地区，经过适当的品种选择，周年大多季节均可露地栽培，供应新鲜茄子。如华南地区，春茄在9～10月份播种，12月份定植，次年4～6月份采收；夏茄在2～3月份播种，4～5月份定植，6～8月份采收；秋茄在3～4月份播种，4～5月份定植，7～11月份采收；冬茄在8月上旬播种，10～12月份采收。在长江中、下游地区，可据气候和设施条件，适当选择播种育苗期，也可周年生产。

在我国北方地区，通过保护地栽培等技术，也能调节茄子的周年生产供应。下面以北纬40°地区为例，其周年生产茄子的茬次安排如表10-4所示。其余地区可据当地气候条件作适当调整。

表10-4　我国北方地区茄子周年生产茬次安排

栽培方式	播种时间	定植时间	采收上市时间	备　注
早春地膜茄子栽培	2月上中旬	5月上旬	6月上旬至7月中下旬	可延后栽培
春露地茄子栽培	2月上中旬	5月上旬	6月中旬至7月中下旬	可延后栽培
一大茬茄子栽培	2月上中旬	5月上旬	6月上中旬至晚霜前	
秋露地茄子栽培	5月上旬	7月下旬	8月下旬至晚霜前	
冬春茬日光温室茄子栽培	9月上中旬	11月上中旬	1月下旬至6月下旬	可再生栽培
春日光温室茄子栽培	11月中旬至下旬	2月上中旬	3月中下旬至7月下旬	可再生栽培

续表 10-4

栽培方式	播种时间	定植时间	采收上市时间	备　注
秋日光温室茄子栽培	6月下旬至7月上旬	8月中下旬	9月下旬至12月下旬	
春大中棚茄子栽培	12月中旬	3月中旬	4月下旬至7月中下旬	可再生栽培
秋大中棚茄子栽培	6月上旬	7月中下旬	9月上中旬至10月下旬	
春小棚茄子栽培	1月中下旬	4月中旬	5月下旬至7月中下旬	可再生栽培
双层地膜覆盖密植茄子栽培	1月下旬	4月下旬	6月上旬至6月末	可再生栽培
再生茄子栽培	7月中旬割茬		8月下旬至12月末	

(二)茄子秋季再生栽培调控

长江中、下游地区的立秋前后，气候炎热，茄子已进入衰老期，产量和商品性降低。此时，可对茄子植株加盖遮阳网，进行秋延后再生栽培。其方法是：选择茄子植株生长状况良好、长势平衡、无严重病虫害的地块，在茄子植株第一分枝以上保留三个侧枝，留 8 厘米长后短截，剪去以上所有枝叶，把剪下的枝叶全部带出园地，集中处理。同时，清除园内杂草和病虫害枯枝与残叶，以降低病虫害的发生。剪后一周，即有幼芽萌发，抽生新枝，形成新的植株。选留健壮、长势和方向好的新枝和饱满芽，将其余的芽全部抹去。一般可萌发 10～20 个芽，只留 4～5 个芽长成再生茄的果枝，追施速效肥料，促进生长和结果。这种再生方法的优点，一是省去了育苗的烦琐管理；二是利用了现成的发达根系，植株生长健壮；三是能迅速形成结果骨架，提早进入结果盛期，弥补茄子淡季供应的不足。

（三）促进茄子种子萌发的调控

赤霉素可以提高茄子种子的萌发率，使用浓度为 200～500 毫克/升不等，处理的方法也多种多样。下面介绍一种简便有效的方法：将茄子的种子放在 55℃ 的热水中浸泡 15 分钟，捞出后，再放在 200 毫克/升的赤霉素溶液中浸泡 2 小时，溶液的用量以浸没种子为度。之后，在清水中洗去种子表面的黏液，晾干后即可播种。

（四）促进茄子插条生根的调控

茄子苗期较长，可达 70～120 天。利用插条繁殖，可大大地缩短育苗时间，提高生产效率。但插条也存在着缓苗时间长、成活率低等问题，使用植物生长调节剂能够较好地解决这类问题。为促进茄子插枝生根，可以使用 2 000 毫克/升的萘乙酸溶液，浸泡枝条基部 3～5 秒钟，晾干后进行扦插，可以提高成活率和缩短缓苗时间。

（五）防茄子苗徒长与健苗的调控

茄子幼苗一般生长较为缓慢，不易发生徒长。但在温度较高、肥水充足、播种过密的情况下，也常会发生徒长，形成纤细弱苗，抵抗不良环境的能力较差，并且由于养分过多地消耗于枝叶的生长，必然使得用于结实的养分供应减少。苗期茎叶的徒长对产量有不利的影响。在生产上主要利用昼夜温差较大的季节，并加强水肥管理，来培育壮苗。利用植物生长调节剂，也可以达到培育壮苗的目的，而且往往会有促进早熟、增加产量和改善品质的作用。可选用的植物生长调节剂及使用方法如下：

第一，在茄子幼苗长到3～4叶期时，对叶面喷洒100～300毫克/升的助壮素液，或在3～5叶期时对叶面喷洒5～10毫克/升的烯效唑液，可以使植株矮化，叶片增厚。一般喷洒用量以叶面湿润为度。

第二，在茄子定植后30天，开始用85克5406细胞分裂素，对水50升，作叶面喷雾，每隔10天喷一次，连续喷两次。这不但具有保花保果的作用，还可降低黄萎病和病毒病的发生率。

第三，对出现徒长趋势的秧苗，也可用矮壮素处理，其方法如下：

一是喷雾法。当茄子长到2～4片真叶、苗高30～50厘米时，用矮壮素300毫克/升液作叶面喷雾，喷施时雾点要细。以选择在晴天下午3时以后喷施为宜，并且不要重复喷施，以防受抑过重。

二是浇施法。用矮壮素500毫克/升液对秧苗进行浇洒，一般每公顷苗床浇洒药液1升左右。浇洒矮壮素，可选用细孔径的洒水壶，做到洒施均匀，防止重复浇洒，以免植株被抑制过度而影响生长。

应用矮壮素防止秧苗徒长，要严格掌握浓度。特别是喷雾法与浇洒法二者浓度是不相同的，不能搞错。要控制使用矮壮素的次数，一般苗期施用一次即可，不要多次重复施用，并且要防止重喷。

第四，当秧苗开始出现徒长趋势时，要喷施多效唑溶液，控制秧苗的徒长现象使植株矮壮，叶色浓绿，叶片硬挺。

在植株有5～6片真叶时，用10～20毫克/升浓度的多效唑液进行叶面喷雾。每667平方米用药液量为20～30升，喷施时雾点要细而均匀。不能重复喷施。一般整个秧苗期喷施一次即可，最多不超过 2 次。否则，易使秧苗受抑制过重，影响生长。

必须严格掌握药液浓度。茄子秧苗施用的适宜浓度为 10～20 毫克/升，若超过 20 毫克/升，则易使秧苗受抑制过重，影响生长。施用方法只限于叶面喷施，且雾点要细，喷施时以叶面有细雾即可；若浇根或拌泥根施，则会因土壤残留药剂而严重影响植株生长。

(六)防止茄子落花落果的调控

1. 使用 2,4-D

茄子用 2,4-D 处理后，不仅能有效地防止落花，而且可以增加早期产量。茄子用 2,4-D 5～30 毫克/升液点花，比对照增产 165.18%～208.53%。在气温低于 20℃时，授粉及果实生长发育就受到影响；当气候在 15℃以下时就会引起落花，而应用 2,4-D 后，可以防止落花。

用 2,4-D 处理茄子有点花和浸花法两种。点花法，用毛笔或棉花球等涂于花柄上。浸花法，是将配制好的 2,4-D 药液盛于小酒盅或小碗中，将花浸入后迅速取出，然后刮去残留于花朵上的药液。

茄子应用 2,4-D 的最适浓度为 20～30 毫克/升；若采用塑料中棚、大棚栽培的茄子，在点花时，其浓度为 20～25 毫克/升，以在花朵初开放时处理为宜。

2,4-D 的使用浓度与气温有关。一般气温低，浓度可适当提高到 25～30 毫克/升；气温高，使用浓度以 20～25 毫克/升为宜。

要正确施用 2,4-D，就要根据气温的变化调整其浓度，即使是在施用浓度弹性大的复方 2,4-D 时，若温度变幅过大时，也应进行适当的调整。2,4-D药液不能接触枝、叶，特别是嫩芽，以免出现叶片皱缩等药害现象。

2. 使用防落素

茄子应用防落素喷花，可减轻药害，节省人工，并可明显地增加早期产量。茄子应用防落素的适宜浓度为50～60毫克/升。若气温在20℃以下时，其浓度为60毫克/升；若气温高，其浓度则应下调。一般采用喷花的方式进行处理。喷花的工具可选用小型手持喷雾器或喷筒。处理时，对准花朵喷雾即可。

在茄子生产中，要根据气温的变化，调整施用的浓度。喷花时，要尽量避免将药液接触枝、叶。否则，会出现不同程度的药害现象。

也可在花开放时，用25～50毫克/升的防落素溶液，对当天开放的花，及前后1～2天开放的花喷洒，以喷湿为度，或用毛刷点涂，花开即喷（或涂），每间隔3～4天喷（或涂）一次，连续数次，能明显防止早期落花，增加结果数，加快果实生长，提早采收，提高前期产量。如同时在浸涂液中加入一定量的杀菌剂，则可以预防由于涂花而导致的灰霉病传播。在气温高时，使用的浓度低些；气温低时，使用的浓度高些。

3. 使用赤霉素

用30～50毫克/升的赤霉素液喷洒花朵和幼果1～2次，也可以防止花果脱落，提高坐果率，增加产量。

（七）茄子疏花疏果的调控

5～30毫克/升的乙烯利液，对茄子的花粉萌发有不同程度的抑制作用。浓度越高，抑制作用越显著。当乙烯利液浓度达到50毫克/升时，花粉破裂较多，花粉管长仅为对照的

11%。60毫克/升的乙烯利液严重阻碍了花粉的萌发与生长，造成花粉管破裂、变形和弯曲，不能正常生长发育。如果在盛花期使用100毫克/升的乙烯利，就能起到很好的疏花、疏果作用。

（八）生产茄子无籽果实的调控

在茄子开花期间，用5～30毫克/升2,4-D液，或10～40毫克/升防落素液，浸花或喷花，可以产生无籽果实。

当植株上有2～3朵花开放时，用2.5毫克/升的2,4-D溶液喷在花簇上，可提高坐果率。如用30毫克/升溶液浸蘸花朵，还可增加早期产量，促进单性结实。

在蕾期或花期，以20～30毫克/升防落素溶液浸蕾或喷蕾，可促进植株在低温下坐果及形成无籽果实。在正常温度下，以15～25毫克/升防落素浸蕾或喷蕾、花，不仅可形成无籽果，促进坐果，还能加速果实膨大，促进植株矮化，使果实提早成熟。

（九）茄子的保鲜贮藏

茄子在10℃以下对冷害很敏感。如在1℃温度下贮藏，第五天即开始出现凹陷（冷害症状），第十天全果产生凹陷。在6℃条件下贮藏与在1℃时产生的症状完全相同，但比在1℃时症状出现晚1～2天。在10℃和20℃条件下贮藏，均不产生冷害。但在温暖条件下贮藏时，茄子变质加快。

茄子在贮藏中，其果梗连同萼片发生湿腐或干腐，并蔓延到果实，或与果实脱离。因而贮藏中的两个难点影响着茄子的保鲜，一是腐烂，二是脱把。为了避免或减轻这两个贮藏难点的发生，可采取以下方法贮藏茄子：

1. 气调贮藏

在常温库中设立气调帐，将帐内氧含量调节为2%～5%，二氧化碳含量调节到5%，在20℃～25℃的温度下，茄子可贮藏30天左右。采用气调法贮藏，对防止果梗脱落和保鲜有一定的效果，但对果实腐烂还不能有效地控制，加之茄子对氯敏感，不能用氯气消毒处理。因此，挑选健壮无病害的深紫色圆果形茄子贮藏是很重要的。

2. 埋　藏

在寒露节时选地势高、排水好的地方，挖深1.2米、宽1米、长3米的坑，在坑的一端留一出口，东西两端各留一气孔。贮藏时，用剪刀将茄子连把剪下，选择无外伤、无病虫害的健康果实放入坑内，将果把朝下地一层层码放好。码放时，果把要插空而放，以防刺伤其他茄果。如此码放5层，在最上一层盖一张牛皮纸，将坑口封闭，坑顶用玉米秸覆盖后，再铺12厘米厚的土，以保持坑内温度在5℃～8℃，可使茄子能贮藏40天左右。

3. 煤粉埋藏

山西太原采用新鲜干燥的煤粉与茄子层积贮藏。采后的茄子在空房间放置5～6天，进行预贮。先在地上铺一层6厘米厚的煤粉，把茄子果把朝上地轻轻排列在煤粉上，茄子排满后，覆盖一层煤粉，接着排第二层。一共码四层，最后一层的上部及四周煤粉厚度为25厘米左右，用铁锹轻轻拍打几下即可。

贮藏初期，应打开门窗降温。随气温的下降，应在贮藏堆四周及顶部加盖煤粉，使煤粉总厚度达40～50厘米。

4. 涂抹贮藏

按重量比，将70份蜜蜡、20份阿拉伯胶、1份蔗糖脂肪酸脂混匀后，加温至40℃，使之成糊状，然后将其涂于茄子的果柄处。经过这样处理后，能有效地抑制茄子的呼吸强度，使它的贮藏期延长。

5. 冷库贮藏

采用冷库贮藏时，先将茄子包装到0.01毫米厚的高密度聚乙烯薄膜内，装量以1～2千克为宜。夏季贮藏时，将库温控制为12℃±1℃；秋季贮藏时，将库温控制为10℃±1℃，可使茄子保持新鲜风味。

6. 沟　藏

选择地势高燥、排水良好的地方，挖一条深1.2米、宽1～1.5米的沟，沟长根据茄子的数量而定，将经过严格挑选的茄子在预冷后入沟。入沟时，果柄朝下，层层码放。上层果柄应插入下层果的空隙中，以防刺伤。码放4～5层后，在最上一层盖好牛皮纸或杂草。贮藏期间，沟内温度应维持在11℃～13℃。为使贮藏沟通风散热，可在沟内每隔3～4米竖一通风筒和测温筒。温度降低时，应加厚土层，堵严通风筒；温度过高，可打开通风筒。这种方法可使茄子的贮藏期达到40～60天。

7. 袋　贮

将选好的茄子装入高密度聚乙烯袋内，封存或敞开袋口。袋内气体成分：氧气10%～20%，二氧化碳1%左右。用浸有高锰酸钾的蛭石吸收袋内的乙烯。温度保持在13℃，可贮藏4周左右，能保持茄子的原有品味和鲜度。

8. 塑料帐保鲜

将选好的茄果放入常温为20℃～25℃或以下的库房里堆码成垛，用聚乙烯薄膜帐密封，帐内的气体成分为：氧气2%～5%，二氧化碳5%。用浸有高锰酸钾的蛭石吸收袋内的乙烯。此法可贮存茄果30天左右。

三、辣椒的调控与保鲜

辣椒，又名番椒、海椒、秦椒或辣茄等，是能结浆果的一年生或多年生草本植物。其果实未变红前采收做菜用时，称为青椒。原产于墨西哥、中美和南美的冈底斯山等热带地区，具辣味，广泛栽培于世界各地。自从培育出完全无辣味的甜椒以后，辣椒与甜椒便形成了两个不同的品种群。

辣椒和甜椒，都属于茄科辣椒属。二者的生物学特性和栽培技术，有许多相似之处。辣椒喜温，不耐霜冻，对光照要求中等。它既不耐旱，也不耐涝。小辣椒品种对土壤条件适应性较强，大辣椒品种对土壤条件要求较高。

（一）辣椒的周年生产调控

辣椒喜温暖，不耐霜冻，在我国各地广泛栽培。相对而言，南方地区多以辣味较强、果形较小的尖椒为主；北方地区更热衷于大型甜味椒的栽培。由于设施技术的广泛应用，我国南北方都实现了周年生产供应辣椒的栽培调控技术。

1. 华南蔬菜主作区辣椒的周年生产

该地区主要包括广东、广西、福建、台湾和海南等地，全年温暖无霜。在这里，由于生产时间长，同一种蔬菜一年能栽培多次，可以周年生产供应新鲜辣椒和甜椒（表 10-5）。

表 10-5　华南地区辣椒周年生产的茬次调控

茬次名称	播种育苗时期	定植时期	收获时期
春　茬	10 月上旬	1 月上旬	4 月上旬至 6 月下旬
	11 月下旬	2 月下旬	5 月上旬至 6 月下旬

续表 10-5

茬次名称	播种育苗时期	定植时期	收获时期
夏　茬	1月上旬	3月中旬	6月上旬至9月上旬
	4月下旬	6月下旬	8月上旬至9月下旬
秋种冬收（一）	7月上旬	8月中旬	10月上旬至12月中旬
	8月下旬	10月上旬	11月下旬至次年1月下旬
秋种冬收（二）	9月中旬	11月上旬	1月上旬至3月上旬
（海南省、广东省的湛江、茂名等地）	10月上旬	11月下旬	1月中旬至3月下旬
大棚秋延后	8月上旬	10月中旬	12月上旬至次年2月上旬
	9月中旬	10月下旬	12月下旬至次年2月下旬

2. 长江流域蔬菜三主作区辣椒的周年生产

该地区包括四川、重庆、贵州、湖南、湖北及陕西的汉中盆地，江西、安徽及江苏的淮河以南地区，浙江、上海及广东、广西、福建的北部地区，气候温和多雨，无霜期长，为240～300天，一年之中露地可栽培的主茬蔬菜有三茬。适当利用大棚，可以周年生产辣椒（表10-6）。

表 10-6　长江流域辣椒周年生产的茬次调控

生产方式	设　施	茬次名称	播种育苗时期	定植时期	收获时期
露地栽培	遮阳网	春　茬	11月上旬	4月上旬	5月下旬至10月中旬
			12月下旬	4月下旬	6月上旬至10月中旬

续表 10-6

生产方式	设施	茬次名称	播种育苗时期	定植时期	收获时期
保护地栽培	大棚	春提早	10月中旬	2月下旬至3月上旬	4月中旬至7月下旬
		秋延后	7月下旬至8月上旬	8月下旬至9月上旬	11月中旬至次年2月中旬
		大棚多重覆盖	8月中旬	9月中下旬	1月上旬至5月下旬

3. 华北蔬菜双主作区辣椒的周年生产

华北蔬菜双主作区，包括辽宁南部，河北、北京、天津、山东、山西、陕西及甘肃南部，江苏及安徽的淮河以北地区。这里为温带半干旱气温，冬季有冰冻，全年无霜期为 200～240 天。一年之中露地蔬菜可栽培两茬。通过多种保护地与棚室的调控技术，包括挂秧保鲜方法，也能周年生产供应鲜辣椒(表 10-7)。

表 10-7　华北地区辣椒周年生产的茬次调控

生产方式	设施	茬次名称	播种育苗期	定植期	收获期	挂秧保鲜期
露地栽培		春茬	1月下旬	4月下旬 4月中旬	6月中旬至8月下旬	
			1月上旬	6月中旬	6月上旬至8月上旬	
		夏秋茬	3月下旬		8月上旬至10月中旬	
地膜覆盖栽培		春早熟	播种育苗和定植时间与露地栽培基本一样，上市期能提早 7 天左右。用作早熟栽培时，需要选用早熟品种，但中晚熟品种也可以覆盖			

续表 10-7

生产方式	设施	茬次名称	播种育苗期	定植期	收获期	挂秧保鲜期
保护地栽培	小棚	春提早	12月中旬	4月上旬	6月上旬至8月中旬	
	大棚	秋延晚	6月下旬	8月上旬	10月上旬至11月上旬	
		春提早	11月下旬	3月中旬	5月下旬至9月下旬	
	两膜一苫中棚	秋延晚	7月上旬	8月中旬	10月上旬至11月上旬	11月中旬至次年1月下旬
	日光温室	越冬一大茬	9月中旬	11月中旬	1月下旬至6月下旬	
		秋冬茬	7月下旬	9月中旬	10月中旬至1月中旬	
		冬春茬	11月上旬	1月下旬	3月中旬至7月下旬	

4. 东北、蒙新和青藏蔬菜单作区辣椒的周年生产

该蔬菜单作区，包括黑龙江、吉林及辽宁北部，内蒙古、新疆、甘肃及陕西北部，青海和西藏等地。这里冬季寒冷，全年无霜期只有3～5个月。雨量少或稀，夏季温度低。由于气候条件不利于农作物的生长发育，因此在一年之内，只能在露地栽培一次生长期较长的蔬菜。因此，在这里栽培辣椒有一定的困难。尽管如此，只要改进栽培管理技术，选择适应该区生态条件的优良品种，合理安排茬次，并且充分利用保护地栽培技术，特别是发展日光温室生产，也能做到辣椒的周年生产和供应（表10-8）。

表 10-8　东北、蒙新、青藏地区辣椒周年生产的茬次调节

生产方式	设　施	茬次名称	播种育苗	定植时期	收获时期
露地栽培		春　茬	2月中旬	5月下旬	7月上旬至9月下旬
			1月中旬	4月下旬	6月上旬至8月中旬
地膜覆盖		春早熟	播种育苗和定植时间，与露地栽培基本一样。上市期可提早7天左右。用作早熟栽培时，需要选用早熟品种，但中晚熟品种也可以覆盖		
保护地栽培	小　棚	春提早	1月中旬	4月中旬	6月中旬至9月上旬
	大　棚	秋延晚	6月中旬	7月下旬	9月下旬至10月下旬
		春提早	1月上旬	3月下旬	5月下旬至10月下旬
	日光温室	越冬一大茬	9月上旬	11月上旬	1月中旬至6月中旬
		秋冬茬	7月上旬	8月下旬	10月下旬至12月下旬
		冬春茬	11月上旬	2月上旬	3月下旬至8月上旬

（二）辣椒的再生栽培调控

辣椒和茄子一样，在生长条件适合或保护地中，可以选留老株的3～4个健壮主枝，在饱满芽前重剪，促使各剪口芽萌发新果枝，重新形成结椒的繁茂骨架，进行再生栽培，以延长辣椒的供应期。在种苗或后茬不济的情况下，这种栽培方式有时也能获得和种植新苗相当的收成。

（三）促进辣椒生根及扦插成活的调控

为促进辣椒移栽苗生根及扦插成活，可采取以下调控措

施：

第一，辣椒幼苗移栽时，用 50 毫克/升的多效唑溶液浸泡根部 1 分钟，能明显提高成活率，缩短缓苗时间，并具有壮苗和增产作用。

第二，在辣椒生产上常采用育苗移栽，但有时为了加快开花结实，也采用扦插繁殖。用 2 000 毫克/升的萘乙酸溶液，在扦插前浸泡插枝基部 3～5 秒钟，能促进插条生根。

第三，ABT 生根粉能有效地促进辣椒植株地下生根和地上发枝，有效提高单株挂果数及单位面积产量。使用 ABT 生根粉，能使辣椒形成庞大的根系，充分吸收利用养分，促进分枝发达，提高单株挂果数及单位面积产量。使用方法是，在辣椒苗移栽时，用 10 毫克/升的 ABT 4 号溶液浸泡幼苗根 30 分钟，或将辣椒苗用 10 毫克/升的 ABT 10 号溶液浸根 15 分钟。

（四）培育辣椒壮苗防止徒长的调控

在生产上，辣椒有时因营养生长过旺而抑制生殖生长，可用植物生长延缓剂来调节植物的营养生长和生殖生长，防止徒长，促进生殖生长，从而促进多结果，增加产量。

第一，对有徒长趋势的辣椒，可于初花期或花蕾期，用 20～25 毫克/升的矮壮素溶液作叶面喷施，以叶面喷湿为宜，能控制植株的生长，协调营养生长与生殖生长的关系，减少落花落果。

第二，在辣椒生产中使用芸薹素，在苗期每隔 6 天喷洒叶面一次，连喷两次。在开花至结果期，每隔 15 天喷洒一次，连喷三次，可以起到壮苗及增产的作用，使用的浓度为 0.01 毫克/升，每 667 平方米药液用量约 50 升。

第三，辣椒苗期经多效唑处理之后，可以控制秧苗徒长，促进分枝，增加叶片叶绿素含量，并可提高抗寒、抗病能力。

在秧苗6～7厘米高时，用10～20毫克/升的多效唑溶液作叶面喷施，每667平方米用药液量为20～30升，特别是当秧苗开始出现徒长趋势时，施用多效唑效果更为显著。

要严格掌握施用浓度，在小苗时浓度应低，一般为10毫克/升；中苗或大苗，浓度可略高，但不能超过20毫克/升，否则易使秧苗受抑过重。叶面喷雾时雾点要细，喷施要均匀，而且不能重复喷施。每667平方米用药液量为20～30千克；要采用叶面喷施的方式，不要浇施或拌泥根施，使土壤残留过重，影响秧苗生长；如果出现因多效唑施用过量，而造成秧苗受抑制过重的现象，可加强肥水管理和喷施10～20毫克/升的赤霉素液，使秧苗抑制得到缓释。

（五）防止辣椒落花落果的调控

辣椒坐果率较低，落花落果比较严重，遇到低温、弱光、干旱、栽植过密和氮肥施用过多等情况，都会导致落花落果。提高辣椒坐果率的方法有：

第一，应用2,4-D防落花，可以明显地提高早期产量。对大棚或中棚栽培的辣椒，由于前期气温低（一般为10℃～15℃），造成大量落花，可采用20～25毫克/升的2,4-D溶液点花，点花时浓度应根据气温作适当调整。若气温低，则浓度应提高，可选用25毫克/升的2,4-D溶液；否则溶液浓度应降低。

用2,4-D对辣椒点花，要在生长前期进行；在点花时药液不能触及枝叶，特别是幼芽。也要避免重复点花。点花以后要加强肥水管理，促进幼果生长。

第二，应用防落素喷辣椒花，可防止落花，既省工，又能增加产量，特别是早期产量，同时对植株的药害也较轻。

在辣椒的前期和中后期，特别是中后期，由于植株生长茂盛，花数繁多，采用 40～50 毫克/升的防落素喷花，可提高坐果率。植株经防落素处理后，叶色变深，叶片寿命延长，抗病和抗逆性增强。

用防落素喷花时，虽然对辣椒植株的药害较轻，但在喷施时还须尽量避免药液接触幼芽。

在辣椒开花后 3 天，用 20 毫克/升的防落素对花朵喷雾，能保花、保果。喷时要严格掌握药剂浓度，而且不要喷到嫩枝和新芽，以防产生药害。配制溶液时，应先用少量的热水或 95％的乙醇溶解后，再加水稀释到所需要的浓度。由于该药可能导致无子果实，因此对留种田和留种植株不能使用。

第三，萘乙酸用于辣椒的保花、保果，以其 50 毫克/升浓度的溶液效果最好。处理方法同防落素。

第四，在辣椒开花初期，用 100 毫克/升浓度的助壮素水溶液作叶面喷雾，对防止甜（辣）椒落花、落蕾有很好的效果，可提高坐果率，增产明显。

第五，从始花期开始，每隔 10 天用 0.5 毫克/升的三十烷醇液喷洒叶面，每 667 平方米的药液用量为 50 升，连续喷3～4 次。这样做不仅能够提高坐果率和早期产量，还能提高植株的抗病能力。用药后要注意加强水肥管理。

第六，在着果后期到采果后期，辣椒植株生长旺盛。此时，使用 50 毫克/升的多效唑溶液对其进行叶面喷施，每 667 平方米喷用药液 50 升，能有效地增加前、中期单株结果数，增加产量。如果辣椒生长特别旺盛，使用浓度则可以略高一些；反之，则应稍微低一些。

(六)促进辣椒早熟增产的调控

第一,对辣椒施用三十烷醇,可以提高坐果,增加早期产量。据杭州市四季青乡试验,从初花期开始,每隔半个月喷施0.5毫克/升的三十烷醇溶液一次,共喷三次,增产20.55%,早期产量增加十分显著。

对辣椒应用三十烷醇的施药适期是始花期,使用浓度为0.5毫克/升,每667平方米喷施药液量为50千克,每隔10~15天喷施一次,共喷3~4次。

使用时要严格掌握适期和浓度。喷施中雾点要细,药液分布要均匀,药液量要充足。喷施以晴天下午3时以后效果较好。若喷施以后6小时内遇雨,则要重喷。此药液可与酸性化肥和农药混用,但不可与碱性农药和化肥混用。

第二,在辣椒定植以后,连续喷施丰产素可以提高坐果率,促进早熟,增产11.9%。使用方法是,用1.4%丰产素6 000倍液,每667平方米喷50升,每隔7~10天喷一次,共喷3~4次。

喷施丰产素要严格控制浓度,一般使用6 000倍液。若浓度超过5 000倍液以上,则对植株有抑制作用。丰产素可与农药或肥料等混合作叶面喷施。喷施丰产素之后,要加强肥水管理,促进植株生长。

第三,有些作调味品用的干辣椒,需要采收成熟的红辣椒。但是,如果让辣椒在植株上自然成熟,则挂果量大,时间长,消耗营养多而影响产量。解决这个问题的方法是,在植株上已有1/3的椒变红时,用乙烯利喷洒全株,约5天,青椒大都变红,可提早采收加工。辣椒催熟的效果与乙烯利使用浓度和温度有关。浓度在200毫克/升以下时,效果不大。而浓度在1 000毫克/升以上时，会引起叶片大量脱落而降低产量。在喷洒乙烯利后的几天时间里，温度愈高，转红催熟的效果愈好。气温不能低于15℃，否则不易转红。也可用800～1 000毫克/升乙烯利溶液浸果1分钟，果实在5～7天后即可转红。

（七）提高辣椒抗逆抗病的调控

辣椒在早期（4～5月份）遇低温（10℃～15℃）和弱光，后期遇高温（21℃～27℃）和干旱，或者栽植过密，施肥过多，枝叶徒长，都会引起落花，落花率达20%～40%，影响早期产量和总产量。可以通过植物生长调节剂来进行调控，具体方法如下：

第一，用50毫克/升萘乙酸溶液作喷花处理，结果率最高可达84.9%，比对照提高11%～23%。

第二，用30毫克/升2,4-D液浸花，结果率达81.5%；用25～30毫克/升防落素液喷花，结果率可达76.2%。

第三，在辣椒4～5叶期，用0.6毫克/升的芸薹素液作叶面喷施，可以提高辣椒对花叶病的抗性。

（八）无籽辣椒形成的调控

在辣椒开花初期，用1%萘乙酸羊毛脂溶液或500毫克/升萘乙酸水溶液处理花朵，能获得正常的无籽果实。

（九）辣椒保鲜的化学调控

对青椒用10毫克/升的激动素（KT）溶液进行表面喷洒，每千克青椒用药液60毫升。喷雾时，要一边喷，一边翻动和吹风，以减少药液流失。喷后可以延缓贮藏期间青椒的衰老，延长保鲜期。激动素原粉不溶于水，应先用少量的氢氧化钠或盐酸溶液，将它完全溶解，然后加水稀释至所需浓度，配成母液后再稀释。

甜椒在采收前用6-BA的10～20毫克/升浓度液，喷洒叶面，或采收后用该药液浸渍，可延长贮藏期。

（十）辣椒的挂秧保鲜调节

在辣椒生产上，可根据需要采收，或采取挂秧保鲜的技术，暂时不采收。如分批采收上市，挂秧保鲜一次性采收等。

1. 挂秧保鲜的准备

首先把无果的枝条和嫩头剪除。然后把两侧棚边和两畦之间的1行辣椒铲土坨放置到栽培畦的大行间进行囤栽。接着，把准备用来培育下茬苗子的地方的植株掘起，囤栽到其他地方。囤栽完成后浇水。然后，在植株上普遍喷70%甲基托布津可湿性粉剂800倍液，或喷施其他保鲜剂，但一定要把秧子和果实喷遍喷透。上述工作完成后，覆盖好小拱棚。

2. 注意保温

覆盖小拱棚膜后，如果白天温度能在20℃以上，夜间的温度不低于12℃，挂在植株上的幼果还可以继续生长。单从挂秧保鲜的角度出发，一定要使小棚内的最低温度一般不低于8℃，最好不低于5℃，最低也不要低于3℃。温度低时，要陆续加盖草苫，中棚外架设风障，背阴面覆草，或在草苫外再覆盖塑料薄膜。

3. 注意放风排湿

高湿会诱发灰霉病等多种病害的发生，温度允许时，一定要揭开小拱棚膜，以及半月形和吊帘式放风口，进行放风排湿。

排湿时要注意消除棚膜上的水滴。没有使用无滴膜或无滴持效期已过的棚膜，里侧会粘附大量的水滴。水滴滴落到草苫上，会降低保温效果；滴落到植株上，可能诱发病害及烂果。因此，消除棚膜内的水滴十分重要。其方法是喷布防雾滴剂(市场有售)，也可以在干燥时用1%的七〇面粉水喷洒棚膜的内面。

4. 增　光

挂秧保鲜的辣椒在长期不见光的情况下，会造成辣椒烂棵。因此，即使在连阴天，只要温度允许，就要揭开草苫或小拱棚膜，使辣椒植株充分见光。

在挂秧保鲜期间，要10天左右检查一次，并注意在白昼晴天的中午前后放风降温、排湿和放出有害气体。等到元旦、春节或市场行情满意时，连秧拔起，一次性采收，将红、绿椒和大小椒分开上市。

(十一)辣椒的保鲜贮藏

对贮藏用的辣椒果实，在采收前10～15天，可喷施适当的杀菌剂，以尽可能地消除从田间所带的病菌。采果时，应选择充分膨大、果肉厚而坚硬、果梗和萼片绿而坚挺、果面有光泽的绿熟果。已转红的果实，采后衰老很快，贮藏寿命短；未充分成长的淡绿色幼果，成熟度低，含水量多，干物质少，贮藏期间易脱水萎蔫，耐贮性差；只有充分成熟的绿熟果最耐贮藏。采收时间，一般露地栽培或秋延后中晚熟青椒，在晚秋果实停止生长、还未转红时，于早霜之前采收。采摘青椒要用平头锋利的剪刀(或刀片)剪断果柄，避免摔、砸、压、碰撞以及因扭摘用力造成的损伤。要将采摘的果实，轻轻放入袋内或垫有纸的筐里。要淘汰病果、虫果和伤果。采收的果实要在凉爽处存放1～2天，待果实温度降低、果面充分干燥时再贮藏。

辣椒多以绿色嫩果供食用，所以辣椒贮藏主要是指青椒而言。

青椒在贮藏中，外观和品质往往发生相应的变化，如叶绿素分解形成胡萝卜素，以及茄红素的形成，使辣椒的色泽由青逐步变红。辣椒的果皮有一层蜡质，对防止水分的蒸发有一定的帮助，要很好地保护。

辣椒的贮藏适宜温度为10℃～12℃，低于9℃易遭受冷害。由于产地不同，辣椒也可贮藏在7℃～9℃的温度下。适宜的空气相对湿度为85%～90%。辣椒的贮藏方法很多，各地可据具体情况选择。

1. 沟　藏

挖宽1米、深1米左右的沟，长度视贮藏量而定。采收后的辣椒可以直接入沟，散堆或装筐均可。如果散堆，在沟底铺上100毫米厚的沙子或高粱秆，上面放300～500毫米厚的辣椒，辣椒上面撒一层湿沙。如果装筐，筐内需衬垫湿蒲包等物，每筐装20～25千克，盖上筐盖或覆一层湿蒲包。

贮藏前期注意防热，每隔10～15天倒动一次。筐装辣椒可随时拿出来通风，通风时要防雨淋。后期注意防寒。贮藏的辣椒可以从寒露贮藏到春节前后。

2. 埋　藏

此法适合辣椒喜凉怕热的特性，而且简便易行。埋藏时，先在箱(筐)底层铺3厘米左右厚的泥(沙)。将选择好的辣椒进行消毒处理。其方法是：用1.5∶1 000或2∶1 000的托布津水溶液，浸果消毒，晾干后备贮。将消毒辣椒装入箱(筐)内，一层辣椒一层泥(沙)，向上装至离箱口5～7厘米处，再覆盖泥(沙)密封即可。然后，将箱(筐)按骑马式叠堆，高度为4～5层。还可以在室内地面上，用空心砖或木箱围成长2～3

米、宽 1 米、高 0.6～0.9 米的空间，然后一层泥（沙）一层辣椒地逐层堆码，以堆至五层为宜。在最高层覆盖 3 厘米泥（沙）密封。每堆容量 250 千克左右。为防止湿度过大而引起果实发热变质，可在堆内设立若干通气筒，以利通风散热，降低堆内湿度。贮藏期间的泥（沙）应保持用手捏不成团，但又微潮湿。采用此法，约可将辣椒贮藏 60 天。

3. 草木灰贮藏

草木灰具有防腐作用，采用草木灰贮藏辣椒，不需要使用化学药剂进行杀菌防病。草木灰具有良好的绝缘性，能避免外界不良环境的影响。草木灰质轻，对辣椒的压力很小，不至于造成贮藏辣椒被压伤。用草木灰贮藏辣椒，一般在 10 月下旬进行，贮至春节前后，可以保鲜 60～80 天，最长可达 100 天。

贮藏辣椒用的草木灰，应是新鲜而冷润的草灰。贮藏辣椒的场所，应设在清洁卫生、土壤干燥的地方。贮藏时，首先在地面上垫一层 10 厘米厚的草木灰，然后在垫灰上摆一层辣椒，如此反复交替堆放，高度以 1 米为宜。堆藏完毕后，在四周覆盖 10～20 厘米厚的草木灰保温，最后在顶部盖草包或麻袋。每堆贮藏辣椒 150～250 千克较为合适。

在贮藏期间，温度和相对湿度应分别维持在 5℃～10℃和 85％～95％。温度过高时，应通风降温；温度过低时，应关闭门窗。湿度不够时，可在顶部的草包或麻袋以及堆四周喷水，但不能造成滴水；湿度过大时，在四周地面撒一些干燥草木灰进行调节。贮期中应每隔 7～10 天抽样检查一次，如发现过早老化和出现烂椒现象，应缩短贮藏时间。

4. 塑料薄膜帐气调贮藏

青椒在夏季常温库内用薄膜封闭，因湿度大、温度高，损耗较大。但在秋凉季节室内温度在10℃左右时，用塑料薄膜封闭贮藏有良好的效果，尤其在抑制完熟转红方面效果明显。

具体方法有快速降氧法、自然降氧法和简易透帐法三种。

(1)快速降氧 将经过挑选的辣椒装入消毒过的板条箱内，每箱装10千克左右，按“丁”字形绞花式堆放。每堆堆48箱。在最上层加盖稀格板或麻袋、牛皮纸等，以防止塑料帐顶上的水滴直接淋在果体上，并避免光照对果实的催红。底层放置生石灰5～7千克，以吸收二氧化碳。罩好塑料薄膜帐后，即进行抽氧充氮，二氧化碳含量不宜超过4%。

(2)自然降氧 此法的封闭、堆码等同上法，不同的是，不进行抽氧充氮，封帐后待氧含量降到6%时，再每天测定调节一次，使氧含量保持在3%～6%，二氧化碳含量控制在6%以下。

(3)简易透帐 参照以上两法，一般采用每隔2～5天透一次帐，每次透帐时间掌握在10～15分钟。透帐间隔的时间不可过长，以免引起缺氧呼吸或二氧化碳过高，而造成辣椒大量腐烂变质。

5. 冷库贮藏

采用筐外套打孔聚乙烯薄膜或直接采用打孔小袋包装的方法进行贮藏。采用小袋包装时，每袋装果1～2千克，放入冷库内的货架上，维持库内温度为9℃左右，相对湿度保持为85%～95%。冷库贮藏辣椒，对于早熟的湘研1号辣椒品种，可保鲜20～25天。秋后采收的辣椒，可延长贮藏期。

6. 专用保鲜薄膜贮藏

采用普通的聚乙烯薄膜袋贮藏辣椒，虽可起到良好的保湿作用，但由于透气性差，容易引起腐烂。现已有不少单位研制出了适合不同种类辣椒的保鲜膜，如武汉市塑料科学研究所研制的聚乙烯保鲜膜、中国农业科学院蔬菜花卉研究所研制的专用保鲜膜，适合于辣椒的简易气调保鲜，贮藏期限为两个月左右。

7. 液态膜保鲜

以壳聚糖为材料，用醋酸将其溶解，配成一种溶液，将挑选出的辣椒放入此溶液中浸渍 30 秒钟，取出晾干，放在纸箱中贮藏。浸渍后的辣椒，表面形成一层保护膜。壳聚糖是以甲壳类动物或节肢类动物的外壳所制得，为一种天然无毒保护膜，可起到保湿、增加光泽等作用。用于辣椒的短期保鲜。

8. 糠　藏

糠藏法，在包装、堆码和管理上与泥沙埋藏法基本相同。糠是一种空心的壳质物，壳间空隙较大，内含空气相对稳定，因此具有较好的保温性，对保持埋藏环境温度的稳定性有一定的作用。糠比较轻，对辣椒的压力较小。其缺点是吸水力强，辣椒在贮藏中容易失水转红。故采用糠藏法，只宜短期贮藏，或贮藏耐藏性较强的尖椒之类。

9. 筐　藏

辣椒采收后先经过一段时间的预贮，再装筐放入窖中贮藏。先在筐内垫一层牛皮纸，有防干保鲜作用。把选好的辣椒一层一层地摆放在筐内，不要装得太满，以免压伤下层的辣椒。可用塑料薄膜单筐封闭，也可多筐封闭。每 10 天左右倒动一次，挑出烂椒。贮藏时，要保持温度在 8℃～12℃，相对湿度为 80%～90%。

10. 缸　藏

(1)缸内铺草木灰贮藏　辣椒入缸前先进行一段时间的预贮，以散去部分水分。装缸时，先将缸擦干净，缸底铺0.1～0.2 米厚的草木灰，在其上铺一层秸秆帘子，然后把辣椒柄朝下，一层一层地摆到距缸口 5～7 厘米处为止。缸口用两层牛皮纸封上，并用绳子捆绑结实。贮藏初期 1 周倒动一次，挑出烂椒，把辣椒放在地上晾一晾，然后重新装缸。以后每15～20天倒动一次。立冬后不需再倒缸，将缸放在阴凉但不冻结的地方贮藏，可贮存到元旦。

(2)缸内覆沙贮藏 缸内先用 0.5%～1%的漂白粉溶液洗涤消毒。选皮厚、蜡质层较厚的辣椒果实，经药物消毒后，将其果柄朝上地摆在缸内，一层辣椒一层沙，每层沙的厚度以覆没辣椒为准，一直摆到近缸口处，用两层牛皮纸或塑料薄膜封住缸口，使辣椒基本上脱离外界空气的影响，能使湿度保持在较高的水平上(约为 95%)，并在辣椒的自身呼吸下，使缸内氧气逐渐降低，从而达到抑制新陈代谢的目的。然后将缸放在阴凉处或棚子里。贮藏中每隔 5～10 天揭开封口一次，进行透气，时间以 10～15 分钟为宜。如果天气转冷，缸口要加盖草帘，缸四周也要用草帘防寒。这种缸贮辣椒法，在0℃～2℃条件下，可贮两个月左右，好果率达 90%以上。

11. 竹筒贮藏

此法可以贮藏少量的鲜辣椒过冬，而且简单易行。具体做法是：

在辣椒采收中期，逢阴天，挑选色美全红、坚硬、无虫伤、无斑点、无其他损伤和无露水浸湿的辣椒作贮品。将鲜楠竹(活竹)锯成 0.8～1 米长的段，一头留竹节，中间竹节用凿子凿掉即成。把选好的辣椒放整齐，直装入竹筒，使柄向上，一层一层地依次装满竹筒。接着，将竹筒在地上碰几下，使辣椒装紧，装至离筒口 10 厘米左右处即可。然后，用杉木塞将竹筒口塞紧，涂上较黏的稠泥，再用薄膜封严，缠上绳子，以免进水或透气。

将竹筒放入清洁的水田稀泥里，或放在背风背阴的地方，堆上 0.7 米厚的湿润黄土。平时不要开筒，防止透气使辣椒变质。过三四个月后取出，辣椒像刚摘下一样新鲜味美。

12. 架　藏

架藏法是利用木材或竹材，分 10 层搭成长 2.5 米、宽 1 米、高 1.5 米的贮藏架，使每层有三块片板，每块板可堆放辣椒 15 千克，每个货架可贮藏 450 千克左右。然后在货架四周用经过福尔马林（稀释至 300 倍水溶液）消毒的湿布遮盖。所盖湿布一般每天消毒一次。这样就可以收到隔绝空气、杀伤病菌、保持湿度、延缓果实老化变质的效果。

13. 土窖洞假植贮藏

下霜前将辣椒植株挖出，摘掉烂枯和有病虫害的叶、枝、果及幼小果与不成熟的果，将整株好果摊放在地上，晾晒至手摸感到茎叶柔软不发脆为宜。在土窖洞内用湿土培成深20～25 厘米的沟，将植株根部放入沟内，并向内侧倾斜，加土埋根 25 厘米并轻轻拍实。再放一排植株，加土埋根。如此反复，直到埋完。土干时浇少量的水保湿。温度下降后，土窖洞加门并挂草帘子防寒，使窖内处于不结冰状态。用此法可把辣椒贮藏到元旦前后。

14. 土窖贮藏

选择地势较高处挖贮藏窖。依地区不同，窖可挖成地下式或半地下式。在寒冷地区，可挖成地下式，窖深 2～3 米；较温暖地区可挖成半地下式，即窖身一半深入地下 1～1.5 米，一半在地面上高约 1 米，地上部分用土打成土墙。贮藏窖的窖顶用木材、玉米秆等做成棚盖。棚盖及四周覆盖稻草、麦草、玉米秆和土等防寒物。窖顶要设换气孔。为了前期通风降温的需要，可在窖底挖两个深约 30 厘米、宽约 20 厘米的通风沟，直通窖外地面。

将选择好的青椒装筐，每筐装15千克左右。再将筐堆成垛，以4个筐高为宜。在垛的四周及顶筐上围盖湿草帘或麻袋等覆盖物。当覆盖物干后，再给覆盖物上喷洒0.5%漂白粉水补湿，这样做具有一定的防腐效果。

窖内湿度以80%～90%为宜，温度应保持在9℃～10℃。湿度大、温度高容易腐烂，要注意防止。贮藏前期一般白天不通风，夜间打开通风口通风换气。贮藏中后期以防寒保温为主，隔3～5天在白昼气温高时打开顶部换气口，换气0.5～1小时。一般每隔15天检查一次，将开始变红和已经变红的辣椒拣出来上市。入贮初期和后期，可7～10天检查一次。

15. 通风窖贮藏

这是在土窖贮藏基础上改进的一种形式。窖为砖、水泥结构，半地下式。窖高2.1米，其中地上部为1米，地下部为1.1米。南北长约8.4米，宽4.2米。窖南头建有一条长4米的斜坡走道，作为出入口。顶盖为钢筋混凝土筑成，厚0.13米。窖四周及顶部均覆0.45米厚的土层，用以保温。南北墙各开一个装有防鼠铁丝网的通风窗，大小为0.5米×0.5米。南窗为出风口，装排风扇，北窗为进风口。南面开门，门下加小门坎防鼠、防风。窖顶有两个烟筒式的通风口，内径19厘米，高90厘米。窖内设有能移动、装在木板上的空气加温线，用于在贮藏中后期补温。

秋天青椒收获后，经挑选装筐入窖。每筐装15千克左右。筐在窖内垒成堆，堆底垫一层砖，每堆10～20筐，堆高5～6层，最上层筐上面盖2～3层旧报纸，以防结露水滴在青椒上。堆外用塑料薄膜帐罩住，塑料薄膜帐下端用砖等物压住，但不要密封。塑料薄膜帐上可每平方米打1～2个直径为

0.5厘米的孔，以防帐内二氧化碳积累过多，造成青椒腐烂。窖内堆满青椒后，可按每千克青椒加0.05毫升仲丁胺，或0.1～0.2毫升克霉灵的标准，配制药液，用布条、吸水纸或棉球浸上药液，均匀地摆放在堆之间，注意不要将药液与青椒直接接触，以免引起药害。药剂放好后应立即密封通风窖12～24小时，然后打开库门进行通风。

青椒进窖初期，外界温度较高，白天一般在15℃～20℃，夜间温度在6℃～12℃之间。这时可采取白天关闭通风口，以防窖温过高；夜晚打开通风口，进行通风换气。通常的做法是，下午5～6时打开南北通风窗及顶部通风口，次日上午8～9时，再把各通风口关闭。

贮藏中期，当室外最低夜温在4℃以下，昼夜均需关闭所有的通风口，只在进窖检查时做短时间通风。贮藏中后期，当室外最低夜温达0℃左右时，应加强保温措施。可在窖外用土把南北窗口堵上，将顶部通风口用玉米秆等物堵塞，并使用电加温线加温，用控温仪把温度控制在9℃～10℃之间。

16. 辣椒干的贮藏

为了保证辣椒干周年均衡供应，应当搞好辣椒干的贮藏工作。辣椒干应贮存于通风、保温、防潮、防日晒的贮藏库中，库温以20℃～25℃为宜，相对湿度应控制在65%以下，禁止有毒、污染、潮湿物与其混贮。并且，要防止昆虫、寄生虫、鼠类和鸟类进入。贮藏库须定期检查温度、湿度和椒干的水分变化情况，以及病、虫、鼠类的危害情况。发现问题，及时通过翻垛、整理、通风、排湿和降温，以及防治病、虫、鼠害的措施，加以解决。

第十一章　甘蓝类蔬菜的调控保鲜技术

甘蓝，为十字花科芸薹属的一二年生草本植物，包括结球甘蓝、羽衣甘蓝、抱子甘蓝、花椰菜、青花菜和芥蓝等。甘蓝类蔬菜在世界各地广泛栽培。它在我国栽培的历史虽不久，但发展很快。

甘蓝类蔬菜的各变种品种繁多，根据品种生长期，耐寒、耐热性及冬性的不同，在不同的气候条件下排开播种，加上适当贮存，容易实行周年供应。甘蓝类蔬菜不仅有各自独特的风味品质，而且含有丰富的维生素、蛋白质和矿物质等营养成分，在人们的生活中占有重要位置。

甘蓝类蔬菜在栽培上有很多共同的要求。它们喜欢温和冷凉的气候，适宜在秋季温和条件下栽培，一般耐热和耐寒力强。喜肥沃而不耐瘠薄，要求在富含腐殖质、保肥力强的土壤上栽培。喜湿润而不耐干旱，要求在灌溉条件下栽培。其根的再生力强，一般适宜用育苗移栽。它们虽然都是低温长日照作物，但是各个变种和品种间通过阶段发育的要求和时间，各有所不同。

甘蓝类的生产尽管发展很快，但在生产上还存在一些问题。在长江流域，夏季温度偏高，雨水增加，给夏季甘蓝类育苗带来很多困难，育苗质量差，导致产量下降。冬季温度变暖或倒春寒，使春甘蓝先期抽薹现象增加，给生产上带来很大损失。因而调节控制甘蓝的生长发育，是实现甘蓝周年供应的重要技术措施。

一、甘蓝的调控与保鲜

甘蓝，是结球甘蓝的简称，又名包心菜、卷心卷、莲花白、洋白菜、椰菜或圆白菜等。它起源于欧洲地中海沿岸。

甘蓝对温度的适应范围较广，但性喜温和冷凉的气候，在生长期以15℃～25℃为最适宜。它要求在湿润气候下生长，不耐干旱。甘蓝为长日照植物，对光照的适应力强，适于在微酸性至中性且保水、保肥力强的土壤中栽培。

（一）甘蓝的周年生产调控

甘蓝对温度的适应范围较广。在我国南方各地，每年可生产2～3季，利用不同熟性的品种排开播种，可以周年供应。现在加上保护地栽培等措施以后，即使在北方地区，一年也可栽培多茬，基本实现全年生产供应（表11-1）。

表11-1　结球甘蓝周年生产的茬口调控

栽培名称	育苗条件	育苗播种期	定植期	收获期	适宜品种
小拱棚春早熟栽培	温床或温室	12月下旬至翌年1月上旬	3月上中旬	4月中旬至5月上旬	冬性强的早熟品种
春露地栽培	阳畦塑料棚	1月下旬至2月上旬	4月上旬	5月中旬至7月中旬	早、中、晚熟品种搭配
夏季栽培	露　地	4月下旬至5月中旬	6月上旬至6月下旬	8月上旬至9月下旬	耐热中熟品种
秋季栽培	露　地	6月下旬至7月中旬	7月下旬至8月中旬	10月上旬至11月中旬	短日照结球性好的中晚熟品种

(二)促进甘蓝生长的调控

在甘蓝与花椰菜生长期间，用三十烷醇、石油助长剂进行处理，可使其叶球干重增加8.9%，维生素C增加7.1%，可溶性糖增加13.2%，纤维素降低18.6%。用ABT 5号增产灵，于移栽时浸根，可缩短缓苗期，根茎粗壮，叶片数增多，一般增产20%～30%。

1. 用三十烷醇促进生长

使用0.5毫克/升三十烷醇溶液，于莲座期至包心期，对叶面喷洒三次，间隔时间为5～7天，每次每667平方米喷用50升药液，具有促进生长，提高产量，促进早熟和优质的作用。

2. 用石油助长剂促进生长

于包心始期，使用0.05%石油助长剂，每667平方米叶面喷洒40升药液，具有增产的作用。

3. 用ABT促进生长

用10毫克/升ABT 5号增产灵溶液浸根20分钟。使用该剂时，若配以地膜覆盖，效果更好。

4. 用赤霉素促进生长

在花椰菜长到6～8片叶，茎的直径达0.5～1厘米时，用100毫克/升赤霉素溶液喷洒植株，可提早形成花球，促进产品器官生长，提前10～25天采收。特别是晚熟品种，使用后效果更显著。

5. 用萘乙酸促进生长

甘蓝叶、芽扦插时，用2克/升的萘乙酸溶液快速浸蘸（或2克/升吲哚乙酸），以砻糠灰、沙、珍珠岩作扦插基质，经过10～15天可以生根及发芽。每个叶球有多少叶片，就可以繁殖多少株，可节省叶球用量。

（三）抑制甘蓝裂球和抽薹的调控

甘蓝是低温敏感性蔬菜。当达到一定大小（茎粗 6 毫米以上），在 10℃以下低温中经过 30～50 天，便可诱导花芽分化。花芽分化后，在温暖长日照条件下而抽薹。通常栽培甘蓝不发生抽薹，但中熟甘蓝由于越冬时茎粗已达 10 毫米以上，进入春天就有可能发生抽薹。同时若想让夏甘蓝越冬在早春上市，但一旦越冬后进入春天，即有发生抽薹的危险。如果在抽薹前用矮壮素、青鲜素处理，可以明显抑制抽薹，保持较好的品质。

1. 用矮壮素防止裂球抽薹

于抽薹前 10 天，使用 4 000～5 000 毫克/升浓度的矮壮素溶液，每 667 平方米叶面喷洒 50 升，具有延缓抽薹的作用。

2. 用抑芽丹（青鲜素）防止裂球抽薹

使用 2 000～3 000 毫克/升浓度的抑芽丹溶液，每 667 平方米叶面喷洒 50 升左右。处理时期是在花芽分化后尚未伸长时。用青鲜素处理后，可抑制薹的伸长，裂球减少，使完整无损的甘蓝率增加。

（四）提高甘蓝抗寒性的调控

1. 用比久提高抗寒性

用 2 500～5 000 毫克/升的比久溶液，在甘蓝 3 片叶时进行叶面喷洒，可提高甘蓝的抗寒性。

2. 用矮壮素提高抗寒性

当甘蓝长出 3 片叶时，用 2 500 毫克/升矮壮素溶液作叶面喷洒，可减轻甘蓝的秋季霜冻危害。

（五）提高甘蓝耐贮性的化学调控

甘蓝在贮藏期间和运输过程中，时有脱帮现象，可以用2,4-D来防止。在甘蓝收前3～5天，用100～250毫克/升的2,4-D液喷洒植株。贮藏4～5个月后，未经处理的甘蓝叶球，平均每个有11～22片叶子脱落，而经过处理的叶球，平均每个仅脱落1～2片叶子，效果十分显著。

在甘蓝收获后，立即用30毫克/升6-BA溶液进行喷洒或浸蘸，然后贮藏在5℃的环境中，贮存45天后，甘蓝叶绿素含量比对照增加4倍。如果在采收前喷洒植株，则同样表现出处理的比对照的产品新鲜。

甘蓝采收后，摊晾3～4天，用0.2％托布津溶液或与0.3％过氧乙酸液混合后蘸根，晾干后即可装筐，上架或进库贮藏，可延长保鲜期。

（六）甘蓝的保鲜贮藏

甘蓝贮藏适温为0℃±1℃，要求90％～95％的空气相对湿度和适当的通风。甘蓝在此条件下贮藏，呼吸作用减弱，营养成分的损失，水分的蒸发，抽薹和腐烂都会减少，并能延迟其后熟过程，达到长期贮藏保鲜的目的。

采收甘蓝，应在天气晴朗、土地干燥、叶球未受霜冻时进行。选叶球坚实，棵略大(2.5千克/棵)，无虫害、病叶和烂根的叶球，每棵留根3～5厘米长，并保留1～2层外叶，以保护叶球免受机械伤及病菌侵入。甘蓝的贮期损耗，与其品种及采收期早晚有关。例如，中晚熟品种庆丰以晚收为好，可提高商品率，晚收的要比早收的贮期损耗低10％，而京丰品种以中期采收的贮期损耗低。

采收后，将甘蓝以 2～3 层的高度堆放在通风冷凉的屋内，预贮 2～3 天。这样，可使其外叶水分部分蒸发，略发软，达到预冷和愈伤的目的。预贮后，继续剔除病叶、黄叶及根部腐烂的叶球，然后进行药物处理。如要防止感染软腐病，则应在茎基部刀口处涂一层石灰膏。为防止脱叶，可在室内预贮时，以 100 升水中加 2,4-D 药剂 3～6 克配制的溶液，浸蘸茎基部。若同时采用以上两项措施，应先蘸 2,4-D，干后再涂石灰膏。

1. 室内贮藏

选用冷凉、通风、宽敞的房屋或仓库，贮藏甘蓝。

(1)架　藏　搁架用竹、木或铁制成，各层架相距 75～100 厘米，架上铺放木板，木板间留 5～8 厘米宽缝隙。根据叶球大小，每层架上堆放叶球 3～6 层，叶球倒放，斜列式排列。最上一层叶球与上层架板之间，应有 15～20 厘米的空间，以利通风。

(2)堆　藏　可以将甘蓝叶球直接堆放在地板上，或在地上铺板用砖垫高，以利底部通风。堆法有两种：一是圆锥形堆。先在底部环状排列 14～16 棵菜，中间留直径约 50 厘米的空心，将甘蓝根部向内，菜头向外，逐渐递减向上堆放，堆高 7～10 层，顶部留一个洞口，以利散热。二是长形堆，即根向内、头向外地堆成两排，其间留 23～26 厘米宽的通风道，逐渐向上堆起，堆高 5～8 层，愈向上通风道逐渐变窄，最上边盖一层菜叶或蒿草即可。贮藏期间，要加强管理。贮藏初期气温较高，甘蓝呼吸强度也大，因而容易积热。这段时间，主要是倒菜和加强通风，在晚间气温下降时开放门窗通风，以导入冷气，降低室温。有条件的地方，可装冷风机吹入冷风，使温度保持在 0℃～1℃，对保鲜有明显效果。这样，即使在夏季也可贮藏2个月左右。冬季气温过低时，菜堆上宜适当增加覆盖物，通风应在白天气温稍高时进行，通风时间不要过长，也不需倒菜。

2. 沟　藏

选择高燥的地边开沟，沟宽一般为1.3～1.6米，深度以2棵甘蓝植株高为宜。沟底开宽约16厘米的十字形小沟，沟口通出地面，以利排水和通风。沟内堆放2层甘蓝，下层根向下，上层根向上，上面覆土。覆土厚度要根据气温变化而增减。

沟藏甘蓝的时间不应过早和过晚。过早容易发热，过晚则易受冻，在不遭受冻害的情况下，宁晚勿早。入藏前应做好选择工作，对包心不紧、有病虫害的甘蓝剔除。入沟初期，只需覆盖一层薄土，并把通风口日夜打开。以后随着天气的渐渐转凉，则应增加覆盖物，到外界温度过低时，要堵塞通风口，通风时间也只能选在晴天的中午。

3. 气调贮藏

采用塑料薄膜调节气体贮藏（也称简易气调贮藏），对控制甘蓝的后熟、降低氧气的代谢水平，防止失水、脱帮和抽薹，都有一定的效果。据试验，控制氧含量在2%～5%，二氧化碳含量在6%以下，温度在3℃～18℃之间，贮藏90天，无抽薹，无腐烂，质地新鲜；只发现外叶略变黄，球心稍发白。

(1)塑料薄膜袋贮藏　将甘蓝装在塑料薄膜袋中，扎紧袋口，放在分层的架上，或放入条板箱或有孔的纸盒内，再码成垛。薄膜袋由厚0.06～0.08毫米的聚乙烯薄膜制成，袋子体积小，装量少。上架后，每隔一定时间抽样检查袋内气体状况。当其达到氧的低限或二氧化碳的高限时，则将袋口打开，进入新鲜空气后再扎口。或用不调气法（单株小包装），即采用厚度为0.01～0.05毫米的薄膜袋，因为薄膜很薄，有一定的透气性。采用此法可在一定时间内维持适合的气体成分，而不致达到有害的程度，因而较适合短期贮藏、运输或零售。

(2)塑料帐贮藏 将甘蓝用容易透气的容器装盛，装后码成垛。垛底先垫一层薄膜，其上放垫木，每一容器的上下四周都酌情留出通气孔隙，并将码好的垛用塑料帐罩住。帐子和垫底薄膜的四边互相重叠卷起，用砖或沙压紧。也可用活动菜架装菜，整架封闭。密封帐用厚0.1～0.2毫米的聚乙烯薄膜制成。封闭垛多为长方形，每垛贮藏量为500～1 000千克，也可达5 000千克。塑料封闭帐的两端设置以薄膜制成的袖形袋，与帐内相通，供充气及垛内空气循环时插入管道之用，并可从袖袋中抽取气样测定。平时袋口扎紧，用时打开。如帐内二氧化碳过多，则应放入生石灰吸收，使垛内二氧化碳维持在1%以下。生石灰应随时添加，最好每天向垛内撒入少量。此外，也可向帐内充入氮气来稀释二氧化碳。

4. 埋　藏

在甘蓝收获时，选择地势较高、地下水位较低、排水良好的地方挖沟。沟宽1～1.5米，长度视贮量而定，沟的深度视当地气温而定，一般在1米左右。在高寒地区，沟可适当深些；温暖地区，沟可适当浅些。经过预处理的产品，要掌握好入沟时间。以气温稳定在0℃时入沟为宜，不可过早或过晚。将甘蓝密摆沟中，底层根朝下，第二层根朝上，一般摆两层为宜；个别地区摆3层，第三层要根朝下。摆好后，上面用秫秸或草袋薄薄覆盖一层。随着气温的逐渐降低，可分次进行覆土，土厚以甘蓝不受冻害为度，即覆土层不被冻透为原则。

在贮藏期间应注意排水，勿使雨水或其他污水渗入沟内。取菜时，应一次取完，不宜零星拿取。

5. 假植贮藏

假植贮藏适用于包心还未完全或包心不够充实的晚熟品种。采用假植贮藏的方法，可使甘蓝处于微弱的生长状态，叶球进一步生长充实，增加重量，有的可比原来增重 20%～30%，而且能提高抗病能力，延缓衰老。

假植贮藏一般采用以下两种方法：一种是在甘蓝成熟后不收获，只将其根部松动，切断大部分须根，使甘蓝处于微弱的生长状态。这种方法可延期收获上市，在南方温暖地区常采用。另一种是在贮藏前(明显降温前)挖一长方形沟，长度根据贮藏的数量而定。采收时，将菜连根拔起，带土在露天堆放 2～3 天，进行晾晒和预贮，使外叶稍微失水。当叶片开始萎蔫时，即可进行假植。贮藏时，使根朝下，在沟内一棵挨一棵地摆放好，并在四周培细沙土，向沟内浇少量水，浇水程度以水能渗入土层 3 厘米为宜。然后在植株顶上覆盖草席。气温降到 0℃时，应分次覆土，以防冻害。这种方法可以进行长期贮藏，效果很好。

6. 窖　藏

贮藏窖内排放贮藏架，每层架相距 75～100 厘米，架上铺放木板条，其间留有适当缝隙，以利通风。一般每层菜架堆放 3 层甘蓝。堆菜时，菜体与上层架板间应留出 20 厘米的空间；以利通风散热。此外，甘蓝在窖内贮藏也可采用筐藏法，在窖内将筐码成塔形垛，宽 2 米左右，高 1 米左右，垛间留出通风道。也可采用垛藏法，将甘蓝码成高 1 米、宽 2 米的菜垛。但垛藏不易通风。窖内温度控制在 0℃～1℃，相对湿度保持在 90%～95%。如果温度过高，可以适当通风；气温过低时，通风应选择在白天进行。若采用垛藏法，贮藏期间要适时倒垛 1～2 次，及时剔除严重萎蔫和带有病斑的叶球，然后重新堆码，继续贮藏。

7. 通风库贮藏

将经过预处理的产品，送入通风库中上架贮藏。没有菜架设备的，也可以堆码成长方形、圆形或塔形菜垛。无论是哪一种堆法，都要在垛与垛之间留出空隙，以便通风散热。长方形垛不宜过宽。圆形垛不宜过大，中间可摆成空心形。此法对贮藏条件的要求与窖藏一样，要充分利用通风库的特点，控制好库温（一般为 0℃～1℃）和相对湿度（一般为 90%～95%）。贮藏期间的管理与大白菜相同，前期要防热伤，中期要防冻害，后期要防腐烂。贮藏中要视具体情况进行倒垛，一般 1～2 次即可。

8. 冷　藏

冷藏方法与通风库贮藏相似，但可运至冷库预冷间预冷。甘蓝在库内可堆码或上架，也可用袋或筐贮藏。

冷藏适宜温度为 0℃，相对湿度以 90%为宜。要充分发挥机械制冷的优势，前期外界气温高时，不要热伤；后期外界气温回升时，不要腐烂。

9. 挂　藏

在贮藏库内设置 2 米多高的“人”字形挂架，架上平行固定几层挂杆，间距为一棵菜的长度。用铁丝钩住甘蓝根部挂在杆上。挂贮具有通风面积大，菜体向四周散热快的特点，适于南方气温较高的地方贮藏甘蓝时采用。

二、花椰菜的调控与保鲜

花椰菜，又名花菜或菜花，是由结球甘蓝演化而来，其食用部分是着生在短缩茎顶端的花球。花椰菜喜光照充足、温暖湿润的气候，忌炎热干旱，高温下花球形成停止。属半耐寒性蔬菜。

（一）花椰菜的周年生产调控

花椰菜是低温长日照植物，必须通过春化作用，才能分化花芽而结球。在我国南方地区，利用早、中、晚熟品种花芽分化对低温要求不一样的特性，错开播种期，可做到周年生产供应。在北方地区，利用设施栽培技术，也能够周年生产供应。北纬41°地区的花椰菜周年生产的茬口安排如表11-2所示，其他地区可据气候条件与品种特性，适当提早或延后。

表11-2 花椰菜周年生产的茬口安排

茬口安排	育苗期	定植期	采收期
春地膜花椰菜栽培	1月中旬	3月下旬	5月中下旬至6月上旬
春露地花椰菜栽培	1月下旬至2月上旬	3月下旬至4月上旬	6月上旬至6月下旬
夏花椰菜栽培	4月下旬至5月上旬	5月下旬至6月上旬	7月中下旬至8月上旬
秋花椰菜栽培	5月下旬至6月上旬	6月下旬至7月上旬	8月下旬至10月上旬
花椰菜假植栽培	7月中下旬	8月中下旬定植 9月下旬至10月上旬假植	12月下旬至翌年2月下旬
冬春日光温室花椰菜栽培	9月下旬至10月上旬	10月下旬至11月上旬	1月下旬至3月下旬

续表 11-2

茬口安排	育苗期	定植期	采收期
春日光温室花椰菜栽培	11月下旬至12月上旬	2月上中旬	3月下旬至4月中旬
秋日光温室花椰菜栽培	7月下旬至8月上旬	8月下旬至9月上旬	11月上旬至12月下旬
春大中棚花椰菜栽培	12月上中旬	3月上旬	4月中旬至5月上旬
秋大中棚花椰菜栽培	6月下旬至7月上旬	7月下旬至8月上旬	10月上旬至11月上中旬
春小拱棚花椰菜栽培	1月上旬	3月中旬	5月上旬至6月上旬

注:此表以北纬41°地区为例,其他地区可参照提早或延迟

(二)促进花椰菜生长的化控

在花椰菜播种前,用0.005%～0.05%的石油助长剂溶液浸种12小时,可提高花椰菜种子发芽率。

用10毫克/升的ABT5号增产灵溶液,于花椰菜移栽时浸根20分钟,可缩短移栽缓苗期,根茎粗壮,叶片数增多,一般增产20%～30%。

当花椰菜长到6～8片叶,茎粗0.5～1厘米时,对植株喷施100毫克/升赤霉素液,可使花球提早形成,提前采收。对晚熟品种效果更好。

用1000毫克/升整形素药液,在花椰菜展开12～14片叶时均匀喷洒,可提早花椰菜成熟,使花椰菜采收提早5～7天。

用500毫克/升赤霉素溶液,滴花椰菜的花球,每隔1～2

天滴一次,可促进花椰菜花梗生长和开花。

在花椰菜花芽分化后、花芽尚未伸长时,用2000～3000毫克/升的青鲜素溶液进行喷洒,每667平方米用药量为50升左右,可抑制薹的伸长,使裂球减少,健全无损的花椰菜增加。

在90天中熟种花椰菜圆棵期和初花期,用0.5～1.0毫克/升的三十烷醇溶液进行叶面喷洒,在上述各期各喷叶两次,各次之间相隔一周。经处理后,可显著提高花椰菜花球产量。

用0.05%石油助长剂溶液,于花椰菜包心期进行叶面喷洒,每667平方米用药量为40升。经处理后,可提高花椰菜产量,花球干重增加8.9%,维生素C增加7.1%,可溶性糖增加13.2%,纤维素降低18.6%。

于花椰菜抽薹前10天,用4000～5000毫克/升的矮壮素溶液,进行叶面喷洒,每667平方米用药量为50升。经处理后,可以明显抑制花椰菜的抽薹,使花球保持较好的品质。

(三)防止花椰菜脱叶的调控

花椰菜是以花球供食用的,花球采收时保留的叶片,对贮藏运输过程中保护花椰菜的新鲜是非常重要的。应用植物生长调节剂可防止花椰菜的脱叶。

1. 采前处理

在采收前2～7天,把100～500毫克/升的2,4-D溶液,喷洒到花椰菜的外叶上。注意处理时只喷洒叶片,不喷洒花球。经过处理后,所采收的花球,可大大延长贮藏期,也不脱叶。采前处理操作方便,而且比采后处理效果好。

2. 采后处理

把萘乙酸甲酯(MENA)先喷到纸条上,然后把这些纸条与花球一起贮藏。萘乙酸甲酯是挥发性液体，利用纸条可增加其挥发面积，提高使用效果。一般每 1 000 个花球用萘乙酸甲酯 50～200 克。除萘乙酸甲酯外，还可使用 2,4-D 甲酯，每 1 000 个花球用 50～100 克，也同样有效。可延长贮藏期 2～3 个月。

3. 用 6-苄基氨基嘌呤处理

如在临采收前用 10～20 毫克/升 6-苄基氨基嘌呤溶液进行田间喷洒，或采收后用 10～15 毫克/升 6-苄基氨基嘌呤溶液，浸一下花球后再晾干，贮藏在 5℃与 95%相对湿度的条件下，可延长贮藏期 3～5 天，延缓衰老和小花萼片变黄。如采收前用 10 毫克/升 6-苄基氨基嘌呤液加 50 毫克/升 2,4-D 液混合处理，则花椰菜的贮藏保鲜效果更好。

（四）花椰菜的假植贮藏

花椰菜的花球在贮藏期间，有外叶养分继续向花球转移的特性。因此，在冬季比较温暖的地区，入冬前后利用棚窖、贮藏沟和阳畦等场所，将尚未成熟的幼小花球（鸡蛋大小）假植其内进行贮藏。此法贮藏量大，效果好。具体做法是，将幼小花球用稻草等物扎缚包住，使植株根朝下，一棵挨一棵地假植在贮藏沟内。贮藏初期注意防热，白天盖上草苫，夜间揭开，温度维持在 2℃～3℃。后期注意防冻，根据气温变化情况适时增加覆盖物。如叶片上出现黑霉，说明温度过高，应适当通风；如菜花不长，或叶子有受冻的表现，则说明温度过低，应加盖草苫或采取其他办法防寒。上市前 10～15 天，采取加厚覆盖物等加温措施，使沟内温度升高到 7℃～10℃，加速花球生长发育，长到 0.5 千克重时便可上市。

（五）花椰菜的保鲜贮藏

花椰菜质地洁白脆嫩，在收获时易受损伤。收获后应进行严格的挑选，剔除老化松散、色泽转暗变黄、有病虫害和机械损伤等不宜贮藏的花球。然后，在通风阴凉处摊晾预贮1～2天，注意严防风吹日晒和雨淋。采收时宜保留2～3轮叶片，以保护花球；待叶片失水变软时，将叶片拢至花球，用草绳或塑料条稍加捆扎。

采收前一天，喷洒保鲜液。保鲜液含25毫克/升2,4-D液，10毫克/升6-苄基嘌呤和0.3%的苯来特或多菌灵液。或者在采收之后，用保鲜液蘸菜花基部，以防止所贮藏菜花的脱叶、褪绿和衰老，同时杀菌防腐。采收前未喷药的，也可在入库前处理，但须待明水晾干后才能进入贮藏。贮藏方法如下：

1. 窖　藏

将已成熟的花椰菜带2～3片叶捆扎好，留根3～4厘米，装筐码垛或放在菜架上，控制适宜的温、湿度，定期倒动检查。也有的用塑料薄膜覆盖，不密封，每天轮流揭开一侧放风，有较好的保鲜效果。但切忌让薄膜上的凝结水落在花球上，否则会引起腐烂。

2. 冷　藏

根据贮期长短，确定是否留叶贮藏。若贮藏两个月以内，每个菜花应保留2～3片叶片进行贮藏，以便保护花球，保存维生素C。如果贮藏两个月以上，则以去叶贮藏为宜。因为当菜花贮存到两个月时，叶片容易脱落、腐烂，导致花球局部感染病菌而出现霉斑。同时在叶片衰老脱落过程中，乙烯生成量较大，会促进花球组织的衰老。

在冷库内贮藏，可采用以下两种方法：第一种是地膜单花球套袋法。贮前用克霉灵熏蒸处理菜花，每10千克菜花用1毫升克霉灵。进行时，先将菜花置于密闭的库房或塑料帐中，用棉球浸蘸克霉灵放在空隙处（不要接触花球），熏蒸24小时。然后用0.015毫米厚的塑料膜（即地膜），制成30厘米×35厘米的塑料袋，将熏蒸处理过的菜花装入袋中，折口后放在筐中，入库贮藏。第二种方法是塑料薄膜衬垫包装法。在筐内衬垫一块长度分别是筐长3～4倍的0.03毫米厚的塑料薄膜，在其中放入适量的菜花，再将几个棉球放在花球的空隙中，将克霉灵药液注入棉球上，然后将塑料衬折过来，将菜花覆盖严密。冷库温度应控制在0℃～2℃之间。

3. 气调贮藏

菜花适合气调贮藏，对气体成分的要求是：氧气2%～4%，二氧化碳4%～6%。将菜花装进板条箱，每箱装10千克左右，不要装满，防止压伤。将箱堆码成花垛。或用0.5%漂白粉液反复擦洗干净的菜架摆放菜花。先在垛或架底铺上大块塑料薄膜作底层，菜堆放好之后，罩上厚0.07毫米的聚乙烯膜帐，再把大帐底边与垛或架底层的塑料薄膜紧紧地卷在一起，并用沙土压紧。将袖口扎紧，堵塞通气孔，使整个大帐完全密封。每隔两天测一次帐内的气体成分，如二氧化碳含量高于5%时，需向帐底撒入适量消石灰进行调节。要尽量减少开帐次数。菜花释放乙烯较多，应在封闭帐内放适量高锰酸钾载体（每10千克菜花放0.5千克高锰酸钾载体），可吸附乙烯，防止乙烯的催熟作用，较好地保持外叶的绿色，防止蛋白质被破坏。高锰酸钾载体的做法是：将建筑用的泡沫砖砸碎成拇指大的小块，放在高锰酸钾饱和溶液中浸透，然后晾干备用。如果库温控制在0℃，氧和二氧化碳浓度均为3%～4%，同时使用高锰酸钾载体，贮藏菜花3个月，仍能保持花球洁白，叶片嫩绿。

塑料薄膜大帐，一般设在通风贮藏库内，贮藏期间的管理应视外界气温的变化而定。应尽量保持贮藏库内温度恒定，使塑料帐内不出现或少形成凝结水。否则，花球易腐烂。另外，为了防止叶片在贮藏中黄化或脱落，入贮前可用 50 毫克/升的 2,4-D 溶液蘸根，然后置阴凉处晾半天后，再放在菜架上或装箱。贮藏期间，可对花球喷洒 1 500 倍苯来特、多菌灵或托布津等防腐剂液，也有明显的防腐作用。

4. 吊挂贮藏

此法是将菜花连根拔起，适当留一些外叶，沿花球叶梢处用稻草围好扎牢，然后倒挂在屋檐下即可。贮藏中，要防止日光直射。

5. 薄膜包裹贮藏

采用不同厚度的塑料薄膜袋，以单花球套袋折口，不密封，在 0℃～2℃的库中贮藏可保鲜 2～3 个月，商品率达 94%以上。采用单球套袋贮藏，袋内空气处于静止状态，菜花在高湿条件下，组织坚挺脆嫩，失重少，袋内温度相对稳定，又避免了病菌的互相感染，从而大大减轻了发病率。袋料薄膜厚度以 0.04 毫米为好，太薄失去支撑作用，太厚透气性差，而且菜花发病率高。

另从带叶与去叶的比较表明，短期贮藏以带叶者为好，贮 3 个月者以去叶的商品率为高。

6. 消毒纱布围藏

将经过挑选的花球，以球部向上分层堆放在竹架上，然后将经过 300 倍福尔马林(取 1 份福尔马林稀释于 300 份水中)水溶液消毒的白纱布或白布，覆盖在贮藏架的四周，就可达到贮藏要求。白布一般每天或隔天消毒一次。消毒时，应将布全部浸入溶液中5分钟左右，然后沥干至不滴水为准。采用这种方法，既可增加贮藏中的湿度，减少菜花水分的蒸发，又能防止霉菌的危害，减少腐烂变质，贮藏效果较为明显。

三、青花菜的调控与保鲜

青花菜又名绿花菜、绿菜花、西兰花、茎椰菜、花菜薹、意大利芥蓝或木立花椰菜等，也是由结球甘蓝演化而来。其食用部分是绿色花球。

青花菜喜暖凉气候，耐寒耐热，适应性广，属长日照植物，喜充足阳光，也具有一定的耐阴能力。需水较多，喜肥水。

（一）青花菜的周年生产调控

青花菜是低温长日照植物，只有通过春化作用，植株才能完成花芽分化。在长江中、下游地区，分为春季栽培、夏季栽培和秋季栽培，采用适当的遮阳网、大棚及高山栽培技术，可实现周年生产供应。

在我国北方地区，以多种栽培方式相结合，现在也可以做到周年生产供应（表11-3）。

表11-3　青花菜周年生产的茬口安排

茬口安排	育苗期	定植期	采收期
春地膜青花菜栽培	1月中旬	3月末	5月中旬至6月上旬
春露地青花菜栽培	1月下旬	3月末至4月初	5月下旬至6月中下旬

续表 11-3

茬口安排	育苗期	定植期	采收期
夏青花菜栽培	4月中旬至5月上旬	5月上旬至5月下旬	7月中下旬至8月中旬
秋青花菜栽培	6月中下旬	7月中下旬	9月上旬至10月上旬
冬春日光温室青花菜栽培	10月上中旬	11月中旬	1月下旬至3月上旬
春日光温室青花菜栽培	12月上旬	2月上中旬	3月下旬至4月中旬
秋日光温室青花菜栽培	7月中下旬	8月中下旬	11月上旬至12月下旬
春大棚青花菜栽培	1月中下旬	2月下旬至3月上旬	4月下旬至5月中旬
秋大中棚青花菜栽培	6月下旬至7月上旬	7月下旬至8月上旬	10月上旬至11月上旬
春小拱棚青花菜栽培	2月上旬	3月中旬	5月上旬至5月下旬

(二)青花菜的化控保鲜

青花菜的食用器官是绿色的小花蕾,其生产中的主要问题是不耐贮藏,易发黄、凋萎。为解决这个问题,可以用6-苄基氨基嘌呤进行处理。其方法是,在青花菜采收后,用浓度为25毫克/升的6-苄基氨基嘌呤溶液处理花球,以保持花球的绿色,有利于贮藏。

(三)青花菜的保鲜贮藏

1. 青花菜的采收

青花菜的花球采收标准是，手感花蕾粒子开始有些松动或花球边缘的花蕾粒子略有松散时，花球发育到一定大小，一般直径为15厘米左右，花球表面紧密略平滑、无凹凸时为采收适期。从采收适期到开花的时间很短。采收太早，花蕾没有充分发育，花球小，产量低；采收过迟，花蕾就会松散，变黄，影响品质。特别是在高温期，如不及时采收，花蕾黄化，失去商品价值。采收应在清晨或傍晚进行。采收时，将花球连同约10厘米长的肥嫩花茎一起摘下。顶侧花球兼用种在顶花球采收后，侧枝上的小花球长到5厘米大小时再行采收。

青花菜不耐贮藏。青花菜的食用部分为幼嫩的花茎、花薹和花蕾，呼吸代谢活动十分旺盛。采后在室温下放置1～2天，花蕾便会逐渐松散变黄，品质下降。在20℃常温下，可保鲜2～3天；在0℃～5℃的低温下，可保鲜7天左右。所以，青花菜采收后就应及时处理或销售，切忌堆积时间过久。

2. 薄膜包装冷藏

包装青花菜，可用60厘米×32厘米×30厘米的纸板箱，箱内衬入0.04毫米厚的聚乙烯塑料袋，花球装入后扎口密封，并打两个大小适当的孔。每箱装青花菜10千克。青花菜在包装前需经预冷，贮藏适温为0℃，相对湿度为95%。采收后，立即将青花菜降温至1℃，并以0.03毫米厚的聚乙烯薄膜，对单个花球密封包装，可贮藏30～45天，保鲜、保绿效果良好，好花球率在90%以上。

3. 暂时贮存

暂时贮存，适温0℃为，但贮存过程中叶绿素会被氧化分解。因此，可将青花菜用水焯后冷藏。这样，既能保持色泽翠绿，可贮藏4天左右不变色，又食用方便。青花菜生鲜贮存和水焯后贮存，在4天左右内维生素C含量无太大变化。超过4天后，则维生素C的含量显著降低，风味也变差。

4. 气调贮藏

10%的二氧化碳、1%的氧气及5℃温度下的气调贮藏，能增加新鲜青花菜的货架寿命。

5. 防腐贮藏

青花菜在库内采用烟熏或熏蒸方式进行防腐处理，并喷洒60毫克/升茶多酚溶液，可防止褪绿黄化。将青花菜装入黑色聚乙烯薄膜袋中，扎紧后进行贮藏，也能延迟转黄时间。

6. 假植贮藏

对青花菜可采取假植贮藏。假植贮藏的青花菜，应选择晚熟品种。在背风向阳的地方挖一条深0.8米、宽1～1.5米的贮藏沟，沟长不限。将带有尚未成熟的幼小花球的青花菜植株，假植在沟内，用叶子压住花球。贮藏前期，沟顶晚上加盖草席，早上揭开，使白天沟内温度保持在17℃～20℃，晚上不低于0℃。后期加盖塑料薄膜，四周用土压严，白天揭开草席，晚上盖严，使沟内温度白天维持在1℃，夜间不低于0℃。在贮藏中要适时放风、浇水。

7. 冷藏保鲜运输

运输青花菜，要求用冷藏车或冷藏集装箱。装车前要将箱体温度降到0℃。装卸时间要快，运输过程中箱体内的温度要严格控制在0℃。对于没有冷藏设备条件贮运的，可于采收后及时在包装箱内加冰块降温，加冰量占箱总体积的1/3～2/5，并且要尽快运至目的地。运输过程中温度不宜高于4.5℃，否则小花蕾会很快黄化。

第十二章　绿叶蔬菜的调控保鲜技术

绿叶蔬菜是主要以柔嫩的绿叶、叶柄和嫩茎为食用部分的速生蔬菜。我国栽培的绿叶菜种类多，资源丰富，主要包括莴苣、芹菜、菠菜、茼蒿、芫荽、茴香和苋菜等。由于这类蔬菜种类繁多、适应性广、生长期短、采收期灵活，因而在蔬菜的周年均衡供应等方面，占有不可替代的重要地位。

绿叶蔬菜富含各种维生素和矿物质，含氮物质丰富，是营养价值比较高的蔬菜。绿叶菜是维生素 C 的主要来源之一。在绿叶菜中，胡萝卜素的含量也比较高，能很好地满足人体对胡萝卜素的需求。另外，在绿叶蔬菜中还含有叶酸、胆碱、钙、铁、磷等营养元素是孕妇和哺乳母亲的重要食品。绿叶菜还具有愈病食疗功效，在国外被誉为“绿色的精灵”。

绿叶蔬菜类在生物学特性及栽培技术上有许多共同特点。

第一，绿叶蔬菜对温度的要求分为两类。一类原产于亚热带，是需要温和气候的喜冷凉的绿叶蔬菜。其生长适温为15℃～20℃，适宜于秋插秋收，春插春收或秋插翌年春收。在冷凉的条件下栽培，产量高，品质好；在高温或高温干旱条件下，则品质降低。如菠菜叶变小、变薄，涩叶增加。另一类原产于热带，是喜温怕冷的绿叶蔬菜。其生长适温为 20℃～25℃，10℃以下停止生长，遇霜易冻死，如苋菜和蕹菜等，但比较耐夏季高温，适宜春插夏收，或夏插夏收，对增加夏季叶菜种类，特别是对解决早秋淡季蔬菜供应有重要作用。

第二，多数绿叶蔬菜根系较浅，在单位面积上种植数较多。绿叶蔬菜由于生长迅速，生长期短，所以在单位时间内形成单位重量的产品，所吸收的营养元素都比较多，对土壤和水肥条件要求较高，对养分需要比较严格。基肥、追肥都应施用速效性肥，要求勤施薄施，以保证不断生长的需要。尤其是氮肥要充足；氮肥不足，植株矮小，叶片少，色黄而粗糙，会失去食用价值。

第三，绿叶蔬菜的食用部分都是营养器官。要使营养器官，特别是作为同化器官叶片的充分发育，是栽培和调控技术的关键。如果苗端早期花芽分化，则叶数不再增加，而且由于营养物质大量流入生殖器官，使营养器官发育不良，品质也会大大降低。所以，促进营养器官的充分发育，防止未熟抽薹，是绿叶菜类的共同性问题。喜冷凉的绿叶蔬菜，是低温长日照作物。但多数绿叶蔬菜如菠菜、莴苣的花芽分化，并不需要经过较低的温度条件，而它们的抽薹开花对长日照敏感，在长日照条件下伴以适温，便迅速抽薹开花，影响叶片的生长，从而降低绿叶菜的品质。相反，在短日照条件下和伴以适宜的低温，可促进叶片的生长，有利于提高绿叶菜的产量和品质。喜温的绿叶蔬菜如苋菜，是高温短日照作物，在春插条件下，性器官出现晚，收获期长，而在秋插条件下，性器官出现早，收获期较短。

一、芹菜的调控与保鲜

芹菜，又名旱芹或药芹菜，是伞形科芹属中形成肥嫩叶柄的二年生蔬菜。原产于地中海沿岸的沼泽地带。芹菜要求冷凉湿润的气候，低温下通过春化阶段，是长日照植物，吸水性强，不耐高温干旱。芹菜可分为两种类型：一是中国芹菜（本芹），叶柄细长，叶片发达，有青芹和白芹等；二是西洋芹菜，又称西芹或洋芹，叶柄肥厚宽扁，株型大，但不及中国芹菜耐热。

（一）芹菜的周年生产调控

芹菜耐冷怕热，旺盛生长时期在冷凉的季节。以秋播为主，也可在春季栽培。由于苗期能耐较高温和较低温，故秋季栽培的可以提早播种，以适应9月份蔬菜淡季供应的需要；也可适当晚播，于冬季及次春收获。在长江流域秋播，可以从7月上旬播种到10月上旬。7月上旬播种的，主要在9～10月份采收。一般采用早熟耐热的品种。播种时，应采取遮荫降温措施。也有些地区，如成都，提早于6月份播种。在8月上旬播种的，可在次年1月份以后采收。于9月或10月上旬播种的，则于次年3～4月份抽薹前收获完。福建的芹菜播种期，与长江流域的相似。在广州，从7月份开始播种芹菜，由于冬季暖和，可利用抽薹迟的品种，如青柄芹菜，可将播种期推迟到10～12月份，于次年1～4月份采收。经过设施栽培和品种搭配，芹菜可实现周年生产供应。如在长江流域，利用大、中棚栽培芹菜，有以下安排周年生产的方式：

1. 大、中棚秋（延迟）芹菜栽培

5～6月份播种育苗，8月中下旬定植，10月下旬到11月上旬天气转冷不适于芹菜生长时，大、中棚盖膜保温，11月上旬开始采收。

2. 大、中棚冬芹菜栽培

一般7月上旬至8月上旬播种育苗，9月上旬至10月上旬定植，10月下旬至11月上旬及时扣棚膜，12月下旬至次年2月上中旬采收，正好可满足春节供应。

3. 大、中棚春(越冬)芹菜栽培

8月中旬至9月中旬播种育苗,10月中下旬定植,11月上旬气温逐渐降低时,要及时扣棚膜,次年3月上中旬开始收获,正好在蔬菜春淡时上市供应。

4. 大、中棚夏芹菜栽培

又叫伏芹菜栽培。春季断霜后至5月上中旬播种,6月上旬定植,6月下旬开始覆盖遮阳网,以减弱棚内阳光。覆盖遮阳网最好做到盖顶不盖边,盖晴不盖阴,盖昼不盖夜,前期盖,后期揭。这一季芹菜正好在8~9月份蔬菜秋淡时收获。

我国北方地区合理应用大棚、温室等设施及适宜品种后,也能做到芹菜周年生产供应(表12-1)

表12-1 我国北方芹菜周年生长的茬口调控

类型	茬口	播种育苗期	定植期	收获期
春芹菜	小棚早熟芹菜	2月上旬	3月中旬	5月上中旬
	露地栽芹菜	2月下旬至3月上旬	4月中旬	5月下旬至6月上旬
	蔓子芹菜	3月下旬	—	6月中下旬
夏芹菜	夏芹菜	4月中旬至5月上旬	6月上中旬	8月上旬至9月下旬
秋芹菜	伏芹菜	7月上旬	—	9月下旬至10月中旬
	秋芹菜	7月下旬	—	10月中下旬
	秋延后芹菜	8月上旬	—	11月上旬至12月中旬
冬芹菜	温室芹菜	8月上中旬	—	11月上旬至次年4月中旬

(二)促进芹菜生长的调控

第一,芹菜经三十烷醇处理后,可以促进植株生长,增加产量,而且品质也有提高,维生素 C 含量提高 6.93%,含糖量增加 3.7%。

处理方法是,在芹菜定植后,用 0.5 毫克/升的三十烷醇溶液,每 667 平方米喷 50 升,以后每隔 10 天左右喷一次,共喷 3～4 次。在收割前半个月停止喷施。

在收获前 15～20 天,施用三十烷醇是增产的关键;冬季芹菜施用三十烷醇,应注意采取保温措施,使三十烷醇发挥更大的增产效果。

第二,芹菜用赤霉素处理后,可增强抗寒力,叶色变淡,生长加快,使可食用部分的叶柄变长,纤维素减少,产量增加 20%左右。

在芹菜采收前 15 天左右,喷施浓度为 50 毫克/升的赤霉素溶液,每 667 平方米喷药液 40～50 升。

芹菜喷施赤霉素时浓度不能过高,以免使植株过于细长;喷施赤霉素后的 1～2 天内,要增施肥料。要适时采收,防止植株老化。

第三,用芸薹素内酯处理后,芹菜植株增高 5%～12%,增重 8%～15%,叶绿素含量提高 0.55%～2.81%,且芹菜叶色浓绿,富有光泽。

在芹菜立心期,用芸薹素内酯 0.01 毫克/升溶液作叶面喷雾,增产效果较好。如果在收获前 10 天再叶面喷施一次,可提高生理活性和增强抗逆力,适合远途贮运。

第四,在生长期喷洒 650～2 000 毫克/升的石油助长剂 1～2 次,药液用量为 50 升/667 平方米,也能显著提高产量。

第五，在生长期喷施 0.1 毫克/升浓度的油菜素内酯溶液，能明显促进芹菜生长，鲜重和干重都增加，蛋白质和氨基酸含量也增加。

（三）芹菜防抽薹开花与保绿的化控

第一，将采后的芹菜洗净泥土，晾干多余的水分，用5～10毫克/升的赛苯隆(TDZ)喷洒全株，或将芹菜放在赛苯隆溶液中浸泡一下，晾干表面水分后，装入保鲜袋中，在 10℃ 下贮藏，可使芹菜保鲜 1 个月，仍然保持正常的鲜绿状态，失重率极低，保鲜效果良好。用 10 毫克/升的 6-苄基氨基嘌呤进行采前喷施处理，药液干后即收，或在采后喷洒全株或浸泡，都具有保鲜作用。

第二，用 4 000～8 000 毫克/升的矮壮素溶液喷布生长点，可以抑制抽薹开花，提高品质。也可用 50～100 毫克/升青鲜素溶液喷洒，防止芹菜抽薹。

第三，采收前用 1～10 毫克/升的 6-苄基嘌呤溶液，均匀地喷洒芹菜的地上部分，可延长保绿贮藏期。

（四）芹菜贮根越冬栽培调控

在我国东北和西北等高寒地区，冬季阳畦和不加温的日光温室中仍维持不住芹菜生长发育所需的最低温度。因此，不能利用通常的栽培设施进行越冬栽培。一般的芹菜栽培方式是春季育苗，仲夏或夏末秋初上市。为了使芹菜能提早在初夏上市，可采用贮根越冬、春季栽根的栽培方式。

6 月上中旬催芽播种。播种后经常浇水，保持土壤湿润。秧苗 6 片真叶时，人工划锄中耕、蹲苗 5～7 天。9 月下旬开始擗叶收获，每 15～20 天擗叶一次，约可收获两次。在 10 月中旬土壤结冻前，擗去全部大叶，只留 5～10 厘米高的心叶，把根刨出。淘汰伤、断、病、弱的植株。把健株运至贮藏窖中。

将刨出的芹菜根放入窖中，摊开降温。待窖中温度稳定在 0℃～5℃时，把根密集地假植在湿润的土中，保持土壤湿润，保持根部温度在 0℃～5℃。防止高温烂根和干旱死根。

春季露地土壤解冻后，立即施肥整地，深翻做畦。定植时，开沟或挖穴栽植。栽植深度以露出心叶为度。定植后立即浇水，覆盖塑料薄膜。早春应少浇水，多中耕，尽量提高地温。四五天后，即可开始擗叶收获。收获 2～3 次后，由于花薹伸长，不宜食用，即可拉秧。

(五)芹菜的阳畦假植贮藏保鲜调控

在华北等冬季不十分寒冷的地区，可在土壤封冻前建成风障阳畦。阳畦的南北墙均加高至 60～80 厘米，以稍高于芹菜为准。在 11 月中下旬，土壤封冻前，收刨植株较矮、生长不足的晚秋芹菜。这些芹菜一般是 8 月份播种育苗后，尚未完全达到收获标准的植株。收刨时尽量保全根系，淘汰病、残、伤、弱植株，摘除黄、病叶，按大小分成二级，假植于阳畦内。假植时每 3～4 棵一墩，墩距 10～14 厘米，小株栽于温度条件较高的畦北侧，大株栽于南侧。栽植深度以不埋心叶为度。栽植时，要尽量减少机械损伤，保持植株完整。栽后立即浇水。

栽植后，夜间畦内气温在－2℃以上时，可不加覆盖。随着温度的降低，先盖塑料薄膜，然后加盖草苫子，保持畦内 0℃～5℃的温度条件。在严寒季节，保持芹菜不受冻害；同时，也应防止温度过高而引起叶片发黄。每天应揭开草苫子，让芹菜叶片见光。使芹菜处于微弱的生命活动中，缓慢生长，保持叶片翠绿和叶柄鲜嫩。这样假植贮藏的芹菜，在整个冬季可陆续上市。

（六）芹菜的保鲜贮藏

芹菜喜冷凉湿润的环境，耐寒性强，贮藏适温为－2℃～－3℃。芹菜可分为实心种和空心种两类，每一类又有深色和浅色的不同品种。心实色绿的芹菜耐寒力强，最适于贮藏。

1. 冻　藏

先在风障北侧建地上式冻藏窖，窖的四周用夹板填土打实成土墙，墙厚 0.5～0.7 米，高 1 米。打墙时，在南墙的中心每隔 0.7～1 米立一根直径约 10 厘米粗的木杆，墙打成后拔出木杆，使南墙中央形成一排垂直的通风筒。

然后，在每个通风筒底部通过窖底挖深宽各 30 厘米的通风沟，穿过北墙在地面开口。这样，使每个通风筒、通风沟和进风口，联成一个完整的通风系统。

通风沟上铺两层秫秸和一层细土，芹菜捆成 5～10 千克的捆，根向下斜放窖内。装满后于芹菜上盖一层细土，菜叶呈似露非露状态。白天盖帘，夜间揭开。随着气温变冷，分次覆土，覆土总厚到 30 厘米为止。

在严冬季节，应堵死北边通风口，使窖温保持在－2℃～－1℃。这样做，可以只使叶子出现白霜，而不会使叶柄和根部受冻。

如果需要使冻藏芹菜解冻，可在出窖前 5～6 天拔去风障，用塑料薄膜盖在覆土上，过后将化冻覆土铲去，留最后一层薄土以保护芹菜，待其缓慢解冻之后再取出。

2. 塑料袋包装气调贮藏

采用 0.08 毫米厚的聚乙烯薄膜袋，每袋装芹菜 12.5 千克。芹菜须带短根并除去黄叶、病叶，装入袋中后扎紧袋口，在温度为－2℃～0℃的环境下，自然降氧。直到袋内氧气含量降到5%左右时，必须打开袋口，通风换气后再扎紧袋口。如此进行多次。为了减少开袋通风换气的麻烦，也可在袋口留一定的空隙，进行自动调氧。这样贮藏，芹菜可从10月份贮至翌年春节。

3. 家庭简易贮藏

寒冷地区贮藏芹菜的时机，应选在结冰前后2～3天。先在避阳光的墙根下用砖垒起高约200毫米，宽约100毫米的小台若干道，用木板、木棍或秫秸等物铺在台上，再铺上不超过50毫米厚的湿土。然后把芹菜捆好放在土上，每捆直径不超过300毫米，用湿土或脱下的白菜叶盖在芹菜上。

用菜时，需先把已结冻的芹菜放在7℃～8℃的地方，让芹菜缓慢解冻后，即可恢复新鲜。

4. 沟　藏

芹菜沟藏不用覆土，实际上是一种浅坑堆藏。进行时，选择地势较高、地下水位较低的地方，按东西向挖沟，沟深1米左右，宽1.5米左右，长度视贮量而定。挖出的土堆在向阳一侧，以避日光照射。

当气温稳定在－3℃时，将预贮菜捆放入沟内，根部朝下摆放，适当留出空隙，以便通风和倒菜。芹菜入沟后，如果气温尚未达到芹菜受冻的程度，用草席等稍加覆盖即可（主要是防日晒）。当地面温度降到－5℃以下时，要用草袋或其他材料覆盖保温。覆盖应分次进行。气温降低到芹菜顶部僵硬时，需用秫秸、稻草等物将沟口四周封严，以防外界冷空气侵袭，并保持沟内温度处于－2℃～0℃之间。如果所贮芹菜出现发热、出汗和叶片变黄等现象，则应及时在晴暖天气通风，必要时进行倒菜。

5. 窖　藏

用于窖藏的芹菜，应选用塑料大棚秋延后栽培的芹菜。这种芹菜是6月中旬育苗，8月上旬定植，9月中下旬扣棚，11月中旬收获，收获时连根拔起。

用于贮藏芹菜的菜窖，可采用普通菜窖。贮藏时，根据贮藏量的大小，在菜窖的底部挖10厘米深的浅沟若干条，将收获的芹菜假植在浅沟中，适当浇水后培土。或者在芹菜收获后，将芹菜捆成捆。每10～15千克一捆。然后每两捆相对，呈"人"字形码在窖内，在芹菜的根部稍培土，并适当地浇些水。

芹菜贮藏初期，要注意通风。随着气温的降低和贮藏时间的延长，通风间隔时间应拉长，通风量应该减少。进入严寒季节后，应注意保温，在晴暖的中午通风。在整个贮藏过程中，要使窖温维持在0℃左右。这种方法操作简便，损耗少（一般损耗3%～5%），可贮藏至春节。

6. 塑料薄膜限气贮藏

限气贮藏最好与冷藏相结合。氧气浓度为5%、二氧化碳浓度为10%的气体，能明显地抑制芹菜的呼吸作用，延缓衰老。

常用的塑料薄膜限气贮藏法，有塑料袋小包装自然降氧和塑料薄膜自然降氧两种。塑料袋小包装自然降氧贮藏，又有紧扎口和松扎口两种方法。紧扎口法自然降氧，是在产品预冷后，移入冷藏间，装入宽50厘米、长80厘米、厚0.07毫米的聚乙烯塑料袋中，扎紧袋口，单层摆放在菜架上，调节库温在-2℃～0℃之间，相对湿度为90%～95%，每袋装入15～20千克芹菜。利用芹菜自身的呼吸作用，降低袋中氧气浓度，提高二氧化碳浓度。当袋中氧气浓度低于5%，或二氧化碳浓度高于10%时，需打开袋口换气，然后重新扎紧袋口，继续贮藏。

松扎口法与紧扎口法相似。其不同的是在袋口插入一根小木棍后，再扎紧袋口，然后抽出小木棍，就有一个小孔，内外气体能够自行交换，使袋内氧和二氧化碳的浓度维持在一定的水平上，不需要或不经常需要人为地开袋换气。这种方法虽比较简便，但留孔大小(即木棍的粗细)要经过多次实践才能掌握好。

塑料帐自然降氧是将芹菜预冷后，放在冷藏间的菜架上，然后用塑料薄膜帐罩好，密封，通过芹菜自身的呼吸作用，调节帐内的气体配比，使氧和二氧化碳浓度分别维持在5%和10%左右。如果氧浓度过低，二氧化碳浓度过高，则应开帐换气，或向帐内补充新鲜空气加以调节，调节库温在－2℃～0℃之间，相对湿度在90%～95%。

7. 芹菜夏季保鲜运输

在我国北方地区，如山东省夏季7～10月份，生产大量的芹菜，运往多雨、炎热缺菜的江南地区，既解决了江南炎夏淡季缺菜问题，也为生产者带来可观的经济效益。夏季芹菜的贮藏保鲜运输技术要点如下：

芹菜在傍晚天气凉爽时刨收，使芹菜有较低的体温，防止高温烂菜。在凌晨天气冷凉的时间装车。每车装1万千克左右。装满车后，在芹菜上压人造冰4～5块(每块长、宽、高为150厘米×50厘米×20厘米)。车上严覆帆布棚。凌晨装完车立即出发，用换人不停车的方法直达目的地。在傍晚20～22时抵达上海等地的蔬菜批发市场。由于有冰块降温，一路上可使芹菜温度保持在1℃～5℃的温度范围内。凌晨0时至2时，蔬菜批发市场开始交易，务必把整车芹菜卖出。如卖不出，白天温度升高后即开始腐烂损失。

二、莴苣的调控与保鲜

莴苣是菊科莴苣属的一二年生植物，原产于地中海沿岸。

莴苣按食用部分可分为叶用莴苣与茎用莴苣。茎用莴苣即莴笋，在我国南北各地普遍栽培。叶用莴苣又名生菜，现在也在我国有了较大的发展。

莴苣喜冷凉，忌高温，稍耐霜冻。在长日照下发育迅速，喜中等强度光照；吸肥吸水能力弱，喜潮湿，忌干燥。

（一）莴苣的周年生产调控

在我国温暖地区，利用不同的莴苣品种排开播种，加上保护地冬季防寒保温和夏季遮阳防雨降温，分期收获，可以周年供应。江淮地区莴苣周年生产的茬次调控技术如表12-2所示。其余地区可据气候和品种特性，酌情调节。

表12-2　江淮地区莴苣周年生产的茬次调控

茬　次	栽培方式	播种育苗期	定植期	收获期
秋莴苣	育苗和定植前期遮阳网覆盖	8月上旬	8月下旬至9月上旬	9月下旬至10月下旬
	遮阳育苗，露地栽培	8月中旬	9月上中旬	10月下旬至11月下旬
	露地栽培	8月下旬	9月下旬	11月中旬至12月上旬
秋延迟莴苣	露地育苗，大棚栽培	9月上中旬	10月上中旬	12月下旬至2月

续表 12-2

茬 次	栽培方式	播种育苗期	定植期	收获期
春提前莴苣	露地育苗大棚栽培	9月下旬至10月上旬	11月上中旬	3～4月上旬
越冬春莴苣	露地栽培	9月下旬至10月上旬	11月上中旬	4月中旬至5月上旬
	露地栽培	10月上旬	11月中旬	5月上旬至下旬
春播莴苣	露地栽培	3月上旬	4月上旬	6月
夏莴苣	遮阳防雨棚栽培	5月上旬至6月上旬	5月下旬至6月	7～8月

我国北方地区的莴苣主要以春秋栽培为主，随着保护地设施技术的发展，也能做到周年生产供应。华北地区莴苣的周年生产技术如表 12-3 所示。其余地区可据气候和设施情况酌情调节。

表 12-3 华北地区莴苣周年生产的茬次调控

茬次名称	播种育苗	定植期	收获期
春莴笋	12月下旬至3月上旬在保护地或露地	陆续定植	5～6月
莴笋春早熟	12月下旬至1月上旬在保护地	2月下旬至3月上旬	4月上旬开始陆续收获
秋莴笋	7～8月初	8月中旬至9月上旬	11月中旬左右陆续收获

续表 12-3

茬次名称	播种育苗	定植期	收获期
秋延迟莴笋	8月中下旬	9月中下旬	12月中旬开始收获
莴苣越冬栽培	9月上中旬	10月中下旬	2～4月
春叶用莴苣	2～4月份在阳畦、塑料棚或露地	—	5～6月
秋叶用莴苣	7月下旬至8月下旬	—	10～11月
叶用莴苣春早熟	12月中下旬至1月份，在阳畦	2月中下旬	4月
叶用莴苣秋延迟	8月中下旬	9月中下旬	12月中旬开始收获
叶用莴苣越冬栽培	9月上中旬	10月中下旬在日光温室	2月开始上市

（二）生菜的周年生产调控

生菜即叶用莴苣，喜冷凉湿润气候，适宜春、秋两季栽培，如冬季利用薄膜覆盖和夏季遮荫等不同栽培方式，并利用不同品种，排开播种，也可基本实现周年供应。

1. 春 生 菜

1月下旬至3月份，在大棚内播种育苗，苗龄40～50天，3月中旬至4月份定植于露地，5～6月份采收供应。在春季，为了提早上市，可利用大棚、阳畦和小拱棚等进行覆盖栽培，12月份播种育苗，翌年2月初定植，4月中旬开始采收。

2. 夏 生 菜

在 4 月下旬至 6 月份播种，苗龄 25 天，5 月下旬至 7 月份定植，定植后 30～40 天采收。一般采收小苗上市，也可以直播间拔小苗分批上市。进行遮阳网覆盖，有三种方式：第一种是在畦面上直接盖上遮阳网，即浮面覆盖方式；第二种是在畦面两侧打木桩，上拉铁丝盖遮阳网，即平棚覆盖的方式；或利用小拱棚上盖遮阳网；第三种是利用冬季生产的大棚棚架，覆盖遮阳网。夏季还可利用气候凉爽的山区作为生菜的生产基地，效果也很好。

3. 秋 生 菜

秋季最适宜生菜生长，播种期为 7～8 月份，露地育苗，播种早的须遮荫育苗。9～10 月份定植，定植后 45～50 天收获，最迟于 11 月上中旬收获完毕。

4. 冬 生 菜

冬季主要利用大棚、日光温室等保护设施进行栽培，宜选用耐寒性强的品种。大棚栽培生菜，9 月份露地育苗，10 月份露地定植，苗龄 30～40 天。10 月下旬上棚盖薄膜，12 月中旬开始采收。利用日光温室栽培，可在 10 月份至 11 月初播种，12 月份定植，翌年 2 月中下旬开始上市。

（三）打破莴苣种子休眠的调控

1. 打破莴苣种子在常温下的休眠

莴苣种子具有较长的休眠期。为打破休眠，可以用低温，照光，0.2%硫脲、赤霉素、硝酸盐、细胞分裂素处理等。莴苣种子发芽的最适温度为 15℃～29℃；在 25℃以上和无光条件下，其发芽能力明显降低。而打破休眠的种子，可提高在高温下的发芽能力。用赤霉素 100 毫克/升的药液处理，发芽率可达 80%左右；用 0.2%硫脲处理，发芽率为 75%，而对照仅 7%。当土壤温度达 27℃时，通常可诱导莴苣种子休眠。而用 100 毫克/升激动素溶液浸种 3 分钟，则可克服在高温下的休眠。激动素和 6-BA 在高温条件下都可促进莴苣发芽，在 30℃时均有效；当气温达 35℃，激动素的作用更显著。

2. 打破莴苣种子在高温下的休眠

在高温下，莴苣种子处于休眠状态，不能发芽。秋季莴苣播种期为 7～8 月份，此时正是炎热季节，直接播种，种子发芽率很低，不足 15%，需要用井窖、冰箱等低温处理种子，打破休眠，才能发芽。在较高的温度条件下，也可以通过用 5 毫克/升 6-苄基氨基嘌呤、5 毫克/升赤霉酸浸种 8 小时左右，再用自来水冲洗干净，即可播种，发芽率可提高到 80%左右。若将 6-苄基氨基嘌呤与赤霉酸各 5 毫克/升液混合使用，效果更好。在使用 6-苄基氨基嘌呤与赤霉酸时，应注意浓度不可高于 7.5 毫克/升，否则会降低发芽率，造成药害。

(四)促进莴苣生长的调控

第一，莴笋幼苗期生长适温为 16℃～20℃。莲座期生长适温为 18℃～22℃，超过 25℃莴苣易徒长。冬、春季温室及大棚内的光照，可满足莴苣正常生长需要。莲座期要控水，结球期要供水充足。以食用嫩茎为主的莴笋，当植株长有 10～15 片叶时，用赤霉素 10～40 毫克/升液喷洒，处理后心叶分化加速，叶数增加，嫩茎快速伸长，可提早 10 天采收，增加产量 12%～44.8%。对叶用莴笋在收获前 10～15 天，用 10 毫克/升浓度的赤霉素处理，植株生长快，可增产 10%～15%。在莴笋上应用赤霉素要注意使用浓度，以避免喷洒浓度过高而使茎细长，鲜重降低，后期木质化，品质下降。还要避免在苗太小时喷洒赤霉系液，否则茎细长，提早抽薹，失去经济价值。

第二，用浓度为10毫克/升的ABT 5号增产灵溶液，浸莴苣根20分钟，也可使幼苗根系发达，笋茎粗壮，增产25%～30%。

第三，对莴苣应用赤霉素，气温低时，赤霉素处理的作用时间较长，产量增加较多；气温较高时，赤霉素的作用就较小，作用的时间也较短。生长速度的高峰也随气温的高低或提早，或推迟。因此，在应用上要注意处理的季节性。为了促进莴苣的茎叶生长，宜在早春处理，效果较明显。如果到了春末夏初再处理，此时气温已经转暖，效果就不一定明显。在施肥水平高、水分充足的条件下，赤霉素促进营养生长的作用更为明显。

第四，在莴苣植株叶片充分生长后，每隔5～7天，用350毫克/升的矮壮素药液喷洒叶面，共喷2～3次，可使茎部粗壮，提高其商品质量和产量。

（五）莴苣抽薹开花的调控

1. 抑制抽薹

当莴笋开始伸长生长时，用4 000～8 000毫克/升丁酰肼液喷洒植株2～3次，每隔3～5天喷一次，可以明显地抑制抽薹，增加茎的粗度，提高商品价值。

在莴笋幼苗生长期间，用抑芽丹（青鲜素）100毫克/升的药液处理，也能抑制抽薹开花。

2. 促进抽薹

莴笋是叶、根菜类中惟一因高温诱导花芽分化，温暖长日照条件下促进抽薹的。用长日照和低温处理种子，可促进花的形成，但留种需要冷晾的气候。如人工气候室试验，在10℃～25℃内，无论是短日照还是长日照，均能抽薹开花；在10℃以下或25℃以上，结实不良，种子量减少；相反，在10℃～15℃时种子量最多。莴笋留种困难，喷洒赤霉素后可以促进莴笋抽薹，减少腐烂。当结球莴笋长有4～10片叶时，喷洒5～10毫克/升的赤霉素药液，可以促进结球莴笋在结球前就抽薹开花，种子提早半个月成熟，增加种子产量。

（六）莴苣的化控保鲜调控

收获前用5～10毫克/升6-BA进行田间喷洒，可使莴苣包装后保持鲜绿的时间延长3～5天。收获后用6-BA处理，同样能延迟衰老。于收获后一天用2.5～10毫克/升的6-BA喷洒莴苣，效果最佳。若先将莴苣放在4℃温度下保存2～8天，然后用5毫克/升的6-BA溶液喷洒叶面，并在21℃下保存。5天后，对照仅有12.1%可供上市，处理的却有70%可上市。

用5～1 000毫克/升的丁酰肼液或矮壮素溶液浸渍莴苣的叶和茎，发现浸渍叶比浸渍茎基部更有效，其中以60毫克/升浓度的矮壮素液和120毫克/升的丁酰肼液，处理效果最佳。使用矮壮素和丁酰肼处理，在温度高的条件下贮藏，浸渍用药浓度宜低一些。相反，则宜高一些。

（七）莴笋的假植贮藏

秋莴笋在严寒到来之前收获。假植于阳畦时均为东、西向，畦墙高40厘米左右，一般比莴笋高出7～10厘米。选择生长健壮、大小均匀、无病虫危害、无机械损伤、无抽薹表现的植株带根刨出，摘除下部老黄叶，保留上部7～8片叶，按行株距 15 厘米左右假植在沟内，栽后浇水。11 月下旬后，随着外界气温的下降，要注意逐渐覆盖防冻。晚上加盖塑料薄膜和草苫保温，保持畦内温度为 1℃～2℃。这样，可贮藏至春节上市。

（八）莴笋的保鲜贮藏

莴笋是半耐寒蔬菜，受冻后恢复能力差，故不宜采用冷冻贮藏。适宜的贮藏温度为 0℃～2℃，相对湿度为 90%～95%。气调贮藏时，氧含量为 3%～5%，二氧化碳含量低于 2%的条件最有利于贮藏。

1. 沟贮藏

挖贮藏沟，沟宽 1 米、深 25 厘米左右。严寒来临前，把莴笋带根刨出，选健壮、无病虫害、无机械损伤的植株，放在阴凉处，晾 2～3 天，进行预冷。摘除黄叶、病叶，保留上中部叶片 7～8 片。

入沟时先从一头开始，把莴笋根朝下地倾斜摆成一排，在外侧压好细土。这样一排莴笋一层细土地把莴笋间隔排完。然后把顶部叶用土盖严。贮藏前期温度较高，要以散热为主。待莴笋顶叶和盖土微冻时，再覆盖一层土。以后随着土壤的结冻，随时加盖覆土。最后覆土的总厚度与当地的冻土深度相同。沟内温度应基本保持为 0℃～3℃。不能长期低于 0℃，以免冻害；也不能长期高于 3℃，以免腐烂。雨雪天时应在沟上覆盖塑料薄膜，以防止雨雪水流入沟内。上市前 1～2 天，把莴笋取出，放在屋内进行醒菜处理。此法可将莴笋贮藏至翌年 2 月上中旬。

2. 冷贮藏

用真空速冷技术在密闭容器内降温，同时使莴笋温度由

20℃在半小时内降至2℃，然后把它放入降温容器中贮藏。这样，可以延长贮藏期20天左右。进行时，将采收后的莴笋冲净沥干，用0.03毫米厚的薄膜袋密封包装，每袋装3～5根，装筐后置于0℃～3℃条件下贮藏25天，鲜好率可达98%，取出后叶子鲜绿。

3. 家庭简易贮藏

将购回的茎粗无空心，且未抽薹的莴笋，洗去泥土，在室内放置4～6小时，装入食品袋，扎紧袋口，放在冰箱中冷贮，保存时间可达15天。冬季可将莴笋放在0℃～1℃的凉台上贮藏，根据气温变化情况，用草帘或麻袋的覆盖或揭开来调节温度。保存中切勿让太阳晒到莴笋上。

（九）生菜的保鲜贮藏

对于散叶生菜，可根据市场需求随时采收上市。对结球生菜，从开始结球到抽薹前均可采收，以在叶球较紧实时采收最好。采收应在晴天进行，采收前1～2天要停止灌水。雨后1～2天内不得采收。

生菜含水量高，组织脆嫩，冰点为－0.2℃，易受冻害。生菜采后呼吸、代谢作用旺盛，需及时预冷至1℃，然后再贮藏。贮藏方法如下：

1. 简易贮藏

将生菜预冷后装入聚乙烯薄膜袋中，不必扎口，放入冷库贮藏，保持温度为0℃～3℃，相对湿度在98%以上，贮期可达10～15天。生菜不能与苹果、梨和瓜类等混合贮藏，因为这些果蔬能产生大量的乙烯，使生菜叶片发生锈斑。

2. 假植贮藏

入冬前即气温降至0℃以前，将露地栽培的生菜连根拔起，经轻度晾晒使叶片稍蔫，以减少机械伤。隔天囤入阳畦内假植。散叶生菜可一棵挨一棵栽入；结球生菜株间应稍留空隙，用土埋实，不浇水。贮藏中，每隔 15～20 天检查一次，及时清除黄叶和烂叶。白天支棚通风，夜间半盖或全盖。用这种方法贮藏，散叶生菜可贮 1 个月左右；结球生菜可贮 10 天左右。

生菜鲜嫩易腐，不宜长途运输。运输前需要预冷。运输时间在 1～2 天内时，温度可控制在 0℃～6℃；运输时间为 2～3 天时的，应保持 0℃～2℃的温度。

三、菠菜的调控与保鲜

菠菜，又名波斯菜、赤根菜或角菜，是藜科菠菜属一二年生植物，原产于亚洲西部的伊朗。

菠菜耐寒力强，在最低温度为－10℃左右的地区，都可以露地安全越冬。菠菜是长日照植物，需水量大，对土壤适应性广，但耐酸能力较弱。较长的日照和较高的温度下，有利于菠菜花芽分化和抽薹，日照较短和冷凉的秋、冬季，有利于叶簇生长。

（一）菠菜的周年生产调控

菠菜适应性强，春、夏、秋三季均能栽培。它性耐寒，在大部分地区可露地越冬。随着保护地栽培的发展，一年四季均可生产菠菜。

在我国南方大多数地区，菠菜以秋播为主，早熟品种可当年收获，晚熟品种可次年春季收获。加上遮阳网、防雨棚的应用，菠菜可春播或夏播。

如长江流域，菠菜在早秋8月下旬至9月上旬播种，30～40天后可分批采收；也可提前于7月下旬或延迟于9月中下旬播种。晚秋菠菜于10月下旬至11月上旬播种，次年春季收获。春播菠菜于2～4月份播种，30～50天后收获。夏播菠菜于5月下旬至8月中旬播种，使用遮阳网、防雨棚栽培，6月下旬至9月份收获。

在我国北方地区，菠菜以春、秋两季栽培为主，加上保护地栽培，也可实现周年供应(表12-4)。

表12-4 我国北方地区菠菜周年生产调控

栽培茬次	播种期	收获期
越冬菠菜	9月	2月上旬至5月中旬
埋头菠菜	10月中旬至12月上旬	4月上旬至6月下旬
春菠菜	2月下旬至4月下旬	4月中旬至6月中旬
夏菠菜	5月中旬至7月下旬	6月下旬至8月上旬
秋菠菜	7月下旬至8月下旬	9月上旬至10月下旬
冻藏菠菜	8月上旬至9月上旬	10月中旬至12月上旬
温室菠菜	11～12月	1～3月

注：1. 各地开始播种时间有差别 2. 栽培越冬菠菜和春菠菜，若设立风障，则可提早半个月播种与收获；若用塑料拱棚覆盖，则可提早20～30天播种与收获

(二)促进菠菜生长的调控

菠菜的生长期较短，在夏季，播种后35～45天便可收获；秋季播种，收获期则晚一些。在栽培菠菜时，缩短生育期，提早出售，有利于经济效益的提高。

第一，用赤霉素处理促进生长。赤霉素宜用10～20毫克/升浓度液，在收获前2～3周进行叶面喷洒，或者从菠菜已有4～5片叶子起，每7～10天喷洒一次，连续喷三次。经赤

霉素处理后，菠菜的收获提早1周，能增产20%左右。菠菜的不同栽培型，均可喷赤霉素而提早收获出售。如果进行地膜栽培，可提早20天收获；塑料薄膜栽培，可提早10天收获。菠菜应用赤霉素栽培，早春或晚秋在短日照低温条件下，更能提高产量，提早收获。经赤霉素处理后，5天便能显著伸长，但肥水条件必须相应跟上。如果施用叶面肥料，则效果更加显著。

也可在菠菜采收前15～20天，用20～50毫克/升的赤霉素溶液喷洒叶面2～3次，间隔时间为6～7天，可以增加植株的高度，提高产量，增加叶片中维生素C的含量。或用20毫克/升的赤霉素液和0.03毫克/升的芸薹素内酯液混合使用，在采前30天左右进行叶面喷施，亦可增加产量。

第二，在生长期，对叶面喷洒650～2 000毫克/升的石油助长剂药液1～2次，能显著提高产量。在苗期，每667平方米使用200毫克/升的三十烷醇溶液50升喷洒叶面，可以提高产量，改善品质。

第三，在菠菜采收前15～20天，用40毫克/升的DA-6（乙酸二乙氨基乙醇酯、植乐原粉或植物龙）进行叶面喷洒，用量以叶面湿润为度，可以明显增加叶片的长度，提高产量，而且叶片的可溶性糖和维生素C的含量也得以提高。

（三）菠菜开花与性别改变的调控

菠菜是典型的长日照蔬菜，但种子又保持对低温反应的特性，如催芽种子用低温处理，可明显提高成花效果。长日照可促进花芽分化、抽薹和开花。如果幼苗期连续低温时间长，缩短对长日照要求的时间。温暖地区的菠菜，抽薹时间早。菠菜性别表现多样，有雄株、雌株和两性株。赤霉素促进菠菜的雌性花，而乙烯利促进菠菜的雄性花。

对田间和温室菠菜，用赤霉素和乙烯利进行处理，能改变菠菜的性别表现。用赤霉素处理，可增加雌株数，降低雄株数。用50毫克/升液进行处理，雌株数达58.3%，对照为38.7%；雄株数为34.9%，而对照为39.8%。两性花对照高达22.5%，而经赤霉素处理的仅6.8%。用乙烯利处理菠菜植株刚好相反，增加雄株数，降低雌株数。用200毫克/升的乙烯利液处理，雌株数仅37.2%，对照为38.7%；雄株数高达56.6%，对照仅39.8%。用赤霉素50毫克/升液和乙烯利200毫克/升液混合处理的，雌雄株数目接近于对照，表现出互相拮抗的作用。

对温室春播菠菜，用赤霉素和乙烯利处理后，对照的雌雄比值为0.97，用赤霉素液处理的比值上升到1.67；而用乙烯利处理的则下降到0.65；用两种激素同时处理的，比值为1.10，接近对照。

菠菜雌株具有比雄株产量高、抽薹晚、收获期长等优点，在生产中雌株显然比雄株有利。叶面喷施15毫克/升的6-苄基氨基嘌呤溶液，也可以促进植株雌化。

（四）菠菜贮藏保鲜的化学调控

刚采收的菠菜，用5～10毫克/升的6-BA药液作浸蘸或喷洒处理，待稍沥干后贮藏，能抑制呼吸作用，有效地延迟菠菜的衰老，提高食用品质。

在采前，对菠菜全株喷10毫克/升6-苄基氨基嘌呤溶液，或在采后用10～30毫克/升的6-苄基氨基嘌呤溶液进行浸泡或喷施，均可有效地保持菠菜的新鲜状态，延长贮藏期。

(五)菠菜的保鲜贮藏

菠菜的适宜贮藏温度为－1℃～0℃，相对湿度为 90%～95%。菠菜是一种非常容易腐烂的蔬菜，在温度较高时极易败坏。因此，菠菜的贮藏保鲜多采用冻藏法。适时采收是取得冻藏成功的关键之一。收获过早，外界气温高，不能入沟贮藏，菠菜在堆内发热，叶子变黄，增加腐烂损耗；收获过晚，菠菜冻在地里难以收获。以早晚地面上冻，中午能化开，即地面刚结冻而又未冻实时，进行收获为最好。

1. 埋　藏

大雪节前，将未抽薹的菠菜连根收起，用稻草轻轻捆成 0.5～1 千克的菜把。在背阴不积水处挖深 0.3 米左右、宽 0.7～1 米的窄沟。将成把的菠菜平放于沟中，注意不要堆积和靠得太紧。在土壤封冻前盖土 150 毫米左右厚。至封冻时，菠菜上面的覆土冻结，使菠菜处在土壤冻结与不冻结相交的位置。春节前将菠菜挖出，放在较暖的室内，待菠菜完全恢复后，则鲜嫩如初。

2. 普通冻藏

选择遮阳场地，挖深、宽各为 350 毫米的若干平行沟，沟间距离 100～250 毫米，将菠菜根朝下地摆放在沟里，在叶面撒一层湿润土覆盖，厚度以不露叶子为宜。随着气温的下降，逐渐加厚覆盖土层，使沟里温度维持在－8℃～－6℃，并使叶片冻结，而根不冻。

3. 通风沟冻藏

通风沟冻藏法，克服了普通冻藏法中不能进行温度调节的缺点。通风沟宽 0.7～1 米，深 300～600 毫米，沟底挖成长 33～100 毫米、宽 220～250 毫米的通风道，通风道的两头与地面相通。沟上用废旧架杆横铺一层，再将菠菜捆摆在架杆上，覆土与普通冻藏法相同。天暖时不堵塞通风道，利用通风道交换外界冷空气。随着天气逐渐转冷，逐步堵塞通风道。开春后，外温增高，土温上升，逐步将堵塞通风道的草把打开。通风沟冻藏法比普通冻藏法损耗率低15%～20%。

4. 合畦冻藏

首先要选好合畦冻藏的组合，每个组合为三个畦，其中左一畦和右一畦为起菜畦，中间一畦为冻藏畦。冻藏前，先用铁锹把冻藏畦的菠菜平平展展地铲断根系。其深度以入土15毫米为宜，不要过深或过浅。铲时不动乱菜株，让菜株原样保留在生长的土地上，只是铲断了根部。用同法，把左右两畦的菠菜铲起，并轻轻地扣在中间的冻藏畦上，并使叶部朝下，根部朝上，将三个畦的菠菜合成一畦，进行贮藏。

合畦冻藏法在管理上应注意两点。一是贮藏当天，将合畦的畦表埋严，并用铁锹轻轻地拍打一下，使贮藏菠菜的上下层之间紧密结合，防止寒风进入，吹干菠菜；二是若遇天气过冷，应再盖一层60～100毫米厚事先准备好的细土。据山西太原的经验，采用合畦冻藏法，可将菠菜贮藏到翌年3月下旬，待地温上升，表土开化时陆续上市。

5. 净菜保鲜

将采收的菠菜进行整理，除去根部和黄叶，用水冲洗干净，进行消毒。消毒液用次氯酸钙溶液，即在100升水中加次氯酸钙约30毫升，用配成的溶液浸渍菠菜1分钟。然后捞起晾干，待菜体表面无明水时，把它装入厚0.06～0.08毫米的聚乙烯袋中，扎紧袋口，放入冷凉处贮藏，可保鲜10～15天。此法适合于短期贮藏和超市保鲜的需要。

6. 简易气调贮藏

菠菜入库前，将库房消毒，并降温至－2℃。菠菜收获后，加以选择，捆成 0.5～1 千克的小把，入库放在架子上。在－1℃～－2℃的温度下，预冷 24 小时。然后装入长 1 米、宽 0.7～0.8 米、厚 0.08 毫米的聚乙烯塑料薄膜袋中，每袋 10 千克，扎口贮藏。在贮藏库中，控制温度为－1℃～0℃，相对湿度为 95%。在贮藏中，要定期测定袋内氧和二氧化碳的浓度。袋内二氧化碳不可超过 6%。用此法贮藏菠菜 3 个月，商品率为 83%，一等品率为 80%。

7. 暖　藏

暖藏方式与冻藏基本相同，只是贮藏沟可以稍宽、稍深一些，覆盖物也可以稍厚一点，使沟内温度保持在 0℃～2℃的范围内，以保持菠菜似冻非冻状态。这种方法能更好地保持菠菜的新鲜度，上市前也无须解冻。但管理要十分谨慎，切不可让菠菜冻冻化化，造成损失。

8. 活　贮

这是利用阳畦扣棚的菠菜贮藏方法。将菠菜先播种在阳畦里，时间比一般秋根菠菜早种几天，加强管理，促其生长。上冻后，直接在阳畦上扣上棚扇，四周用土封严，用稀泥把缝抹上，盖上草苫，使其不透光，不通风。天太冷时，加厚覆盖物，以使菠菜微微冻结为宜。元旦前后，在晴天气温较高的中午，把覆盖在外面的草苫子揭开，升高阳畦内的温度，夜间用草苫盖好。经过一周左右，菠菜便可回缓过来，菜棵直立，床土解冻，即可收割上市。

9. 塑料袋限气贮藏

将新鲜菠菜捆成每把 0.5 千克左右的小把，在 0℃±0.5℃下预冷两天。然后把它根对根地码入 1 100 毫米×800

毫米，厚 0.08 毫米的聚乙烯薄膜袋内，共放两层。装菜量约为 25 千克/立方米，将袋平放于冷库贮藏架上，将贮温调为 0℃，扎紧口袋。在贮藏中每周打开袋口放风 2 小时。如果不将袋口扎紧，留下一个食指大的空隙，或扎口时插入 2 厘米粗的圆木棍，扎好后把木棍拔出，形成一个小孔。所留的小透气孔能自动调节袋中气体。

采用塑料袋限气贮藏法，贮藏秋菠菜 90 天，春菠菜 30 天，好菜率达 90%以上，损耗比埋藏少。

四、芫荽的调控与保鲜

芫荽，又名香菜、胡荽或香荽，是伞形花科芫荽属一二年生草本植物，原产于地中海沿岸及中亚。

芫荽耐寒性强，也较耐热，对日照强度要求不严，但光照充足时香味浓。它植株健壮，不耐旱，喜土壤湿润。

（一）芫荽的周年生产调控

芫荽既耐寒又较耐热，适应性强，四季均可栽培。在露地以春秋栽培为主，加上塑料棚与温室栽培，可使芫荽能周年生产供应。

种植春芫荽，可在 3 月下旬至 4 月上旬播种。种植夏芫荽，在 5～6 月份播种，并且要选耐热品种，注意排涝降温，在长江流域须用防雨棚加遮阳网覆盖。秋冬芫荽有年内收获和越冬两种情况。年内收获的于 7 月下旬至 8 月中旬播种，10 月至 11 月可收获。越冬芫荽可在 9 月上旬至 10 月下旬播种，高寒地区种植秋芫荽，冬前可设风障，保护越冬，或使它在大棚内越冬，到翌年春季收获上市。

（二）促进芫荽生长的调控

用 15～20 毫克/升的赤霉素药液，在收获前 15 天左右喷施芫荽 2～3 次，可促进生长，提高产量。由于在低温时作用较为缓慢，故应适当提前使用。温度较高时，则应适当推迟使用时间。

在芫荽生长盛期，用 10％绿兴植物生长剂 1 000 倍液对其喷施 1～2 次。经此处理后，可提高芫荽产量 20％～30％，并使芫荽茎叶有光泽，口味好。

（三）芫荽的保鲜贮藏

芫荽叶片很薄，加之表面积大，因而体内水分极易丧失。一般采收后半天，就逐渐萎蔫发软，失去新鲜状态；1～2 天后，叶片就开始干缩、转黄和老化，甚至腐烂，失去其食用价值。低温高湿是贮藏芫荽的适宜条件，尤其是收获后立即创造这样的条件，能起到很好的保鲜作用。

1. 床坑冻藏

11 月份把芫荽从地里收获好，摘掉黄叶和烂叶，然后把它根对根地成行摆齐于床坑内，厚度不超过 200 毫米。当温度降到－10℃以下时，上面要盖上 150 毫米厚的沙子。如果床坑内温度继续下降，则可以加盖一二层草苫子。这样可以将芫荽贮藏到翌年 1 月份。

2. 地沟冻藏

在北方地区，各地均可采用此方法对芫荽进行贮藏。进行冻藏用的地沟，分为活沟和死沟两种。死沟，即所挖的一个宽、深各 300 毫米的沟；活沟，则是挖一条宽 700～2 000 毫米、深 300～700 毫米的沟，再在沟底顺沟长轴方向挖 1～3 条宽和深各200～250毫米的通风道，通风道两端与地沟两端相连并直达地面。通风道上面可稀疏横放些单层秫秸，把芫荽放在上面贮藏。

将采收的芫荽弄掉泥土，摘去黄叶，捆成小把，每把重1～1.5千克，堆放在通风道上，使根向下。再在叶面撒一层沙土或在沟面盖一层秫秸。以后，随着气温的下降，加厚覆盖物。沟内温度保持为－5℃～－4℃，使芫荽菜叶片冻结，而根部不冻结。贮至翌年2月末，芫荽出沟时要缓慢进行解冻，然后再上市，这样才能较好地保持芫荽的原来风味。

3. 气调冷藏

采用气调冷藏法贮藏芫荽，效果很好，贮藏112天，商品率仍可达90%以上。具体做法如下：

(1)整理与预冷 供贮藏的芫荽，要选棵大、株壮、颜色鲜绿、无病虫害的植株。收获时，要留根15～20毫米长。收获后勿热伤，并及时去除病、伤、黄叶，捆成0.5～1千克的小捆，放在0℃条件下预冷12～24小时，至芫荽本身的温度达0℃时，可进行下一操作。

(2)装袋及管理 将预冷后的芫荽，装入长1 000毫米、宽850毫米的聚乙烯塑料袋中，塑料袋膜的厚度为0.08毫米，每袋装8千克，紧扎袋口。当库温为0℃左右时上架。贮藏中，要定期测定袋内气体成分。当袋内的二氧化碳上升至7%～8%时，要开袋透气，使袋内的二氧化碳波动在0～8%之间，氧气波动在8%～20%之间。这样贮藏，芫荽的商品率和保鲜指数可达95%左右。

采用此法，要经常开袋透气，比较费工，可改为松扎口自动调气法。即扎袋时用20毫米粗的木棒插入袋口，扎紧后再抽出木棒，留一小孔，然后将袋口边卷起。这样做，贮藏期间不用开袋透气，袋内二氧化碳日平均值为7.8%左右，氧气含量为10.3%左右，商品率和保鲜指数可达90%以上。采用气调冷藏法贮藏的芫荽可贮至翌年5月份。

五、荠菜的调控与保鲜

荠菜又名护生草或地米菜，是十字花科荠菜属一二年生草本植物，原产于我国。荠菜喜冷凉、湿润、晴朗的气候，耐寒力强，为长日照植物，对土壤要求不严。

(一)荠菜的周年生产调控

荠菜生长期短，而且可一次播种，多次收获，进行露地栽培再加上设施技术，因而可周年生产与供应。

荠菜露地栽培常有春、秋两季播种。春播荠菜在2月下旬至4月下旬播种，4月上旬至6月中旬收获；秋季栽培，在7月下旬至10月上旬可陆续播种，9月中旬至翌年3月下旬收获。

进行荠菜春季小拱棚覆盖栽培，可提前到2月上旬播种，收获也相应提前。冬季进行拱棚覆盖栽培，播种期可延迟到10月上旬。在日光温室和塑料大棚中，荠菜可与其他蔬菜间作。

(二)荠菜保鲜的化学调控

在采前对荠菜全株喷10毫克/升6-苄基氨基嘌呤溶液，或在采后用浓度为10～30毫克/升的6-苄基氨基嘌呤溶液，进行浸泡或喷施，均可有效地使荠菜保持采收后的新鲜状态，延长贮藏期。

(三)荠菜的保鲜贮藏

1. 贮前处理

收获荠菜应在晴天露水干后进行。用铁锨将荠菜连带6厘米左右的根铲起,并抖净菜心的潮土,以免沤烂心叶,再摘除有病害及下部发黄的叶子。然后加以整理,可于上午先摊晒一下,去掉潮气,下午捆菜。菜捆不可过大,每捆以2~2.5千克(直径20~23厘米)为宜。捆好后,使叶子向下根向上,放在风障北面背阴处,单层摆好,晾3~4天,使水分蒸发。待叶子稍蔫即可贮藏。为了防止水分过多蒸发和避免露水浸湿,可在白天中午和晚间用席子稍加遮盖,并将席子支成窝棚状,以防菜堆呼吸热的增高。

2. 贮期管理

在土地未封冻时(立冬前后)挖好贮藏窖。挖窖要选择地势较高、干燥的地点,先立好风障,再在风障北面挖一个东西向长7米、宽1.7米、深0.5米的土坑,坑底留两条纵向土埂,其高、宽均为26厘米,这样构成3条气道与东西两侧相通。再在沟底铺一层秫秸。秫秸要用当年新产的,以免存放过久失去支撑力而造成塌窖。秫秸也不可摆得过密,过密通风不良,会使菜受热;但也不能摆得过稀,否则会减少对菜的支撑力量。

在小雪节后贮藏时,把菜捆叶向上、根向下地直放在秫秸上,使捆与捆之间挤紧,上盖一层薄干土,约1.7厘米厚,或先不盖土,暂时用席子盖上,以免受热。覆盖用的土,以含水30%为宜;如果土过湿,用锨扬土时不易散开,会造成覆土不均匀。

在贮藏过程中,要注意天气变化,做到分期覆土,以免一次覆土过厚使荠菜受热腐烂。覆土时间可灵活掌握。一般大雪节后天气转冷，检查荠菜有 1/2 左右结冻，即可覆第二次土，约 10 厘米厚；如再冷，再覆第三次土，10～13 厘米厚即可。这样覆土，可使轻微结冻的荠菜品质能得以恢复。

如果在天气冷时已将土埋好，而天气又忽然转暖，这时就容易使荠菜冻后迅速融化，造成大量腐烂。这就要在白天用草苫（蒲席）将贮菜坑盖好，不使日光晒透，到晚间打开覆盖物，使荠菜结冻。倘若天气特别冷，可将通气孔堵死，白天打开。到立春后，天气复又转暖，可将气孔打开，并且白天要盖上蒲席，夜晚打开，以免荠菜化冻后受热腐烂。

3. 售前解冻

上市的荠菜必须经过解冻工序，解冻时不能见太阳。其方法是：在上市前 4～5 天，仔细刨开冻土，尽量不碰伤菜叶，菜叶上冻结的小结晶体（冰霜）不能敲打下去，以使叶部水分充足，保持菜叶新鲜。刨出菜后，把它放在较温暖的解冻室内，将荠菜根部向上、叶子向下排放好，以使菜叶上的冰霜慢慢融化。解冻必须在荠菜的冰点以上温度中进行，解冻 1～2 天后应翻动一次，倒一下地方；解冻 5～6 天，叶子解冻保持鲜嫩时，即可摘去黄叶上市。绝不可把出窖后的荠菜放在温度较高的地方，使其骤然解冻。因为这样会引起荠菜的腐烂。

一般 6.6 米×1.8 米×0.5 米的窖，可贮藏荠菜 5 000 多千克，可从小雪节贮藏到惊蛰节，共贮 4 个月之久，损失量约为 10%。

第十三章　根菜类蔬菜的调控保鲜技术

根菜类蔬菜，是指以肥大的肉质直根为食用器官的一类蔬菜。根菜类蔬菜在中国及世界蔬菜中占有极为重要的地位。在我国栽培最广的是萝卜和胡萝卜，其次是大头菜、芜菁甘蓝和芜菁。我国萝卜的栽培面积及产量，仅次于西瓜、大白菜和马铃薯。胡萝卜在欧美是一种重要的四季供应的蔬菜。在我国，近年也将它从秋、冬季栽培发展到春、夏季栽培，从而实现周年生产供应。

根菜类对土壤及气候的适应性广，生长快，产量高，栽培管理较简易。根菜类为主根系蔬菜，适于在土层深厚、肥沃、疏松、排水良好的砂壤土中栽培。土壤瘠薄，黏重，多石砾，所栽培的根菜，易产生畸形根，影响品质。根菜类原产于温带，多为半耐寒性的二年生植物，在低温短日照下，即在秋季冷凉气候下，有利于肉质根生长，在翌年春季高温长日照下，即开花结实。

根菜类蔬菜多用种子繁殖。其中作加工用的大头菜、芜菁和芜菁甘蓝，生长于地面上的根头部发达，而生长于地下部的根颈和真根部比例少，可先育苗再移栽。其他根菜以地下部真根生长为主的萝卜、胡萝卜等，都行直播，以获得优质的肉质根。但辣根菜则用扦插繁殖。

根菜类蔬菜可供炒、煮、加工与生食，耐运输贮藏，为冬季主要的蔬菜。它们的类型及品种很多，一年四季都可栽培。根菜中富含碳水化合物、维生素与矿物质，可以调节生理机能，增进健康。其中胡萝卜的营养价值最高，除含多量的糖分外，还含有大量的胡萝卜素。萝卜中含有淀粉酶和芥辣油，作水果生吃能助消化。此外，根菜的加工制品也有不少是出口商品，远销东南亚各地。根菜还是家畜的良好饲料。

根菜类在营养生长过程中，茎叶的生长和肉质根的膨大，具有一定的顺序性和相关性。最初是吸收根的生长比叶的生长快，而后转变为同化器官与肉质根同时生长，最后则主要为贮藏器官的生长。可见，要想获得根菜的高产，前期要促进营养器官和吸收器官的迅速生长，使植株能充分吸收水分和养分，使叶片充分进行光合作用，制造营养物质，供应营养体生长的需要；当营养生长到一定程度的时候，就既要控制它的生长，又要延长叶片的寿命和生活力，保持比较高的光合能力，把制造的养分往肉质根中运输和贮藏，以达到丰产的目的。

二年生根菜植株经秋、冬季低温春化，营养苗端转变为生殖苗端（花芽分化），而进入生殖生长期，在翌春长日照高温下，抽薹、开花和结实，完成其生理周期。根菜类在种子萌动或植株长到一定大小时，能感受低温，通过春化而形成花芽。花芽的形成会影响肉质根的产量和品质，故生产上应防止早期抽薹。

一、萝卜的调控与保鲜

萝卜，古名莱菔或芦菔，是十字花科萝卜属一二年生草本植物，起源于中国。

萝卜品种资源丰富，在我国广泛栽培，且历史悠久。按播种至收获的栽培季节，可分为秋冬萝卜、冬春萝卜、春夏萝卜、夏秋萝卜及生长期短周年可种的四季萝卜。

萝卜生长的温度范围为5℃～25℃，四季萝卜和夏秋萝卜适应的温度范围较广。萝卜要求中等光照强度，属长日照植物，耐旱能力较弱，吸肥力强，对土壤的要求较严格。

(一)萝卜的周年生产调控

我国栽培萝卜历史悠久，品种资源丰富，传统上以秋、冬露地栽培为主。随着设施栽培的发展，萝卜在我国南北地区均可周年生产供应。下面是我国南方地区萝卜的周年茬口安排(表13-1)，可供栽培萝卜时参考。

表13-1　我国南方地区萝卜的周年生产调控

栽培方式		播种期(月/旬)	收获期(月/旬)
春　播(春萝卜)	大棚＋小棚	1/下	3/下～4/中
	小拱棚	2/中下	4/中～5/上
	地膜覆盖	3/上中	5～6
夏　播(夏秋萝卜)	高山栽培	6/上～7/下	8/下～10/下
	平地栽培	6/下～7/上	8～9
秋　播(秋冬萝卜)	露　地	7/下～8/上	9～10
	露　地	8/下～9/上中	11～12
冬　播(冬春萝卜)	露　地	9/中下～10/上	12/中～3/上
	大　棚	11/上～12/下	2～4
	小拱棚＋地膜	12/上	3/下～4

(二)促进萝卜生长的调控

第一，用ABT5号5～10毫克/升溶液浸种4小时，可以促进萝卜种子的萌发，使其发芽整齐。也可用浓度20毫克/升液浸种0.5小时后播种。

第二，在萝卜肉质根肥大期，每 8～10 天喷施一次 0.5 毫克/升的三十烷醇液，667 平方米用量为 50 升，连续喷施 2～3 次，能够促进植株生长及肉质根肥大，使品质细嫩。也可以于肉质根形成期，叶面喷施 100～150 毫克/升的多效唑液，每 667 平方米用量为 30～40 升，能够控制地上部分生长，促进肉质根肥大。必须注意，用药浓度一定要准确，喷雾要均匀。

第三，用 1 毫克/升 6-苄基氨基嘌呤溶液，浸泡萝卜种子 24 小时后播种，30 天后可观察到萝卜鲜重增加现象。在萝卜苗期用 4 毫克/升 6-苄基氨基嘌呤溶液喷洒叶片，也有同样的效果。于萝卜 4～5 叶期，叶面喷洒该药 10 毫克/升溶液，每 667 平方米用药液 40 升，可提高萝卜品质。

第四，于出苗后 2 周，使用 0.005％石油助长剂溶液作叶面喷洒，每 667 平方米用药液量为 50 升。

(三)萝卜抽薹开花的调控

萝卜如用 4 000～8 000 毫克/升的矮壮素或比久液进行喷洒，连喷 2～4 次，可明显抑制抽薹开花，从而避过低温的危害。也可在抽薹前，用 1 000～3 000 毫克/升的抑芽丹溶液，作叶面喷洒，每 667 平方米用量为 50 升，可以防止萝卜提早抽薹。对于未经过低温春化而要其开花的，可在它们未越冬前用 20～50 毫克/升的赤霉素溶液滴生长点，使其未经低温春化就抽薹开花。在采收前 1～4 周，用 1 000～2 000 毫克/升青鲜素溶液对叶面喷洒一次，可抑制二年生萝卜抽薹，减少养分消耗，保持原有色泽与品质。

萝卜种子发芽时，因低温促进花芽分化，分化后在温暖长日照条件下即会抽薹。秋季栽培，不发生抽薹情况；春季栽培，抽薹与播种时温度密切相关。早熟萝卜等在 4 月下旬以前播种,必须严格保持低温,方能防止抽薹。抑制春萝卜抽薹,用0.1%~0.3%的抑芽丹(青鲜素)溶液,于6月下旬喷洒两次;秋季栽培的萝卜,越冬后想在早春上市,同样可用0.1%~0.3%的青鲜素溶液,在抽薹前或抽薹初期喷洒,可明显抑制抽薹。

(四)萝卜贮藏保鲜的化控

萝卜在贮藏期间常因温度和湿度条件的影响,而生根发芽及萎缩,并随之而引起空心、木质化等问题。肉质根中的贮藏物质如淀粉及双糖,水解成为单糖,用于满足萌芽的需要因而降低了食用品质,会增加贮藏中的损耗。

第一,在采前15~20天,用30~80毫克/升2,4-滴溶液,在田间进行喷洒,或对去叶带顶萝卜在贮藏前喷洒,可明显地抑制发芽生根,防止糠心,并增进萝卜品质,具有保鲜作用。2,4-滴液的处理浓度不要过高,浓度过高(80毫克/升)会影响萝卜的色泽,降低质量,而且在贮藏后期易造成腐烂。它主要用在贮藏前期,2个月后药力逐渐分解,不仅不起抑制作用,反而会起刺激作用。

第二,用5~10毫克/升的6-BA液处理,也能有效地保鲜,提高萝卜的商品价值和食用品质。

第三,可用萘乙酸甲酯处理萝卜。先把萘乙酸甲酯的溶液喷洒到纸屑条上或干土上,然后把布条或干土均匀地撒布到贮藏容器中或地窖中,与萝卜放在一起。用量为每35~40千克萝卜用药1克。在萝卜采收前4~5天,可用1 000~5 000毫克/升的萘乙酸钠盐溶液,对田间萝卜叶面喷洒,也有防止贮藏期间抽芽(贮藏在10℃下)的作用。

第四,对萝卜等根菜类,用2 500~5 000毫克/升青鲜素溶液，在采收前 4～14 天喷洒叶面，可减少贮藏期间水分和养分的消耗，抑制萌发、空心，可延长贮藏期和供应期达 3 个月。

（五）萝卜的保鲜贮藏

防止萌芽和糠心，是贮藏好萝卜的首要问题。此类蔬菜的皮层缺乏蜡质，容易失水。因此，必须贮藏在低温高湿的条件下，但又不能受冻，贮温不能低于 0℃，适宜的贮藏温度为 0℃～3℃，相对湿度为 95%。萝卜能忍受较高浓度的二氧化碳，因而适合于密闭贮藏。

贮藏的萝卜以秋播的皮厚、质脆、含糖和水分多的晚熟种为好。收获时要随即拧去缨叶，就地堆集成小堆，覆盖菜叶，防止风吹日晒和夜间受冻。当天即可下窖贮藏。如外温过高，可在窖旁和田间进行短期预贮，将其堆积在地面或浅坑中，上覆薄土，待温度下降后入窖贮藏。

1. 沟　藏

萝卜的贮藏沟一般宽 1～1.5 米，过宽则较易受气温影响，减小土壤的保温作用，难以维持沟内稳定的低温。沟深以 1～1.2 米为宜。贮藏沟应挖在地势较高、地下水位低而土质黏重、保水力较强之处。一般为东西向。将挖起的表土堆在沟的南侧，以起遮荫作用。底土较洁净，杂菌少，可供覆盖用。利用土堆遮荫，应尽可能增加其高度，不需附加材料，在贮藏前期、中期能起到良好的迅速降温和保持恒温的作用，是一种经济简便的办法。

萝卜可以散堆在沟内，最好与湿沙层贮，以便有利于保持湿润并提高直根周围的二氧化碳浓度。直根在沟内的堆积厚度，一般不要超过 0.5 米，以免底层产品热伤。入贮时，在产品面上覆一层薄土，以后随着气温的下降，分次添加，最后约与地面齐平。

对于某些品种的萝卜,用湿润的土壤覆盖或湿沙层贮即可。但对于大多数的萝卜品种,特别是生食用的脆萝卜而言,在贮藏期间,常常需要向沟内浇水,以补土壤原有湿度的不足。浇水的技术要求在于能使萝卜周围长期保持均匀的湿润状态,切忌底层积水导致腐烂,而上层仍过于干燥。为此,浇水前应先将覆土平整踩实,这样,浇水后能均匀缓慢下渗。

埋藏的萝卜多为一次出沟,温暖地区有的到立春后除掉覆土,挑出腐烂的直根,将完好的萝卜削去顶芽后放回沟内,覆一层薄土,可继续贮藏一段时间。

2. 窖　藏

萝卜经预贮后,入窖堆贮。堆贮时,先在窖底铺一层 90 毫米厚的潮湿沙子,然后一层萝卜一层沙子地进行层积,把萝卜间的空隙填满。萝卜堆高 1.2～1.5 米,不能过高,否则堆内温度高易腐烂。为增进通风散热效果,可在堆内每隔1.5～2 米设一个通风塔。贮藏过程中一般不倒动,入窖初期要注意通风,窖温应控制在 2℃左右,从大雪到立春,窖温控制在 0℃,萝卜堆内的温度在 1℃～2℃。若堆上萝卜出现小泡或皮发亮,说明已受冻,要加盖保温物。立春后可进行全面检查,陆续出窖。

3. 通风库贮藏

我国北方地区常利用通风库贮藏萝卜,贮量大,管理方便。产品在库内散堆,堆高 1.2～1.5 米。其他操作同窖藏法。通风库贮藏会经常碰到温度过低的现象,要设法增加保暖措施。

4. 薄膜封闭贮藏

在库内采用塑料薄膜半封闭的方法贮藏萝卜,抑制脱水和萌芽的效果较好。进行时，先在库内将萝卜堆成宽1～1.2米、高1.2～1.5米、长4～5米的长方形堆，到初春萌芽前用薄膜帐子扣上，堆的底部不铺薄膜(半封闭)，可以适当降低氧气浓度，累积二氧化碳，保持高湿，延长贮期至六七月份，贮藏效果好。贮藏中，可定期揭帐通风换气，并进行检查，发现腐烂的要及时除去，余下的继续贮藏。

5. 塑料袋小包装气调

将萝卜洗净擦干，装入聚乙烯袋内，扎紧袋口，每袋装1千克，放入1℃低温下贮藏，保鲜效果明显。

6. 冷库气调贮藏

将经挑选后的萝卜，放于冷库中，堆高不超过1米，每堆1 000千克左右。在贮藏堆四周，罩一个塑料薄膜帐子，四周用湿土压住，将库内温度保持在1℃～3℃。当帐内氧气含量达到6%～8%，二氧化碳含量达10%左右时，开帐通气。同时，进行检查，挑出腐烂萝卜。

7. 留土就地贮藏

南方地区气候暖和，可采用此法贮藏萝卜。萝卜成熟后，留在地里，采用三次封土的方法，使其安全越冬。第一次封土，在初霜后、严霜前进行。把裸露在地面上的萝卜用土封2/3。其作用是增加温度，有利于萝卜继续生长。第二次封土在严霜时(夜间温度接近0℃时)进行。把萝卜的顶、叶全埋在土里盖严。第三次封顶，不可封得太厚、太薄或太实，适宜厚度为20～50毫米。

留土就地贮藏时应注意，封土前要施足基肥，以有机肥为主，切忌施化肥，以防腐蚀根部，影响生长。结合施肥要进行浇水，以浇水后无积水为宜。待土稍干后，即可松土封埋。前两次要用碎土顺垄封根，不能损坏叶子。第三次封土要求土质松软，无硬块。

8. 筐　藏

将萝卜削顶洗净后，放在带有蒲包（或洁净麻袋）的果筐内。筐内蒲包要用水浸湿，并将萝卜包严。然后将筐置于室内冷凉处。7～10天后，若蒲包已干燥，可向筐内洒些水，使其保持湿润。一个月后，将萝卜取出，如有发芽的，用刀将芽削掉，并将蒲包浸湿，再重新放入。

二、胡萝卜的调控与保鲜

胡萝卜，又名红萝卜、黄萝卜、丁香萝卜或黄根等，为伞形科胡萝卜属二年生草本植物，原产于亚洲西部。

胡萝卜喜冷凉，耐热性及耐寒性均比萝卜稍强。胡萝卜是长日照植物，要求中等光强。它根系发达，耐旱性强。通常在低温下通过春化作用，在高温长日照下抽薹、开花和结实。

（一）胡萝卜的周年生产调控

胡萝卜的营养生长期较长，通过调节播种期、设施栽培和选择不同品种，可以做到周年生产供应。

1. 秋胡萝卜

胡萝卜性喜冷凉气候，幼苗的耐旱与耐热力比萝卜强，生长期也长。为了争取高产质优，须利用幼苗耐热的特性，将播种期提早一些，以便有充足的生长期。在长江中、下游地区，一般在大暑与立秋间播种，稍迟可在处暑播种，晚秋至翌春收获。在华南地区，在8～10月间播种胡萝卜，2～3月份收获。在西北和华北地区，可在7月份播种胡萝卜，10月底至11月上中旬上冻前收获完毕。东北及高寒地区，则提早到6月份开始播种胡萝卜，秋季收获。

2. 春胡萝卜

选择冬性强、耐抽薹、耐热的胡萝卜品种，利用地膜加小拱棚覆盖设施栽培，于1～2月份播种，5～6月份收获。在北方地区，可在3月中旬前后播种，3个月后收获。

3. 夏播胡萝卜

利用高山高海拔地区，于5～6月份播种，8～10月份收获应市。

4. 冬播胡萝卜

利用大棚多重覆盖栽培，欧洲系统小型胡萝卜，可在11～12月份播种，翌春2～5月份收获。

（二）打破胡萝卜种子休眠，促进生长的调控

打破胡萝卜种子的休眠，可采用去毛、水洗，用硝酸钾、赤霉素和照光处理等方法，一般使用赤霉素50～100毫克/升的溶液、硝酸钾0.2%的溶液浸种处理，均能有效地促进发芽。

用ABT5号5～10毫克/升溶液浸种4小时，可以促进胡萝卜种子的萌发，使其发芽整齐。也可用浓度为20毫克/升的溶液浸种0.5小时后播种。

在胡萝卜肉质根肥大期，每8～10天喷施1次0.5毫克/升的三十烷醇溶液，每667平方米用量为50升，连续喷施2～3次，能够促进植株生长及肉质根肥大，使品质细嫩。

于肉质根形成期，叶面喷施100～150毫克/升的多效唑液，每667平方米的用量为30～40升，能够控制地上部分生长，促进肉质根肥大。注意用药浓度要准确，喷雾要均匀。

于胡萝卜出苗后2周，用0.005%的石油助长剂药液进

行叶面喷洒，每 667 平方米用药液量为 50 升。可促进生长和肉质根肥长，使品质细嫩，一般可增产 10%～20%。

胡萝卜在间苗后，用 2 500～3 000 毫克/升的比久药液喷洒茎叶。喷洒后可有效地抑制地上部生长，促进肉质根的生长。在水肥条件严重不足的条件下使用，可能会导致大幅度的减产。

于胡萝卜肉质根形成期用 10%绿兴植物生长剂 1 000～2 000 倍液，进行叶面喷洒，每 667 平方米用药液 30～40 升，喷 1～3 次，力求喷匀。能促进胡萝卜生长和肉质根肥大，品质细嫩，一般可增产 10%～24%。

(三)胡萝卜抽薹开花的调控

胡萝卜是低温敏感的蔬菜，必须达到一定大小，经过一定低温，才能在以后温暖长日照条件下抽薹。其低温敏感性因品种而有很大不同。夏胡萝卜、秋胡萝卜在田间越冬，想晚一点上市时，第二年早春抽薹将成为难题。若用抑芽丹(青鲜素)处理，即可抑制抽薹，一直可延迟到 4～5 月份上市。使用 0.2%～0.3%药液，用量为每 667 平方米 40～50 升；于 11 月下旬至 12 月上旬处理效果最好；在 3 月上旬处理，也有一定效果。用抑芽丹(青鲜素)0.2%～0.3%溶液作叶面喷洒，对叶面会有一定的药害，但对根部肥大及产量无影响。在采收前 1～4 周，用 1 000～2 000 毫克/升青鲜素溶液，对叶面喷洒一次，可抑制二年生胡萝卜抽薹，减少养分消耗，使其保持原有色泽与品质。

如用 4 000～8 000 毫克/升的矮壮素或比久液，喷洒胡萝卜，连喷 2～4 次，可明显抑制抽薹开花，从而避过低温的危害。对于未经过低温春化而要其开花的，可在它们未越冬前用20～50毫克/升的赤霉素溶液滴生长点，使其未经低温春化就抽薹开花。

（四）胡萝卜贮藏保鲜的化控

在胡萝卜采前15～20天，用30～80毫克/升2,4-D液，在田间进行喷洒，具有保鲜作用。2,4-D处理浓度注意不要过高，浓度过高（80毫克/升）会影响胡萝卜的色泽，降低质量，而且在贮藏后期易造成腐烂。主要用在贮藏前期，2个月后药力逐渐分解，反会起刺激作用。

用5～10毫克/升的6-BA液处理胡萝卜，也能有效地保鲜，提高其商品价值和食用品质。

用萘乙酸甲酯处理胡萝卜时，先把萘乙酸甲酯的溶液喷洒到纸屑条上或干土上，然后将纸屑或干土均匀地撒布到贮藏容器中或地窖中，与胡萝卜等放在一起。每35～40千克胡萝卜用药1克。在胡萝卜采收前4～5天，可用1 000～5 000毫克/升的萘乙酸钠盐溶液，作田间叶面喷洒，也有防止贮藏期间抽芽（贮藏在10℃下）的作用。

用2 500～5 000毫克/升青鲜素溶液，在采收前4～14天喷洒胡萝卜叶面，可减少贮藏期间水分和养分的消耗，抑制萌发、空心，延长贮藏期和供应期达3个月。

（五）胡萝卜的保鲜贮藏

胡萝卜与萝卜一样，没有生理休眠期。在贮藏期间遇到适宜条件，便萌芽抽薹，造成糠心。所以，在贮藏过程中，如何防止萌芽和糠心，是胡萝卜贮藏保鲜的关键。胡萝卜喜冷凉多湿的环境条件，适宜的贮藏温度为0℃～1℃，相对湿度为90%～95%。如果温度高于4℃，贮存2～3个月后，就会抽薹、糠心或腐烂，但温度下降到－1℃时，又容易发生冻害。在适宜的温度条件下，可贮存 4～5 个月，损耗率较低。

胡萝卜贮藏时，有时可能出现苦味。这是由于乙烯诱发的不正常代谢引起的。乙烯气体主要是由苹果、梨和其他果蔬及其腐烂的组织释放的。远离这些产品贮藏胡萝卜，可防止苦味。低温贮藏可避免苦味的发生，因为低温可以减少乙烯的产生量。贮藏的胡萝卜常出现表面褐变和氧化褪色。未成熟的胡萝卜大都对表面褐变敏感。

用于贮藏的胡萝卜，应选皮色鲜艳，肉质根细长，根茎小，心髓小的耐藏品种。适时收获，对胡萝卜品质及贮藏十分重要，一般在霜降前后收获较为适宜。收获太晚，易受冻和发生糠心，受冻的胡萝卜不能贮藏。收获太早，品质差，产量低。

1. 沟　藏

贮藏沟地址的选择，以及挖沟方法和尺寸，与萝卜沟藏法相同。

胡萝卜可散堆在沟内，头朝下，根朝上，一层胡萝卜一层土地堆藏。也可码 3～4 层胡萝卜后再覆土，随天气变化分层覆土，覆土总厚度为 70～100 厘米。湿度偏低时，也可浇一定量的清水，使土壤含水量达 18%～20%。但沟内不能积水，一般一次出沟上市。

2. 窖　藏

选向阳背风处，挖一个深 1.5～2.0 米的土窖，窖的长、宽可根据贮量而定。窖挖好后晾晒 2～3 天，待地面开始结冻时，选无病、虫伤害的直根下窖。在窖内将胡萝卜码成方形或圆形垛。码垛时，每层胡萝卜上面覆一层土。码垛后，再用木杆和秫秸覆盖窖棚，并留出 70～100 厘米见方的窖口。入窖初期，窖内外的温度都比较高，应尽量打开窖口，以防胡萝卜热伤腐烂。贮藏中期，气温较低，应盖好窖口，保湿防冻。为了降低窖内温度，可选晴天中午，打开窖口，适当通风换气。贮藏后期，气温开始回升，白天应紧关窖口，夜间敞开通风，保持窖内的低温条件。在适宜的条件下，贮存到第二年 4 月份，仍可保持胡萝卜的新鲜度。

3. 通风库贮藏

将胡萝卜散堆或装筐码垛，堆高以 80～100 厘米为宜。为了便于通风散热，可在堆内每隔 1.5～2.0 米设一通风塔。贮藏期间一般不需倒动。立春前后，全面检查一次，剔除腐烂的胡萝卜。如果在库内用湿沙土与胡萝卜层积，则贮藏保鲜效果更佳。

4. 浸蘸泥浆贮藏

用泥浆浸蘸胡萝卜，捞出放在木箱或筐中阴干。大约 2 天后，在其表面形成一个密闭的泥壳。将木箱或筐放在冷凉的室内或棚窖中贮藏，到翌年 4 月份不萌芽，不糠心，而且品质不变。

5. 冷库贮藏

将胡萝卜放在 0℃及相对湿度为 98%～100%的贮藏库中贮藏，适当通风，保持一定湿度，贮藏 4～5 个月，甚至长达 9 个月后，胡萝卜仍然脆鲜多汁。贮藏期间维持 0℃的低温，可以大大延缓发芽，产生的乙烯较少，不易变苦。如将胡萝卜放在 0.01%磷酸钠溶液内浸一下，则可以防止腐烂。

6. 塑料薄膜密闭贮藏

这是在冷库内用塑料薄膜覆盖贮藏。具体方法是，先在库内地面上将胡萝卜码成长 2 米、宽 1 米、高 1 米的垛，每垛重约 1 000 千克，散热预贮一段时间。当库温和胡萝卜垛内温度均降至 0℃时，用塑料薄膜帐扣上，堆底不罩薄膜，帐内四边用湿土压住。这样能适当降低氧浓度，积累一定量的二氧化碳，保持较高的湿度，抑制脱水和萌芽。胡萝卜贮藏到第二年 5～6 月份，其皮色仍然鲜艳，质地清脆。塑料帐的面积要稍大于垛，帐内空隙度约 50%。塑料帐封闭时间不宜过早，一般以在元旦前后为宜。在贮藏期间，要适时开帐通气。在 0℃条件下，胡萝卜呼吸作用很弱，封闭后不宜经常倒动和调气。一般封闭后 1.5～2 个月左右，当帐内氧气含量为 6%～8%，二氧化碳含量为 10%时开帐通气，同时进行质量检查和挑选。

7. 塑料袋小包装贮藏

将胡萝卜洗净阴干，装入聚乙烯塑料袋内，每袋装 1 千克左右，扎紧袋口，放在 1℃条件下贮藏，保鲜效果也很好。

8. 辐射贮藏

胡萝卜采收后经 18 600 拉德剂量的 γ 射线辐照，可有效阻止胡萝卜发芽。在温度 10℃，相对湿度 85%条件下，可贮藏 5 个月。

第十四章　白菜类蔬菜的调控保鲜技术

白菜原产于中国，属于十字花科芸薹属，目前是中国蔬菜中栽培面积最大的一类蔬菜。白菜种类品种繁多，高产，易种，适应性广，风味佳美，营养丰富。产品有绿叶、叶球、花薹、嫩茎等。白菜类蔬菜的矿物质、纤维素、蛋白质、糖和脂肪的含量也相当高，食用方法多种多样。其性平味甘，具有解热清火、利尿助消化和清肺止咳等疗效。

白菜类的蔬菜都属于喜凉性作物，最适宜栽培季节的月均温是 15℃～18℃。其种子萌动后或在苗期阶段，在 15℃以下的温度条件下，经过一定时期，都可完成春化过程，在较长日照和较高温度(18℃～22℃)下，有利于抽薹开花和结实。白菜类蔬菜叶面积大，蒸腾量大，根系浅而吸水弱，不耐干旱，也不耐瘠薄，需要保水、保肥和排水便利的土壤上栽培。白菜类可分为大白菜和白菜。

大白菜性喜清凉气候，生长适温为 10℃～22℃，一般高于 25℃，低于 10℃均生长不良；30℃以上、5℃以下，停止生长，耐轻霜不耐严霜。大白菜宜选土层深厚、肥沃、松软、排灌良好的砂壤土、壤土和黏壤土为适。南方各省大白菜均作为二年生蔬菜栽培，在当年秋、冬季以营养生长为主的阶段，通过发芽期、幼苗期、莲座期、结球期，形成硕大的叶球，并孕育花原基或花芽，经过休眠或贮藏期，于第二年春季进入抽薹、开花、结实和种子成熟，完成生殖生长阶段而结束一个世代的发育。大白菜生长发育过程有周期性也有连续性。在栽培管理上为保证后一时期生长良好，必须先使前一时期生长良好，例如有强健的幼芽才能有健壮的幼苗；有健壮的幼苗才能有旺盛的莲座；有旺盛的莲座能保证长成丰产优质的叶球。

白菜，又称小白菜，与大白菜的主要区别在于叶片开张，株型较矮小，是性喜冷凉的蔬菜，在平均气温 18℃～20℃下生长最适，比大白菜适应性广，耐热耐寒力较强。白菜对光强的要求较高，阴雨弱光下易徒长，品质下降，白菜对土壤的适应性较强。白菜品种间对外界环境的适应性广，且在营养生长期间，不论植株大小，均可收获作为产品，可以周年生产与供应。

一、大白菜的调控与保鲜

大白菜是芸薹种的一个亚种，起源于中国，包括散叶变种、半结球变种、花心变种和结球变种，二年生。结球大白菜是我国白菜的主要种类，又名黄芽菜、黄芽白，性喜清凉，是半耐寒植物，生长的适宜温度为 12℃～22℃，需中等光照强度，属长日照植物，在低温下通过春化阶段后，在较长的日照条件下通过光周期阶段而抽薹、开花、结实。蒸腾量大，需水较多，对土壤理化性质要求较严，以保水保肥能力强的土壤为宜。

（一）大白菜的周年生产调控

大白菜分布于全国，以北方地区栽培为主。我国北方地区的大白菜主要在秋季栽培，冬、春季贮藏供应。现在许多地区也进行早春及夏季栽培。秋季栽培，通常在 7 月中下旬至 8 月上中旬播种，9 月下旬至 12 月上旬陆续收获。春季栽培，主要利用生长期短的耐寒、冬性强的早熟品种，辅以地膜覆盖等保护措施。夏、秋栽培，则选择早熟耐热品种，加上遮荫、降温和防雨等措施。

南方地区主要栽培秋冬季大白菜。通常，长江中下游地区在8月中下旬播种白菜，11～12月份收获；西南地区在8月上旬至9月中旬播种，10～12月份收获；华南地区在8月至11月份播种，10月份至次年3月份陆续收获。此外，随着设施栽培技术的发展，还发展了越冬大白菜，于10～11月份播种或育苗，次年3～4月份收获；春季大白菜，2月中旬至3月初，在塑料棚中播种育苗，5～6月份收获；夏季大白菜，用耐热品种加设施技术，在5～8月份随时播种，8～9月份淡季时采收供应。

(二)促进大白菜扦插生根的调控

在用大白菜的叶、芽扦插时，用2克/升的萘乙酸液快速浸蘸(或2克/升吲哚乙酸)，以砻糠灰、沙、珍珠岩作扦插基质，经过10～15天可以生根及发芽。每个叶球有多少叶片，就能繁殖多少株，充分利用就可以节省叶球用量。

(三)促进大白菜生长的调控

第一，给大白菜施用细胞分裂素，可采用拌种结合叶面喷施同时进行。拌种时，先用一份细胞分裂素与两份大白菜种子拌匀后播种，在大白菜的苗期、莲座期和包心初期，分别用600倍的细胞分裂素液进行叶面喷施，每667平方米喷药液50～70升。

施用细胞分裂素时须注意：在叶面喷施时，每667平方米喷施的药液量，要根据植株的大小决定，苗小少喷，苗大多喷。可与尿素、磷酸二氢钾等混用，具有增效作用。应用细胞分裂素之后，对减轻病害的发生程度有一定的作用，但不能代替正常的病害防治工作。

第二，对大白菜施用喷施宝后，可促进其生长发育，提高光合作用，使植株生长健壮，结球快而瓷实，单株产量高。在大白菜的莲座期，用10 000倍的喷施宝液(每5毫升喷施宝加水50升)，进行叶面喷施，每667平方米喷施50升。以后每隔7～10天喷施一次，共喷3～4次。

大白菜施用喷施宝的时期，必须掌握在莲座期。过早或过迟，施用效果均不显著。喷施宝可与酸性农药混用，但忌与碱性农药混用；施用喷施宝之后，更要加强肥水管理和病虫防治工作，以充分发挥其增产的潜力。

第三，大白菜经使用三十烷醇处理之后，植株生长势强，叶色鲜嫩，抗病性增强，可提早成熟增产。在大白菜莲座期和包心初期用三十烷醇0.5毫克/升药液各喷一次，每667平方米喷药液50升。最适浓度为0.5～1.0毫克/升。在喷施时，为了增加药剂的展着性，可加入少量的洗衣粉。喷施的时期以莲座期为最佳，这是增产与否的关键。喷施次数一般为2～3次。在莲座期喷施之后，隔7～10天再喷第二次。喷施以下午3时以后为宜；在喷施三十烷醇之后，要加强肥水管理和病虫害防治工作。三十烷醇可以与农药混用(碱性农药不能混用)，也可以与微量元素、稀土肥、叶面肥等混用。

第四，使用10%绿兴植物生长剂1 000～2 000倍液，于定植初期、莲座期、叶球形成期喷施3～4次，每667平方米喷施50升药液，可促进生根，减轻病害，加快生长，改善品质，提早成熟，增产20%～30%。

第五，用ABT5号增产灵10～20毫克/升药液，对叶面喷洒两次，可刺激根系生长，增加根长和根条数，扩大对养分的吸收，增加Ⅰ、Ⅱ级菜的株数，提高抗逆性和抗病性。喷洒需适时，待白菜拉十字期开始，喷第一次，间隔10天后再喷第二次。喷药要均匀，防止漏喷。

第六，在不结球白菜长到4片真叶，用20～75毫克/升的赤霉素药液处理2次，20天后，叶片的长、宽均较对照增大，可增产40%左右。

(四)抑制大白菜抽薹和防止脱帮的调控

1. 抑制大白菜的裂球和抽薹

大白菜是种子低温敏感性蔬菜，在发芽当时因低温而促进花芽分化，分化后在温暖长日条件下抽薹。一般秋季栽培的大白菜，在生产上不存在抽薹的问题；而在温暖地区9月播种越冬到早春上市的大白菜，存在裂球和抽薹的问题。春季栽培的大白菜，从播种到出苗，幼苗始终处在低温条件下，也常发生抽薹现象。因此，常需温床育苗，直到9月中下旬，一直让其在保温条件下生长，不使它发生抽薹。

喷洒抑芽丹(青鲜素)，具有抑制抽薹的作用。使用其1 000～3 000毫克/升浓度的药液，每667平方米喷洒50升。喷洒时期，在包心或成球期，花芽形成，但尚未伸长前的11月下旬至12月上旬。喷洒青鲜素后，抽薹受到抑制，裂球减少，健全完整无损的大白菜棵数增加。该药对心叶发育生长有些影响，使包的叶球有不紧之感，但不影响外观。

对春白菜(包括结球白菜)，用1 250～2 500毫克/升青鲜素溶液，在花芽分化初期喷洒叶面，每棵菜约喷30毫升药液，可抑制花芽分化和抽薹开花，促进叶的生长和叶球形成，提高产量和品质。

2. 防止脱帮或脱叶

大白菜在贮藏一段时间后，就会出现脱叶现象，或称脱帮，尤其在贮藏期进行长距离的运输，由于温度变化较大，湿度过低，通气不良，以及机械损伤的缘故，脱帮现象更为严重。

防止大白菜脱帮的处理方法，以田间用植物生长调节剂喷洒植株最为方便，即在大白菜采收前 3～7 天，用 25～50 毫克/升的 2,4-D 药液，喷洒植株外叶。喷洒时，不必喷到所有的叶子，因为 2,4-D 能在大白菜植株体内运输，分散到各处去发挥作用。喷洒量以大白菜外部叶片喷湿为止，每株喷洒量为 30～50 毫升。这样处理后，提高了叶片中激素含量的水平，因而能抑制叶柄离层的形成，有效地防止贮藏大白菜脱帮，减少重量损失。

在大白菜采收后，用萘乙酸甲酯进行处理，也可防止脱帮，延长贮藏供应期。

在收获后用 2,4-D 浸根，或 0.005%～0.01%萘乙酸液或再加 0.15%～0.20%托布津溶液，混合浸蘸或喷洒根茎部，也可延长保鲜期。

（五）大白菜的贮藏保鲜

大白菜收获后必须适当晾晒后才能贮藏。将砍下的菜棵横放在地上，一般需晾晒 3～6 天。在大白菜晾晒过程中，需翻转一次，使之晾晒均匀，直至萎蔫为止。大白菜经过适当的晾晒后，有利于贮藏。其原因在于大白菜晾晒所发生的萎蔫仅限于外部的几片菜叶，外部叶子的水分蒸发一部分后，在贮藏期间就可以减少水分蒸发，从而降低贮藏场所内的空气湿度，这对于防止因高湿产生大白菜的软腐病有重要作用。另外，晾晒使大白菜外叶萎蔫，弹性提高，能减少搬运贮藏过程中的机械损伤，从而减少病菌侵害的可能。因此，晒菜是预防和减少大白菜腐烂，保证贮藏质量的重要措施。

经晾晒的大白菜运至贮藏场所，摘除黄帮烂叶，但不要清理过重，不黄、不烂的叶片，要尽量保留来维护叶球，同时进行分级，以便管理。经整理后如遇气温尚高，可将大白菜在室外或窖旁码成长形或圆形菜垛，进行预贮。预贮期间既要防热，又要防冻。

针对大白菜在贮藏期间易脱帮腐烂的问题，还可辅以药剂处理的方法加以解决。在收菜前 2～7 天，用 100 升水加 2,4-D(含量为 80%)3～6 克配成的药剂溶液，进行田间喷洒，或在窖内、窖外直接喷洒大白菜，或作浸根处理，有明显抑制脱帮的作用。用 100 升水中加 20～50 克萘乙酸所配成的溶液进行处理，也有类似作用。

1. 坑　藏

贮藏坑的大小视白菜的多少而定，一般坑深比大白菜高 150 毫米。坑挖好后，将整理过的大白菜用草绳捆好腰部，使根向下，青叶向上，直立排列于坑内。每放一排，将根部埋些湿土。排列完毕后，在坑上盖以席片或草帘子。待天气渐冷后，在上面再逐渐加盖 300 毫米厚的树叶和柴草等。下雪后及时扫除积雪。这样，大白菜贮藏到翌年春节后，仍保持鲜绿和脆嫩，不脱帮。

2. 窖内垛藏

将大白菜在窖内码成数列宽 0.6 米、高 2 米的长垛，垛间留出一定的距离，以便通风和管理，垛长多为 2 米。每两棵菜头相对、根朝外排列，逐层摆放。此为实心垛。实心垛码放简便，垛体稳固，贮藏量大，但通风效果差。还有多种“花心垛”样式，也可采用。如北京地区的码菜法，它是沿着窖壁15～20厘米处，开始向上层堆放，放置时，每层白菜的根部和头部相互交错，这样一排排堆好。每排距离 30～35 厘米，依次向窖的另一端堆积。在另一端应留出70～100厘米的小道，以便检查和翻菜之用。为了防止菜垛倒塌，在菜堆中每隔一定距离竖立支柱。每码完数层后，用压平的高粱秆或苇秆绕住支柱，在白菜上码时便可将它压住，这样可起到挡菜作用，避免白菜滑落。

3.“人”字形棚架贮藏

这种贮藏方法的特点是，省时省工，一次堆码后不需翻堆；贮藏期长，效果较好，经过贮藏的大白菜水分充足，质量鲜嫩，自然损耗率也比较低。具体做法是，在露地或室内将大白菜堆成倾斜的两列，两列的底部相距100厘米左右，向上堆叠时，要逐渐缩小两列间的距离，最后使两列合在一起，形成尖顶。从断面看，成等腰三角形。菜堆高约1.5米，堆外覆盖苇席，堆的两头挂上席帘，通过席帘的启闭来调节温、湿度。冬天，若气温下降到－3℃时，应关好两头席帘，防止白菜冻坏。立春后，气温上升，雨水增多，应以防雨散热为主，在白天开帘通风，晚上关闭防寒。气温升到10℃以上时，白天不宜开帘，以防暖气进入。夜间可将帘打开，引进冷气，降低两列大白菜之间的温度。

4.架藏和筐藏

架藏，是将大白菜摆放在分层的菜架上。菜架基础为两排固定的架柱，相邻架柱间距1～2米，架柱间设若干层固定或活动的横杆，层间距离为20～25厘米。在同层的两排横杆上平架几对活动架杆，每对架杆上放1～2层菜。架藏菜在每层间都有空隙，从而改善了菜体周围的通风散热情况。所以架藏效果好，贮期长，倒菜次数少，但需要架杆多。筐藏，是使用直径为50厘米、高30厘米的条筐，筐内装大白菜15～20千克，将菜筐在窖内码成5～7层高，筐间及垛间留适当通风道，也能起到类似架藏的作用。此法更经济实用。

5. 田间就地贮藏

选择高地势田块，按南北向挖好贮藏沟，然后选 7～8 成左右成熟的大白菜，根向上倒放在沟中，一般每条沟内以紧紧排列两行菜为宜。上面覆盖一层松土，覆土的厚度以超出菜根 10 厘米为宜。最后，将土轻轻拍平，并在地沟附近开好排水沟，以防积水。贮藏后 5～6 天，浇一次 5%～10%淡粪肥水。以后，每隔 2 天浇一次。这样，沟中的菜能继续慢慢生长，达到保鲜贮藏效果。

6. 假植贮藏

将大白菜连根拔起，假植在沟内。中原地区沟深以高出菜 200 毫米为宜；东北地区沟深要高出菜 500 毫米。贮藏前，向沟内一次性浇足水，水渗下后，将大白菜立放于沟内，气温下降时再覆盖一层草帘。

7. 挂　藏

在贮藏库内设立"人"字形挂架，架高 2 米多。架上平行固定几层挂杆，杆距约一棵菜长。将大白菜用铁丝钩钩住根部，挂在挂杆上。此法通风良好，故适于南方冬季气温较高地区大白菜的贮藏。在北方地区，也可采用此法贮藏大白菜，以减少倒菜次数，减少损耗。

8. 低温贮藏(冷库贮藏)

库内的温度应保持在 0℃～1℃之间，空气相对湿度以控制在 85%～95%为宜。在上述条件下，大白菜可贮藏 100～110 天，商品率为 84%，而且单株架藏和筐装堆垛，比单株堆垛商品率高。

9. 气调贮藏

调节贮藏环境氧气含量为 1%，保持温度为 0℃，相对湿度为85%～95%，可大大延长保鲜贮藏时间，损失小，质量好。贮藏3个月后，大白菜仍无低氧伤害症状，而且维生素C、总糖量和叶绿素，都比自然贮藏的含量高。

10. 露地贮藏

在冬季气候温暖的长江中下游以南一带，晚熟大白菜结球后，即留在田间过冬，根据市场的需要，随时将结球紧实的大白菜，采收修整后上市，一直到2月下旬为止。为了防止叶球受冻，在寒流来临前束叶，即用稻草在叶球离地面2/3高处，将外叶捆好，以保护叶球。需要注意的是，束叶不宜过早，以免影响外叶的光合作用和叶球的继续生长，也不能捆得过紧而损伤外叶。

11. 堆　藏

在气候较温暖的长江中下游以北，以及陕西和山东等地，可采用堆藏方式，将经过晾晒与选择的大白菜，在地下水位低、土壤较干燥处，进行露地堆藏。贮藏菜堆，有圆堆、长堆和马架式堆等。

(1)圆堆贮藏　在地面铺一层草或秸秆，先在地面圆形排列大白菜12～13棵，使菜根向内。在其上面，再堆3～4层，每层递减2～3棵，堆成圆锥形，最上面以1～2棵菜封顶。

(2)长堆贮藏　将大白菜双行相对纵列堆集，使菜根向内，两行菜中间留16～20厘米的距离，以便通风。大棵菜放置基层，按菜棵大小，堆至4～5层高为止。

(3)马架式堆藏　在地面用竹竿搭成"人"字形马架，按架竿倾斜的方向，将大白菜堆成"人"字形的两列，两列底部相距约1米，中间为三角形的通风道。堆菜时，每层菜间交叉斜放一些细竹竿，以支撑菜体，使两列菜能稳固地呈倾斜状。菜堆高约1.5米，"人"字形马架上以竹竿相连接。

无论采取何种堆藏方式，在堆上均应盖以稻草或苇席、草帘等，以供防水保温。

12. 埋　藏

将大白菜直立并紧密地排放在沟中或坑内，上面用土覆盖。一般应选用地下水位低的砂质土壤地进行埋藏。沟应早日挖好，以便充分暴晒干燥。供埋藏的大白菜，应充分晾晒，因为埋藏期间一般不进行通风和倒菜，必须防止湿度过高而腐烂。所以，埋藏菜应比窖藏菜晾晒时间要多几天。入沟的时间，在菜不受冻的前提下，以宁晚勿早为原则，必须在外界气温稳定下降后，才能埋入。大白菜入沟时，要除去黄叶和病叶；萎蔫绵软的外叶不必摘除，以保护叶球。埋菜时，要使菜根向下，一棵挨一棵地紧密排放。排放最后一层菜时，可将根部向上，以便出菜时好拿取。包心程度为七八成左右的大白菜，在贮藏过程中可生根，叶球继续生长，达到紧实。包心紧实的贮后易开裂。所以，宜选用包心七八成左右的大白菜进行埋藏。如埋藏包心紧实的大白菜，可将根部向上埋入，或先在沟底铺摊不易腐烂的干树叶或麦草，使大白菜根部不接触泥土，而减少叶球开裂。

埋藏的大白菜，一般不需管理。但也应注意检查。如覆土下陷，则往往是沟内大白菜腐烂所致，应选晴天将其取出修整出售，或经晾晒后再入沟贮藏。

二、白菜的调控与保鲜

白菜，又名小白菜、普通白菜、青菜或油菜，是芸薹种的一个亚种，起源于中国。与大白菜相比，它主要是不结球，叶片张开，株型较矮小。

白菜的耐寒和耐热性都较强，要求较强的光照，同时也耐弱光，要求较好的土壤和较高的空气湿度。

（一）白菜的周年生产调控

白菜分布于全国，以南方栽培最为普遍。其类型品种多，适应性广，生长期短，可一年四季排开播期，周年供应。我国不少地区都有一整套结合当地气候条件与市场消费习惯的周年生产技术。秋冬白菜，是我国南方的主要生产季白菜。其生产季节，江淮中上游是8月上旬至10月中旬，华南地区是9～12月份陆续播种育苗。若有高温，可用遮阳网等设施，分期分批定植，自10月开始直至次年2月份陆续采收。春白菜有大菜（栽棵菜）和菜秧（鸡毛菜）之分。大菜在前一年晚秋播种，以小苗越冬，次年春天收获成株。菜秧是当年播种，4～5月份采收幼嫩植株。夏白菜自5月上旬至8月上旬随时播种，20～25天后便陆续收获幼嫩植株上市。种植夏白菜，应选择抗热、抗风雨和抗病性强的品种，也可采用遮阳网和防雨棚进行设施栽培。

我国北方地区的白菜，主要是在春季栽培。其中早熟栽培的在保护地育苗，定植于阳畦、小拱棚或风障畦内。夏季和秋季栽培，应注意遮荫降湿和雨后排水。

（二）促进白菜生长的调控

青菜和小白菜施用三十烷醇后，可增产10%～20%，而且生长快，叶色嫩绿。在青菜和小白菜移栽活棵后，开始喷三十烷醇0.5毫克/升药液，间隔7～10天再喷一次，在收获前15天左右也可以喷施，共喷2～3次，每次每667平方米喷药液50升左右。

青菜、小白菜的生长期，一般为 20～45 天，所以施用三十烷醇的时期，一般直播苗在 3～4 片真叶时即可喷施。应掌握在晴天下午 3 时后施药。若喷后 6 小时内遇雨，则要补喷。本品可与微量元素肥混用。

白菜用 4 000～8 000 毫克/升的矮壮素或比久喷洒液连喷 2～4 次，可明显抑制抽薹开花，从而避过低温的危害。

将白菜的叶芽用 2 000 毫克/升的吲哚丁酸液快速浸蘸后进行扦插，有良好的促根作用。

在白菜长到 4 片真叶时，用 20～75 毫克/升赤霉素液处理两次。所处理的白菜 20 天后，叶的长、宽均较对照增大，可增产 40%左右。

小白菜移栽后，用 10%绿兴植物生长剂 2 000 倍液，对叶面喷布 2～3 次，间隔时间为 7～10 天，每 667 平方米用药量为 50 千克。可促进生长，增加产量 10%～20%。

用 10～20 毫克/升 ABT4 号溶液，于白菜幼苗拉十字期开始喷，间隔 10 天后再喷一次，可加速白菜幼苗生长，提高抗旱性，增加产量。施药要选晴天的下午进行喷雾，防止漏喷。

(三)白菜的假植贮藏

立秋至处暑播种小白菜，在露地栽培达到成熟。立冬前后，小白菜已受轻霜数次，叶色变为深绿才可移入冷床。在开始结冰的时候，是入床最适宜的时期。入床过早因床温太高，使白菜容易脱叶；入床太迟，则白菜已受冻害，也不能贮藏。

将小白菜密集地假植在冷床中。最初只用风障和床墙防寒，从田间土壤表层冻达 1.5 厘米厚的时候，开始夜间在畦上覆盖厚约 8 厘米的蒲席。在贮藏期间管理的关键，在于使床中温度降低，以抑制白菜的呼吸和蒸腾作用，防止萎凋和腐烂，同时又不致使温度过低而发生冻害。控制温度的主要方法是，依天气变化开启或覆盖蒲席。天气温和时，白天开启蒲席；严寒时白天不开启，但在中午仍要将南沿的蒲席略撑起3～4处，以使空气流通。夜晚无冰冻危险时不盖席，以防床内过热；严寒的夜晚才盖席，以防冻害。

为使白菜品质软嫩，在出售前13～14天开始进行软化处理。在这一期间，每天昼夜都覆盖蒲席，以保持较高的温度并隔绝光线。在这种情况下，小白菜发生黄化作用。出售时剥除外层的老叶，得到颜色黄白、质地柔嫩的白菜心。

假植贮藏的小白菜，可在元旦及春节期间出售。贮藏白菜100千克，可得到软化的白菜心60～70千克。

三、红菜薹的调控与保鲜

红菜薹，又名紫菜薹或芸薹，是白菜亚种的一个变种，其花薹可供食用。它为我国特产蔬菜，在南方地区栽培较多。

红菜薹耐寒不耐热，菜薹形成的适温在15℃～25℃，需良好的光照和充足的土壤营养。其早熟类型较耐热。在长江流域栽培红菜薹，多在8月份播种育苗；中熟类型，在长江流域于8～9月间播种育苗；晚熟类型耐热性较差，冬性较强，在长江流域多于9～10月间播种育苗。

（一）红菜薹的耐藏特性

在红菜薹中，其晚熟品种耐寒力强，适于贮藏保鲜。红菜薹采收后，能继续生长，表现为在贮藏期间花蕾开放，薹茎空心并纤维化。同时，失水严重，出现萎蔫现象。

红菜薹的采收与贮藏关系密切。采收过晚，花蕾开放，质地粗糙，降低食用品质；采收过早，产量低，营养物质含量达不到最佳水平。通常，当主薹长到30～40厘米长，花不开放为采收适期。采收时，应在红菜薹的基部保留少数腋芽，以保侧薹粗壮。

（二）红菜薹的保鲜贮藏

1. 塑料薄膜袋贮藏

用厚0.06毫米的聚乙烯做成包装袋，内装1千克红菜薹，进行自然降氧气调贮藏，其中二氧化碳的含量应保持在5%～10%，能有效抑制开花，防止失水，保持新鲜。贮藏期限约15天。

2. 化控处理保鲜

红菜薹若采用赤霉素处理，可延长贮藏期限。具体做法是：将赤霉素1克用1升水溶解，配成均匀溶液。然后，将此溶液用喷雾器喷洒到采收后的红菜薹植株上，必须均匀喷洒。之后，置阴凉通风处将其表面明水吹干，装于0.08毫米厚的聚乙烯薄膜袋内，扎紧袋口，置于普通房间内贮藏。春节前采收的红菜薹，采用上述方法，可保鲜30天左右，其新鲜程度接近新采的红菜薹。

3. 空气放电贮藏

空气放电贮藏，是以高频辐射产生的空气正、负离子及臭氧，对密封条件下的蔬菜进行处理达到贮藏保鲜目的的方法。将贮藏的红菜薹经过挑选后，装入塑料菜箱内，将塑料箱堆成方垛，外面用塑料薄膜帐封闭。封闭用的塑料薄膜帐，应设进气口和排气口。将空气放电保鲜机连接在塑料帐的进气端，每天开机20～40分钟，吹入带电的离子和臭氧的气体，能防止红菜薹在贮藏中的空心，减少开花率，延缓糖分的消耗。

第十五章　葱蒜类蔬菜的调控保鲜技术

葱蒜类蔬菜，是百合科葱属的二年生草本植物，也称为香辛类蔬菜或鳞茎类蔬菜，主要包括大蒜、洋葱、大葱和韭菜等。葱蒜类蔬菜含有丰富的维生素 C，较多的硫、磷、铁等，还含有特殊的辛辣味，有去腥功能。在大多组织中，都含有蒜氨酸，能生成较强刺激味的蒜素。蒜素不仅能活化维生素 B_1，同时对一些病原菌具有较强的抗菌性，可以增进食欲并作为保健食品的原料，在医学上可以用来预防和治疗多种疾病。葱蒜类不但可以鲜食及作为调味品，而且可以脱水加工。另外，大蒜、洋葱和韭花，还是重要的出口蔬菜。

葱蒜类蔬菜的地上部，为管状或扁平蜡质的叶片，较耐旱；地下为弦状的须根，在生长过程中从短缩茎的基部发生新的须根。根群的分布范围广，入土也不深，几乎无根毛，吸水力很弱，因而栽培上也不耐过分的干旱，要求有一定的肥力和保水力强的土壤。

大多葱蒜类蔬菜适宜生长的月平均温度为 12℃～20℃，耐寒性较强。在长江以南地区，各种葱蒜类均能露地越冬，地上部不致冻死。而韭菜冬季地上部枯死，以宿根越冬，到第二年重新发芽。

葱蒜类的一个重要特点是，叶子的分生组织在叶鞘的基部，所以在同一叶鞘中，叶鞘基部细胞的分生能力比先端的旺盛。因此，叶身先端收割以后，可以由基部继续伸长生长。利用这一特点，韭菜在一年内可以割收多次。

葱蒜类蔬菜在我国虽然栽培历史极其悠久，但是无论是新品种选育，还是栽培技术或病虫害防治，以及深加工方面的发展，均较缓慢，许多问题有待于进一步加以解决。

一、大蒜的调控与保鲜

大蒜，又名胡蒜或葫，原产欧洲南部及中亚。在我国，大蒜栽培历史悠久。其产品可以为鳞茎（即蒜头）、花茎（即蒜薹）和幼株（即蒜苗）。在无光下栽培，还可获得软化的蒜黄。大蒜的生长要求凉爽的环境，耐寒性较强，须通过低温春化诱导抽薹开花。要求中等光强，不耐高温和强光，长日照是鳞茎膨大的必要条件。耐旱，根系喜湿，吸肥吸水能力较弱，对土壤肥力要求较高。

大蒜在我国广泛分布，资源丰富。按对低温或长日照感受性的不同，大蒜可分为低纬度类型和高纬度类型。低纬度类型大蒜对低温要求不太严格，在短日照下能随温度的升高而形成鳞茎，早熟；高纬度类型，要求一定的低温（5℃下3个月）和长日照，才能形成鳞茎，中晚熟。

（一）大蒜的周年生产调控

大蒜生育期的长短，因栽培地区和栽培季节而有很大的差异。我国北方低纬度地区栽培大蒜，多兼收蒜薹和蒜头。在高纬度或高海拔地区，栽培大蒜以蒜头生产为主。蒜苗可在露地或设施内栽培。蒜黄需用一定的设施。

秋季大蒜栽培，在南方地区通常于9～10月份播种，4～5月份采收蒜薹，6月份收蒜头。北方地区因冬季严寒，露地下大蒜不能安全越冬，因而多在春季播种。青蒜（蒜苗）栽培通常从7月份开始播种，8月份至次年5月份收获。其中早播的种蒜，需经低温处理打破休眠。

秋蒜冷藏保护地栽培，常于7月上旬采收后，将蒜头在0℃～5℃冷库中处理60天左右，打破休眠，12月份以后用小棚等设施促进生长，1～4月份采收鳞茎。我国北方在冬、春季节利用温室、温床、薄膜拱棚等保护设施，可大量栽培青蒜（光照下）和蒜黄（黑暗中）。

（二）促进大蒜生长的调控

第一，在蒜苗生长期用0.5毫克/升的三十烷醇喷洒植株，能促进生长，提高产量。

第二，当蒜苗长到9叶和12叶期时，各喷洒一次20～30毫克/升的赤霉素溶液，每667平方米药液用量为50升，能够促进抽薹，增加蒜薹的长度和粗度，减少不抽薹植株的数量，起到提高产量的作用，还能提早采收。但切忌使用过早和浓度过高，以免造成抽薹过早，蒜薹细弱，商品价值降低。

第三，对大蒜喷施丰产素，可以促进植株增高，蒜头增大、增重。在苗期施用可促进生长，在蒜头形成期喷施，可促进蒜头肥大，增产25%左右。在大蒜植株开始进入旺盛生长期和蒜头膨大初期，用1.4%丰产素5000～6000倍液分别进行喷施，每667平方米喷50～75升，相隔7～10天喷一次，共喷2～3次。由于大蒜叶面富有蜡质，为了增加药液的展着性，可在药液中加入少量洗衣粉。

对大蒜施丰产素，应根据利用目的来决定喷施时期和次数。若以利用蒜叶为目的，应在植株开始进入旺盛生长期进行喷施；若以采收蒜头为目的，可在前期喷施的基础上，在蒜头膨大初期，隔7天后再喷第二次。要严格控制使用浓度，采用两次稀释法用药；喷丰产素时，若有病虫危害，可与农药混用，但不能与碱性农药混用。喷施丰产素的田块，要加强肥水管理。

第四，以 5 毫克/升的 2,4-D 药液浸泡大蒜种瓣 12 小时后播种，株高和单株重都比对照增加，蒜头增产 37%。

第五，在大蒜生长期及蒜头形成初期，喷施 10%绿兴植物生长剂 1 000 倍液 1～3 次，667 平方米喷洒 50 升，可促进生长，叶绿，减少病害，促进蒜头肥大，增产 20%以上。

第六，应用 ABT 6 号、ABT 7 号、ABT 8 号 20 毫克/升浸泡蒜种，然后点播，均能促进蒜苗提前 2～3 天发芽，大大促进蒜叶增宽加长，蒜秆增长加粗，从而促进蒜头产量的提高，ABT 6 号增产率为 31.79%，ABT 7 号增产率为 33.8%，ABT 8 号增产率为 52.3%，增产效果显著。

（三）大蒜休眠的调节

大蒜是比较耐贮藏的鳞茎类蔬菜，一季收获供应全年。通常大蒜在采收后 30～60 天，鳞茎组织内部开始活动，再经 1 个月后，即开始萌芽。这与鳞茎内激素活性的变化有关。萌芽后鳞茎中的营养物质逐渐消耗，以至于不能食用。因此，抑制大蒜鳞茎在贮藏期间萌芽，是保证食用品质、延长供应期的关键。

抑制大蒜鳞茎在贮藏期间的萌芽，除常规贮藏外，可运用化控技术。

第一，在大蒜采收前 15 天左右，用 3 000 毫克/升的 NAA 钠盐药液，在田间进行叶面喷洒，能抑制鳞茎贮藏期间发芽，延长休眠期。同样，应用 25～150 毫克/升的 2,4,5-T 钠盐水溶液，也有效果。

第二，应用抑芽丹（青鲜素）抑制大蒜鳞茎萌芽，效果显著且稳定。但必须在采收前喷洒，而不能在采收后处理。在采收前15天左右，即蒜头3～5厘米粗，外边2～3片叶已枯萎，而中间的叶子尚青绿时，对茎叶喷洒抑芽丹（青鲜素）2 500毫克/升的药液，每667平方米喷洒药液60～75升。如果施药过晚，叶片干枯便失去吸收和运转药的能力，无抑制效果；施药过早，会抑制鳞茎膨大生长，影响产量，而且抑制萌芽的效果也较差。处理浓度愈高，虽然抑制萌芽的效果愈明显，但腐烂率提高。如果浓度在1 000毫克/升以下，虽然也有一定的效果，但发芽率较高。为了提高效果，喷用时药液内要加0.2%的洗衣粉作为展着剂，使药液充分附着在大蒜叶片上。喷雾要均匀周到。经过处理的大蒜采收后，应适当晒干，但不能淋雨，不能在烈日下暴晒，以免鳞衣、鳞片和叶片干燥。有的蒜头，顶芽可能会被青鲜素杀伤，以后就不能萌芽生长。因此，对留种用的大蒜，不得喷洒青鲜素。

（四）蒜薹保鲜的化控

蒜薹在贮藏期间，由于气生鳞茎会继续膨大，而导致蒜薹组织萎缩，叶绿素降解，以致变质腐烂。利用赤霉素可以防止蒜薹的衰老变质。方法是：在采收后，用50毫克/升的赤霉素药液浸泡蒜薹基部10～30分钟，取出后贮藏于冷库中，库温为3℃～15℃，可以抑制营养物质向上运输，贮藏期可达3～4个月。如果在产地采收后立即处理，并用塑料薄膜包装后进行贮藏，贮藏的温度更低（5℃以下），则效果会更好，贮藏的时间也会更长。

将蒜薹基部放在浓度为40毫克/升的赤霉素溶液中浸5分钟左右，再将薹梢放在40%特克多，或50%扑海因600倍液，或50％速克灵1 000倍液中浸1～2分钟，或将整理好的蒜薹两端分别在乳化蜡型蒜薹涂料中蘸一下，可防止霉菌侵入，抑制蒜薹的蒸腾作用和呼吸作用，延长保鲜期。

（五）蒜薹的保鲜贮藏

贮藏用的蒜薹，应选择品质鲜嫩、组织没有老化或顶端花球尚未充分膨大的蒜薹进行采收。采收的蒜薹要粗壮新鲜，色泽鲜绿，未受雨淋、未发热、未出汗等。有叶鞘的蒜薹贮藏中容易腐烂，要剔除。在蒜薹进帐和装袋前，要对它进行预冷和整理。

1. 塑料帐快速降氧

将选好的蒜薹堆放好并用塑料帐密封后，连续抽氧冲氮3～4次，将帐内的氧气量降到1％～3％。密封前，帐内暂不放消石灰，使帐内的二氧化碳浓度随呼吸作用而增高。如能在开始就充入二氧化碳则会更好。贮藏过程中，帐内的气体成分，氧气含量要控制在3％左右，二氧化碳含量控制在10％左右。翻帐倒动后，仍须按上述方法进行处理。

2. 塑料帐充二氧化碳

此法与自然降氧方法基本一样。具体做法是，在蒜薹进帐密封后，先抽出帐内少量气体，然后充入20％左右的二氧化碳（适于进帐初期的高氧阶段），使帐内的氧气和二氧化碳含量基本相同，以减缓呼吸作用。高二氧化碳还能起到保护叶绿素的作用，并抑制微生物的生长。在以后的管理过程中，将氧气控制在1％～3％，二氧化碳控制在10％左右，温度控制在14℃～16℃。

3. 塑料袋冷藏

将经过挑选整理的蒜薹，经12～24小时充分预冷之后，装入筐内或板条箱的容器内，或直接堆码在贮藏架上，然后将室温降到1℃左右并维持不变。采用此法贮藏时间比较长，但容易脱水和失绿老化。比较通行的方法是，将蒜薹按每10千克左右1份的标准，装入一个聚乙烯塑料袋里，再摆放到贮藏架上。为了正确掌握贮藏中的变化情况，及时采取管理措施，可在同一批蒜薹中，选取若干个代表袋，以便经常抽样检查。在一般情况下，代表袋应不少于总批数的1%，每天检查一次。塑料袋开口通风期间，可根据代表袋内的气体含量的变化而确定管理的措施。

4. 冰窖贮藏

高寒地区，冰源丰富的，可建冰窖贮藏蒜薹。窖的形式有全地下式和半地下式，窖体长方形，深3米，长和宽依贮量确定。窖底三面修成斜坡，中间设排水沟，在窖外3～5米远处设排水井。窖顶搭建“人”字形棚顶，以防阳光直射和雨水进入。严冬时，采集和贮藏足量的冰块。

蒜薹入窖时，将用冰预冷的成包蒜薹，紧密排放在冰上，并用碎冰填满空隙，上面铺一层大冰块，依此排放3～4层蒜薹。在最上面，再撒20厘米厚的碎冰后拍实。碎冰上加盖20厘米厚的高粱壳、谷壳等隔热材料。

蒜薹入窖后，每隔6～7天检查一次，必要时添加碎冰，并随外界温度的升高逐渐将隔热层加厚至40～50厘米。要经常观察排水井口的水沟，如发现有大量水流出，应及时取出蒜薹上市或倒窖。

5. 常规冷库贮藏

利用机械制冷系统，使冷库内温度保持在0℃±0.5℃，空气相对湿度在90%以上，蒜薹装在筐内，筐子码成垛，筐与筐及垛与垛之间留出空隙，以利通风，一般贮藏期约3个月。

6. 气调冷库贮藏

按照套袋的大小及材料构成特点，气调冷库贮藏又可分为聚乙烯膜小袋气调冷藏、硅窗塑膜小袋气调冷藏、保鲜塑膜小袋气调冷藏、聚氯乙烯塑膜大帐气调冷藏和硅窗塑膜大帐气调冷藏等方法。根据中华人民共和国国家标准 GB 8867-1988，蒜薹简易气调贮藏的温度、湿度和气体指标：温度为0℃±0.5℃，相对湿度为85%～95%；塑料薄膜帐贮藏的气体指标为氧气2%～5%、二氧化碳0～5%；塑料薄膜袋贮藏的气体指标为氧1%～3%、二氧化碳10%～14%。

(1)聚乙烯膜小袋冷藏 气调袋用厚0.08毫米的聚乙烯薄膜轧成，长100～110厘米，宽70～80厘米，装蒜薹18～20千克。入库后，保持温度为－0.5℃～－1℃，相对湿度为95%～98%，氧浓度为2%～3%，二氧化碳浓度为4%～12%。当袋内氧浓度降至1%～2%、二氧化碳浓度超过12%时，应及时开袋通风，使袋内氧升至18%以上、二氧化碳降至2%左右，同时用消过毒的干毛巾擦净袋内水汽，然后再扎口封袋。用这种方法贮藏及管理，贮藏期8个月的蒜薹，好薹率在98%以上。

(2)硅窗塑膜小袋气调冷藏 在长100～110厘米、宽70～80厘米的聚乙烯袋上，开一个窗口，粘上硅橡胶膜，即成一个硅窗塑膜小袋。硅橡胶薄膜为聚二甲基硅氧烷基橡胶膜，由于它对不同气体组分有选择透性，因而可自动调节袋内的气体浓度，免去人工气调贮藏的许多昂贵的设备和烦琐的开袋换气等管理。窗口面积依贮量和贮温而定，一般贮量20～27.5千克的袋，开窗面积为100～121.5平方厘米。蒜薹装袋入库后，可架藏或筐装堆码，库内温度应严格控制在－0.5℃±0.5℃。架藏的相对湿度在90%～95%，氧浓度为

1%～2.5%，二氧化碳浓度为 5%～7%。采用筐装堆码时，蒜薹藏量可达 500 千克/平方米，是架藏的 2～2.5 倍。因库藏量大，库内空气容易恶化，应注意库房的通风换气一般每周不少于一次，每次 30～40 分钟，但换气时应保持温度稳定不变。库内相对湿度应保持在 85%～95%，氧浓度为 2%～6%，二氧化碳浓度为 3%～7%。硅窗塑膜小袋冷藏效果好，贮藏 7 个月的蒜薹，好薹率仍达 96.5%以上。

(3)专用保鲜塑膜小袋气调冷藏 塑膜保鲜袋具有适度的透气性和透湿性，能防止袋内大量结露，在贮藏期间不用通风即能自动调节气体成分，比只有窗口透气的硅窗袋气体交换均匀，可达到更理想的保鲜效果。蒜薹专用保鲜塑料薄膜袋，装量规格为每袋 15±0.5 千克。入库后，待库温和蒜薹温度均降到 0℃左右时，再扎口封袋。扎口时，在薹梢一端应留有空隙，防止薹梢紧贴袋口而造成霉烂。贮藏期间，库温应保持－0.5℃±0.5℃，相对湿度保持在 70%～85%，以利袋内过多的湿气向外透散。装袋扎口后 20 多天，袋内二氧化碳浓度略偏高，但以后逐渐下降，并稳定在氧浓度 1.6%～3%，二氧化碳浓度 6.6%～7.4%的最适范围内。保鲜塑膜袋贮蒜薹，从保鲜效果上看，可贮藏 10 个月以上。

(4)聚氯乙烯塑膜大帐气调冷藏 用 0.23 毫米厚的无毒聚氯乙烯薄膜制成长方形大帐，罩在货架外边，其大小依贮量而定。帐的两面设有取气孔，两端设循环口，同时铺设帐底。贮量为 3 000～4 000 千克蒜薹的帐，帐高比货架高 40 厘米，以便与帐底吻合，封卷帐边。制成的帐底，长 390～540 厘米，宽 210～220 厘米，以便密封大帐。蒜薹入库进帐后，蒜薹温度应严格控制在 0℃±0.5℃，库温保持在－0.5℃～－1℃，库内相对湿度为 85%～95%，气体成分要求为：氧 2%～5%，二氧化碳2%～5%。在罩帐时，根据贮量在帐底上均匀放置适量（占蒜薹贮量的0.25%）的氢氧化钙。封帐后，通过快速降氧或自然降氧，将气体含量调整到规定的标准。每1～2天监测一次帐内氧和二氧化碳的浓度动态，待二氧化碳浓度达到上限时，应及时更换帐内消石灰，以吸收过多的二氧化碳。每周进行2～3次帐内气体循环，每次循环15～20分钟；或每隔1周用碳分子筛气调机向大帐内调气一次，使帐内气体氧浓度在1%～3%、二氧化碳浓度在2%～9%的范围内周期性波动，如此贮藏8～9个月的蒜薹，商品率仍高达99.6%。

(5)硅窗塑膜大帐气调冷藏保鲜 硅窗塑膜大帐，是在聚氯乙烯塑膜大帐的四面各镶嵌一个320平方厘米的硅窗和一个280平方厘米的辅助硅窗，并安装取气管和取样袖口各一个的大帐。蒜薹入库进帐后，库温控制在－0.7℃～－1.2℃之间，薹温为－0.5℃～－1℃；库内相对湿度要求在90%～95%，帐内相对湿度基本接近饱和；适合的气体浓度为氧5%～8%，二氧化碳4%～6%。扣帐后1个月，当氧降至2%以下或二氧化碳升到7%时，打开大帐两侧的硅窗，使空气中的氧进入帐内，并让帐内多余的二氧化碳排出帐外，完毕后即关上硅窗。在启帐出库前2～3天，应将大帐封口逐步打开，缓缓透入空气，使蒜薹恢复正常的呼吸和风味。硅窗塑膜大帐气调冷藏蒜薹的效果，明显优于聚氯乙烯塑膜大帐。

（六）蒜头的保鲜贮藏

大蒜成熟时外部鳞片干枯成膜质，进入休眠期，利于贮藏。大蒜一般有2～3个月的休眠期。但收获后及时给予高温干燥环境，才能迅速进入休眠状态；低温和干燥是延长休眠期的有利条件。大蒜贮藏适温为－1℃～－3℃，相对湿度在

85%以下。休眠期过后,如能给予上述贮藏条件,能抑制大蒜生根和发芽。贮藏温度高于5℃时,大蒜易发芽;高于10℃时易腐烂;低于-7℃时,易受冻害。留种用的大蒜,贮藏在温度为15℃的、空气相对湿度不超过70%的干燥场所,有利于提高大蒜种性。如以上条件不能满足,亦可贮于-1℃~-3℃的环境,待播种前给予18℃~20℃的温度。

供贮藏的大蒜,要及时采收。大蒜生长到叶片开始变黄时,就可以抓紧收获。过迟或过早均不利于贮藏。贮藏用的大蒜宜选晴天采收。采收后要挑选、晾晒和预贮。将出土的大蒜堆成堆,以蒜叶盖蒜头的方式晒2~3天或更长时间,待蒜秸开始萎蔫时,即可剪去叶茎,将蒜头放入筐内,继续晾干贮藏,有条件的可在稍加晾晒后去掉叶片,用人工干燥机或采用其他人工干燥设备,创造高温(30℃)干燥(相对湿度为50%)环境,加速蒜头干燥。辫藏的大蒜,要在叶片变软时,每50头编成一辫,每两辫编在一起。蒜辫预贮不宜堆积,最好能挂起来,以便继续晾晒和贮藏。

1. 串挂贮藏

准备串挂贮藏的蒜头,在采收时应将大蒜植株连根拔起,经过严格挑选后,用刀沿鳞茎根底盘部,将根须及夹带的一部分茎盘削去,削平,并且只留下10~15厘米的假茎(叶鞘)。

将经过处理的蒜头假茎用镀锌铁丝串挂起来,悬挂于屋檐下,或者先将大蒜每8~10头扎成一小把,再一排排整齐地串挂在屋檐下的铁丝或尼龙绳上,使蒜头自然风干。

在农村也有将大蒜编成辫悬挂在室内贮藏。串挂贮藏的大蒜不易腐烂,质量好,而且操作方法简单易行。

2. 高温贮藏

将收获的大蒜经过处理后,一直放在高于30℃的环境中贮存，大蒜能保持一年以上不发芽。我国南方的烤蒜，就是用高温处理过的蒜，可长期不发芽。

3. 塑料帐气调贮藏

可采用快速降氧法或自然降氧法进行贮藏。用0.23～0.40毫米厚的聚乙烯塑料薄膜帐，在帐底先铺一层塑料布，再在其上铺一层草帘、刨花或枕木等，将帐与底布用土埋好封严。帐两头设有袖口，四壁有取样孔。控制帐内氧气大于2%，二氧化碳低于16%。若超出这一标准，则应用鼓风机进行帐内换气。帐内壁的水滴可用无水氯化钙吸收。

贮藏中要勤检查，一般隔25～30天翻垛检查一次，剔除病、烂蒜头，并擦干帐内壁的水滴，同时调换帐内存放的无水氯化钙或消石灰。翻垛时应尽量减少大蒜在空气中的暴露时间。翻垛后，按气体成分要求迅速进行调节处理。

4. 低温贮藏

在人工或自然低温下，利用低温抑制大蒜萌芽，延长贮藏期。大蒜低温贮藏对温度要求很严格，一般要求－1℃～－3℃的稳定低温条件。温度若高，贮藏初期可能反而促进打破大蒜休眠，提早萌芽；温度再低，可能使大蒜受冻。此法的优点是贮藏期长，贮藏效果较好，一般可达10～12个月；缺点是对温度控制要求严格，贮藏成本高。

5. 低温气调贮藏

在温度为－3℃～0℃、相对湿度为85%～90%、氧气浓度为2%～4%和二氧化碳浓度为5%～8%的低温气调条件下贮藏。其优点是贮藏期长，贮藏效果好，一般可达10～12个月以上；缺点是对环境要求严格，贮藏成本高。

6. 射线辐射贮藏

利用幼芽比蒜瓣肥厚鳞片对$^{60}C_o$(钴)射线更敏感的特点，

通过伽马(γ)射线辐照后引起幼芽生理和生长点细胞结构形态的变化，而抑制其萌发生长，达到贮藏保鲜的目的，是一种无残留、可兼杀虫灭菌、适于大规模长期贮藏的方法。我国卫生部1984年颁布了辐照大蒜卫生标准(ZBC 53001—1984)，在进行大蒜射线辐射贮藏时，必须认真执行。

拟辐照的商品蒜可采用箱装或袋装。箱装采用瓦楞纸或白板纸箱，每箱装10～15千克；袋装采用聚丙烯袋，每袋装25～40千克。蒜箱(袋)通过传输装置送入辐照室，辐照后可在通风、干燥的室内常温堆藏。堆垛以6～8袋高和2袋长度宽为好，堆间要留有通道，底部铺放木垫板。堆的长度可占库房长度的2/3～4/5。贮藏初期，要注意通风防潮散热，可选择晴天倒垛1～2次，排除堆内湿热空气。秋、冬季，为减少失重，可适当关窗，并用麻袋布覆盖。

7. 涂膜保鲜

是在蒜头或蒜瓣外涂一层膜，起隔绝空气，降低大蒜呼吸作用，阻止水分散失，达到保鲜效果的方法。使用的膜质材料，一种是不可食用的石蜡，另一种是可食用的薄膜。利用石蜡涂膜时，将收获后晾干的蒜头清理净泥土，去除根须和外皮，剪短假茎留把，然后在事先熔化好的石蜡液中浸一下即可，石蜡冷却后即在蒜头外形成一层蜡膜。注意浸蜡时蜡液温度不宜太高，时间不宜太长，浸匀、浸透，即可捞出蒜头摊开。蜡未凝固成膜时，不要发生机械硬性碰撞，以防蜡膜遭破坏而影响保鲜效果。涂膜蒜头可贮存到翌年5月初，不萌芽、无干瘪和腐烂等。石蜡还可反复使用，操作简便，成本较低。

用可食性薄膜保鲜的，一般要先将大蒜掰瓣，去皮，洗净。包膜前先在柠檬酸溶液中浸泡1小时，以防霉防腐。捞出蒜瓣并沥干柠檬酸水后，再浸入预先融熔好的以甘油酯为主要成分并加有少量增塑剂的可食性涂膜剂中，随即取出蒜瓣，使其外面凝固成一层无色透明的保护膜。涂膜蒜瓣保存在赛璐珞纤维素膜小袋中，或保存在透气的塑料食品袋中，保鲜效果良好，可随时上市和食用。

8. 坑　藏

每年 10 月下旬，选向阳避风处挖深 0.3～0.4 米的坑，长宽视贮藏量而定。坑挖好后，及时把蒜头倒入坑内，厚0.15～0.2 米，其上盖 0.15～0.2 米厚的土，土上浇水至饱和状态，然后用塑料薄膜覆盖严密。到翌年清明节前后取出蒜头。

9. 糠皮埋藏

先在贮藏容器箱或筐的底部铺一层厚约 20 毫米的糠皮，然后一层蒜头(2～3 头蒜高)一层糠皮，层积至离容器口 50 毫米处，上面用糠皮覆盖，使蒜头完全被盖住。这主要是利用糠皮的绝缘性能，保持环境中相对稳定的温度，并造成一定的密封条件，有利于贮藏环境中二氧化碳的积累和氧气含量的相对降低，从而抑制蒜头的呼吸作用，延长蒜头贮藏期。

10. 架　藏

贮藏前的处理工作与挂藏法大体相同。将晾干后的大蒜编成辫，在通风、干燥的室内设置木制或竹制梯架，梯架上有间距较大的横隔。将蒜辫跨挂横隔上，辫间留有空隙，以利通风。贮藏期间每隔 2～3 天翻动一次，及时剔出腐烂有病的蒜头，注意通风和避湿。

11. 窖　藏

选地势较高、干燥、土质坚厚、地下水位低的地方挖窖。在窖底先铺一层干稻草、麦秆或谷壳，然后一层蒜一层草地进行堆积。堆积厚度不可过高，以利通风。窖内要设通风道。贮藏期间要定期检查，随时除去腐烂、变质蒜头。此法利用窖内低温、低湿的特点，使大蒜有一稳定的贮藏环境。在东北等寒冷地区使用窖藏效果好。

12. 通风库贮藏

入库前期预藏与挂藏法相同。大蒜在通风库内贮藏期间，要注意调整库内的温度和湿度。外界气温高时，可在通气口放冰块降温。外界气温低时，可设置火炉升温。在库内还应放些锯末、稻壳、秸秆和刨花等，作隔热、吸湿物。

二、洋葱的调控与保鲜

洋葱，又名葱头、圆葱、玉葱或球葱，起源于中亚，以肥大的肉质鳞茎为产品。

洋葱耐寒性强，诱导花芽分化需要低温。吸水力弱，要求土壤有较高的湿度。适于中等光照强度，长日照是花芽分化和鳞茎形成的必要条件。喜肥，对土壤营养要求较高。

（一）洋葱的周年生产调控

洋葱在我国栽培较为广泛，但各地栽培季节差异较大。秋播冬种、次年夏季采收的方式，在我国长江流域和黄河流域采用较普遍。秋播次年春种，夏季采收的方式，主要适于北方较寒冷地区采用，冬季需对秧苗进行假植囤苗或苗床覆盖防寒等措施，来保护幼苗越冬。春播春种、秋季采收的方式，主要适于夏季温度偏低和雨水较少的地区采用。

如我国北方地区，多在 8 月下旬至 9 月中旬播种，10 月下旬至 11 月份定植后越冬，或次年 2 月下旬至 3 月下旬越冬后定植，6 月下旬至 7 月中旬采收。高寒地区多在 7～9 月份采收。大体上随着地理位置的北移，播种期逐渐提前，收获季节不断延后。

（二）洋葱生育期与休眠期的调控

洋葱形成鳞茎，是由光周期诱导的。正常气温下，形成鳞茎至少每天需要 12～16 小时的光照。试验证明，乙烯利处理能延迟细胞分裂并直接刺激叶鞘细胞的侧向肥大；改变植株体内其他激素水平；抑制叶片生长，促进有机营养向鳞茎内运转，可以在非诱导形成洋葱鳞茎的短日条件下，有助于鳞茎形成和膨大。处理时期为幼苗有 4～5 片真叶时，用 5 000 毫克/升或 10 000 毫克/升乙烯利溶液处理 1～3 次。处理后鳞茎能较早地形成，成熟加速，并且鳞茎增大，但不同品种有所差异。

在洋葱采收前 15 天左右，用 3 000 毫克/升的 NAA 钠盐药液，在田间进行叶面喷洒，能抑制鳞茎贮藏期间发芽，延长休眠期。同样，应用 25～150 毫克/升的 2，4，5-T 钠盐水溶液进行处理，也有效果。

青鲜素抑制洋葱鳞茎萌芽，效果显著且稳定。但必须在采收前喷洒，而不能在采收后处理。在采收前 15 天左右，即洋葱头直径有 5～7 厘米大，外边 2～3 片叶已枯萎，而中间的叶子尚青绿时，对茎叶喷洒青鲜素 2 500 毫克/升的药液，每 667 平方米喷洒药液 60～75 升。如果施药过晚，叶片干枯，便失去吸收和运转药的能力，无抑制效果；施药过早，会抑制鳞茎膨大生长，影响产量，抑制萌芽的效果也较差。如果处理浓度愈高，虽然抑制萌芽的效果愈明显，但腐烂率提高；如果浓度在 1 000 毫克/升以下，也有一定的效果，但发芽率较高。为提高效果，喷雾时药液内加 0.2%的洗衣粉作为展着剂，使药液充分附着在洋葱叶片上，喷雾要均匀周到。经过处理的洋葱采收后，应适当晒干，但不能淋雨，不要在烈日下暴晒，以免鳞衣、鳞片和叶片干燥。有的葱头顶芽可能会被青鲜素杀伤，以后就不能萌芽生长，因此留种用的洋葱不得喷洒青鲜素。

将洋葱种子于播种前，用0.005%～0.05%的石油助长剂药液，浸种12小时，可提高洋葱种子发芽率。

对于当年刚收下的新鲜洋葱鳞茎，可用100毫克/升赤霉素溶液浸泡鳞茎底部15分钟。经处理后，20天左右洋葱鳞茎即可长出很多新根，利于萌发生长。

用1 000毫克/升的羟季铵·萘合剂，在洋葱地下部开始膨大时，进行地上部分喷雾，生长旺盛的可喷2～3次，间隔10～15天。处理后，可提高光合作用的效率，促进有机物质的运输，增加块茎的产量。缺水少肥瘦弱的勿用。

用嗪酮·羟季铵合剂80～100倍液，在洋葱收获前2～3周进行全株喷洒，可抑制洋葱贮藏期间发芽。

(三)洋葱的保鲜贮藏

洋葱在夏季收获后，即进入休眠期，一般休眠期为1.5～2.5个月。通过休眠期的洋葱，遇到高温、高湿条件便萌芽生长，消耗体内营养，鳞茎逐渐干瘪、萎缩而失去食用价值。低温干燥条件，可以迫使鳞茎继续保持休眠状态。此外，为了抑制洋葱在贮藏期发芽，可在收获前7～15天，用0.2%～0.25%的青鲜素液喷洒植株，每667平方米用药液50升。

用于贮藏的洋葱应在晴天收获，收获前10天停止灌水。收获适期，为第一二片叶枯黄，第三四片叶部分变黄，地上部开始倒伏，外部鳞片变干时。收获后要就地晾晒4～6天，中间翻动一次，使鳞片干缩成膜状，叶变软发黄，即可转入预贮或直接贮藏。注意不要直接晒葱头。

洋葱贮藏的适宜温度为－3℃～0℃，相对湿度在80％以下。造成洋葱腐烂的主要原因是湿度偏高。高湿还会促使发芽、生根。低氧和高二氧化碳，可抑制洋葱的呼吸代谢和发芽，适宜的气体成分为氧气5％，二氧化碳15％左右。

1. 垛　藏

在室外选择地势高燥、通风良好、便于排水的场地，垫好枕木，在上面铺好秫秸，然后把经晾晒和预贮的洋葱纵横交错、一层一层地码成整齐稳固的长方形葱垛。一般垛长5～6米，高、宽各1.5米。垛码好后，四周及顶部用苇席覆盖，用绳子绑紧。为了防雨，顶部可加盖油毡或塑料薄膜。封垛前期，如有漏雨或发热，应倒垛晾晒，保持干燥。天气转冷后，要增加覆盖，待气温降至0℃以下时，拆垛移入窖内或库内贮藏。

2. 冷　藏

为提高冷库利用率，应去叶藏头。有条件的亦可用热空气连续干燥代替晾晒处理。即收获后用40℃～45℃的热空气，连续干燥12～16小时，使鳞茎中的水分减少10％左右，利于贮藏。晾晒或干燥处理后的葱头，经过严格挑选，装入柳条筐、网袋或板条箱中，入预冷间预冷。待洋葱的温度接近于冷藏温度时，转入冷藏间，按照一定的形式码堆，在0℃～3℃的条件下，可长期贮藏。冷库湿度较高，对洋葱贮藏不利，应采取降湿措施，以防生根和腐烂。

3. 气调贮藏

气调贮藏洋葱，应去叶片藏头。气调最好配合冷藏；没有冷藏条件的，可以在室外荫棚下堆垛，加塑料薄膜帐封闭贮藏；也可以把荫棚垛作为预贮手段，一个月后转入其他库房进行气调贮藏。

不论采用哪种方法，封闭垛内湿度一般都较高，特别是荫棚下封垛的，入秋后昼夜温差大，帐内壁常凝结大量水珠，因而最好能配合使用吸湿剂。人工调节气体成分的，每周向帐内充入0.2%的氯气（按体积计）消毒，有一定防腐作用。但充入氯气不可过量，否则对洋葱有伤害。

可用荫棚下塑料薄膜帐封垛自然降氧法贮藏葱头。具体做法是：葱头晾晒后，严格进行挑选，再装筐、码垛，每垛1～5吨。在洋葱脱离休眠期前（发芽前15天左右）加帐密封，自然降氧，维持氧气浓度为3%～6%，二氧化碳气体浓度为8%～12%。入冬后，利用自然低温即可抑制发芽，不必继续密封。

有条件的，可采用人工充氮降氧法，长期密封，可延长洋葱贮藏期。整个贮藏期间，要经常检查帐内气体成分的变化。二氧化碳浓度过高时，应及时进行气体交换，以免洋葱受到伤害。

4. 辐射贮藏

用3～10千伦琴的$^{60}C_O$（钴）射线照射葱头，在常温下可延长贮期30～50天。经照射后对洋葱的含糖量、维生素C等营养成分及食用质量无影响。

5. 筐　藏

将洋葱适时采收后，充分进行晾晒。2～3天翻倒一次。待叶子变黄后捆成小把。葱头向外，叶向里，堆成圆垛，内部形成空心的圆锥体。再隔4～5天倒垛一次。切忌淋雨，使葱头充分干燥，去掉叶，装入木条箱或筐内。每筐装25～30千克，然后堆入窖内或码在普通库内，一般堆码3～4层，保持经常性干燥，并注意通风。冬天，在窖温、库温不低于－3℃的条件下，一般可贮藏到翌年5月份。

6. 室内贮藏

先选室外地势较高、干燥、通风、背阴的地方，用枕木、秸秆等物铺垫，将晒好的洋葱辫子横竖交错地摆在上面，铺成中间略高的长方形垛。垛顶盖几层苇席，严防雨水淋入，保持垛内干燥。入冬前倒垛1～2次。入冬后转入室内，温度控制在0℃～3℃之间。温度过高，可打开门窗通风降温；低于适，温要关闭门窗，增加覆盖，防寒保温。

7. 围 藏

选择地势较高、土质干燥、排水良好的场地，在地面垫上枕木，在枕木上铺好秸秆，然后在上面用秸秆帘子或柳条、槐条编成直径1米左右、高1.5米的圆囤子，可贮洋葱头5 000千克左右。装满葱头后，垛顶成圆锥形，盖二三层席子，四周用席子围上，再用绳子纵横扎紧，封囤要严密，防止日晒雨淋。贮藏初期，要注意囤内湿度不宜太高，避免造成腐烂和发芽。一般可根据葱头的晾晒程度和天气情况，进行1～2次倒囤，排出囤内湿气。如果要长期贮藏，最好一开始就将洋葱头放进库内，或暂放在凉棚下，待入冬天气变冷以后，再入库内贮藏。要采取一定的防寒措施，防止冻害。进入贮藏中、后期，一般不要倒囤，使囤内有一个良好的封闭环境，能起到一定的自发调气作用。采用圆囤贮藏的洋葱，保质效果很好，贮藏期达270天左右，基本上不发芽，不腐烂，损耗小。

8. 泥封贮藏

将丰满无伤的洋葱裹在泥球内，使其阴干，码放或装筐置于干燥处保管。或者用木板做一个长0.36米、宽0.21米、高0.06米的坯模子，然后用沙土和泥混和成稠泥。再把洋葱剪去茎叶，与稠泥混合脱成土坯。具体方法是：先在模底铺一层稠泥，泥上摆一层洋葱，洋葱上再盖一层稠泥。如此脱成一块块土坯，经充分晾晒后，搬进空屋内码成垛，用时碎坯取葱，非常方便。

9. 挂　藏

将经过晾晒的洋葱编成辫子，每条葱辫约 1 米长，两条合起来为一挂，每挂约 80～120 头。将编好的洋葱辫子挂在支架上，使辫子离地面 0.1 米，四周用席子围上，注意防止雨淋。此法贮藏前期可在室外进行，入冬后放在窖内或库内。也可直接在干燥通风的窖、库内进行。

家庭少量贮藏洋葱，可将洋葱装入筐中，吊在室内通风阴凉的角落即可。此法贮量虽小，但简便易行，适于家庭使用。

10. 架　藏

在贮藏窖或库内，用木杆搭成宽 1 米、高 1.5 米的木架，共分三层，以木板或秸秆为隔板，然后将洋葱分层放在木架上。这种贮藏方法比较经济，但要求室温不低于－3℃。利用居民住房贮藏，要防止烟熏和水蒸气。

11. 堆　藏

将准备贮藏的洋葱，经过严格选择后，在 8 月中下旬解除休眠之前，放进窖、库贮藏。可采取散堆存放，堆宽 1.5 米，高 0.5～0.7 米，长度不限。也可将洋葱放在木箱内，然后在窖、库内堆桩成骑马式。窖、库内温度以 0℃～3℃为宜，相对湿度不超过 80％。如果有冷风库，可利用托板堆桩，有利于通风和提高仓贮率。用这种方法贮藏，给洋葱提供了适宜的低温，贮藏时间长，贮藏后质量较好，损耗也少。

12. 塑料膜帐贮藏

选择红皮或黄皮成熟度高、根蒂小、无机械伤、无病腐、未遭雨淋的洋葱，装入用 0.5％漂白粉液消过毒的筐内，码在凉棚下进行通风预贮，待 7 月下旬进行封闭。封闭的方法是：在地势高、干燥、通风良好的凉棚下，依每垛贮量大小，先用木杆搭成屋脊式木架，垛底贴地面铺 0.1 毫米厚的塑料薄膜，上面摆放两排双层砖块，搭上木杆，码放洋葱筐。垛高3～4层筐，宽1.2米，每垛贮藏量约为1 000千克。在垛的四周挖深0.16米、宽0.1米的小沟。垛上罩以塑料薄膜，然后与垛底塑料薄膜边缘对齐，合卷在一起，埋入沟内，形成塑料薄膜帐子，四周离地面0.6米以上处，安装直径为0.2米的塑料袖口，以备检查质量用。正面、两侧安装测气用的气门嘴和调气用的小塑料袖口。

采用自然降氧法调节帐内气体成分。每日测垛内气体含量，根据垛内气体变化情况进行调节。一般帐内氧气应控制在5%左右，二氧化碳以13%左右为宜。如果每帐贮量大于1 000千克，帐内氧气含量可适当升高一些，二氧化碳含量适当降低一些；如果每帐贮量少于1 000千克，帐内氧气含量可适当降低些，二氧化碳含量可适当升高些。切忌帐内绝氧。每当帐内氧气低于5%时，要用吹风机从袖口往帐内送风，使帐内氧气含量上升到6%～7%。一般情况下，不要开帐检查。如果非开帐不可，重新封闭时，必须充入一定量的二氧化碳。

为减小垛内湿度，白天应避免阳光直射，夜间在垛的迎风面要设置席子和草袋子挡风保温。

13. 室外堆藏

在华北和华东地区，多采用此法贮藏洋葱。华北地区的方法是：选室外通风干燥的地方，以较粗的木杆做立柱，四周用玉米秸秆围成栅栏，宽度为1～1.3米，高1.5～2米，长度可根据贮量决定。栅栏底部做好土埂，然后铺上干玉米秸秆，使洋葱和地面隔离，以免受潮。随后即可将经过晾晒、剥去叶部的洋葱鳞茎装入其中。装满栅栏之后，使栅栏内中间部分高于四周。然后再在上面铺玉米秸秆或苇席。降雨前，再在顶部覆盖塑料薄膜或苫布防雨。用这种方法一般可以贮存3

个月，贮后在9月份上市。

华东地区堆藏的方法是：先把晾晒5～6天的洋葱，扎成小把而不编辫，然后选地势高的场所，在地面垫厚约20厘米的干麦秆作为垛底，再把扎把的洋葱在上面堆成圆堆，圆堆的直径为1.5～2米，堆高约1.5米，每堆可贮藏洋葱800～1 000千克。堆的四周围上麦秆，堆顶也用麦秆做成屋顶状，以防雨淋。贮藏期间不宜翻动，一般可以贮藏3～4个月，贮后在10月份上市。

14. 囤　藏

囤藏的贮藏量大，贮藏期长，但比较费工，因而成本较高。具体方法是：首先将晾晒后的洋葱，从鳞茎颈部剪去干枯的叶和茎秆，然后把鳞茎堆放在通风、干燥的空房中，堆高不宜超过1米，每隔10～15天翻倒1次，以防堆内发热，同时剔除个别腐烂的鳞茎。到10月初，在室外做囤。囤的构造和粮食囤相似，即用苇席围成圆筒形，囤底垫上木棍等，上面再铺上扎成把的高粱秸秆作为囤底。然后把洋葱鳞茎放入囤中，每放入厚约30厘米时，上面再平铺一层高粱秸秆隔离，以便散热、散湿和透气。这样一层层地码放，以装满囤为止。入囤以后，每隔15～20天倒囤一次，经过2～3次倒囤后，天气已冷，应用稻草覆盖囤顶，封囤防寒。采用这种贮藏方法，在北京郊区可贮藏洋葱到春节前后。

15. 通风库贮藏

根据中华人民共和国商业行业标准S/T10286—1997，洋葱通风库贮藏是在气温下降后，将洋葱装入箱、筐或塑料编织袋，并在库内地面加垫枕木或枕石后，将箱装或袋装洋葱码入库内。贮藏期间，库内要注意通风，保持干燥，冬季温度不能低于－1℃。

三、韭菜的调控与保鲜

韭菜，又名草钟乳、起阳草或懒人草，原产于我国，是以嫩叶和花茎为产品的多年生宿根草本，除采收青韭外，还可采收韭菜薹（花）及软化韭黄。

韭菜耐寒性强，对温度的适应性较广，要求中等光照强度，是长日照植物，要求较高的土壤水分，可耐较低的空气湿度，对土壤的适应性较强，较耐盐碱。

（一）韭菜的周年生产调控

韭菜在我国普遍栽培，一次播种后可生长多年，每年又可采收多次。

在我国南方地区，除炎热的夏季外，几乎周年都可采收青韭。长江流域一带，一般从春季到夏季收割青韭2～4次。由于韭菜耐弱光，因而设施栽培也很普遍。在我国北方地区，春、夏、秋三季可露地生产青韭，采用薄膜、大棚、温室等技术后，冬季也能生产青韭或韭黄。在北京地区，韭菜的周年生产调节如表15-1所示，其他地区可据情况作相应调整。

表15-1 青韭周年生产的茬次调控

茬次	设施	品种 休眠方式	播种期	扣棚期	收获时期
露地					4～7月，9月
遮阳网				6月	4～6月，7～8月
秋延晚	塑料棚	浅休眠		11月	4～6月，9～10月，12月

续表 15-1

茬 次	设 施	品种 休眠方式	播种期	扣棚期	收获时期
秋冬茬	日光温室或 暖式棚	浅休眠 深休眠	5～7 月 5～6 月	11 月 12 月	10～12 月 1～2 月
越冬茬	日光温室	浅休眠 深休眠	4～5 月	11 月 12 月	11～12 月,1～4 月 1～5 月
春提早	暖式棚 塑料温棚			1 月 2 月	3～6 月 3～6 月,9 月
春早熟	风障畦 地膜覆盖				4～6 月,9 月 3～5 月,9 月
周年生产	砂 培	浅休眠	用二年生根株,冬季用冬用型或加温温室覆盖,夏季用遮阳网保护,1 个月收割 1 茬		

(二)促进韭菜生长的调控

第一,应用三十烷醇可使韭菜生长加快,肉质鲜嫩,提高食用价值。可在春季韭菜初出土时用 0.5 毫克/升的三十烷醇液,按每 667 平方米 100 升用量浇根。待韭菜生长到 6～7 厘米高时,再用 0.5 毫克/升的三十烷醇,每 667 平方米用 50 升进行叶面喷施。或用 0.5～1 毫克/升的三十烷醇溶液,在韭菜的营养生长期,叶面喷洒 1～2 次,可增加产量,并使韭菜的质量鲜嫩,叶色翠绿,商品率高。

第二,在韭菜生长期间,用 10 毫克/升的 ABT 4 号增产灵药液,喷洒叶面和根部,可使韭菜生长健壮,叶片深绿,大而肥厚,一般增产 10%～20%。

第三，在韭菜苗高 6～10 厘米或收割后 2～3 天(喷根茬)，用 10～30 毫克/升的赤霉素药液喷洒 1～2 次，可促进生长，提高产量。也可在韭菜收获前 15 天左右，或韭菜长有 20 厘米左右高时喷施赤霉素液。每公顷每次用 15 克药粉。已经溶解并对水的赤霉素不宜长期存放，宜现用现配。用 15 克赤霉素药粉，对水 750 升，再加硝酸铵 7.5 千克，可喷布 1 公顷菜地，一般增产 18%左右。喷灌赤霉素，还有促进韭菜结束休眠的作用。

第四，从秋季养根开始喷用叶面宝，每隔 16 天喷一次，每公顷每次用药液 750 毫升，对水 750 升，作叶面喷洒。在韭菜露地和保护地生长期都可喷用。

第五，光呼吸抑制剂(亚硫酸氢钠、光合肥、保险粉)可用来降低光呼吸强度，抑制光呼吸消耗，增加产量。韭菜长至 8～10 厘米高时，开始喷用光呼吸抑制剂，7 天后再喷一遍。每公顷每次用药粉 150 克，对水 750 升，作叶面喷洒。务必注意每公顷用药量，防止出现不良后果。亚硫酸氢钠需用 70℃左右的温水溶解。

第六，从苗期到产品生长期均可喷用爱多收。苗期喷两次，相隔时间为 7～10 天，可促根促壮。对温室韭菜，在生长期 10 天喷一次。每次每公顷用药液 150 毫升即可。也可每公顷用爱多收 1 200 毫升，对水后灌根，效果很好。

第七，每公顷每次用白糖 7.5 千克、尿素 2.25～3 千克，对水 750 升喷布韭菜，可促进叶色变浓，产量提高。白糖可与其他农药激素混用。

第八，叶菜早是为低温下促进叶菜提早上市的一种混合促进剂。每公顷每次的配用量是：硝酸铵 2 400 克，硝酸钾 750 克，硫酸镁 1 875 克，磷酸二氢钾 435 克，硫酸钙 450 克，赤霉素 15 克，尿素 7 500 克，对水 750 升。5 天喷一次，共喷 3 次，可增产五成以上。

第九，从苗期开始喷用磷酸二氢钾，对弱苗有明显的促进作用。其他时期喷用效果也很好。喷用浓度为 500 倍液。可与其他药剂混用。

(三)韭菜的保鲜贮藏

韭菜贮藏的关键是温度的调控，低温可以有效地抑制韭菜的黄化和腐烂。如果处理得当，韭菜在 0℃温度下可以贮藏 3～4 个月。

在韭菜贮藏前，必须用水冷或冰冷却等方法进行预冷。为了防止韭菜失水萎蔫，贮藏时需要采用塑料薄膜加以包装。低温加塑料薄膜密封包装，可抑制韭菜的呼吸作用，减少营养损失。但在较高的温度下，塑料薄膜密封包装会造成气体伤害，使韭叶的尖端出现脱水的凹陷斑，产生异味。为避免这种现象的发生，可以在袋上打几个孔。

0℃低温加塑料袋密封包装的措施，是韭菜短期贮藏和运输的理想措施。如果是较短途(6～12 小时)运输，可在采收后迅速预冷，用保冷车运输，也可收到较好的效果。

冬季，由南方地区往北方地区，经铁路长途调运韭菜，可采用土保温车加冰的方法。先将韭菜装入塑料袋，再放到竹筐里，在竹筐中央部位、塑料袋与塑料袋之间放一些冰块降温保冷。在高帮敞车车厢底部先铺一层约 33 厘米厚的冰，在冰上面码两层菜筐。再放一层冰后，再码菜筐，再放冰。在车帮内侧挂两层棉被，使之在顶部互相搭接，上面再盖一层棉被。这样，可使韭菜在春节前经历 7～10 天的运输后，照样保鲜。

将韭菜收割后，捆成小捆，立即进行预冷，待菜温降到

0℃～5℃时，装入膜厚0.03毫米的聚乙烯塑料薄膜袋中，每袋装0.5～1千克。然后，将袋装韭菜装入筐子或箱子中，保持库温为0℃～2℃，空气相对湿度为90%～95%，可贮鲜10～15天。

短期保鲜时，可将韭菜用绳子扎起它的头部，浸在水盆里，数日不干不烂。也可以用新鲜白菜叶包住韭菜并捆好，放在阴凉处，可保韭菜数日新鲜。

四、葱的调控与保鲜

葱类包括大葱、分葱、胡葱和香葱，以及它们的变种。我国北方以大葱栽培为主，南方则以分葱及香葱栽培较多。

大葱为我国原产，植株较高，分蘖力弱或不分蘖。分葱植株较小，分蘖力强。香葱也称细香葱，植株较小，密生成丛状。胡葱也称火葱、蒜头葱和瓣子葱，圆筒状而中空，鳞茎发达而成簇生。

葱在营养生长期要求气候凉爽，土壤湿润肥沃，光照中等强度，需经低温和长日照才能分化花芽，抽薹开花和结实。

(一)葱的周年生产调控

分葱在我国南方种植较多。其中夏葱能在5～8月间炎热季节生长；冬葱以秋季生长为主，不耐寒冷；四季葱和小葱等，则一年四季均可栽培收获，以4～5月间的品质较好。四季葱不耐热，但能耐寒，每年可有四个分株繁殖的时期，即3月下旬、5月下旬、8月中旬和11月下旬。

大葱为我国北方地区的特产。现在，它在南方地区的栽培面积也在逐年扩大。大葱抗寒耐热，适应性强，且收获期不严格，植株大小均可上市，故可分期播种，实现周年供应。

下面是北京地区大葱的周年生长收获调控情况(表 15-2)，其他地方可据气候状况和品种特性，参考安排周年生产。

表 15-2　大葱的周年生产调控

栽培方式	播种育苗期	定植期	收获期
露地羊角葱	第一年 9 月	第二年 6～7 月	第三年 3～4 月
风障大葱	第一年 7 月		第二年 4～5 月
露地小葱(白露葱)	第一年 8～9 月		第二年 4～6 月
改良葱(伏葱)	第一年 6～7 月	当年 10 月	第二年 5～6 月
沟　葱	第一年 8～9 月	第二年 4～6 月	第二年 7～10 月
干　葱	第一年 8～9 月	第二年 5～7 月	第二年 9～10 月(贮藏供应到来年)

(二)促进葱生长的调控

培育健壮优质的葱苗，是夺取高产的基础。试验研究表明，ABT 8 号对培育白葱壮苗比较有效。以 10 毫克/升的 ABT 8 号溶液浸泡白葱种子 1 小时后，捞出，稍干后播种，与对照相比，对葱苗的葱白体积和单株重都有很好的促进作用，可育成健壮优质的葱苗。

(三)大葱的保鲜贮藏

大葱假茎(葱白)耐低温，可忍受－30℃以下的低温，在 0℃以上的低温条件下，细胞仍具有生活力。低温贮藏的适宜温度为 0℃，相对湿度为 85%～90%。微冻贮藏的适宜温度为－5℃～－3℃。常温贮藏时，在高湿条件下易腐烂。

用于贮藏的大葱，应选假茎粗短，可溶性固形物含量高的品种。适时采收对耐贮藏性和成品率也十分重要。收获过早，贮藏性下降；收获过迟，由于物质转移而降低了成品率。一般在下霜后，管状叶由厚变薄，呈现半枯黄状态时采收最合适。大葱的保鲜贮藏方法如下：

1. 假植贮藏

在院内挖一个浅平地坑，把葱假植在地坑里，用土埋住葱根和葱白部分，不要埋住葱叶，因为大葱有呼吸作用。

2. 沟　藏

在阴凉通风处，挖深 200～300 毫米、宽 500～700 毫米的沟。将采收后的大葱晾晒半天后，选无伤病、株型整齐者，去掉根上的泥土，捆成 12～15 千克重的把，于通风处阴干外表的水分。将沟内灌足水后，把葱一捆捆栽入贮藏沟内，用土埋严葱白部分，四周用玉米秸围一圈，以利通风散热。

3. 地面贮藏

在背风平地上，铺 3～4 厘米厚的沙子，把晾干捆好的葱密密码在沙上，使根朝下，码好的葱堆宽 1～1.5 米。然后，在四周葱根部培 15 厘米高的沙土。上覆草帘子、塑料薄膜防雨。

4. 架　藏

将采收并晾干的大葱，捆成 7～10 千克重的捆，依次堆放在贮藏架上，中间留出一定空隙通风透气，以防腐烂。如果是露天架藏，须有覆盖物防雨雪。贮藏期间，要定期开捆检查，发现发热变质的要及时剔除。

5. 窖　藏

将采收后的大葱先在地里晾晒数日，待表层半干后捆成

7～10 千克重的捆，直立排放于干燥、有阳光、避雨的地方晾晒，每半个月检查一次，以防腐烂。当气温降到 0℃以下时入窖贮藏。贮藏期间要注意防热防潮。

6. 冷库贮藏

将无伤、无病虫害的大葱，捆成 7～10 千克重的捆，装入筐内或木箱内，放入冷库堆码贮藏。库内保持温度为 0℃～1℃，相对湿度为 80%～85%。贮藏期间要定期检查，及时剔出腐烂葱。

7. 微冻贮藏

在东西向墙的北侧，挖 0.1～0.2 米深、1～2 米宽的浅沟，将经过晾晒的大葱捆成 7～10 千克重的捆，竖排存放于沟内。贮藏初期，将葱捆上部敞开，每周翻动一次，使葱叶全部干燥。天气转寒至葱白微冻时，给葱培土，顶部用草帘子盖住。

8. 气调贮藏

青葱采后清洗根部，消毒，预冷，可在 0℃下用 1%的氧气和 5%的二氧化碳，调控贮藏保鲜 40～50 天，并可用塑料小包装贮藏。

第十六章　豆类蔬菜的调控保鲜技术

豆类蔬菜，属一年生、二年生或多年生草本植物，在蔬菜生产和消费中有重要地位，包括豇豆、菜豆、豌豆和蚕豆等。

豆类蔬菜均含有丰富的蛋白质、脂肪、糖类、矿物质和各种维生素。人体中有 8 种必需氨基酸，是人自身不能合成的，只能从食物中摄取。植物蛋白质中以豆类种子蛋白质的必需氨基酸组成较好，尤以大豆为最好。豆类蔬菜还含有丰富的矿质元素和维生素，其中钙、磷、铁和维生素 B 的含量较高。

豆类蔬菜的生育周期可分为种子发芽期、幼苗期、抽蔓期和开花结荚期。种子发芽期从种子萌动至真叶展开，第一复叶刚露。以后主根伸长侧根增多，有 5～7 枚复叶展开为幼苗期。这两个生长期生长缓慢，生长量很少，只是奠定生长的基础。条件适宜时，在幼苗期开始花芽分化。抽蔓期从 5～7 枚复叶开展至植株现蕾。此期茎蔓和叶片加速生长，花芽不断分化发育，蔓生型的抽蔓期较长，矮生型短或无。植株现蕾后进入开花结荚期。此期茎蔓叶片和根系都迅速生长，同时开花结荚，生长量最大。至后期生长转慢，逐渐衰老。蔓生型的开花结荚多，结荚期较长，因而生育周期也较长。矮生型的开花结荚少，结荚期较短，因而生育周期短。半蔓生型介于两者之间。

豆类蔬菜的根系可与根瘤菌共生，形成根瘤。当豆类植株与根瘤菌同时生活时，根瘤菌在根瘤中固定空气中的氮，为植株所利用。生长初期，根瘤固氮量少，开花时迅速增长，到种子形成初期固氮达到最高值,成熟时下降。

豆类蔬菜中,豌豆和蚕豆属长日照植物,其他豆则属短日照植物。各种豆的很多品种对光照长短的要求不很严格,但幼苗期有短日照能促进花芽分化。豆类不同种类对光强的反应不同,但他们的光合产物都随光强的提高而增加。

豆类蔬菜中,蚕豆、豌豆等适于冷凉环境中生长。生长起点温度为4℃～5℃,适宜生长温度为15℃～20℃,超过25℃生长受抑制。豇豆、大豆和扁豆等喜温耐热,其中以豇豆的耐热性较强,生长起点温度为10℃左右,适于20℃～30℃,一般不宜超过35℃。菜豆介于前两类之间。豆类的生育周期中宜有一定的温度变化。各种豆的种子,发芽都适于稍高温度,喜冷凉的豆类其幼苗期和抽蔓期温度也要高一些,开花结荚期间的生育温度从稍高逐渐降低,但不宜低于10℃以下,以免抑制生长,不利于开花结荚。喜温和耐热豆类的生育温度,则以从稍低温度逐渐提高为宜。幼苗期稍低的温度有利于花芽的分化,以后的较高温度则促进茎叶生长和开花结荚。

豆类蔬菜一般要求中性或微酸、微碱性土壤。根瘤菌的生长发育除需有适温外,还需要良好的通气情况和中性的土壤,土壤水分应保持最大持水量的60%左右。

一、菜豆(四季豆)的调控与保鲜

菜豆,又名四季豆、芸豆、梅豆、肉豆、二季豆、豆角、绵豆、荷包豆、白豆、油豆、龙芽豆或玉豆等,起源于美洲中部和南部。是菜豆属的一个栽培种,一年生缠绕草本。在我国南北各地普遍栽培,品种很多,主要以嫩荚供食用。

菜豆喜温暖,不耐低温和霜冻,对土质适应性较广,有一定的耐旱能力而不耐土壤过湿或积水。需较强光照，不同品种对日照长短反应不同，分成短日型、中间型和长日型三类，其中以中间型品种最多。

(一)菜豆的周年生产调控

在我国长江流域及其以南地区，菜豆可春、秋两季栽培。春播，在长江流域一般于2月下旬与3月上旬育苗，3月中下旬定植；直播，可在3月中旬至4月上中旬进行。在华南地区可提早。秋播，长江流域在7～8月份，华南地区在8～9月份。各地加上塑料大棚或简易温室进行冬春栽培，可大大延长菜豆的采收和供应期。

在我国北方大部分地区露地可种春、秋两季菜豆。经过选择不同品种与设施栽培调节，现在也实现了菜豆的周年生产(表16-1)。

表16-1　华北地区菜豆周年生产茬口调控

栽培方式	播种期	定植期	收获期	备　注
春季露地定植或地膜覆盖	3月下旬至4月上旬	4月下旬至5月初	5月底至6月中旬	矮生菜豆阳畦或改良阳畦育苗
	3月底	4月下旬	6月中旬至7月下旬	蔓生菜豆改良阳畦或温室育苗
春季露地直播或地膜覆盖	4月中旬	—	6月上旬至下旬	矮生菜豆
	4月中旬	—	6月下旬至8月上旬	蔓生菜豆

续表 16-1

栽培方式	播种期	定植期	收获期	备　注
秋季露地直播	7月中旬至下旬 7月上旬	— —	9月中下旬至10月下旬 9月上旬至10月上中旬	矮生菜豆 蔓生菜豆
塑料小棚春提前	2月上旬	2月底至3月上旬	4月中旬至5月上旬	矮生菜豆温室栽培
塑料小棚秋延后	8月上旬至中旬	—	10月中旬至11月上旬	矮生菜豆直播
塑料大棚春提前	3月上旬	3月下旬	5月中上旬至7月上旬	矮生菜豆温室育苗
塑料大棚秋延后	8月上旬	—	10月上旬至下旬	矮生菜豆直播
温室冬春茬	11月中下旬至12月上旬	12月中下旬至1月上旬	2月上旬至4月上旬	蔓生菜豆温室育苗
温室秋冬茬	9月上旬至下旬	—	11月中旬至12月下旬	矮生菜豆直播

(二)促进菜豆生长的调控

第一,用1毫克/升的2,4-D溶液及50毫克/升的铁、锰、铜、锌、硼盐类的水溶液,喷施生长2周的菜豆植株,可显著增加茎高、叶面积和根、茎、叶的鲜重,提高豆荚产量和豆荚维生素C的含量。叶部施用0.5毫克/升或1毫克/升的2,4-D溶液,并加硫酸铁溶液的植株,产量显著增加,单用2,4-D溶液,产量也可增加 20%。

第二，用 10～50 毫克/升赤霉素溶液，在矮生菜豆出苗后连续喷洒 3～5 次，间隔时间为 5～7 天，可促进茎、枝伸长，分枝增多，提早开花结荚，提前 3～5 天采收。用较高浓度处理，可延长生育期，陆续结荚，总荚数可增加 50%，产量提高 30% 以上。

第三，对菜豆用 250 毫克/升矮壮素溶液进行土壤浇灌，或用 500～1 000 毫克/升矮壮素溶液喷洒叶片，可减少蒸腾，提高抗旱性。

(三)延缓豆角衰老的调控

豆角采后存在着明显的营养物质再分配现象。可用 80 毫克/升的 2,4-D 溶液浸泡 10 分钟，取出风干，贮藏于 9℃左右的加湿气流系统中，发现豆角经 2,4-D 处理后，豆荚的干重/鲜重比、可溶性蛋白质的含量下降，比对照缓慢，豆粒的干重/鲜重比、可溶性蛋白质含量的增加，比对照减少，表明经 2,4-D 处理后，部分地阻抑了豆角营养物质由豆荚向豆粒的运输。此外，2,4-D 处理也延缓了豆角豆荚的叶绿素含量的下降，在抑制豆角营养物质转运的同时，也延缓了豆角的衰老。

(四)防止菜豆落花落荚的调控

用 1～5 毫克/升防落素溶液，或 5～25 毫克/升萘乙酸(也可使用萘乙酰胺)的溶液，在菜豆盛花期喷洒处理，可以抑制菜豆落花。也可喷施 15 微升/升的吲哚乙酸溶液，降低落花率。

对于食荚菜豆，可应用植物生长调节剂处理克服菜豆开花时气候炎热、干燥所引起的落花。用2毫克/升的防落素溶液喷湿食荚菜豆全株，可有效地防止落果，还可促进荚果增大。在不利的气候条件下应用效果最明显。由于食荚菜豆开花时间长达几周，因而需在10～14天后再处理一次。

豆类作物一般开花量较大，由于栽培管理等技术措施不能及时跟上，再加上高温干旱等原因，落花落荚现象较严重。在结荚后用10～20毫克/升赤霉素溶液喷荚，可使菜豆、扁豆、四季豆等保荚增产。

（五）四季豆生长的调控

第一，对四季豆喷施1.4%丰产素5 000倍液或6 000倍液，可分别增产27.36%和25.9%，同时使采收期提早8～10天。在四季豆的幼苗期和始花期，喷施1.4%丰产素5 000～6 000倍液，每667平方米喷40～50升，相隔7～19天喷施一次，共喷3～4次。

丰产素的最适浓度为5 000～6 000倍液；若浓度超过3 000倍液，则对植株有抑制作用；若浓度低于9 000倍液，则效果不显著。四季豆的最适施用期为始花期，施后有利于保花增荚；若过早或过迟施用，效果均不如始花期显著。

第二，对四季豆用三十烷醇进行处理后，可以提高结荚率，增加前期产量。

在四季豆始花期，喷施0.5毫克/升的三十烷醇溶液，隔7～10天以后再喷第二次，共喷2～3次，每次喷药液50升，可使四季豆增产一成左右，特别是增加早期产量。

应用三十烷醇处理四季豆的适用浓度为0.1～1.0毫克/升，最适浓度为0.5毫克/升，不可提高使用浓度；在全年各季四季豆的栽培中，以6月下旬播种的四季豆施用三十烷醇增产效果最好，可以增加植株的持水性，增加抗性，提高授粉率。三十烷醇可与农药和微量元素混用，特别是与磷酸二氢钾混合施用效果更好，但不可与碱性农药混用。

第三，用5毫克/升防落素溶液处理四季豆幼荚，可促进坐果，增加荚豆持水力，正常采摘后在常温下贮藏，可延长保绿保鲜时间，而且豆荚中能保持较高的维生素C含量。如在收获前4天，用400毫克/升防落素溶液喷施豆荚，能使豆荚内保持大量水分，可延长货架期。

早春低温和夏季高温、干旱等不利环境条件，都会引起四季豆落花、落荚。用15毫克/升萘乙酸溶液，或5～25毫克/升萘氧乙酸溶液喷洒花序，可防止落花。

(六)延长菜豆采收期的再生栽培

在春季露地栽培菜豆嫩荚收获尚未结束时，继续给植株供应充足的肥水，防止衰老，促进腋芽发生，长出新枝，并再次开花结荚，称为再生栽培。在春茬嫩荚盛收期后，连续施追肥2～3次，每次每公顷用量为复合肥300千克，促使侧蔓发生，并着生大量花序。同时，主蔓顶部的潜伏花也因营养良好而开花结荚。一般经过15天左右，即可采收再生菜豆。这种方法可延长采收期1个月左右，既调节了菜豆供应时间，又可增产20%～30%。为促使荚果充分肥大，应加强田间管理。再生菜豆拉秧后种植秋菜为时已晚，只能生产越冬菜。因此，是否进行再生栽培，要从全年生产规划和再生茬增产潜力等方面，进行考虑后决定。

(七)菜豆的保鲜贮藏

菜豆采收后具有后熟作用，豆荚易脱水萎蔫褪绿，甚至呈革质，豆粒逐渐老化，食用品质下降。菜豆贮藏的适温为4℃～7℃，相对湿度为95%。但即使是在所推荐的温度下贮藏，也易引起某些冷害(这样的温度作为短期贮藏是最好的)。受冷害的菜豆表面出现凹陷和锈斑，锈斑可因自由水分的存在而加剧，尤其是在容器的中心处有凝结水存在时特别显著。因此，为了既控制锈斑的发生，又延长贮藏期，故推荐9℃±1℃为最佳贮藏温度。菜豆贮藏保鲜技术如下：

1. 筐藏与箱藏

将适期采收豆荚中的过小、鼓粒和破损的豆荚去掉，选取鲜嫩、整齐的豆荚装入干净的木箱或筐内。在上面盖两层纸，摆在菜窖的架子上，每隔5～7天翻检一次，可贮藏1个月不变质。

2. 塑料薄膜帐贮藏

选好豆荚，将其一层一层地平摆在筐里或木箱内，中间留出空隙。搬入菜窖后，将筐或箱罩上塑料薄膜密封。开始时，每天把薄膜帐打开一次换气，以后每隔3天打开一次换气。采用此法，可将菜豆贮藏2个月左右。也可用塑料袋小包装贮藏菜豆，注意定期换气。将装有菜豆的塑料袋放入菜窖内，使温度保持在7℃～10℃，可贮藏1个多月。

3. 沙子埋藏

窖内铺5厘米厚的湿沙子，在上面摆5～7厘米厚的菜豆，而后铺1层沙子，再摆1层菜豆。共摆3层，再在上面覆盖5厘米厚的沙子。每隔10天倒一次堆，可使菜豆贮藏1～2个月不变质。

4. 白菜夹藏

立秋前，每畦种两行菜豆，在开花期设风障防风。立秋前后，将播种的大白菜移栽到豆角畦的内侧。下霜前，选个大、柔嫩、未鼓粒的豆荚摘下，夹于白菜叶片中，每叶一根，中心也插些，再将白菜梢捆上，使之继续包心。一棵白菜可插 20 多根豆荚。立冬时随白菜一起收获，入室贮藏，到需要时扒开，抽出菜豆上市。

5. 减压贮藏

将采摘并整理好的菜豆，放入密封冷藏室，用真空泵抽气，使贮藏室内气压降低，形成一定的真空度。当达到要求的低压时，新鲜空气首先通过压力调节器和加湿器，使其相对湿度接近饱和后进入冷藏室，形成一个低压、高湿的环境，有利于菜豆的贮存。

6. 低温贮藏

将菜豆装入筐或木箱等容器中，存放于冷库中，将冷库温度调为 8℃左右，相对湿度为 85％～90％，可使菜豆贮藏 1 个月以上。

7. 水窖贮藏

水窖贮藏是地下水位较高地区特有的一种贮藏方式。用其贮藏菜豆，操作方法如下：

(1) 建造水窖 水窖多为半地下式，一般窖深 2 米(含窖底水深 0.5 米)，窖底宽 2.5 米，窖口宽 3 米，长 6～10 米，窖底具有坡度。在低的一端挖一深井，以便积水太深时向外提水。窖墙用砖与水泥砌成，地上部分砌厚约 0.6～1 米、高约 0.5 米的墙，窖顶用水泥板或木梁、秫秸和土覆盖。靠近窖两壁用竹条、木板等钉成菜架，中间用木板搭成走道。水窖内的湿度高而稳定，保持在 91％～96％。菜豆应随摘随贮，或大量采收后立即入贮。

(2) 贮藏方法 将菜豆放在菜架上，摆放时，先在贮藏架上铺一层苇席，四周再用苇席围好，将菜豆放在里面。菜豆堆放的高度一般为30～40厘米，每隔1米竖放1个用苇箔卷成的通气筒，以利通风散热，菜豆表面应盖湿蒲席。

(3)贮期管理 入窖初期，白天关闭窖门，夜间进行通风，利用晚上的低温降低窖温。天气转冷后改在白天通风，一般5～7天检查一次。采用此法，菜豆可贮藏30天左右。

8. 塑料薄膜气调贮藏

先将荆条筐放在石灰水中浸泡24小时消毒，或用0.1%漂白粉溶液刷洗，晾干后用0.1毫米厚的聚乙烯塑料袋套在筐外，薄膜上留有20～30个直径为5毫米的小孔，小孔应分布均匀。塑料袋左右两下角各放0.25千克消石灰，并用绳子扎紧。如有条件的话，采取快速降氧措施，使氧分压快速降至5%，效果更好。利用菜豆本身的呼吸作用，进行自然降氧也可以。为了便于散发菜豆的呼吸热量，可在菜豆中间放两个圆形通气筒。通气筒用竹子或木条做成，直径为5厘米，其内吊挂温度计，通气筒长应稍小于筐的高度。装筐时，先将通气筒竖放在筐中间，并相互间隔一定距离。然后装菜豆，每筐装15～20千克，使通气筒露出菜豆3厘米，扎紧袋口，放在菜架上。每日用仪器测量袋内氧气和二氧化碳浓度，如氧气浓度低于2%，需打开袋口放风，使氧含量升至5%；如二氧化碳浓度高于5%，需解开消石灰袋的绳子，撒出一些消石灰，使之进入筐外的底部，以吸收多余的二氧化碳，使筐内的氧和二氧化碳含量均保持在2%～4%之间。如果库温能恒定地保持在10℃～14℃的范围内，袋内不出现凝结水，菜豆可贮存30～50天。为了防止微生物侵染引起腐烂，可用仲丁胺进行熏蒸处理。具体方法是：每筐用1.5～2.0毫升仲丁胺溶液，倒入两个废报纸卷内，报纸卷事先放入通气筒内。在很好的控温库中，采用塑料小包装气调贮藏菜豆，效果也很好，贮期可长达 60 天。

二、豇豆的调控与保鲜

豇豆，又名豆角、长豆角、长豆荚、长豇豆、饭豆、裙带豆、带豆或线豆等，是豇豆属的普通豇豆一个亚种，一年生草本植物。作蔬菜时主要食用嫩豆荚。

多数人认为，非洲埃塞俄比亚为豇豆起源中心。我国南北各地均有豇豆栽培，以南方地区较多。

豇豆喜温较耐热，不耐低温和露冻。一般为短日照植物，喜光，不耐阴。对土壤要求不严。吸水力强，较耐干旱。

（一）豇豆的周年生产调控

豇豆耐高温干燥，不耐低温雨涝，易受霜害。我国南方长江流域种植豇豆，主要分春播和秋播。春播多在 3～5 月份，秋播多在 7～8 月份。在华南地区，一年可播三季豇豆，春播在 2～4 月份，夏播在 5～7 月份，秋播在 8～9 月份。加上采用薄膜拱棚等设施后，基本可做到豇豆周年生产供应。

在我国北方地区，以晚春早夏播种的豇豆面积为最大，其次是夏播和延秋豇豆。随着保护地栽培技术的推广，也可以做到周年生产供应（表 16-2）。

表 16-2　豇豆周年生产茬口调控

栽培方式	播种期		定植期	采收期
	直　播	育　苗		
露地、地膜春茬	4 月中旬至 4 月下旬	3 月下旬至 4 月上旬	4 月下旬	7 月至 9 月

续表 16-2

栽培方式	播种期		定植期	采收期
	直　播	育　苗		
露地秋茬	6月中旬至7月上旬			8月上旬至9月
温室春茬		12月至翌年1月	1月至2月	4月至6月
温室秋茬	7月中下旬			9月上旬至12月
大棚春茬		2月下旬至3月上旬	3月下旬至4月上旬	5月下旬至8月
大棚秋茬	7月上中旬			8月下旬至11月

注：本表适于北纬40°地区，以南以北地区应适当提早或延晚

（二）促进豇豆生长的调控

施用三十烷醇可提高豇豆结荚率。应用三十烷醇处理豇豆之后，可使结荚率提高。特别是春季遇低温影响结荚时，用三十烷醇处理之后，能提高结荚率，有利于早期高产，增加经济收益。

据对豇豆"之豇28-2"试验，在始花期和结荚初期，各喷施0.5毫克/升的三十烷醇溶液一次，豇豆增产12%。掌握在豇豆始花期和结荚初期，全株喷施三十烷醇0.5毫克/升浓度溶液，每667平方米喷50升。

对豇豆施用三十烷醇，要掌握好使用浓度，防止浓度过高。在喷施时可与农药和微量元素混用，但不能与碱性农药混用。

（三）豇豆荚的保鲜贮藏

豇豆保鲜贮藏的适宜温度为 6℃～8℃，相对湿度为 85%～90%。可用 0.03 毫米打孔的聚乙烯保鲜膜，每袋装 10 千克豇豆荚，扎口贮藏，可贮藏 10～15 天。

豇豆荚对低温敏感，低于 5℃的环境可能导致发生冷害，使表面水渍状，出现凹陷的锈斑，豆粒褐变。因此，要注意控制温度。供贮藏的豇豆，应采收中等嫩荚，以开花后第十一至十三天采收为宜。太嫩时含水分多，易失水萎蔫；太老则纤维化程度高，品质差。采后应及时散热预冷。

三、豌豆（荷兰豆）的调控与保鲜

豌豆，又名荷兰豆、麦豆、寒豆、回回豆、青斑豆或金豆等。豌豆为豌豆属的一个栽培种，一二年生攀缘草本，原产于高加索南部至伊朗一带。作蔬菜用的豌豆，以嫩荚、嫩豆粒和嫩梢（豌豆尖）和嫩苗供食用。

豌豆半耐寒，喜温和气候，以及湿润的空气和土壤条件。为长日照植物，不耐空气和土壤干旱。

（一）豌豆的周年生产调控

豌豆在我国南方可春播和秋播，但以秋播为主，次年春季收获。春播，应尽可能早，使它在高温来临前多结荚。秋播，长江流域一般在 10 月下旬至 11 月上旬，华南地区一般在 9 月中旬至 11 月中旬。我国北方地区豌豆栽培以春播为主。现在由于设施栽培的发展，各地都能够实现豌豆的周年生产供应（表 16-3）。

表 16-3 豌豆周年生产茬口调控

栽培方式	播种期		定植期	采收期
	直 播	育 苗		
露地春茬	3 月上旬至3 月下旬			5 月至 6 月
露地秋茬	9 月下旬至11 月上中旬			3 月至 4 月(南方)
大棚春茬		1 月至 2 月	3 月至 4 月上旬	5 月
大棚秋茬	7 月			9 月至 11 月上旬
温室冬茬		10 月上中旬	11 月上中旬	12 月下旬至翌年 2 月中旬
温室早春茬		11 月下旬至 12 月下旬	12 月下旬至翌年 2 月上旬	2 月至 4 月
温室秋冬茬	8 月中下旬			10 月下旬至12 月中旬

(二)防止豌豆落花落荚的调控

豆类作物一般开花量较大。由于栽培措施不能及时跟上，再加上高温、干旱等原因，因而落花落荚现象较严重。在结荚后用 10～20 毫克/升赤霉素溶液喷荚，可使豌豆保荚增产。

(三)豌豆的保鲜贮藏

将豌豆采收后迅速送入低温环境，可抑制糖分的变化。

豌豆贮藏的适宜低温为0℃，相对湿度为95%～98%。

豌豆适宜用水预冷。将装于筐中的豌豆放在温度为0℃的水中冷却，可在12分钟内将豌豆温度由20℃降至2℃。预冷对保持其品质尤为重要。

1. 包冰贮藏

将经过预冷的豌豆装入筐(箱)内，加入碎冰(顶部放冰)，可在3周内保持新鲜和饱满。去荚后的豆粒比带荚的豌豆贮期可延长约1个月左右。

2. 气调贮藏

将豌豆装入膜厚0.06～0.08毫米的聚乙烯薄膜袋内，进行自我调气贮藏，控制二氧化碳的含量为5%～7%，温度为0℃，可贮藏20天左右。

(四)青豌豆的保鲜贮藏

青豌豆要适时采收。过早或过晚采收的，耐藏性都差，而且食用品质低。

最佳贮藏指标温度是0℃，气体成分为氧3%～5%，二氧化碳5%～7%，空气相对湿度为90%～95%，冰点为-0.61℃，可贮藏15～20天。

豌豆非常适合小包装或大帐自发气调贮藏，去壳与否均可。不去壳的比去壳的更好保存。采收后要及时预冷4～6小时，风冷者在-0.5℃～0.5℃的库中，摊开20～24小时。水冷的，将豌豆装入筐子中，浸入1℃冷水中可加快冷却速度。真空预冷时，将豌豆打湿，效果同水冷。

在豌豆贮、运、销期间，均适于在上层加冰降温，并可保持高湿度，防止萎蔫。

豌豆采后的主要生理变化是糖分水解，因此，0℃，95%相对湿度，薄膜（二氧化碳5%～7%），是最佳保鲜技术参数。利用薄膜包装的简易气调贮藏，气体组成是由产品的呼吸作用和包装材料对个别气体的渗透性来决定的。包装后，由于呼吸作用，使其中的氧气浓度比大气氧浓度低，二氧化碳浓度较高，从而降低呼吸速率，使贮藏期延长。

（五）圆粒豌豆的保鲜贮藏

圆粒豌豆的最佳贮藏温度为4℃～5℃，相对湿度为95%，低于4℃时会发生冷害。带荚圆粒豌豆的贮藏期为6～8天，豆粒为24～48小时。气体条件未定，但可用塑料小包装贮藏。

贮藏时应在绿熟期采收。在常温下，带荚圆粒豌豆，2天内可保持最佳销售品质，第三天豆荚变黄，第四天至第六天明显腐烂。采用4℃～5℃、95%的相对湿度及薄膜的贮藏条件，可保鲜6～8天。去荚圆粒豌豆更难保鲜，在30℃的温度下，7小时即产生异味；在25℃的温度下，几个小时便会失绿，变黄，甚至腐烂；在4℃～5℃的温度下，可保鲜24小时。一般田间采收时，箱内温度可高达38℃。因此，圆粒豌豆去荚保鲜的难度很大。

第十七章　薯芋类蔬菜的调控保鲜技术

薯芋类蔬菜，包括茄科的马铃薯，天南星科的芋，旋花科的甘薯，蔬菜薯蓣科的山药，薄荷科的姜，豆科的葛和豆薯，菊科的菊芋，唇形科的草石蚕等，生物学广泛。是产品器官为块茎、块根、直根、球茎等地下贮藏器官的一类陆生蔬菜，耐贮运，可周年供应和调节蔬菜的淡旺季。

薯芋类蔬菜适应性强，可以在丘陵、坡地及高海拔地区栽培，对于充分利用土地及自然资源，开发山区经济，具有重要意义。马铃薯生长季短，性喜温暖，可春秋二季栽培，对于利用冬闲田，改良耕作制度，增加复种，可以起一定作用。

薯芋类蔬菜除豆薯外，均用营养器官行无性繁殖。这种无性繁殖，用种量大，成本高，而且在栽培和繁殖材料贮藏过程中感染病毒而引起退化，影响生长。繁殖材料萌芽发根时间长，缩短了有利的生长季节。因此，应在播种前进行催芽处理，促进发芽，增加产量。

薯芋类蔬菜的产品在土壤中形成和膨大，故对土壤条件要求严格。要求土壤富含有机质，疏松，透气。而且除芋外，不耐潮湿，要求深耕，大量施用有机肥，并实行垄栽和培土，以加深土层，为营养器官的形成打下基础。

一、马铃薯的调控与保鲜

马铃薯，又称土豆、洋芋或山药蛋等，起源于南美洲的安第斯山区，其地下块茎供食用。

马铃薯适应性强，生育期短，喜冷凉，忌炎热，怕霜冷。萌芽时要求黑暗条件，光照会抑制芽的伸长。短日照能明显促进块茎形成。喜较湿润的土壤水分条件，要求土层深厚，质地疏松，排水良好。

（一）马铃薯的周年生产调控

马铃薯在我国广泛种植，多为露地栽培。各地根据无霜期的长短及其气候特点，将结薯期安排在适宜季节，可以分为北方单作区、中原二作区、南方冬作区和西南单双季混作区。就全国而言，可以实现马铃薯周年生产供应。

如以华北平原和长江中、下游地区为主的中原二作区，以春薯栽培为主。秋季栽培主要是繁殖种薯，在 11 月下旬至 12 月上旬收获。如果利用大棚或小拱棚等设施，加上选用早熟品种，春薯早熟栽培可于 10～11 月份播种，提前至翌年 3 月份收获上市。北方的春薯一般是 3～4 月份播种，6 月份收获；秋薯 7 月份播种，9～10 月份收获。

（二）马铃薯生长的调控

在马铃薯的栽培过程中，一是要解决好地上部分和地下部分的营养分配问题，尤其是在生长后期，要有效地控制地上部分的徒长，使养分更多地供给薯块，以增加产量。二是要获得营养充足的马铃薯块茎，在产量增加的同时，增加大薯和中薯的比例，改善品质。合理地使用植物生长调节剂，能取得良好的效果。

第一，在马铃薯蕾期至花期，叶面喷洒 60～120 毫克/升的助壮素（蕾期浓度要低一些，可以取低限，避免造成伤害），能抑制植株地上部分的生长，增加产量，并可增加大、中薯块的比例。

第二，播种前用10～15毫克/升的ABT 5号溶液，浸泡种薯0.5～1小时，能促进块茎的肥大，有增加产量的作用。

第三，在植株开花期，叶面喷施50～500毫克/升的石油助长剂药液，用量为50升/667平方米，也具有提高产量的效果。

第四，用0.01毫克/升的6-苄基氨基嘌呤溶液，浸泡种薯块12小时后播种，或在生长期用其0.06毫克/升的溶液喷雾，间隔期为7～10天，连喷2～3次，有利于马铃薯产量的增加。6-苄基氨基嘌呤原药不溶于水，使用前要先配成母液。

第五，用0.1毫克/升的天然芸薹素，在马铃薯结薯初期及薯块迅速膨大期各喷施一次，每667平方米用药液50升，均匀喷雾，比喷清水的对照增产24%左右。

第六，用植物龙(DA-6)1 500倍液，在马铃薯结薯初期喷药一次，在薯块迅速膨大期再喷施一次，每次每667平方米用药液50升，均匀喷雾，比喷清水的对照增产40%左右。喷施植物龙不仅可增加薯块产量，同时还可提高大中薯的比例。在喷施植物龙时，注意浓度不可过高。

第七，利用5406细胞分裂素，以1 000毫克/升的浓度浸泡薯种8小时，或在开花期用1 500毫克/升的药液喷洒茎叶，都能提高叶绿素的含量，增强抗病、抗寒能力，增加产量。

第八，马铃薯巧克力斑点病，为马铃薯产区的常见病，病状为块茎中出现褐色斑点。在马铃薯栽植5周后，用200～600毫克/升的乙烯利溶液喷洒叶面，该症状可以得到控制。

第九，在马铃薯株高25～30厘米时，用150～200毫克/升的多效唑溶液喷施叶面，每667平方米用药液50升，可以有效地控制茎叶徒长。在马铃薯植株生长末期至结薯期，喷用100毫克/升的多效唑药液，用量为 50 升/667 平方米，可促进块茎肥大，提高大、中薯比例，增加产量。多效唑的使用浓度因使用时期和地区等的不同，而有较大的变化，使用前一定要注意浓度的选择，用药量不要过大，以免在土壤中积累，影响后茬作物的正常生长。

第十，在植株现蕾期至初花期，使用 2 000～2 500 毫克/升的矮壮素溶液，用量为 50 升/667 平方米，进行叶面喷施，可使地上部分生长健壮，避免徒长，不仅能使块茎提早形成，而且增加大块茎的比例，从而提高产量。

第十一，在马铃薯现蕾期至花期，用三碘苯甲酸溶液进行叶面喷雾，使用浓度为 100～200 毫克/升，每隔 10 天一次，连续喷三次，有增加叶绿素含量、提高产量、增加大薯比例等作用。使用时要注意，三碘苯甲酸原药不溶于水，可先配成母液，然后再稀释。

第十二，选健康无病的马铃薯块茎，切成重 50 克左右的种块，置于阴凉干燥处晾干 5～7 天，使薯块失水大约 10%。然后，用 10～15 毫克/升 ABT 6～8 号溶液浸泡 1～2 小时，捞出沥干水分后，再按常规方法进行催芽播种及田间管理。马铃薯经过处理后出苗率高，苗期生根早而多，秧蔓长而且分枝多，叶色绿，结薯早，薯块大，一般增产 20%左右，高的田块增幅可达 50%以上。在使用 ABT 时应注意，不同型号的生根粉作用略有不同，使用适宜浓度也略有不同，在大面积使用前应先做少量试验，以决定最好的剂型及最佳的使用浓度。其中以 ABT 8 号 10～15 毫克/升溶液效果最好，使用浓度不可过高或过低，否则增产效果不明显。

第十三，用 30～70 毫克/升烯效唑溶液，在马铃薯花期（即薯块膨大时）进行叶面喷洒，可使茎蔓节间缩短，叶色浓绿，地上部分生长延缓，地下薯块膨大加快，增加薯块数量。

（三）打破马铃薯休眠的化控

马铃薯块茎在收获后，都有一定的休眠期，这种特性对马铃薯的贮藏非常有利。但是，如果要用这些块茎作种进行生产时，休眠又成了极大的障碍。

为了打破这种马铃薯的休眠，可在播前用温床、日光温室等在 20℃下暖种 15 天左右，然后降温至 12℃～15℃，给予光照，进行晒种，促进芽眼萌发。也可采用下列方法打破休眠：

1. 赤霉素处理

按常规方法将种茎切块，把切好的块茎放在浓度为0.5～1.0 毫克/升的赤霉素溶液中浸泡 5～10 分钟，取出之后，将切面向上，晾干切块表面的水分，便可以直接下种了。或用 10～20 毫克/升的赤霉素溶液喷施马铃薯块茎，喷至薯块表面完全湿润为止，8 小时以后，再喷一次，晾干后下种。也可以将处理过的块茎先进行催芽，然后再下种。催芽的方法是：把薯块的切面向下，铺一层薯块，在上面盖一层湿土，湿土以手捏成团松手可以散开为好（含水量大约在 65%）。一共可以铺 5～6 层。当温度和相对湿度较高时，应减少层数。约 1 周后，芽长 1 厘米左右时，挖出薯块，放于无直射光的明亮处，使黄芽变绿，之后便可以栽植田间。赤霉素不仅能提早薯块的发芽，还能使出苗整齐，增加地上部分的单株茎数和叶片数，有利于块茎的生长，增加产量。在采收前 1～4 周内，用 10～50 毫克/升的赤霉素溶液喷洒全株，也有促进种薯萌发的作用。

2. 石油助长剂处理

播种前，用 10 毫克/升的石油助长剂浸泡种薯 2 小时，取出后晾干，即可下种。

3. ABT 5 号处理

播种前用 10～15 毫克/升的 ABT 5 号溶液，浸薯种 0.5～1 小时，取出晾干后即下种。此法不仅可以促进种薯萌芽，还有促进块茎膨大的作用。

4. 硫脲处理

将种薯块放在 500～1 000 毫克/升的硫脲溶液中浸泡 4 小时，取出后密闭 12 小时，然后将其埋于湿沙中 10 天，薯块就可以发芽。

5. 氯乙醇处理

将薯块放在 1.2%的氯乙醇溶液中，浸湿后立即取出，密闭 16～24 小时，即可直接播种。也可用 0.1%～0.2%高锰酸钾液浸种 10～15 分钟，促使种薯打破休眠。

（四）抑制马铃薯发芽的化控

在贮藏及运输过程中，必须控制马铃薯发芽。因为马铃薯块茎在贮藏过程中常容易出芽，造成重量损失，外皮皱缩，容易腐烂。同时，还会产生一种叫龙葵素的物质，对人畜有毒害，不能食用。实践证明，利用萘乙酸钠盐、萘乙酸甲酯和青鲜素等，可延长贮藏期，并能有效地防止马铃薯块茎发芽。具体处理方法如下：

第一，在马铃薯采收前 15～20 天，在田间喷施萘乙酸钠盐溶液，可以抑制贮藏期间马铃薯块茎发芽。喷施时用 100 克萘乙酸钠盐，对清洁水 10 升，摇匀后即可喷施马铃薯植株，以喷湿为宜。

第二，在马铃薯块茎收获后的贮藏期间，可用萘乙酸甲酯抑制马铃薯块茎发芽。具体操作是：将萘乙酸甲酯溶液喷洒在干土或纸片上，然后，将土或纸片与马铃薯混合。使用为100～150克萘乙酸甲酯处理5 000千克马铃薯。抑制发芽的时间与萘乙酸甲酯用量多少成正相关，即用量多、贮藏时间长；反之，则短。这种处理方法简便，适合大量处理时采用，而且容易控制，贮藏期也较长，有利于调节市场供应。

第三，氯苯胺灵(CIPC)是世界上广泛使用的马铃薯抑芽剂，它可自动升华为气体，然后作用于萌动的幼芽，抑制细胞有丝分裂，使萌动的芽很难发芽生长。它是马铃薯贮藏极有效的抑芽剂，产品有0.7%粉剂等。对收获后至少有2周的马铃薯，或经过冬贮度过休眠的薯块，在室内贮藏时使用。使用药量根据贮藏期长短、马铃薯品种(芽眼深浅不同)、贮藏目的、温度等因素而定。一般用量是，每吨无泥土的清洁马铃薯，用0.7%氯苯胺灵粉剂1.4千克。将马铃薯分成若干层后均匀撒药，或用喷粉器轻轻地把药粉吹入薯堆里。此药不能用于马铃薯大田和种薯。用1%的氯苯胺灵溶液浸泡薯块，也可起到抑芽的作用。

第四，青鲜素对马铃薯发芽的抑制效果也很好。青鲜素是一种在体内能移动的生长调节剂，因此必须在薯块膨大期进行田间喷施。使用的方法是，在收获前2～3周，用25%的青鲜素1份加水70～90份，对生长期马铃薯叶片喷洒。喷洒过早或过晚，药效都不明显，尤其在雨季施用时，要注意药液在植株体内的运转速度。据试验，青鲜素在春作薯叶上需要48小时，秋作薯叶上需72小时，才能被吸收。施药后，如在这段时间内遇雨，药效会明显下降，应当重喷。

(五)马铃薯的保鲜贮藏

马铃薯喜凉爽，忌高温。它是典型的具有休眠期的蔬菜。

它的整个休眠期可分为三个阶段:第一阶段为休眠初期,即为薯块的成熟期,这是马铃薯在收获后的一个后熟过程。此过程一般为20～35天。其后,表皮充分木栓化,蒸腾强度和呼吸强度随之逐渐减弱,而转入休眠状态。第二阶段为静止期或深休眠期,此期薯块呼吸作用减弱,养分消耗降到最低程度,在适宜的低温条件下,可使薯块的休眠期保持较长时间,一般达2个月,最长可达4个月。在此阶段,即使给予适当条件也不发芽。第三阶段为薯块萌芽期,也称休眠后期。这时休眠已经终止,呼吸作用又转旺盛,使薯块温度升高,促使薯块迅速发芽,此期若能维持所需的低温条件,可使薯块处于被迫休眠状态而延缓萌芽。

马铃薯随贮藏温度的不同,糖与淀粉能互相转换。当贮藏温度为0℃时,淀粉水解成单糖,使糖分增加,影响品质。若贮藏温度提高,单糖又合成淀粉。如果温度超过一定限度,淀糖水解为单糖的量也会增加。所以,马铃薯的适宜贮藏温度为3℃～5℃,在0℃下贮藏反而不利。贮藏的相对湿度为80%～85%。马铃薯贮藏要避光,因为光能促使萌芽。马铃薯的贮藏方法如下:

1.堆　藏

选择通风良好、地面干燥的库房,用1份福尔马林加40份水配成的溶液,对库房进行喷洒消毒,按100立方米的库容积用3千克上述消毒液喷洒地面和墙壁(包括天花板),关闭门窗密闭24小时后打开通风。消毒后2～3天,产品才能入库。将经过挑选和预冷的马铃薯进库堆垛贮藏,垛脚不宜过大、过高。一般情况下,每一平方米的面积可散堆马铃薯750千克左右。四周用板条箱、箩筐或木板围好,高度约1.5米,当中放进2～3根竹制通风筒,以利薯堆的通风散热。这种堆藏方法，适用于短期贮藏和秋马铃薯的贮藏。

应用比较多的堆藏法，是以板条箱或箩筐为包装容器，盛放马铃薯块茎后，运用骑马形或“品”字形堆垛方式，进行堆码。常用规格的板条箱，每箱装 20 千克左右，装箱的程度一般以马铃薯距箱口 5 厘米左右为宜，不宜装箱过满，以减少堆藏时的压伤并便于通风换气。堆垛的高度以 5～6 箱高为宜。

2. 埋　藏

马铃薯怕热，怕冻，怕碰。挖出的马铃薯应放在阴凉处停放一段时间，待表皮干燥后再进行埋藏。一般挖宽 1～2 米、深 1.5～2 米的坑，长度不限。底部垫一层沙，将马铃薯分层埋藏，每层厚 300～400 毫米，覆 50～100 毫米干沙，共埋三层，表面盖稻草厚 200 毫米，中间竖一束秫秸作通风用。

3. 窖　藏

入窖前，要堆晒薯块，剔除病薯、烂薯和损伤重的薯块。贮前对窖进行处理，如除去窖内的一层表土，使窖内露出新土，或进行消毒处理，这样可除掉大部分病害侵染源，减少腐烂。入窖前，要晾窖 7～8 天，以降低窖内温度。窖内应保持 2℃～4℃，这样既可保证薯块不发生冻害，又可防止马铃薯生芽。薯块在窖内不可装得过多，一般装到窖内容积的 50％即可，最多不超过 2/3。因为窖贮的保温性能好，但通风性能较差（只利用窖口通风），所以，要注意窖口的启闭。只要管理得好，就适于薯类贮藏，效果很好。

4. 架　藏

此法有利于通风，降低温、湿度，保证薯块干燥，可有效地防止发热受潮而引起的腐烂。

(1) 立体式架藏　采用这种方法贮藏，其架的层数、高低和长度，可按库房面积和贮藏中的操作是否方便而定。设置的架层距离，一般为 45～50 厘米，每层架的宽度为 1～1.2 米。贮藏架搭好后，只需将经过挑选的预冷马铃薯装于经过消毒的箱(筐、篓)中，堆在架上的垫板上即可。

(2)"人"字形架藏 这是在高温季节贮藏马铃薯的一种行之有效的方法，有露天保险棚之称。具体做法是，先选择地势较高、排水良好的地块，沿南北方向用竹竿或木棍搭成长 20 米、宽 2～3 米、高 1.7 米左右的"人"字形棚架，在棚内离地面约 0.5 米高处扎上竹垫或木垫，在其上铺上芦帘，再将经过挑选、预冷过的马铃薯平铺在棚架上，每棚约堆 5 000 千克左右。最后从顶部开始，在棚外盖上稻草至不漏雨水即可。

5. 辐射处理贮藏

外国在辐射保藏上，主要应用钴 60 放射源的 γ 射线照射。γ 射线是一种穿透力极强的电离射线，当其穿过植物活体时，会使机体中的水和其他物质发生电离作用，从而影响到机体的新陈代谢。实践证明，用 8～15 千伦琴 γ 射线辐照马铃薯，有明显的抑芽作用。这是目前贮藏马铃薯抑制发芽效果较高的一种技术。处理后，在温度为 0℃～26℃的库房内贮藏，都有明显的效果。

6. 室外沟藏

秋季马铃薯收获后进行冬季贮藏，各地普遍采用沟藏法。沟的宽度是 1～1.5 米，深度为 1～2 米，长度可根据马铃薯的数量来决定。挖沟时可以上面宽一些，下面窄一些。沟挖好后还要在沟底铺上无病虫的玉米秸秆，厚约 10 厘米左右。也可以铺上 5 厘米厚的干沙。沟壁也要用玉米秸秆等将块茎与沟土隔开，以免薯块接触湿土发芽。一般 1 米深的贮藏沟要码放薯块的高度应在 70 厘米左右。为了通风散热，在摆放薯块时每隔 2 米应埋一捆玉米秸秆，然后在薯块上面盖好秸秆。

随着气温的下降，应在沟上将秸秆用木棍架起来，上面盖土，并随气温下降逐日增加覆土厚度。沟两边要留好出入口，因沟内湿度一般偏大，要随时检查、严格控制沟内湿度。湿度大了很易发芽。出入口既是通风口，也是检查出入口，天气转凉时应注意封小出入口。

马铃薯贮藏的适温是 1℃～4℃，切忌过高，因为在 6℃下块茎即可发芽，低于 0℃则会发生冻害。贮藏期最适宜的空气相对湿度为 80%～85%。湿度高于此限，薯块易发芽或发生腐烂，湿度过低时则会失水干缩。有的地方是分别摆放 2 层或 3 层，隔一层放一层干沙，沙厚 10 厘米左右，薯块厚约 30～40 厘米，上面盖好稻草，并随着外界气温的下降，陆续盖土保温，一般覆土厚度为 60～80 厘米，要求覆土总厚度不能少于当地冻土层的深度。

7. 室内贮藏

秋季马铃薯收获后，天气转凉，也可在室内贮藏，但贮藏的要求是一样的。这就是说，在贮藏期间一定设法维持1℃～4℃的适宜温度和 80%～85%的空气相对湿度。马铃薯收获后在阴凉处堆晾 6～7 天，剔除病薯、烂薯、破伤薯和冻薯，将好薯贮于室内。下面铺 5 厘米厚的干沙，上面摆放马铃薯，薯厚一般不要超过 30 厘米。因为块茎刚刚收获，呼吸作用还相当旺盛，只能薄一点，凉一点，避免过厚引起薯堆发热，造成烂薯，而且应随时注意通风。

经过一段预贮之后，马铃薯的呼吸作用减弱，气温也不断下降，就可以堆厚一些。多数地区是在 12 月中下旬，将薯堆加大，高 80～90 厘米，宽 150 厘米，长度可随贮藏室的长度和薯块多少而定。然后在薯堆上面和四周用沙或土覆盖，厚度为 10 厘米。天寒地冻后，温度进一步下降，薯堆维持不住

1℃～4℃的适温时，可在上面和四周加盖草苫，也可以将沙土加厚，以防受冻，不使温度降到0℃。当然，温度过高时要随时撤除草苫和沙土，一旦超过6℃，就会消耗过多的水分和养分，降低马铃薯的商品价值。通过休眠期的块茎便会发芽。

室内贮藏马铃薯，要注意创造黑暗条件，不使薯块在任何情况下见光。因为即使微弱的散射光线，块茎的表皮也会变绿，降低品质或失去食用价值。在中途搬运转销的过程中，也需注意避光保鲜。现在我国产业化商品化生产发展很快，东北的马铃薯秋收后，大量运往华北和华南，在长途运销过程中，不仅不要伤了薯块，还要严格按照贮藏保鲜的要求，进行贮运。

8. 小窖贮藏

北方地区农家小窖都是个体贮藏，但也需符合马铃薯对贮藏条件的要求，秋季收获后，要堆放到接近0℃才能入窖。入窖初期，要加强通风，设法将温度降下来，最好降到5℃以下。一般的甘薯窖不能进行马铃薯贮藏，因为马铃薯块茎超过6℃就会发芽，而甘薯贮藏的适宜温度是9℃～14℃。和甘薯放在一个窖中，马铃薯春季播种时，往往芽子过长，一般可长到20厘米，会耗去大量的水分和养分，生理已经衰老，作种必减产，严重影响上市供应。

9. 通风库贮藏

随着马铃薯产业化经营的发展，各地建立起不少大型通风贮藏库，从而进一步使马铃薯的贮藏更加安全可靠。这样，收获的马铃薯只要稍晾一下即可入库，没有必要晾1周。库中病菌也少，事先已用福尔马林液熏蒸消毒。马铃薯装筐码垛好，堆高为1～2米，宽2米，薯堆应每隔2～3米放一个垂直通风窗。

10. 夏季贮藏

马铃薯二季作区的春薯栽培，收薯时正处在炎热的夏季，一时不能上市的也需进行贮藏保鲜。夏季贮藏马铃薯的办法，也有室内贮藏、室外沟藏以及半地下室贮藏等多种，但与秋冬贮藏是不同的，应特别注意贮藏场所要严格消毒，贮藏过化肥、农药、油类物品的地方，不能再贮藏马铃薯。也不能将马铃薯和葱、蒜类蔬菜放在一起贮藏，否则易引起块茎腐烂。种薯贮藏不能放在低温处，准备秋播的马铃薯更应注意，以免到秋季播种时块茎没有渡过休眠期，影响播种质量，不出苗或出苗晚，降低产量和品质。食用薯贮藏应尽量保持低温和避光，设法降低自然损耗。长时间的见光薯块必然变绿，结果常使薯块食味发麻，甚至失去食用价值。

夏季贮藏一般都在薯堆上盖上薄薄的一层沙，也可盖些报纸或薄的草毡。室内贮存时白天应关闭窗户，并在窗户上搭上荫棚，避免烈日高温。晚上要开窗通风。贮藏马铃薯的地面可铺干沙 5 厘米厚，将薯块精选后放在上面，厚度不要超过 30 厘米。贮后应不断检查，随时剔除烂薯。夏秋季节，贮藏室温度往往在 30℃以上，必须设法通风降温，保持温度为 25℃左右，相对湿度为 80%左右。特别是贮藏前期，块茎呼吸作用旺盛，放出大量水分、二氧化碳和热量，会引起贮藏室的高温高湿，造成烂薯。所以，进行通风降温保持空气干燥，非常要紧，最少每隔 20 天要全面检查一次，确保马铃薯的贮藏安全。

二、甘薯的调控与保鲜

甘薯，又名山芋、红芋、红薯、白薯、地瓜、红苕或番薯等，起源于美洲秘鲁、厄瓜多尔和墨西哥一带，其地下块根供人们食用。

甘薯是蔓生草本植物，喜温暖，对低温霜冻极为敏感，为短日照植物，喜光不耐阴，耐旱力强，需肥但耐瘠薄，适应性和抗逆性很强。

（一）甘薯的周年生产调控

甘薯适应性强，对栽培期与收获期要求不很严格。我国甘薯的主产区在黄淮海平原、长江流域及东南沿海各省。在长江流域，春、夏、秋季均可栽植，在华南南部则一年四季均可栽植。用塑料薄膜育苗和假植育苗等方式育苗，可以提早春薯的供苗期。在北方地区，如辽宁、北京等地用地膜覆盖栽培等也取得良好效果。

（二）促进甘薯生长的调控

第一，将洗干净的甘薯放在10～15毫克/升的赤霉素溶液或1毫克/升的三十烷醇溶液中浸泡10分钟，取出晾干后，即可播入苗床，可打破种薯的休眠，促进种薯萌发。

第二，用10～20毫克/升的萘乙酸溶液，浸薯苗下部（3～4.5厘米长）5～10分钟，取出后栽插，可促进发根，提高成活率。

第三，在栽插前，用20毫克/升的赤霉素溶液，浸薯苗基部10分钟后，立即栽插，可增产。

第四，在移栽前，用ABT 5号或ABT 6号10～15毫克/升的溶液，浸薯苗基部20～30分钟，取出后立即移栽，或用50～75毫克/升的药液，浸薯苗基部3～5秒钟，晾干后即可移栽，此处理可以缩短缓苗期，提高成活率，使薯苗生长健壮，增加产量。

第五，用 0.5 毫克/升的三十烷醇溶液。浸泡甘薯插条基部 30 分钟，可以促进插条生根。

第六，在甘薯扦插后 1 个月左右，用 2 500 毫克/升的矮壮素叶面喷施，隔 1 个月后再喷施一次，可抑制地上部茎生长，缩短节间，使茎蔓粗壮，促进块根膨大。

第七，在甘薯分枝期，使用 0.2 毫克/升的芸薹素溶液对甘薯进行叶面喷雾，喷雾量以叶面完全喷湿为宜。喷施 1 周后，就可以观察到薯蔓明显粗壮，生长旺盛的现象。

第八，用 30～60 毫克/升的烯效唑溶液，在甘薯初花期（即薯块膨大时）进行叶面喷洒，可使茎蔓节间缩短，叶色浓绿，控制地上部分营养生长，促进地下薯块膨大加快，增加薯块数量。

第九，采剪生长健壮、无病虫害的春薯秧，作为夏薯的种秧，然后按照 18 厘米的长度剪截插穗，使每个插穗上部保留 1～2 片叶，其余叶片去掉。然后将插穗捆成小把，再将插穗基部 4 厘米左右分别浸泡在已稀释好的 ABT 6 号、ABT 7 号、ABT 8 号的 25 毫克/升溶液中浸泡 1 个小时。经 ABT 处理，能提高扦插成活率，总成活率在 97%以上，而且扦插后叶片基本不萎蔫，返青较早，发芽快，生长旺盛，叶色浓绿。尤其是在干旱季节不落叶，成活与生长情况明显优于对照。ABT 能显著增强夏甘薯对水分和养分的吸收作用，提高抗旱抗逆能力，促进薯蔓旺盛生长，从而增加甘薯的产量。

（三）甘薯的保鲜贮藏

1. 窖　藏

选择收获季节的当旬（10 天）、平均气温为 15℃左右时的晴天抢收甘薯。在从采收到入窖的操作过程中要轻拿轻放，尽量避免造成机械伤。入窖前，将旧窖土刮去，并用硫黄粉拌稻草，点燃熏蒸消毒。甘薯经挑选，剔除伤、虫、病薯后，用70%甲基托布津1 000倍液，或用50%多菌灵可湿性粉剂25克加水250升配成的溶液，浸泡3分钟，捞出晾干后入窖。每千克药可浸薯1万千克。甘薯入窖量占窖容量的2/3即可。入窖2～3周后，要注意通风换气，温度下降时注意保暖。春天气温回升后做好通风工作，使甘薯贮藏温度控制在10℃～14℃。温度升到15℃～25℃时，易发生软腐病，到23℃～27℃时易发生黑斑病。温度过低时会引起冻害。

窖藏的方式有许多种。如高温大屋窖，是将屋式窖与高温愈合处理相结合的方式。山洞窖，在山区选用山坡或梯地挖成山洞贮藏。地下浅棚窖，是平原地区挖成的地下浅坑，窖顶盖有防雨棚。

2. 草木灰贮藏

将贮藏甘薯的库房用石灰粉消毒，然后把窗户用塑料薄膜封好。将采收后的甘薯，剔除破皮薯和烂薯，放在阴凉通风处晾几日，让其减少一部分含水量。然后在库房地面上铺20毫米厚的干燥草木灰，在其上堆放甘薯。堆好后，再用草木灰盖住即可。

三、芋头的调控与保鲜

芋，又名毛芋、芋头或芋艿，为天南星科多年生草本湿生植物。原产于我国、印度、马来半岛等水滨地带。其可食部分球茎富含淀粉和蛋白质。芋现有水芋、水旱兼用芋、旱芋等栽培类型。它生长要求高温湿润的环境，较耐阴，不耐强光。

（一）芋头的耐藏特性

芋头是较耐贮藏、运输的蔬菜品种，但它属热带植物，比较适宜的贮藏温度是 10℃～15℃，在温度低于 7℃ 的环境下放置，会产生冷害；而在高于 25℃ 的环境中，则明显对贮藏不利。芋宜湿不宜干，干了也易导致腐烂。

芋头一般是在经霜一两次后收获，收后随即入贮。芋成熟的标志是芋叶变黄衰败，此时淀粉含量高，食味好，产量高。为了延长供应期，也可提前或延后收获。用于贮藏的芋头须充分成熟后采收，在采前几天先割去地上部分叶柄，待伤口干燥愈合后，在晴天采收。这样，可防止芋头在贮藏中腐烂。

（二）芋头的保鲜贮藏

1. 窖　藏

选地势高、排水良好、避风向阳的地方挖窖。窖深 1 米左右，宽 1～1.5 米，长 2～3 米，每窖可贮藏芋头 1 500～2 000 千克。采后剔除伤、烂、病芋，在常温下晾晒 1～2 天，愈伤后再入窖贮藏。也可以先运到较温暖、干燥的室内暂存，等到立冬前后再入窖。入窖前应先用稻草或茅草在窖内烧一下，或撒些硫黄粉进行消毒。入窖时，窖底和四周应用干燥的麦秆或稻草垫好，随后将芋头放入窖内，堆至高 30 厘米左右，顶上呈弧形，上面盖一层 10 厘米左右厚的麦秆或稻草。随后盖土，土厚约 50 厘米。芋头贮藏期间，要保持窖温为 8℃～15℃，相对湿度为 85%左右。窖的四周要挖排水沟，做到四周无积水。

2. 室内贮藏

选择朝南的房子，靠墙角用砖块垒高 30 厘米左右的小埂，上面铺放细竹竿或芦秆，再横铺一层干草，然后铺放芋头厚24～27厘米。在一层的两侧再用砖垒高30厘米的小埂，然后再横排竹竿或芦秆，与第一层一样置放第二层芋头。依此类推，上面再放第三层、第四层芋头等，排放完毕后根据气温的变化，及时保温或降温，使芋头一直处于温度为5℃～10℃，相对湿度为85%的环境中。在通风良好的条件下，贮藏的芋头可长达6个月不变质。

3. 埋 藏

对芋头也可以挖坑埋藏。坑挖好以后把芋头整株成簇挖起，放入坑内贮藏，在上市前才将子芋和母芋分开。

4. 挂 藏

将芋头收获后，选择大小差不多的个体，用草绳捆绑成团，每团重7～10千克，挂于室内保存。此法具有及时和方便的优点。

5. 泥麦堆贮藏

这种方法取材容易，安全可靠。具体做法是：选择背风向阳、地势较高处，做一个圆形堆基，堆基大小根据贮量而定。先在堆基上垫一层厚100～150毫米的沙土，拍平踏实，再平铺150～250毫米厚的干麦秸。堆中心插一个碗口粗的高粱秆把作出气筒，围着高粱秆把堆放芋头。一般大堆2 500千克，小堆250千克。芋头堆好后，在堆外撒30毫米厚的沙土，再从下到上地铺一层200～350毫米厚的麦秸，然后在麦秸上铺一层稻草。再用加麦秸搅拌而成的湿泥，由下而上地糊严，待泥干后再糊第二次。糊严后如果泥堆仍有裂缝，则还应再糊一次。

芋头入堆初期，外界气温高，呼吸旺盛，要注意通风换气，使堆内温度不超过15℃，相对湿度为80%～90%。从芋头入堆到立春前后，通过堵通气孔、堆外加土等方法，使堆温保持在12℃～15℃。开春后，气温回升，但常有寒流。这时，堆温要保持在12℃～14℃。为此，晴天中午可去掉通气筒上的泥巴，傍晚时再将泥巴盖好。

四、山药的调控与保鲜

山药，又名薯芋、血苕、脚板苕或山薯，为薯蓣科薯蓣属多年生缠绕茎藤本植物，起源于亚、非、欧热带和亚热带地区。可食部分为地下肉质块茎。在我国南北方广泛栽培的山药，主要有以下两个种：

一个是普通山药，又名家山药，其中长柱种主要分布在华北地区，而扁块种和圆筒种则主要分布于南方。

另一个是田薯，又名大薯、柱薯，主要在我国南方一带栽培。

山药喜温畏霜，耐阴耐旱，但不耐涝。适栽土壤以砂壤土为好。

（一）山药的耐藏特性

山药在其生命周期中有一段休眠期，并在贮藏期内通过春化阶段。在休眠期中，整个生理生化变化缓慢，这种特性有利于贮藏。贮藏一个时期后，山药结束了休眠期，内部物质的转化，促使块茎的表皮长出须根，生理活动大为增强。在这种情况下，保管不好就容易引起腐烂变质。山药在休眠期耐低温，延长山药的休眠期，可以增强贮藏的效果。山药的适宜贮藏温度为0℃～2℃，相对湿度为75％～85％。因为山药性喜干燥，怕潮湿。

（二）山药的保鲜贮藏

1. 沟　藏

挖 1～2 米深，1 米宽的沟。在山药地上部枯死后，土壤冻结前，收挖山药，随挖随入沟，一层山药一层湿土排放整齐，码高不超过 80 厘米。码好后，在顶部盖一层湿细土。随着气温的下降，逐渐加厚盖土，以冻土层距山药顶部 50 毫米为宜。此法可将山药贮藏到翌年 3～4 月份。

2. 埋　藏

在仓库的水泥地板上，用砖砌成高 1 米左右的埋藏坑，在坑底铺上厚约 100 毫米经过日晒消毒的干细泥或干黄沙，然后将经过挑选、摊晒透的山药，按次序平放在泥（沙）上，一层山药一层泥（沙），向上堆至离坑口 100 毫米左右处，再用干细泥或黄沙密封。埋藏后不需多次倒动检查，一般隔 1 个月左右抽样检查一次。倒动检查时，要轻拿轻放，不要擦伤根茎的表皮，发现病变根茎，应及时剔除。如发现泥（沙）含水量过大，可提前倒动。

另外，也可在箩筐、板条箱等容器内埋藏山药。其方法是，先用消过毒的纸垫在箱、筐底部和四周，然后沿水平方向一层山药一层泥沙地堆至离容器口 70～100 毫米处，用泥沙封面即可。

3. 筐　藏

用经过日晒消毒的稻草或麦秆（最好是麦秆）铺垫在消过毒的筐底和四周，填没空洞。然后将挑选好的山药依水平方向逐层堆至八分满，上面用麦秆覆盖至筐口，再采用骑马式堆放在库房内，高度一般以 3 只柳条筐或 4 只板条箱高为宜。为防止地面潮气对块根的影响，堆码时，可在筐底下垫上砖头或木板，使之与地面之间留有10厘米左右的距离。

4. 去皮山药保鲜

山药品种不同，有扁块种，形似脚掌，去皮较麻烦。根据市场以及消费者的需要，将山药先在产地进行去皮，然后进行运输销售，这既方便了消费者，又减少了城市污染。但山药去皮后很容易出现颜色变化，通常是表面发红。若采用柠檬酸加亚硫酸盐溶液浸渍处理，然后用塑料薄膜包装，可有效防止色泽变化。

具体作法是：将山药用水清洗干净，用不锈钢刮刀或玻璃片，将山药表皮刨去，立即放入事先配制好的柠檬酸—亚硫酸盐溶液中浸渍30分钟。然后捞出山药，放入有风的地方（或用排风扇）使其表面干燥，装入膜厚0.08毫米的聚乙烯塑料袋中，进行真空包装后，于4℃～5℃条件下贮藏，可使去皮山药保鲜2个月左右，色泽保持洁白。

五、魔芋的调控与保鲜

魔芋，又称黑芋头、灰菜、花伞把或土南星等。为多年生草本植物，品种很多，分布于亚洲和非洲。我国有20余种，其形态大体相同。魔芋肥大的球茎富含淀粉和果胶。魔芋喜温暖，耐高湿，为半阴性植物，需要较湿润的土壤环境。

（一）魔芋的耐藏特性

魔芋为半野生植物，分布较广，栽培粗放。因它的鲜球茎内含有有毒植物碱，故不能生食。在15℃以上的温度条件下，魔芋开始萌芽。魔芋的贮藏条件是，温度为8℃～10℃为宜，相对湿度为70%～80%。

魔芋通常在 9～10 月份叶部枯萎，至开始倒秧时采收。此时，魔芋的淀粉和糖的含量都高，成品率较高，一般一年生的球茎重 0.25～0.5 千克，二年生以上的为 1.5～2.5 千克。采收时，从叶柄下挖出球茎，然后稍晾，待皮层无水湿时，一般在 20℃～30℃条件下预贮 3～4 天，形成愈伤组织后，即可装运或贮藏。

（二）魔芋的保鲜贮藏

1. 留地越冬

该法就是当年不挖魔芋，将它留在地里自然越冬。其做法是：晚秋地上部枯萎前，重施一次腐熟的人畜粪液、氨水和碳酸氢铵，使植株枯萎之后，地下块茎能继续膨大。待叶柄全部枯倒时，立即用稻草、山草或树叶进行覆盖，厚度为 15～20 厘米。同时，要挖深开厢沟和围沟，避免积水，以利于保温防寒。此法简单易行，且能较好地保存球茎和地下茎。

2. 地面堆藏

在冬季不太冷的地区，可直接将魔芋堆放在室内干燥处。堆放时顶芽朝上，然后铺一层干草或细土加以覆盖，一般可堆放三层。最后盖干草或细土保温保湿。

3. 悬挂烟熏

用背篓、箩筐或藤筐等容器，在底部垫上干草，然后放入魔芋，再用干草盖好，悬挂在灶上烟囱旁，保持一定温度。在寒冷地区用此法贮藏，可达到保鲜的目的。

4. 地窖贮藏

在土壤坚硬的山坡或土丘旁挖建地窖，其大小以贮藏量多少来确定。地窖容量为贮藏量的两倍较适宜。魔芋球茎入窖前，必须对地窖进行消毒处理。方法是用福尔马林和高锰酸钾混合液，熏蒸消毒2～4小时；或用稻草、茅草将地窖猛烧一遍，冬季低温时应密闭窖门，但窖门上方要留一通风孔。春季气温回升后，要早打开地窖门，注意通风透气，加强检查，及时剔除魔芋的烂种，并在烂种部位附近撒布石灰粉或草木灰消毒。

5. 埋　藏

在地势较高、排水方便、背风向阳的地方，挖一条深1米左右，长宽随贮藏量而定的地下坑，在坑底及四周铺一层稻草或高粱秆等材料，然后放魔芋入坑内。每隔1米左右插一个用高粱、芦苇等编织而成的通气筒，以便通风透气。通气筒高出地面40～50厘米。坑口用一层干草封闭，干草上面再覆盖30厘米左右土层，将顶部封成馒头形。坑四周开沟。严冬季节，将气筒用稻草等堵塞。

6. 室内保温贮藏

室内保湿贮藏，通常有三种方法：①沙埋保温贮藏。在室内干燥的地板上，铺一层细河沙，放一层魔芋，以3～4层为宜，四周用干草覆盖。②谷壳保温贮藏。选火坑上面的楼板，铺一层谷壳，放一层魔芋，堆放3～4层。③悬挂贮藏。箩筐装魔芋后悬挂在门口、烟囱旁，或放在火炕上的楼板上。此法应注意不能太接近火源，以免温度过高灼伤芋块或造成大量失水，不利萌芽。

魔芋贮藏量大时，可建立保温贮藏库。要求库房保温，干燥，通风良好。库内架设若干排架子，以便搁置盛装魔芋的容器。也可做成密集型的木(竹)架，上面直接摊放种芋。库内中央用混凝土或石头建一火炉，有条件的地方可用电热装置代替火炉。在大火炉的上方，可铺一块铁板，以利热量向四周平均流动。湿度低时，可在上面喷水。该法是人工控制温、湿度，适用于大量种芋的贮藏。

(三)魔芋贮藏期间的管理

魔芋贮藏初期，球茎呼吸作用旺盛，释放热量大，水分蒸发量也大。此时，外界温度尚高，易造成高温高湿环境而发生软腐病，管理上应注意通风换气，散热降湿，使贮藏温度稳定在7℃～10℃，相对湿度稳定在70%～80%。要随时检查并剔除腐烂变质球茎，并在周围撒石灰防止蔓延。

在贮藏的中期，魔芋球茎呼吸及蒸腾作用减弱，外界温度低，种球茎易遭受冷害或冻害，应采取保温防寒为主的管理措施，保持温度一般不低于5℃，最低不能达0℃，有条件的可适当加温。

立春(2月上旬)以后，气温逐渐回升，但冷暖多变。这时，球茎的休眠期已解除，温度较高能促进萌芽，低温则使芽受冷害或冻害。宜控制温度为10℃～12℃，相对湿度为80%左右，这种条件既可起催芽作用，又可防止“老死芽”的形成。管理上应加强检查，剔除腐烂变质的魔芋球茎，并在周围撒石灰消毒。

六、姜的调控与保鲜

姜，又名生姜或黄姜，原产于我国及东南亚国家等热带地区。我国现在除东北、西北寒冷地区外，其他各地均广泛栽培。其食用部分为地下根茎。

姜生长要求中等强度光照，吸水吸肥力弱，不耐干旱，喜温暖，不耐霜冻，适于在肥沃并排水好的砂壤土上生长。

（一）姜的耐藏特性

姜不耐低温，在 10℃以下易受冻害。受冷害的姜块，在温度回升时容易腐烂。贮藏温度过高也易腐烂。适宜的贮藏温度为 15℃左右。贮藏用的姜，应在霜降至冬至间，根茎充分膨大、老熟时采收，不能在地里受霜冻。一般随收获随下窖贮藏。带土太湿可稍晾晒，但不在田间过夜。最好选阴天或早晨采收，以免日晒过度。雨天或雨后收获的姜不耐贮藏。

（二）姜的保鲜贮藏

1. 堆　藏

生姜可采用封闭堆藏和包装堆藏法进行贮藏。

(1) 封闭堆藏　堆藏前首先对生姜进行严格挑选，剔除病烂、受伤、细小、干瘪的姜块。再将质量较好的姜散堆在仓库中，用草包、草帘遮盖好，以防受冻。然后，在朝南的方向垒砌砖墙，涂泥堵塞砖缝，严防冷风吹入，并立即用泥或草包封闭。堆藏库不宜过大，一般每仓以散装堆放 1 万千克左右为宜。姜堆高 2 米左右，堆内均匀地放入若干用芦苇扎成的通气筒以利通风。堆藏时，墙角不要留空隙，中间可略松，窖温一般控制在 18℃～20℃。当气温下降时，可增加覆盖物保温；如气温过高，可减少覆盖物以散热降温。

(2) 包装堆藏　按与封闭堆藏同样的标准，对生姜进行严格挑选。然后将生姜装入竹筐，分桩堆放。堆桩高度以 3 只筐高即可。贮藏中要经过高温季节，姜块容易出芽，故应分批剥芽，陆续上市。

2. 坑埋贮藏

在地下水位较高的地方，可用坑埋法贮藏生姜。坑的深度以不出水为原则，一般 1 米深，圆形坑的坑底直径为 2 米，坑口直径为 2.3 米。方形坑亦可。将挖出的土围在坑口周围，使坑深达 2.3 米。地上部分土墙应拍实，防止漏风崩塌。一般一坑能贮生姜 2 500 千克左右。贮量过少，冬季难以保温。坑的中央立一个秸秆把，以便通风和测温。开始时，表面覆一层姜叶，然后覆一层土。以后随着气温的下降，分次覆土，覆土总厚度为 60～65 厘米，以保持堆内有适当的贮藏温度。坑顶用稻草或秸秆做成圆尖顶以防雨，四周设排水沟。东、西、北面设风障防寒。

贮藏中既要防热，又要防寒。入贮初期，姜块呼吸旺盛，坑内聚积的呼吸热多，温度容易升高，因此不能将坑口全部封闭，要保持正常通风。初收获的姜脆嫩，易脱皮。下窖后一个月内，是生姜愈伤老化的过程，要求保持较高的坑温，以在 20℃以上为宜。以后保持在 15℃左右即可。冬季，坑口必须封严，还要随时将因姜堆下沉造成的覆土层裂缝填平，严防因坑温过低而使生姜受冷害或冻害。要经常检查姜块有无变化，坑底不能积水。

3. 浇水贮藏

在设有排水设施、略透阳光的房间或凉棚下，把姜整齐地排列于带孔的筐内，在垫木或砖垛上码 2～3 层筐高即可。根据气温变化，每天用凉水浇姜 1～3 次，保持适当的高湿和低温，使姜块适当发芽生长，但不变质。入冬后，气温降低，将姜筐转入贮藏库以防受冻，可越冬供应到春节之后。

4. 沙土层积贮藏

利用防空洞，用沙土层积贮藏生姜。即铺一层沙，放一二层姜，码成 1 米高、1 米宽的长方形垛，每垛 1 250～2 500 千克，垛中间立一个用细竹竿捆成的直径约 10 厘米的通风束，并放入温度计，以测量垛温。垛的四周用湿沙密封，封完垛后，掩好洞门，洞上留气孔，避免冷风吹入。进入愈伤期一周后，温度逐渐上升到 25℃～30℃，经 6～7 周后，垛内温度逐渐降至 15℃，说明完成后熟，姜颜色变黄，具有香气并有辛辣味出现，变成姜黄。此时不怕风，可将门窗打开，天冷时再关上。贮藏后期，温度可长期维持在 12℃～15℃。立春后，如相对湿度不足 90%～95%，可在垛顶表面洒些水。若有出芽现象，说明贮温过高，可通风调节温度。若姜垛下陷并有异味，则需检查有无腐烂现象；如有腐烂现象，则应及时进行处理。

5. 窖　藏

可采用地窖和井窖两种窖进行贮藏。

(1) 地窖贮藏　选择地势高、排水好的地方建窖。在山区丘陵地区宜建坑型窖，利用背风向阳的南山坡，挖一条伸入山腰 5～10 米的隧道作窖。窖的大小视姜的贮量多少而定。隧道底部如潮气大，需垫一层木板隔潮。在平原湖泊地区可建屋型窖，选择地势稍高的地段，四周堆土高 2～3 米，中间架设木柱支撑封顶，洞口应背风朝南，其旁留一出气小孔。

窖建好后需除湿消毒，对坑型窖可采用烟熏法消毒。也可在窖内撒施生石灰消毒。

生姜入窖前要先除去泥土，置阳光下暴晒 1～2 天，以便杀菌和晒干表皮水分，提高耐藏性。然后在窖内离底面 30 厘米处，用木条架设姜床，床上铺稻草，再将生姜分层堆在床上，在姜上面盖河沙或砂质土 15～30 厘米厚，以防窖内水汽凝结成水珠滴在姜上，并防止空气干燥而使生姜失水干枯。

姜入窖后，要在窖沿内设温度计，以便测温。窖内温度要保持在 10℃～20℃之间。当日平均气温降至 5℃以下时，要密封洞口，防止冷空气进入，冻伤生姜。地窖内生姜如发生腐烂，必须迅速将烂姜清除，并在窖内撒上生石灰杀菌。

(2)井窖贮藏 在土层深厚、土质黏重、冬季气温较低的地区，如甘肃兰州、山东泰安、辽宁丹东等地，多采用井窖贮藏生姜。井筒深3～4米，直径为1米左右。在井底挖两个高约1.5米，宽1.8米，长3～4米的窖洞。窖洞顶呈拱形，底面水平。井筒口应围土，盖木板，四周挖排水沟。

新姜采收后，挑选整齐、无病害、健壮的姜块入窖贮藏。姜块散堆在坑内，用湿沙铺底，然后一层湿沙一层姜地将生姜装好，最后在上面再盖一层湿沙覆顶。

贮藏期间，既要防热又要防冷。初期，由于姜块呼吸旺盛，窖内聚积的呼吸热量较多，窖内温度较高，此时应将井口木盖掀起，保持正常通风。贮藏初期，是生姜愈伤老化阶段，要求温度较高，应保持在20℃以上。以后，控制在15℃左右即可。冬季窖口必须盖平，防止窖温过低。在整个贮藏过程中，要经常检查，以防姜块发生异常变化。

6. 坑道贮藏

在山区丘陵地，可借助半山坡所挖坑道贮藏生姜。坑道应挖在背风向阳处，一般向里挖2.5～3米，高1.8～2米后，可向两侧开挖短坑道，形状和贮藏方式同井窖。越冬期间，封严坑道口，以防冷气侵入。

7. 辐射贮藏

用钴60γ射线照射，能抑制生姜发芽。试验证明，经剂量为2 000～10 000伦琴γ射线照射的姜块不发芽，外观质量好。经照射处理的姜，在贮藏期间，也要保持一定的温度和湿度。

第十八章　水生蔬菜的调控保鲜技术

在我国，栽培的水生蔬菜种类很多，其中以莲藕、茭白、慈姑、荸荠、菱和水芹等栽培最为普遍。由于水生蔬菜均喜水怕旱，大多喜温畏寒，故主要分布于长江流域及其以南地区。这些地区气候温暖，年平均气温达15℃左右，无霜期常在210天以上，雨量充沛。由于生态环境适宜，因而生产面积相对集中。北方地区气候干燥，气温低，栽培较少。

水生蔬菜都含有丰富的营养，具有较好的营养保健作用。莲藕产品有鲜藕、藕粉和莲子，是公认的滋补食品；茭白含有丰富的氨基酸；荸荠富含淀粉等，在医药上具有清热、利尿、降血压的功效。水生蔬菜多在蔬菜市场冬、春淡季和伏秋淡季采收上市，对补充蔬菜淡季供应，增加花色品种，都有明显的作用。

各种水生蔬菜在植物学上属于不同的科、属和种，大多起源于热带和亚热带多雨的湖泊或沼泽地区，对环境条件的要求等方面有许多共同的特点。主要如下：

一是适宜水湿环境，不耐干旱。生育期间都必须保持一定的水层，并要求水位的变化相对稳定，不可暴涨猛落。休眠期间也要保持充分潮湿的环境。至于对水层深浅的具体要求，则因不同种类、品种及其不同生育期而异。

二是根系不发达，根毛退化。由于水生蔬菜长期生长在充分潮湿的土壤或水中，吸水容易，根系逐渐削弱，根毛大多退化，根系的吸收能力减弱。因此，栽培时要求土层深厚，有机质含量高、肥沃而较黏重的土壤。

三是通气组织十分发达。为了适应水下相对空气稀少的生态环境，水生蔬菜植株体内均具有发达的通气系统，从叶片气孔进入的空气，能顺利到达植株的各个器官。

四是机械组织不发达。水生蔬菜植株的机械组织都有不同程度的退化，其茎或叶柄部分浸没水中，不需要坚强的机械组织支撑植株，茎秆木质化程度低，器官和组织的含水量较高，因而植株茎秆柔弱，露在水上部分抗风力差，必须注意防护。

五是生育期较长。一般都在150～200天左右，且多数水生蔬菜性喜温暖，除豆瓣菜和水芹喜冷凉，能耐轻霜外，其余均必须安排在无霜期栽培。

六是繁殖用种量大。除菱和芡实外，大多数水生蔬菜都采用无性繁殖，即利用根茎和球茎等作繁殖材料，繁殖系数偏低，用种量大。各种水生蔬菜难以实现周年供应，同时产品保鲜也比较困难。

鉴于以上情况，对水生蔬菜进行科学的调控与保鲜贮藏，尤显必要。

一、莲藕的调控与保鲜

莲藕，又称藕、莲、荷或水芙蓉等，是睡莲科多年生宿根草本植物，原产于印度和我国。其中藕莲以肥大的地下茎即藕供食用；子莲以食用莲子为主。

莲藕喜温暖湿润，喜光，不耐阴，喜富含有机质的壤土或黏壤土。主要在炎热多雨的季节生长。露地条件下栽藕，长江中下游地区多在4月中下旬至5月上旬，华南地区常可提前1月，华北地区则常推迟半月左右种植及收获。随着设施栽培技术的发展,可适当调整栽培期,如长江中下游用塑料大棚,种植期可提前到3月上旬,采收期提前到6月下旬。早上市1～2月。莲藕萌芽期要求浅水,以后随着植株叶柄的长高,要求水位逐步加深。

(一)莲藕的耐藏特性

莲藕的病、虫害少,而且采收后有一段时间的休眠期,因而便于运输和贮藏。莲藕具有喜阴凉、对湿度适应范围较广的特性。但莲藕含水量较高,皮薄,保护性差,又长期生长在地下,收获后,由于改变了生存条件,其生理变化加剧,通常出土后在普通空气中贮藏3～5天就可出现表皮褐变、萎蔫等现象,进一步贮藏时,则内部可食部分也出现褐变,同时组织纤维化,严重影响食用品质。

莲藕的品种繁多,早熟品种在5月底即可采收嫩藕,中晚熟品种等在白露开始采收,一直至第二年的二三月份陆续采收。通常塘藕较田藕稍推迟15～30天采收。

采收时,于前数天将荷叶摘除,使地上部分停止呼吸,促使藕身附着的铁斑还原,提高品质,增加其商品性。早熟种贮藏性较差。

由于莲藕长在地下,因而采收技术的高低会直接影响莲藕的质量。采收时要尽量避免锹伤和折断,并保留莲藕上的泥土。

(二)莲藕的保鲜贮藏

1. 泥土埋藏

先用砖或用板条箱等围成埋藏坑,然后一层莲藕一层泥地堆5～6层,再覆盖10厘米左右的细泥。贮藏用泥的湿度,一般应细软带潮，手捏不成团，并除去石块等杂质，以防损伤莲藕。埋藏时，莲藕要按顺序一排排放平，避免折断，并有利于倒动检查。

泥土埋藏法既可在室内进行，也可在露地进行。在露地进行时，将泥、藕层层相间堆成斜坡形，最后用泥全部封盖，并做好排水、防冻措施。莲藕不耐低温，在低于5℃以下时会产生冻害。在贮藏期间需维持5℃～8℃的温度。在室内埋藏时，先用砖砌或用板条箱、木板等封围成埋藏坑，然后，一层藕、一层泥地堆5～6层后，再盖10厘米厚的细泥。每隔20～30天翻检一次。

2. 泥浆涂藕贮藏

选用黄土，打碎，去除砂石等杂物，加水调制成糊状，然后将整支藕放入此泥浆中浸渍，待藕身均匀裹上泥浆后，取出，装入箱内或草包内，捆好即可。此法适于短期贮藏和运输销售等目的。若泥浆干燥脱落，可再依上法浸渍一次。

3. 恒温水贮藏

将采收的藕带泥运回，放入水温保持在5℃～8℃的水池内，可使莲藕保鲜1个月左右。

4. 浓盐水贮藏

取23份食盐、加73份水配制的浓盐溶液贮藏莲藕，具有实用、贮藏期长的优点。将待贮的莲藕洗净泥土，去除藕节(也可保留藕节)，放入此盐水中，即可长时间保藏。用此法贮藏莲藕时，必须使莲藕全部浸没在水面以下，以使莲藕保持洁白。我国对外出口的莲藕多采用此法贮藏。但存在着运输费用加大，食用前需脱盐等弊端。

5. 塑料薄膜帐贮藏

采用此法时，塑料薄膜帐不需密封。由于根茎的呼吸，会使帐内的湿度和气体成分发生一定的变化,因此要定时透帐,使湿度和气体成分保持在一定范围。透帐一般可隔天进行一次。此法用于莲藕大量上市时的短期贮藏较为适宜。

6. 塑料薄膜袋贮藏

将洗干净的莲藕装于塑料袋中贮藏,效果良好。具体做法是:将莲藕清洗干净,用特克多防腐剂(500 毫克/千克)浸泡处理 1 分钟后取出,晾干,装于 110 厘米×30 厘米,膜厚 0.03 毫米的聚乙烯塑料袋内,扎紧袋口。经一个月的贮藏表明,贮入低温中的莲藕,失重率为 0.71%,腐烂率为 2.4%。贮入常温下的莲藕,失重率为 3.0%,腐烂率为 10.91%。

7. 塑料薄膜真空包装贮藏

此法的要点是,称取定量的保鲜剂,用定量的水溶解后,将清洗干净的节藕(去除藕身两端的藕节)放入此溶液中浸渍 60 分钟。取出脱除明水之后,装入膜厚 0.08 毫米的聚乙烯袋中,使用真空包装机进行抽气真空包装,再放入室温下贮藏。两个月后,贮藏的莲藕色泽接近新鲜藕。每袋的装量可根据市场需要装成 1~5 千克不等。此方法贮藏保鲜的莲藕,适合于超市和对外出口。莲藕在贮藏期间,只要包装袋不松动漏气就不需倒动和换袋,因而操作方便,经济实用。若再结合低温贮藏,保鲜期可延长为 4~5 个月。

8. 清水保鲜

用清水把沾在藕上的泥洗净,再把藕放进容器内,加满清水,使藕浸没水中,每隔 1~2 天换凉水一次。冬季要保持水不结冰。用这种方法可以保持鲜藕 1~2 个月不变质,不霉烂。

9. 保鲜剂贮藏

使用的保鲜剂为用 60 毫克/升的焦亚硫酸钠溶液+0.15%柠檬酸溶液+0.06%氯化钙溶液+0.03%明矾液的混

合液。贮藏时，将洗净的藕装于带内盖的聚乙烯桶内，加入混合液，将藕淹没，排气密封，可保鲜 2 个月。

10. 简易堆藏

将藕顺次码放于室内或荫棚中，形成长方形平堆，堆高约 80 厘米，在上边用水草或洁净的湿稻草盖严，经常洒水，保持湿润，以防受冻或发热及干缩。此法仅限于短时间贮藏采用。

11. 蒲包水藏

藕挖出后，稍洗一下，装入蒲包；每 70 千克左右一包，放在 1 米多深、温度较低的水中，使蒲包下不贴泥土，上不露出水面，上面再盖一层水草，厚为 6～10 厘米，防止太阳直射。这样，即使结冰，也只冻一层水草，藕包不会受冻，可以随时取出出售。

（三）莲子的保鲜贮藏

莲子贮藏的基本条件是干燥，密封，低氧，以及用低剂量药物除虫。所以，莲子贮藏前要测定含水量（要求在 11%以下）；入库前进行库房消毒，消灭仓库害虫；入库时莲子用塑料袋密封包装，造成低氧环境，外套麻袋，库内采取行列式堆包方法，及时开闭仓库门窗，调节温度；加强虫情检查，及时防除仓库害虫。

莲蓬采收后，立即脱出莲子，把莲子薄薄地摊晒到场上，每天上下翻动 2～3 次。经 5～7 天，当莲子能脱离壳皮时即示干燥。一般 100 千克新鲜莲子（俗称水子），可晒干莲子 80～86 千克。晒干的带壳莲子叫干壳莲。将干壳莲装入麻袋中，置阴凉干燥处，下垫一层干谷壳，厚约 20 厘米，再铺上油毡和芦席防潮，可以长期贮藏。

通心白莲子在贮藏期容易吸湿发霉和生虫。因此，贮藏时要特别注意保持低温和通风干燥的环境。少量贮藏时，可每 50 千克干莲子配 1.5～2.5 千克干辣蓼草。先将辣蓼草垫到容器下部，再装入莲子，然后加盖密封。这样可保存到第二年新子上市，一般不生虫，不发霉。大量贮藏时多用冷库，用麻袋或油纸箱包装。先将麻袋晒干，用膜厚 0.6 毫米厚的薄膜袋作内袋。为防止贮藏期间发霉生虫，装袋时每 60 千克莲子用 20 克二硫化碳，将二硫化碳放入小布袋中，用棉线扎紧袋口，同莲子一起装入麻袋。然后，先将薄膜袋口封住，再将麻袋锁口。油纸箱能防潮，还可避免鼠害。用时先在箱底垫一块纸板，用薄膜袋作内袋，将莲子和二硫化碳同时装入内袋中，封口后再放一块纸板，用纸胶带封住箱口，纸箱外再加两根塑料带扎紧。莲子包装好后放入仓库货架上。货架离地面约 30 厘米，四周离墙要远。货堆高度以不超过 3 米为宜，以防挤破内袋，导致倒塌及包装变形。贮藏期间，若有受潮或发霉现象，应及时翻晒，使含水量达 11%以下。

二、慈姑的调控与保鲜

慈姑，又名剪刀草或燕尾草，是泽泻科多年生草本植物，原产于我国，食用部分是地下匍匐茎先端的膨大球茎。

慈姑在我国华南地区和长江流域普遍栽培。慈姑宜浅水生长，喜温暖，喜光，不耐遮荫，是短日照植物，要求土壤松软肥沃。

慈姑在华南地区多于 2 月份挖取种球育苗，8 月份前分期分批定植于大田，12 月份至次年 2 月份采收。在长江流域多于 4 月中旬至 5 月上旬育苗，其中早水慈姑 6 月中旬至 7 月上旬定植，晚水慈姑 7 月下旬至 8 月上旬定植，一般 10 月下旬至 12 月上旬采收。

(一)慈姑的耐藏特性

慈姑采收后有一段休眠期。此时,其生理代谢进行得很缓慢,耐藏性和抗病性都比较强,对贮藏环境条件要求不高。因此,在贮藏初期,不必采取过多的措施,只需根据慈姑对水分要求较高的特点,保持贮藏环境的高湿,温度为零度以上即可。到了春天,随着气温的上升,慈姑的休眠结束,开始出现萌芽现象。这时,除需严格控制贮藏环境中的温度、湿度抑制萌芽外,还可采取在清明前切除顶芽的办法,破坏生长器官,阻止发芽,使慈姑处于稳定状态,达到延长贮藏时间的目的。

慈姑的球茎在生长成熟后(一般在 11 月中旬),可以马上采收,也可以放在田里过冬后采收。为了均衡上市,可以从头一年的 11 月份采收到第二年的 3 月底。但慈姑的采收不能过早,因过早采收,球茎未完全充实,品质不好,产量也不高。

(二)慈姑的保鲜贮藏

1. 露天泥藏

在地势较高、背阴的露天场地上,用砖头垒砌成坑,将经过日晒消毒的潮湿、细软泥土铺在坑底,厚约 5 厘米。然后将经过挑选的无病害、无损伤的大只带泥慈姑轻轻放入坑内,达三四只球茎高度后,即盖上一层薄泥,如此一层慈姑一层薄泥,堆到离坑口 10 厘米左右时覆土,坑面应拢成馒头形,以利排水。为防止坑内积水,可在坑边开排水沟。

泥藏也可在室内进行,操作方法与露天泥藏相仿,但无须开排水沟。

采用泥藏法长期贮藏慈姑,应在清明前全面翻动,并切去顶芽。然后移至地下室继续进行泥藏存放。

2. 沙　藏

在地下室内用湿沙埋藏，其做法是先在地面铺一层湿沙，厚约10厘米，然后在其上铺放一层慈姑。如此交替进行。以后，经常用喷水壶喷水，开春发芽后，及时割芽，可继续贮藏。

3. 水控贮藏

这是在仓库、场地、营业棚等处，利用流水带走呼吸产生的热量，并保持较高湿度堆藏慈姑的方法。每堆500千克，中间设一通风筒，然后盖上草包或蒲包并浇水至湿润。以后每隔4～5天浇一次水。遮盖用的草包或蒲包，要经常调换，以免滋生霉菌，引起慈姑腐烂。在常温下（15℃左右），水要多浇些，以利散发热量。气温在0℃以下时，要拿掉湿草包，换上干草包，以防受冻。

水控堆藏慈姑时，要注意保持贮藏堆内稳定的高温，既要避免积水，又要防止失水或忽干忽湿。积水会引起慈姑水肿病，使表皮产生水胖性黑色斑点，如不及时处理，就会腐烂变质。过分干燥，会造成慈姑脱水和萎蔫，降低品质。忽湿忽干，会减弱慈姑的抗病能力和耐藏性，容易引起腐烂变质。都需注意加以防止。

4. 田间贮藏

在霜降前后待慈姑成熟、茎叶枯萎时，即将茎叶割除，在原地进行贮藏。方法是：每隔五行慈姑开一条30厘米左右宽的深沟，将开沟挖出的泥均匀地覆盖在沟两旁的地上，以防止慈姑受冻。另外，开沟可以降低水位，防止积水引起慈姑腐烂。

用这种办法贮藏慈姑，一是不破坏根系，贮藏后不仅品质好，还会增加产量；二是采收时间因地区不同而异。贮藏方法有两种，即留田贮存和窖藏。山东一带自秋季初霜后（茎叶枯黄时)到第二年球茎发芽前,即 11 月份至翌年 3 月份,可随时采收。在霜降到大雪期间采收较多,在地上部茎叶刚枯黄时采收产量较低,一般延迟采收产量高。这是因为茎叶刚枯黄时,短缩茎中的养分仍可继续向球茎输送,使球茎继续膨大,从而增加产量。所以,在 10 月底到 11 月初排去田水,并割去慈姑叶片,留茬 15 厘米左右。割叶后每隔 2 米开沟,沟深 30 厘米左右,畦面晒干并整细,套种越冬青菜,既可增加慈姑产量,又可在 1～2 月份蔬菜淡季供应上市,提高经济效益。

5. 堆　藏

此法在室内、室外均可应用。露地贮藏时,应选地势高爽而又背阴处,用砖砌成池,深 1 米左右,池底先铺一层干净细沙,厚 5 厘米左右。然后放入 3～4 层球茎,盖一层 7～8 厘米半干半湿的细沙或细土,再放 1 层球茎。这样堆至离池口 10 厘米左右时覆土,使顶呈馒头形。并在四周挖排水沟,在顶部盖一层薄膜,用砖块压好,以防雨雪渗入。如遇强大寒流,气温降到－10℃～－8℃时,要在堆上加盖稻草,以防冻害。

在室内堆藏时,可选室温比较稳定,无阳光直射,贮藏期可保持 7℃～12℃的屋角,用砖码成围框,然后按室外堆藏一样的方法在围框内堆藏慈姑。

6. 窖　藏

选地势高燥、排水良好处,挖一个地窖,窖深 50～66 厘米,窖口直径为 60～70 厘米。拍实窖底和四周,在窖底铺一层 6～8 厘米厚的干净稻草。然后,将慈姑球茎或其顶芽与半干半湿的细土或河沙拌和,倒入窖中贮藏。也可一层球茎、一层细土或河沙地相间存放,堆至离窖口 6 厘米为止,上盖 1 层稻草,再用干土盖严,厚为 20～30 厘米,使土面呈馒头形,并拍实,防止雨水渗入。

不论采用以上何种贮藏法，贮藏前都必须进行检查，剔除挖破的球茎，并须将慈姑摊晾至球茎表面干燥后才可入贮。贮藏期间要定期检查，如有意外，要及时处理。

三、茭白的调控与保鲜

茭白，又名茭瓜、茭笋、菰或菰笋，是禾本科多年生宿根草本植物，原产于中国。其产品器官为变态的肉质嫩茎。茭白喜温，生长适温为15℃～30℃之间，不耐寒冷和高温干旱，喜充足光照，需肥量大。在我国，茭白主要分布在长江流域以南，华北地区有零星栽培。春栽常在4月中下旬进行，夏、秋栽在7月下旬至8月上旬进行。茭白为浅水水生植物。

(一)茭白的耐藏特性

茭白有一熟茭和两熟茭两个类型。两熟茭，又称两季茭。就是种植一次，收获两次，而且两次是隔年收获。第一次收获是在当年的10月底始收，此次收获的茭白产量低。第二次收获是在第二年的4～6月份，产量较高。一熟茭，当年种植，当年收获一次。

茭白要适时采收。采收过早，茭白过嫩，食时不适口，产量又低，耐藏性也差；采收过迟，则茭肉发青，质地粗糙，品质降低，甚至变成灰茭，不能食用。一般成熟的茭白，花茎中心叶紧密，外面两张外叶向花茎合拢，心叶短于外叶，叶梢上形成“白眼”，白眼处收束像蜂腰，这时便可采收。准备贮藏的茭白，采收时应留30厘米左右长的叶鞘，保护茭肉。

茭白在贮藏过程中的变化，主要有茭肉变青、变灰和糠心。茭肉变青是茭肉在田间过分成熟，壳部上端裂开，经与阳光接触而变青。其结果是造成茭肉质地粗糙，虽可食用，但味道很差。茭肉变灰是由于茭白过分成熟，内含的黑穗菌丝体形成黑褐色的厚膜孢子，组织内充满黑褐色斑点所致，严重时茭白会全部成为黑色粉末状，失去食用价值。茭白糠心是由于失水、发汗所致。

茭白喜湿润、凉爽的环境。光照、闷热和失水都会引起不良后果。茭白的贮藏适温为 0℃～2℃，空气相对湿度为 95％～100％。

（二）茭白的保鲜贮藏

1. 仓库堆藏

选择肉洁白、细嫩、坚实、不过老过嫩的晚熟茭白品种，外面带两三张包叶保护茭肉，鞘要削短，剔除青茭、灰茭、老茭、小茭以及断裂的茭白。在运输、贮藏过程中，要防止日光暴晒。进仓前要将茭白在阴凉通风处充分摊晾。此法一般在收获旺季时采用，只需将茭白摊放在库内地面上即可。在 14℃～24℃的室温条件下，最多只能贮藏 1 周，对均衡供应有一定作用。

2. 冷　藏

贮藏室的温度保持在 0℃～1℃左右。茭白经过挑选后，带两三片外叶，装筐进库，用骑马式堆放。也可将茭白扎成小捆，每捆重 5～7.5 千克，堆放在库内货架上。此法贮藏时间长，可保鲜 2 个月，并可在夏、秋季节进行贮藏。也可将茭白削光后，装入板条或纸箱内，每箱装 15 千克左右，堆放在仓库中冷藏。

3. 塑料薄膜袋贮藏

将去壳后的茭白肉，用膜厚 0.04 毫米的聚乙烯塑料薄膜袋密封包装，在0℃～2℃下，贮藏2个月，重量无损失，外观、肉质均好，无霉烂。采用膜厚0.08毫米的聚乙烯塑料薄膜袋，在袋上打孔，于秋季室温下贮藏，可保鲜2个星期。

4. 清水贮藏

选择不老不嫩、肉质洁白、坚实粗壮、带有两三片叶的茭白，去鞘后，盛放在大水缸或水池中，放满清水后压上石块，使茭白浸入水中。以后常换水，使池内的水始终保持新鲜，如此贮藏的茭白较为新鲜，重量无损失，外观和肉质均佳。

5. 明矾水贮藏

明矾水贮藏茭白的方法有两种：一种是将经过挑选的质量好的茭白削去外壳，分层放在缸内或池内，装至离容器口100～200毫米高。然后用经过消毒的竹片呈井字形夹好，上面压上石头，再倒入明矾水，使明矾水高于茭白。明矾水的配制是每50升水加入0.5～0.6千克明矾，搅拌至溶解而成。另一种是带壳贮藏，要求与水藏相同，管理上要求每隔3～4天检查一次，发现水面有气泡，要及时清除。若泡沫过多、水色发黄，则要及时更换明矾水，以防茭白肉变质腐烂。

除了采用明矾水溶液浸泡贮藏外，还可直接采用明矾粉涂抹在茭白基部的方法，用此法处理的茭白在1℃左右下贮藏，保鲜期可延长至3个月。

6. 盐封贮藏

先在容器底部铺一层食盐，其厚度约5厘米，然后将经过挑选的、削去鞘的、带两三张壳的茭白，按次序平铺在容器内（容器可采用缸或木桶），堆至离容器口5～10厘米，用盐密封好。这种贮藏方法，适合于空气干燥、气候较冷的地区。在气温较高、湿度较大的南方地区，封盐容易溶化，茭白也易发黄，甚至变质腐烂，需要经常检查，以免造成损失。

四、荸荠的调控与保鲜

荸荠，又名马蹄、地栗、乌芋、凫茈或尾梨，是莎草科多年生浅水性草本植物，原产于我国，以其地下球茎供食。

荸荠喜温暖，生长适温为20℃～30℃，适宜较浅水位，喜光，高温长日照促进分蘖和叶状茎生长，低温短日照促进结球，宜在表土松软肥沃、底土较紧实的壤土和黏壤土中生长。

荸荠主要在我国南方种植，在长江中下游地区，立秋前可随时育苗移栽，到冬季地上部枯死，球茎进入休眠期即可采收。

（一）荸荠的耐藏特性

采收荸荠，时间要适当。过早采收，球茎还未完全发育成熟，产量低，含水量高，糖低而味淡，也不耐贮藏。采收过晚，会使其进行无谓的呼吸消耗，降低菜体内各种营养物质的含量，使得肉质乏味，水腥味浓，降低食用价值。

荸荠采收的时机，以在地上叶状茎枯黄后30天左右为宜。此时，地下球茎已停止膨大，表皮呈深栗色或褐红色，肉质嫩白，含糖量高，含水量低，较耐贮藏，而且产量高，淀粉含量多。一般以冬至至小寒为最佳采收期，但要根据天气、土壤和气温变化情况，灵活确定具体采收时间。一般先收瘠沙地块，后收肥沃地块；先收早熟地块，后收晚熟地块。荸荠洗净后可用0.1%次氯酸钠浸3～5秒钟，以消毒杀菌。

（二）荸荠的保鲜贮藏

1. 缸　藏

将采收后的荸荠球茎，去掉表皮上的泥土和杂物，剔除病、伤球茎，摊放于砖地上 10～15 天，经适当晾干，放入大缸中(不可用腌过菜的缸)，缸口加盖。每缸贮量为 100 千克左右。

荸荠贮藏前期，呼吸作用旺盛，要把缸盖揭开，以利通风透气，散发水分。冬季气温低时，水缸内要覆盖一层稻草保暖，以防低温冻害腐烂。在阴雨季节，空气湿度大，荸荠体内含水量迅速增加，应及时揭开缸盖。炎热高温天气，水分蒸发快，要及时加缸盖，以防荸荠块茎体内水分蒸发，引起干腐。贮藏过程中，每隔一个月要翻动检查一次。

2. 堆　藏

如要大量贮藏，可选择室内干净的地方，铺上一层塑料薄膜，薄膜上铺一层粗沙和沙土，堆放一层荸荠，荸荠上再铺一层沙。依此类推，堆高不要超过 1 米，便能保鲜贮藏。

3. 冷　藏

将荸荠的球茎在采收后迅速浸在次氯酸钠溶液中，在温度为 0℃～2℃，相对湿度为 98%～100%的条件下，至少可以贮藏 10 个月，在 5℃下可以贮藏 8 个月。其浓度由起始的 1 000毫克/升，在 3～5 天内减少到 0。用这种贮藏方法和将荸荠包装在潮湿的水蓟泥炭中，在 0℃～5℃温度条件下，可以贮藏 1～2 个月，基本上不长霉。

4. 窖　藏

挖长、宽各 100 厘米，深 80～100 厘米，底略宽的地窖，每窖可贮藏荸荠 400～500 千克。窖挖好后，将荸荠轻轻铺入窖内，每放 20～25 厘米厚的球茎，上撒干细土一层，以吸收球茎中散失的水分。如此层层堆积，至离窖口 20～25 厘米时，其上铺干细土封口。旧窖使用前，要先用 1%甲醛液闷一天，消毒后才能用。

第十九章 其他蔬菜的调控保鲜技术

一、食用菌的调控与保鲜

食用菌，是属于真菌类的蔬菜，在我国广泛栽培，包括蘑菇、平菇、香菇和金针菇等人们熟悉的种类。新鲜食用菌是具生命特征的机体，采收保存不当会出现老熟、褐变、软化、发黏、液化、腐败和产生异味等现象，导致形态、颜色、质地、营养成分及气味发生变化，失去食用价值和商品价值。食用菌的调控保鲜技术，现在也有很大的发展。

（一）促进食用菌生长的调控

1. 蘑 菇

蘑菇在出菇旺盛期需肥量很大，若供应不上，容易出现脚长柄细、薄皮开伞菇，生产后期因养分消耗较多，显著地影响出菇的产量和质量。适当地分次追肥，是一项增产措施。特别是在培养料质量差、粪少草多、草料过薄的情况下，于追肥的同时施入植物生长调节物质，对提高蘑菇产量尤为显著。施用的植物生长调节剂主要如下：

(1)施用蘑菇健壮素 1号健壮素，主要喷用在料面和出菇前的土层中，促进菌丝体生长旺盛，色泽洁白，增强抗寒和耐热的特性，并有复壮菌丝的作用；2号健壮素，多在出菇以后使用，有促进子实体的形成和加速蘑菇粗壮肥大、多出菇的效果。一般增产10%～20%，有的增产36%。使用时，先将1包健壮素倒入桶中，加水0.5升，用棒搅拌，使之全部溶解至无颗粒，再倒入100升水中备用。如果1包一次用不完，可将健壮素倒入500毫升盐水中，摇匀作为原液。以后，每取50毫升原液，即对水10升使用。

一般情况下，100升1号健壮素溶液，可喷用100平方米的栽培面积。发菌期间共喷2～3次。料面喷洒，一次1平方米喷洒250毫升左右，每隔2～3天喷一次，共喷三次。出菇前期和中期，1平方米每次喷用500毫升左右，每隔1～2天喷洒一次，共喷三次。均可使细弱菌丝逐渐旺盛，粗壮变白。为了达到最佳的效果，应用时应注意以下事项：

第一，冬季发菌前喷用1号健壮素，发菌后喷用2号健壮素。春菇出菇前和出菇期间先喷1号健壮素，然后再喷2号健壮素。小菇蕾形成后，一般喷用2号健壮素。

第二，高温或低温点，或菇床上发生棉絮状杂菌或胡桃肉状杂菌点时，不能使用蘑菇健壮素，且不可与石灰、硫酸钙（石膏）等混用。

第三，用量要适当，不能忽多忽少。喷施健壮素后最好能喷一次清水，进行冲洗。若土层偏酸，则应先喷5%～10%的石灰清水。

(2)施用三十烷醇 菌丝体受三十烷醇作用范围较广，在0.1～20毫克/升的浓度范围内，都能刺激菌丝生长。其中以1毫克/升的效果为最好，超过25毫克/升的则对菌丝生长有抑制作用。对子实体生长的促进作用，以0.5毫克/升为佳。一个喷施过程，最好分三次完成，每三天喷一次。如果于喷洒溶液中再加入0.1%磷酸二氢钾，则效果更佳。三十烷醇在料厚菇稀的菇床上使用，增产很明显，但使用次数过多、浓度过大，会出现细脚菇和硬开伞现象。

2. 香　菇

在春季香菇盛产期，菌筒经过秋、冬两个干燥季节，已出了数批菇，筒内水分损失很多。为了使菌丝体尽快恢复生长，积累养分，出好春菇，可结合补水，施用生长调节物质。施后则可多出菇，出朵形大菇。

(1)施用三十烷醇　三十烷醇不仅对香菇的菌丝生长和出菇具有促进作用，而且对能量代谢与氮代谢，也均有一定的促进效应。用浸块和喷洒两种方法使用三十烷醇乳粉，鲜重分别增加 8.8％和 8.5％，氨基酸总量分别增加 43.3％和 27.1％，一般增产 25％左右。浸块即浸泡栽培块或菌棒，在出菇前或采菇后浸泡，一般为 12～23 小时，浸泡浓度以 0.5 毫克/升为佳。喷洒法即喷洒菌块、段木或菌棒，一般每隔7～10 天喷洒一次，连续喷 2～3 次，喷洒浓度仍以 0.5 毫克/升为好。

注意事项：①三十烷醇的使用浓度，一定控制在 0.5 毫克/升左右。过高有抑制作用，过低没有效果。②用药时间，宜在下午 3～6 时。喷洒后 6 小时内遇雨，需补喷。③用药要均匀，配药要用洁净水，可与其他营养肥混合使用。④药液要妥善保存。喷药后，应加强水、温和营养管理，才能起到应有的作用。

(2)施用 α-NAA、IAA 和赤霉素　将香菇锯木屑培养块或菌棒，进行浸水处理，浸水 48 小时以后进行催蕾出菇。α-NAA 5 毫克/升浓度液、IAA 5 毫克/升浓度液、赤霉素1.0～1.5 毫克/升浓度液，均可以促进菌丝体生长，提高香菇产量。施用 α-NAA 和 IAA 一般增产 130％左右，施用赤霉素一般增产 25％以上。

此外，于香菇刚破蕾时，每天喷洒追施 0.1% 2 号健壮素，每次 1 平方米喷 450 毫升，连续喷 3～5 天，亦有明显的增产效果。

3. 平　菇

在平菇上应用生长调节剂，可提高产量，促进早熟。可对平菇施用的生长调节剂如下：

(1)施用三十烷醇　用 1 毫克/升的三十烷醇溶液，第一次在出小菇蕾后喷洒，以后每采收一茬后，适当结合轻喷洒，隔 1 天再喷洒并覆盖薄膜，待出现子实体原基后揭膜。平菇施用三十烷醇后有显著的增产效果，能比对照增产 35.5%。

(2)施用乙烯利　用 500 毫克/升乙烯利药液，在菌蕾期、幼菇期和菌盖伸展期，各喷洒一次，有促进现蕾和早熟作用，一般增产 20%左右。

(3)施用三十烷醇＋赤霉素　三十烷醇或赤霉素单独使用时，增产效果较小，分别只有 12.2%和 25.4%。单独使用三十烷醇时，适宜浓度有明显的刺激生长的作用。浓度过高时，则有一定的抑制作用。使用时，要预先试验确定有效使用的浓度，方可大面积使用。三十烷醇的适宜浓度一般为0.1～1.5 毫克/升，而且以 0.1～0.4 毫克/升最为合适，超过 1.5 毫克/升，菌丝生长反而受到抑制。用三十烷醇 0.25～0.5 毫克/升，加赤霉素 10～15 毫克/升的混合液，在拌料时加入，可使生长期缩短，菇体抗高温能力显著提高，一般增产 45%左右。处理后要注意后期补充氮源，否则会影响三、四潮菇的产量。

(4)施用三十烷醇＋α-NAA＋速效肥液　用 0.5 毫克/升三十烷醇液＋5 毫克/升 α-NAA 液＋0.05%尿素液、磷酸二氢钾混合液，在幼菇进入菌盖分化期后，交叉喷洒，能显示出植物生长调节剂与速效肥之间的交互作用，提早成熟，而且菇体肥大，柄短，增产明显。

(5)施用2,4-D和ABT 用20毫克/升2,4-D溶液，于菇蕾期喷雾处理，可刺激生长，增产30%～40%。用20～40毫克/升ABT 5号增产灵溶液，在菌丝期均匀喷雾；第二次在平菇大量形成子实体后结合喷水进行；高温时期，可在溶液中加入30克硼酸，增加菇体耐热能力，使平菇生长旺盛，色泽洁白，菇体粗壮，抗寒耐热。对子实体喷施后，出菇又快又多，菇体肥硕，商品率高，一般增产60%以上。

4. 草 菇

在播种草菇前，喷0.6～0.8毫克/升三十烷醇液于培养料中，可以提高草菇产量。其增产作用与菇蕾数量增加有关，它能有效地提高成活率，减少死菇，一般增产19%～43%。

5. 金针菇

在头潮金针菇采收后，可于现蕾、齐蕾和菇柄伸长期，对金针菇喷施0.5毫克/升三十烷醇液、500毫克/升乙烯利液或0.5毫克/升三十烷醇液+10毫克/升赤霉素液的混合液等植物生长调节剂，均可促进早出菇，出齐菇。

6. 凤尾菇

在凤尾菇菌丝扭结的珊瑚期(小菇蕾期)，喷洒0.5毫克/升和1毫克/升的三十烷醇药液，平均产量分别比对照增产60%和62%。

(二)食用菌的普通保鲜贮藏

刚采收的各种菌类产品，新鲜、嫩脆，含水量大，应将它轻轻放入专用筐、篮之内，其内要垫一层白软纸。严禁抛掷，以免使菇体破碎。装入筐、篮时，要一层层装满装实，上盖干净湿布或塑料薄膜。运至指定地点后，经初步加工，去掉菌类基部碎屑等杂物，分拣出病虫危害的菇体。对畸形菇可进行适当修整，剪去过长菌柄。对不规整的菌体进行切削，把整丛或过大块状菌体进行分开和切小，再装入转运箱（筐）中。也可以按 100 克，200 克，250 克，500 克及 1 000 克的装量，分装成中、小包装。一般金针菇可进行 100 克、200 克、250 克等系列小包装。对平菇按菇体大小，分成 250 克、500 克等中包装。鲜香菇可挑菇形大小一致、菇体肥厚者进行精品包装或统级包装。不论采用何种包装，最好是尽快上市或置于温度较低、且避光通风的地方，作短暂贮藏。

1. 常温鲜贮

采收后的新鲜菌类经整理后，要立即放入筐、篮中，其上附盖多层湿纱布或塑料薄膜，置于冷凉处，一般可保鲜 1～2 天左右。如果数量不多，可置于洗净的大缸内贮藏。具体做法如下：在阴凉处置缸，缸内盛少量清水，水上放置木架，将装入篮、筐内的鲜菇放于木架上，再用薄膜封盖缸口，并在薄膜上开 3～5 个孔洞以利透气。在 20℃自然气温以下，常温鲜贮是平菇、双孢蘑菇、金针菇和草菇等柔质菌类短期保鲜的常用方法。

2. 冰块制冷保鲜

在运输包装盒（箱）内分为三格，经小包装的鲜菇置于中格，其他两格放置冰块，冰块要装入塑料袋中，并要定时进行更换。此法适于空运草菇、松茸等名贵菌类时采用。

3. 简易包装后降温贮藏

将采收的蘑菇和香菇等，先用聚乙烯塑料袋分装，每袋内放入适量干冰或冰块，不封袋口，于低温下贮藏，1℃温度下可存 18 天，6℃温度下可存 13～14 天。但贮藏温度要稳定，不可忽高忽低。

4. 短期休眠贮藏

香菇、平菇、金针菇等菌类的鲜品，采收后于 20℃温度下放置 12 小时，再于 0℃左右的冷藏室中处理 24 小时，使其进入休眠状态，于 20℃左右温度下贮运，保鲜期可达 4～5 天。

5. 密封包装冷藏

滑菇、香菇、金针菇等菌类的鲜品，采收后立即用 0.5～0.8 毫米厚的聚乙烯塑料袋或保鲜纸密封包装，注意将香菇等菌褶朝上，于 0℃左右温度下保藏，一般可保鲜 15 天左右。

6. 机械冷藏

将采收的各种鲜菇，经包装后立即放入冷藏室、冷藏车或冰箱中，利用机械制冷，控制冷藏温度为 1℃～5℃，空气湿度为 85%～90%，约可存放 10 天左右。

7. 冬季冷藏

在自然气温较低的冬季，可将采收后的鲜菇直接放在室外自然气温下冷冻。为防止菇体变褐色或发黄，应将鲜菇放在 0.5%柠檬酸溶液中漂洗 10 分钟，捞出沥干，排放在室外冷冻约 2 小时左右。冷冻时，要防止冻结成块。然后，将其按每袋 0.5 千克的标准，装入塑料袋，再将装菇塑料袋装入纸箱，置于低温荫棚内存放。

8. 抑酶贮藏

采收新鲜菌类，依其大小装入筐内，浸入沸腾的开水中烫漂 4～8 分钟，抑制菇体内的酶活性。捞出后立即浸入流水中迅速冷却，以达到内外均匀一致。沥干水分后，用塑料袋包装，置冰箱或冷库中贮藏。

9. 速冻贮藏

对于一些珍贵的野生菌类，如松茸、金耳、羊肚菌、鸡油菌、美味牛肝菌等，选择未开伞的菇体，除去菌柄基部及泥沙等杂物，并用水轻度漂洗掉脏物后，薄层摊放于竹帘上，置于高热蒸气密室熏蒸5～8分钟，以使细胞酶失活并杀死附着在菇体表面的微生物。熏蒸后，将菇体置1%的柠檬酸液中护色10分钟，随即吸去菇体表面的水分，用防湿玻璃纸、铝箔袋包装好，置于－35℃低温冰箱中急速冷冻40分钟至1小时后，移至－18℃下冷冻贮藏。试验表明，这样做可保存18个月。食用时，在室温下解冻。

10. 氯化钠(即食盐)与氯化钙液保鲜

用0.2%的食盐液加0.1%氯化钙液，配制成混合浸泡液，将刚采收的各种菌类子实体浸泡于其中。其上最好加一竹篾盖，盖上加一重物，使菌类浸入液面以下30分钟。这样处理后，菌类在16℃～18℃气温下，可保鲜4天；在5℃～6℃温度下，可保鲜10天。

11. 清水浸泡保鲜

将采收的金针菇直接浸泡在水中(水质要求符合饮用水标准)，由于水使金针菇隔绝了空气，同时降低了温度，可使鲜菇保存1～2天。

12. 盐水浸泡保鲜

配制0.1%～1%的食盐溶液，将鲜菇在盐液中浸泡15～20分钟，取出沥干，装塑料袋密封，于15℃下可保鲜3～5天。此方法可用于平菇、草菇、金针菇、香菇、黑木耳等菌类的贮藏保鲜。

(三)食用菌的气调贮藏保鲜

在生产上，应用气调保鲜技术贮藏食用菌时，有单一应用气调保鲜技术的，但常常是冷藏、气藏和化学保鲜等技术的综合应用。

1. 平菇简易塑料袋气调保鲜

将适时采收的鲜平菇，封装在膜厚0.06～0.08毫米的聚乙烯塑料袋中，每袋装鲜平菇0.5千克，在室温下可保鲜7天。时间过长，袋内二氧化碳浓度过高，会产生异味。

2. 香菇塑料袋小包装气调保鲜

将新鲜香菇贮藏于气调袋内，每袋装鲜香菇200克，或500克，或1 000克，贮藏在含氧1%～2%，含二氧化碳40%，含氮气58%～59%的气调袋内，于20℃下贮藏，可保鲜8天。将塑料袋小包装放入同样条件下的冰箱中，可保鲜10～15天。将新鲜香菇装入纸塑复合袋内，密封袋口，存放于5℃冷库中，可贮藏15天，效果良好。

3. 金针菇小包装气调保鲜

金针菇采后经摊晾，于2℃～4℃冷库中进行预冷处理，当手捏其菇盖不发黏时即可装袋，称取新鲜金针菇100克，用细绳子扎成一束，每袋装5束后抽气，密封袋口，放入2℃～4℃冷库中，可保鲜4～5天。保鲜袋内加保鲜剂，可保鲜15～20天。

4. 蘑菇纸塑袋气调保鲜

将新鲜蘑菇装入纸塑袋小包装内，放于5℃温度条件下，保鲜期可达10～15天。

5. 草菇纸塑复合包装袋气调保鲜

将严格按标准采收的草菇，装入纸塑复合包装袋内，在包装袋上打若干个通气孔，于15℃～20℃温度下可保鲜2～3天。

6. 平菇气调低温冷库保鲜

采收八成熟的平菇，剔除受病虫、机械伤的菇体，置洁净、阴凉通风处，用排风扇进行1～1.5小时冷风预处理，然后小心把它装入塑料筐内，筐外套聚乙烯塑料薄膜。每筐装入平菇7千克左右，在菇面上放2张干净折叠卫生纸，纸面上放一包重约40克的保鲜剂，盖好塑料筐盖，立即运进预先经过24小时预冷的冷库降温。当库温降至5℃以下时，用真空泵对套膜塑料筐抽气减压至聚乙烯薄膜紧紧压附塑料筐为止，然后扎紧塑料筐口，谨防空气漏入。码垛后再将温度降至－0.5℃～1.0℃，进行恒温贮藏，可保鲜35天，好菇率在95％以上。

7. 蘑菇硅窗塑料袋保鲜

将膜厚0.06～0.08毫米的聚乙烯硅窗薄膜袋，装入采后的鲜蘑菇，在18℃～20℃温度下，硅窗袋内的二氧化碳和氧气含量分别为14％和4％时，蘑菇鲜贮3～5天后，不开伞，无褐变，失水低于1％。如果能降温贮藏，效果更好。

8. 蘑菇塑料袋包装冷库保鲜

将采收的蘑菇去土、剪柄后，置于干净、冷凉、通风处，用排风扇进行1～1.5小时预冷。然后装入周转筐内，每筐装10～15千克，并放入定量保鲜剂，盖好塑料筐盖，用膜厚0.04～0.06毫米的聚乙烯薄膜袋罩严周转筐，立即运进预先经过24小时预冷的冷藏库内。当库温降至7℃以下时，用真空泵对塑料袋进行抽气减压，抽至塑料袋紧紧压附塑料筐为止，将袋口扎紧。然后码堆，使温度保持在1℃左右。经测定，袋内二氧化碳浓度为10％～11％，氧浓度在1.5％左右，贮藏保鲜30～40天，好菇率在95％以上，菇柄空心极少，没有褐变和腐烂。贮藏后的蘑菇，用冷藏车经1～2天运至销售地，仍能保持良好的品质。

9. 应用蘑菇低温气调保鲜综合技术

气调保鲜效果受多种因素的影响。在生产中，它常和不同保鲜措施相结合，如与低温保鲜和化学保鲜相结合，综合考虑贮藏温度和湿度，合理地调节气体比例。蘑菇低温气调保鲜综合技术的应用情况如下：

将蘑菇适时采收后，剪去菇柄，放入 0.5%的柠檬酸溶液中漂洗 10 分钟，捞出沥干，迅速预冷，预冷后的蘑菇装入膜厚 0.025 毫米的聚乙烯薄膜袋内，每袋约装 1 000 克，密封后放入冷库中贮藏。贮藏中，最好在 4～5 个小时内将菇体温度降至 0℃～3℃，保持相对湿度为 95%～100%。蘑菇在氧浓度为 1%，二氧化碳浓度在 10%～15%时，菇色洁白，开伞极少，保鲜效果良好。其原因在于：①塑料保鲜袋的应用；②用柠檬酸漂洗；③预冷作用，使品温较高、呼吸强度大的刚采菇迅速降温，防止体内养分消耗和水分散失，避免后熟老化和产生褐变反应；④在入库降温的同时，于 4～5 小时内调整好气体配比。这时的温度、气体配比组分都较适合。管理中用细针在袋上刺一个小孔，可基本保持氧和二氧化碳的恒定，抑制菇盖、菇柄生长，抑制呼吸作用。

10. 金针菇低温气调保鲜

气调与低温结合起来保鲜效果更好。金针菇气调低温贮藏技术如下：

(1) 培育优质菇 选择优质菌种、优质培养基和适宜的菌丝培养温度(18℃～20℃)，并在出菇时采用散射光诱导、合理暗光、恰当水分、适当通风等优良的栽培管理措施和无污染的环境，获得菇丛整齐，菌柄细密、圆整的优质菇。这是延长贮藏保鲜期的基础。

(2) 喷二氯化钙($CaCl_2$)溶液 在采前喷 0.5%二氯化钙能延缓衰老。

(3) 适时采收 菇生长恰到好处，不开伞，略偏小。

(4)整理挑选 挑选1～2级的金针菇做保鲜材料。

(5)用聚乙烯袋包装 选用膜厚0.04～0.08毫米的聚乙烯塑料袋，大小为23厘米×35厘米，每袋装200～300克，袋口用封口机严密封口。

(6)减压与充气 在包装封口时，用减压封口机封口，减压至7.9×10^{4}帕为好。此时氧浓度为4.4%，二氧化碳浓度为0.006%。当减压至7.9×10^{4}帕时，充入10%二氧化碳。

如无减压充气条件，也可不减压充气，在装袋扎口时，挤出空气后再扎口即可，但保鲜效果不如减压充气包装。

(7)低温贮藏 将小袋金针菇竖于转运筐内，置于温度为0.5℃～1.0℃环境中贮藏。一般可保鲜15～20天。

(8)冷链贮运销售 金针菇销售时，保持低温非常重要。因此，要迅速装车，用冷藏车或集装箱运输，确保低温环境，冷链贮运、销售。

(四)食用菌的化学保鲜贮藏

化学药剂保鲜，是一种简便有效的方法，适合于鲜菇短期保鲜贮藏采用。具体保鲜贮藏方法是：先将采后的鲜菇进行修整，再放入药液中浸泡，捞出后沥干表面的水分，分别装入适宜的塑料薄膜袋内，扎封袋口，置于常温或低温下贮藏。

1. 蘑菇化学保鲜贮藏

(1)焦亚硫酸钠处理 将采收后的鲜蘑菇，先用0.01%焦亚硫酸钠($Na_2S_2O_5$)水溶液漂洗3～5分钟，再用0.1%焦亚硫酸钠水溶液浸泡半小时，进行护色，然后将鲜蘑菇捞出沥干，装进塑料袋贮藏。在室外10℃～15℃条件下，保鲜效果良好，在冬季可贮藏6天左右。但若温度超过25℃，则仅能保鲜一天，以后就会逐渐变色。

(2)比久(B_9)处理 用0.001%～0.1%浓度的比久水溶液，浸泡鲜菇10分钟，沥干后贮藏于塑料袋内，在0℃～4℃低温条件下，保鲜期可达6～8天。在室温5℃～15℃下，可贮藏4天。能有效地防止菇褐变，延缓衰老，保持新鲜。该方法也适用于香菇、平菇和金针菇等保鲜贮藏。

(3)6-氨基嘌呤保鲜 用浓度为0.01%的6-氨基嘌呤溶液，浸泡鲜菇10～15分钟，取出沥干后装袋保鲜，能延缓衰老，保持新鲜。

(4)食盐水保鲜 将鲜蘑菇放入0.6%的盐水内浸泡10分钟，捞出后沥干水分，装在塑料袋内。在15℃～25℃的温度下，可保持2～3天新鲜状态。凤尾菇、平菇也可参照此法保鲜。

(5)抗坏血酸和柠檬酸保鲜护色 用抗坏血酸0.02%～0.05%溶液、柠檬酸0.01%～0.02%溶液，配制成混合溶液后，将蘑菇浸泡10～20分钟，捞出沥干，装袋密封。此法对蘑菇保鲜、防止变色效果较好。该法对平菇、金针菇、草菇和香菇都适用。

(6)米汤膜保鲜 在做米饭时倒出的稀米汤中，加入1%的纯碱或5%的小苏打，搅拌溶解均匀，冷却至室温。将采下的鲜蘑菇浸入米汤碱液中，5分钟后捞出，置阴凉干燥处保存。此时，在蘑菇表面形成一层隔绝空气的米汤薄膜，可保鲜72小时。

2. 平菇化学保鲜贮藏

(1)焦亚硫酸钠水溶液喷洒 将新鲜平菇摊放在干净的水泥地面或塑料薄膜上，向菇体喷洒0.15%焦亚硫酸钠水溶液，翻动菇体，使其均匀附上药液。然后用塑料袋包装鲜菇，封口贮于阴凉处。在20℃～25℃温度下，鲜平菇可存放8～

10天。

(2)保鲜液浸泡保鲜　将采后经选择整理的平菇,平摊于干净的地膜上,用0.3%丙酸钙液,0.1%山梨酸钾液和0.25%亚硫酸钠液,配成保鲜溶液,用喷雾器均匀喷于平菇的正反面,以喷湿表面为度。稍晾干后,将平菇装于塑料袋内,每袋装5～10千克,装后密封袋口,置清洁阴凉处保存,有较好的保鲜效果。

3. 金针菇化学保鲜贮藏

(1)焦亚硫酸钠浸泡　将金针菇采后去杂,漂洗干净,用0.1%～0.25%焦亚硫酸钠溶液浸泡10～20分钟,沥干后用塑料袋包装,每袋装3～5千克,放在20℃～25℃温度下保存,可保鲜7～10天。

(2)喷抗坏血酸溶液　金针菇采收后,为了防止褐变,可对鲜菇喷洒0.1%抗坏血酸(维生素C)溶液,装入非铁质容器,置于－5℃～0℃的低温下贮藏,可保鲜24～30小时,其鲜度、色泽基本不变。

4. 鸡腿菇化学保鲜贮藏

将整理干净的鸡腿菇子实体,放在5%～10%的盐水和0.02%焦亚硫酸钠液的混合溶液中煮沸10分钟,使其酶活性失活,稍清洗,沥干水,装入塑料袋抽气密封,置于温度较低地方,可保鲜10天左右。

5. 草菇化学保鲜贮藏

(1)稀盐酸液浸泡　将鲜草菇整理好,用清水漂洗后晾干,装入缸或桶内,加入0.05%稀盐酸溶液,溶液与草菇的比例为1.2∶1,浸泡以淹没菇体为宜。然后,在缸口或桶口加盖或塑料薄膜覆盖,以减少与空气的接触。此法适于加工厂收购鲜菇短期保鲜采用。加工前,弃去酸液,用清水冲洗后即可使用。经酸液浸泡的草菇，风味稍淡，制罐配汤时，在汤中另加 0.15%味精，予以弥补。

(2)麦饭石水浸泡保鲜　将新鲜草菇装入塑料盒中，以麦饭石水浸没菇体，置于−22℃～−20℃低温下贮藏，其保鲜期长达 70 天，氨基酸含量与新菇体差别不大，而且色泽、口感均较好。但应注意的是食用时要浸洗干净。

6. 香菇化学保鲜贮藏

可以用稀盐酸浸泡法、喷抗坏血酸液法、焦亚硫酸钠喷洒法、比久保鲜法等方法外，还有下列方法：

(1)安全保鲜剂　使鲜香菇处于含 L-抗坏血酸、硫酸亚铁与明矾的水溶液蒸气的高湿度空气中，可保鲜 7 天左右。

(2)高浓度二氧化碳处理　将各种菇类鲜品用 100%的二氧化碳气体处理 24 小时，再用保鲜袋分装，其鲜品货架期可达 3 天。

(3)矮壮素保鲜　将采收后的鲜菇，浸于 20 毫克/升的矮壮素溶液中，能延长鲜菇的保鲜期。此法也适于平菇、金针菇和蘑菇等菇类的保鲜贮藏。

(五)食用菌的辐射保鲜贮藏

1. 双孢蘑菇辐射保鲜贮藏

以 γ 射线照射于多孔聚乙烯袋内的新鲜双孢蘑菇，辐射剂量为 250～400 千拉德，于 15℃±1℃下贮藏 14 天，其开伞程度、菌柄、子实体鲜度，都接近商品菇的要求。

2. 平菇的辐射保鲜贮藏

以钴 60 的 γ 射线照射新鲜平菇，辐射剂量为 5 万～10 万拉德，贮藏在 0℃条件下，能较好保持鲜菇的颜色、气味与质地等商品性状。

3. 草菇的辐射保鲜贮藏

以钴60的γ射线处理纸塑袋装鲜草菇，辐射剂量为8万～12万拉德，于14℃～16℃下保鲜2～3天，新鲜度良好。

4. 松茸的辐射保鲜贮藏

以钴60的γ射线辐射松茸（松蕈、松口蘑），辐射剂量为5万～20万拉德，于20℃下可保鲜10天，延长了货架期。

（六）食用菌的臭氧与负离子贮藏保鲜

将采收的新鲜草菇，装入聚乙烯薄膜内，每袋装1 000克，用臭氧发生器处理2秒钟，处理后扎紧袋口，于室温（25℃～28℃）下贮藏。每天开袋2次，进行换气和臭氧处理。处理后开伞率降低，软腐率减少，褐变减轻，保鲜期约两天。

用保鲜机所生成的负离子处理鲜蘑菇。其做法是，选中度成熟的、不经洗涤的鲜蘑菇，将蘑菇封装在膜厚0.06毫米的聚乙烯塑料薄膜帐内。帐子的大小可根据需要而定。在室温15℃～18℃下贮藏，每天用负离子处理1～2次，每次20～30分钟。经过负离子处理的鲜蘑菇贮藏15天后，质地鲜嫩，其风味与刚采下的鲜菇没有多大差别。但一般要比没有处理的鲜菇多失重10%左右。

（七）食用菌的低温速冻保鲜贮藏

食用菌在低温下（－60℃～－40℃），经冷冻后并贮藏于低温下的贮藏方法，称为速冻贮藏。速冻技术是近代发展起来的食品贮藏方法，由于冻结速度快，能最大限度地保持菇类的色、香、味、形和营养成分，因而是目前比较理想的能长期保鲜的实用保鲜方法，但需设备多，投资大。

其原理是采用速冻方法排出菇体中的热能量，使鲜菇中的水变成固态冰晶结构，然后把它放在低温下贮藏，使生理生化作用得到控制，有效地抑制微生物的活动及酶的活性，从而达到贮藏保鲜的目的。低温速冻食用菌，一般可以贮藏1.0～1.5年。

二、香椿的调控与保鲜

香椿，又称椿芽或香椿头，为楝科多年生木本落叶乔木。树生香椿芽在我国南北各地早已成为蔬菜。现各地通过多种栽培调控方法，将露地多季节采收的密植栽培、温室栽培和小棚栽培技术互相配合，使香椿可以做到周年生产供应，还发展出用香椿种子直接培育成香椿嫩芽苗菜的生产技术。

根据颜色的不同，香椿可分为紫香椿和绿香椿两种。紫香椿油脂多，品质好，适于贮藏。绿香椿不耐贮藏，但较耐低温。应选择芽呈紫红色或略带绿色、柔嫩、新鲜、无老梗、香味浓、含油脂多的香椿，用于贮藏。香椿多在 4 月中下旬采收，可采收两次。贮藏用香椿以头次采收的主芽为佳。主芽粗壮，长势好，抗性强，耐贮藏。采收应在晴天的清晨进行。采收时，将芽从嫩枝基部掰下，避免损伤。要将采收后的香椿芽，放在 5℃～6℃下预冷 24 小时。香椿芽的采收期比较集中，贮藏中易发生失水萎蔫、落叶和腐烂，不耐贮藏。这是香椿贮藏保鲜中要注意解决的问题。

（一）香椿的简易保鲜

采芽后 3～5 天不能销售时，可将椿芽平摊在通风、凉爽的室内席上，厚度为 10 厘米左右，切忌堆挤生热，引起腐烂变质。也可将香椿按 0.5 千克重的标准，捆扎成把，使基部齐平，竖在木盘或瓷盘中，盘内盛 3～4 厘米深的清水，浸 24 小时左右，再装箱外运，可保鲜 1 周。还可按 0.25～0.5 千克量标准，把它装入食品袋内，烙封好袋口，放在通风凉爽室内，保持 5℃以下的温度，可存放 10～20 天。家庭少量贮存时，可将香椿放入冰箱内，将温度控制在 0℃～1℃，不使香椿芽受冻。在－2℃～－3℃时，香椿会褪掉绛红色，冻成暗绿色，呈半透明状。冻后的香椿口味不佳。

（二）香椿的冷藏保鲜

先将成捆香椿芽放在保鲜剂中浸一下，拿出晾干，直立或平放在木板箱、多孔塑料箱中，置于 0℃～1℃的冷风恒温库中，可保存数月，仍鲜嫩清香。也可对准备存放的香椿芽均匀地喷洒大蒜素，或 6-苄基腺嘌呤保鲜剂，然后把它放入宽 50 厘米、长 40 厘米的食品袋内，扎紧袋口，置于 0℃～1℃的恒温库中贮存。每隔 10～15 天开袋换一次气。袋内含氧气量不低于 2%，二氧化碳含量不高于 5%。也可将装有椿芽的条板箱，装入涂刷硅氧烷混合液的尼龙纱袋中，压边密封，可保鲜 60 天。

（三）香椿的袋藏保鲜

将香椿芽整齐地摊放在膜厚 0.015 毫米的聚乙烯塑料袋或保鲜袋中，每袋装 500 克，在袋内滴入 30 毫升的克霉灵药液，折叠袋口，于 0℃～1℃下贮藏。贮藏期间应经常检查，每 5～7 天检查一次，及时挑出霉烂或落叶严重的香椿芽。

（四）香椿的速冻贮藏

香椿芽长期保鲜宜用速冻法。速冻香椿芽贮藏 1 年多，食用时基本不改变其风味和品质。将采收的香椿芽用清水洗净，放在含有0.2%碳酸氢钠的烫漂液中烫漂30秒钟，然后立即放入亚硫酸氢钠溶液中冷却。冷却后，将香椿芽沥干水分，整齐地装入塑料袋中，每袋装500克，折叠袋口。然后放在－15℃～－20℃的低温中迅速冻结，冻结后转入－10℃～－15℃下贮藏。解冻时，用5%～10%柠檬酸液喷淋，可以保持色、香、味不变，防止腐败。速冻贮藏期间，要经常检查袋内香椿芽的风味、品质、色泽的变化，以便及时销售或处理。

三、菜玉米的保鲜贮藏

玉米原产于中南美洲高海拔地区，是禾本科玉米属的一个种。作为蔬菜栽培的玉米，称为菜玉米，主要类型有甜玉米和糯玉米。

菜玉米主要食用鲜嫩果穗，又叫玉米笋或笋玉米。对甜玉米果穗应及时采收，一般在播种出苗后50～60天，果穗开始向外倾斜，幼嫩果穗长10～15厘米，花丝呈褐色，苞叶褪绿时采收最佳。若不及时采收，则果穗内的糖分就会转化，甜味就会变淡。甜玉米采收后的寿命较短，这主要是由于酶类对糖分的转化，尤其是蔗糖转化为淀粉，而丧失其特有的甜味。糖分在常温下极易丧失，10℃时糖分损失率为0℃时的4倍。但是，通过迅速散发田间热和进行低温贮藏，可延长其保存时间。

菜玉米穗通过水或真空冷却器，或通过水－空气冷却系统等，可有效地进行预冷。由于甜玉米在30℃条件下一天，即有60%的糖转化为淀粉；在0℃温度下一天，仅有6%的糖转化为淀粉，所以，菜玉米采后必须在1小时内进入预冷、贮藏状态。在0℃～3℃的条件下，水冷1小时可将品温由30℃降到5℃。菜玉米适宜的贮藏温度为0℃，相对湿度为85%～95%。温度低于－0.61℃，则易结冻。适宜的气体环境为氧气含量为3%～5%，二氧化碳含量为5%～8%。当氧气含量低于2%，或二氧化碳含量高于20%时，则易产生气体伤害。

菜玉米的保鲜贮藏期较短，一般是5～8天，最长可贮藏20天。贮藏或销售时应将长柄或苞叶去掉，否则会从玉米中吸水，吸水达20%时，就会使子粒凹陷，品质下降。

菜玉米很少作长期贮藏，在生产中多采用加工保鲜。

四、百合的保鲜贮藏

百合，又名夜合、中蓬花或蒜脑薯，为百合科百合属中能形成鳞茎的栽培种群，是多年生宿根草本植物，原产于亚洲。作蔬菜用的百合鳞茎肉质肥厚。百合在我国广泛栽培。

百合喜温怕冷，不耐风吹，受风则鳞片变红、干萎。新掘起的鳞茎，不可在日光下暴晒，以防外层鳞片变色和失水。百合一般在11月初采收。掘出鳞茎后，要及时除去茎秆及泥土，剪去须根，置室内分级贮藏。

百合贮藏多用埋藏法，即在阴凉的房屋或地下室内，用砖头砌一个埋藏坑，在底部先铺5～7厘米厚的细沙，鳞茎排列于沙上，其上再覆沙3～4厘米厚，沙上再排放鳞茎，如此堆叠至高1米。然后，于四周及顶部以土或沙或稻草覆盖20～30厘米厚，不让百合暴露在空气中，覆层厚度要适中，太薄易使鳞茎脱水失鲜。另外，细沙要稍干些。若湿度过高则易导致百合生根及霉烂。

将百合埋藏在沙中，使其呼吸所需的氧受到一定的限制，有利于防止衰老。同时，细沙中温湿度比较稳定。当入贮初期呼吸旺盛时，沙可吸收部分水分，降低其呼吸作用；当贮藏后期鳞茎需要水分时，又可供给一部分，从而使百合处在比较适宜的贮藏环境中。贮藏期间要经常检查，防止堆内发热霉烂，控制贮温在5℃～11℃。用该法可将百合贮至翌年春天。如在0℃冷库内贮藏，贮藏时间可更长，再加上硅窗塑料帐气调贮藏，效果更好。

百合的贮藏要注意以下几方面：一是预冷。贮藏前，需将百合均匀地铺在地上摊晾，以散发运输过程中积累的热量，使果实的体温降下来。摊晾时，层高一般以两三只果球高为宜，以免中间发热。摊晒的时间不宜过长，以防止鳞片变色。预冷后应及时选果，尽快贮藏。二是选果。贮藏用的百合，应选择色白、个大、新鲜、球形圆整、鳞片肥大、不带根须、无松动散瓣、无棕色焦瓣的果球。操作过程中，应轻拿轻放，避免碰伤果球而造成损失。三是翻桩。百合贮藏后，不宜过多翻动，一般隔20～30天抽查一次。抽查时，只需按进货次序，先翻动一小堆。如发现疑问，再继续翻；如没有疑问，就及时用沙覆盖。如黄沙过湿，要及时调换。四是消毒。贮藏用的容器应事先用0.5%漂白粉水溶液消毒，晒干后使用。所需黄沙要筛去杂质，并经烈日暴晒、晾干后使用。贮藏室应保持整洁，定期消毒。一般每隔两周用0.3%左右的甲醛与高锰酸钾熏蒸一次，可以有效地防止病原微生物的孳生。

五、笋的保鲜贮藏

笋也称竹笋，是竹类的嫩茎芽。竹鞭节上生的芽，冬季在土中已肥大而可采掘者称冬笋。春笋芽向上生长，穿出地面者称春笋。早竹类的竹笋可在3～5月份采收，丛生竹在7～

8月份出笋，有的可持续到11月份，在我国南方蔬菜的均衡供应中，竹笋具有重要的作用。

（一）冬笋的保鲜贮藏

1. 埋　藏

准备供贮藏的冬笋，必须严格挑选。破损、干瘪和受冻发软的冬笋，均不宜贮藏。短期贮藏的冬笋，可以在室外墙角用铺一层湿沙土放一层冬笋的方法，堆藏起来，最上面覆盖30～60毫米厚的沙土，再盖上稻草，防止雨淋和阳光照射。在埋冬笋时，须连笋壳竖放在湿沙堆内，可存放1个月左右。如果需较长时间贮藏，可在室外挖坑，一层沙土一层冬笋地进行埋藏，最后覆一层厚土，再盖上稻草。贮藏冬笋，切忌用塑料薄膜覆盖和泼水保温，以防腐烂变质。

2. 咸菜水浸渍贮藏

为了避免笋壳变色，可将冬笋整株置于咸菜缸内，让咸菜水浸渍，这样可贮2个月左右。需要时，取出来清洗后食用。此法不仅笋质不变，笋壳也不变色。

3. 保鲜剂保鲜

冬笋保鲜剂由下列物质组成：25％亚硫酸钠，30％碳酸氢钙，10％氧化钙，40％大蒜抽出液。此保鲜剂可起防霉及吸附作用。挑选大小基本一致，笋体机械伤口较平整的带笋壳竹笋，经保鲜剂处理后装入尼龙编织袋内，竹笋的伤口处用液体石蜡涂抹，以减少失水。在10℃～15℃条件下，保鲜期可达5周的时间。

4. 冷　藏

将冬笋用聚乙烯袋包装，并用克霉灵的0.2毫升/升浓度液，或多菌灵的500倍稀释液，或托布津的500倍稀释液，进行防腐处理，在 0℃～3℃的温度和 90%～95%的相对湿度下，可贮藏 40 天。

5. 封　藏

取酒坛、陶土罐或缸一只，将无损伤的冬笋放入其中，并用双层塑料薄膜盖口扎紧；或罩套不漏气的塑料袋，装笋后扎紧袋口。采用此法，亦能使冬笋贮藏保鲜 20～30 天左右。

6. 蒸　制

将冬笋剥壳洗净，大笋对半切开，放蒸气锅中蒸熟，或放清水锅中煮至五六成熟以后捞起，摊放在篮子里，挂在通风处，可保鲜 1～2 周。此法适用于贮藏有破损的冬笋或准备近期食用的冬笋。

（二）毛竹笋的保鲜贮藏

毛竹的笋期较短，上市量集中，可进行冷库贮藏。

冷库要进行消毒。若进行药剂消毒，则要选择低毒性的药剂，如 2.9%福尔马林溶液等。同时，要避免将有病虫害的竹笋带入冷库。

冷藏时，堆放竹笋应力求做到通风，装笋部位之间要留有间隙，温、湿度要稳定。在冷藏期，要避免搬动竹笋，而且不可与其他蔬菜混装。所冷藏的竹笋，要选择旺季竹笋或后期竹笋，这对延长加工期和调节市场更有意义。不同处理的竹笋，冷库效果不一样。笋片冷藏以－18℃较为理想，能冷藏一年以上。带壳鲜毛笋在－5℃的低温，相对湿度在 90%以上时，能冷藏一个月以上。

根据不同的冷藏目的，可采取不同的冷藏处理方法。蔬菜市场可以短期冷藏为主，选择温度为 2℃、相对湿度为 90%的条件，进行带壳冷藏。利用笋片进行加工的食品厂，可选用在－18℃温度下进行生笋片冷藏；也可以选择在温度为5℃、相对湿度为80％～90％的条件下，进行带壳鲜毛竹笋冷藏。饭店和宾馆等饮食服务部门，可以用剥白笋块在－10℃左右温度下进行冷藏。

（三）春笋的保鲜贮藏

由于春笋正处在生长发育阶段，其体内的生理活动十分旺盛，采用普通保鲜方法难以达到长期贮藏的目的。因此，需要在恒定的低温库中贮藏。将新采下的春笋带壳装入聚乙烯塑料袋内，抽气密封，放入1℃的恒温冷库中，可贮鲜1个月左右。而一般的冷藏方式和剥壳后进行贮藏，效果都不理想。

春笋在0℃～3℃的温度、90％～95％的相对湿度下，用聚乙烯袋包装冷藏，并用克霉灵（浓度为0.2毫克/升），或多菌灵（为500倍液），或托布津（为500倍液）消毒防腐，可贮藏28～38天，仍新鲜无损。

六、菊苣的保鲜贮藏

菊苣，又称野生苦苣、苦白菜、欧洲菊苣或苞菜。为菊科菊苣属多年生草本植物。其嫩叶、叶球或软化后的芽球可供食用，是重要的色拉原料。

（一）菊苣的耐藏特性

菊苣的品种可分为结球菊苣和散叶菊苣两大类。结球菊苣的叶球或直接食用，散叶菊苣中的一类品种经软化栽培后，其芽球或嫩叶可食用。一般贮藏菊苣的叶球和根株。

菊苣喜冷凉，较耐寒，不耐高温。在华北地区，于10月底至11月初收获根株。若土壤过分干旱，则应在收获前5～7天浇一次水。收获时，可将肉质根挖出，再将地上部叶丛留1～1.5厘米后切去。要注意尽量保护肉质根和头部生长点不受损伤。收获后，将其肉质根就地堆成小堆，用菊苣叶进行覆盖，以免肉质根失水和受霜冻危害。

菊苣根株收获后，在黑暗中软化栽培，经过30～40天，芽球长成后，将芽球用刀取下，一般在早晨采收，采后经过整理，及时用塑料袋包装。

菊苣适宜的贮藏温度为0℃～1℃，可贮藏25～30天。在2℃的温度条件下，能贮藏15～25天；在5℃的温度条件下，能贮藏7～15天；在15℃的温度条件下，仅能贮藏7天。温度相同时，若调节贮藏环境中的气体成分，使氧含量为3%～4%，二氧化碳含量为4%～5%，菊苣的贮藏寿命可比在空气中贮藏提高1倍。菊苣在贮藏、运输和销售过程中，要严防光照。因为光照后，其白色的叶子变成绿色，使菊苣品质下降。为防止其叶子变色，可用蓝色的保鲜纸包装避光。菊苣贮藏的适宜相对湿度为95%。由于高湿有利于菊苣保鲜，并能防止变色，因此，贮藏运输时最好用带孔的黑色塑料膜进行包装。菊苣形如子弹，头部紧密。长10～15厘米的菊苣最适于贮藏。

（二）菊苣的保鲜贮藏

1. 根株贮藏

选择背阴地块，挖宽1～2米、深1.5米（东西延长）的贮藏窖，并将挖出的土堆在南沿，以利遮阳，使窖内温度更稳定，窖口用蒲席覆盖。在华北地区，约在11月中下旬，即土地上冻前，把肉质根贮藏于窖内，整齐地码放，高度不超过50厘米。贮藏前，要注意防止温度偏高而引起肉质根发芽或腐烂，可采取白天用蒲席覆盖窖口，夜晚揭席进行通风的措施。在贮藏中后期，要注意防止低温危害，加强防寒保温措施。最严寒时，可覆盖双席。在贮藏期间，可根据生产和市场需要，随时取出进行软化栽培。

2. 芽球贮藏

用刀子采收软化栽培后的芽球。采收时，一手用小刀在根头部与芽球交接处轻轻切割，另一手捏住芽球轻轻往另一侧推送即可。下刀时，注意切割部位不要过高，否则芽球易脱落。将采后的芽球进行修整，剥去斑痕或破折、烂损的外叶，然后用带孔的塑料袋按每袋 1～2 千克的标准进行包装。然后置于冷库菜架上，在 0℃～1℃温度下，可贮藏25～30 天。

3. 薄膜保鲜

预冷后的菊苣，用膜厚 0.015 毫米的保鲜膜进行单棵包装，并在薄膜上打孔通气，每个袋上可打孔径为 0.5 厘米的 4 个孔。包装后，存放在 0℃下冷藏。红菊苣可贮藏 1 个月以上，绿菊苣可贮藏 50 天左右。

4. 气调保鲜

0℃的温度，3%～4%的氧气及 4%～5%的二氧化碳的气调环境，可延长菊苣的贮藏寿命。菊苣在 2℃下，可贮藏 2～4 周；在 5℃下，可贮 1～2 周。最好用塑料薄膜包装贮藏。

七、辣根的保鲜贮藏

辣根，又名西洋山葵，属十字花科多年生草本植物。原产于欧洲南部。我国现在已有辣根种植。辣根的根状茎中含有的强烈的挥发油质黑芥苷，有特殊的辛辣味，可以刺激肠胃蠕动，增进食欲，是罐头食品的调味品，还可以用来制作酱油。

春季种植的辣根，10 月份收获，其 667 平方米产量可达 500～750 千克。如若在翌年 3 月底收获，则 667 平方米产量可达 1 000～1 250 千克。辣根种植 20 个月的产量最高，667 平方米产量达 2 000 千克。但是，如果辣根超过 2 年不采收，则根状茎变空，品质降低。

（一）辣根的冷藏

辣根适宜的贮藏温度为－1℃～0℃，相对湿度为 98%～100%。将辣根放入冷库中，也可用带小孔的聚乙烯塑料袋包装，每袋装 15～20 千克，松扎袋口，码放于贮藏架上，贮藏期可达 12 个月。由于辣根接触光照后，容易变绿，降低其品质，所以辣根适宜避光贮藏。辣根适宜高湿环境，高湿可提高辣根品质。生产中也可将辣根埋藏。选择地势高燥、地下水位低的地块，挖 1 米深的洞穴，下面垫草，将辣根放在草上，上面再用草覆盖，然后用土盖严。这种既避免辣根受冻，又能保持湿润，使辣根保持新鲜。也可用打孔的塑料袋或带薄膜衬的大箱子包装辣根，然后置于通风贮藏库内贮藏。辣根在采收前经历一段时间的冷凉（但不能受冻），可以提高耐贮性。

留种用的辣根在霜后采收时，选择 1 厘米粗、生长健壮、无病虫害的根状茎，切取 15 厘米左右的段作种苗。切苗时，顶部平切，下部斜切，以免栽植时倒栽。将种苗切好后，可以按 20 根为一捆标准，将种苗捆好，埋在地下贮藏。

（二）辣根的沙藏

在地势高燥处挖沟，深度应当超过当地冻土层，宽为 1 米左右，长度不限。沟挖好以后，将辣根放入沟底，其上覆盖一层湿沙。如此一层辣根一层沙地将辣根堆藏好，最后覆盖10～15厘米厚的湿沙，堆高不要超过冻土层，以防使辣根受冻。沟内温度应保持在0℃左右。

八、芦笋的保鲜贮藏

芦笋，又名石刁柏、龙须菜、狼尾巴根、天棘或蚂蚁秆等，是百合科天门冬属多年生草本植物。芦笋原产于地中海东部沿岸及小亚细亚，适合夏季温暖、冬季冷凉的温带地区栽培。芦笋适应性强，既耐热又耐寒。它需要充足的光照。耐干旱，怕水涝。芦笋于20世纪初传入我国，现已大量种植加工。

（一）芦笋的耐藏特性

芦笋在我国北方地区，于4～6月份采收一茬；而在南方地区，于每年3～5月份和9月份可采收两茬。幼龄植株的采笋期为30～40天，盛产期以后可采70天。采笋的专用工具，有采笋刀、采笋箱及包装塑料袋等。采收绿笋一般于早晨进行，将21～24厘米长的嫩茎齐土面或于地下1～2厘米处割下。采收白笋，应于每天黎明时进行，发现垄面表土有龟裂或湿润圈现象，即可在此定位采笋。一般先在定位笋尖的两侧扒开覆土，使嫩茎露出5厘米左右，用手指轻捏笋尖下3厘米处，在与地面成70～75°角的方位，将刀插入土中，用力切断，取出嫩笋，放入箱内，或用塑料薄膜包装好放在容器内，并用潮湿的黑布盖严，防止嫩笋见光变绿。然后用细土将挖笋坑填好。采收后期，可一天采收两次。

将采收的嫩笋分级整理后，捆成0.5千克或1千克的小捆，按等级分别放入垫有湿布的容器内，装至八成满时，上面用潮湿的黑布盖严，立即送库，尽快将温度预冷到4℃以下，最好是接近0℃，以抑制嫩茎的呼吸强度，减少养分、水分的消耗，延长贮藏期。预冷的方法有水冷却法、冷风冷却法和真空冷却法等。

芦笋的宜藏温度为0℃～2℃，相对湿度为95%～100%，氧气浓度为2%～3%，二氧化碳浓度为5%～7%。在0℃以下低温易受冷害与冻害。在常温下极易腐烂，贮温高于5℃时会迅速变质。

（二）芦笋的保鲜贮藏

1. 短期贮藏

芦笋在销售环节中的货架期，其简易保鲜措施是：在冷凉处，将芦笋切端立在湿卡板纸上，上面用黑湿布或塑料薄膜覆盖，以防失水和光线照射变色。也可用黑色聚乙烯薄膜制成长20厘米，宽15厘米，其上打孔，孔径为0.65厘米的6～8个透气孔的包装袋，将芦笋装入塑料袋中，进行短期贮藏。

2. 冷库贮藏

将芦笋采收预冷、分级后，按每捆0.5～1.0千克的标准，捆成小捆，装入塑料袋内，使切端向下，直立放置于货架上。冷库内的贮藏温度，控制在0℃～2℃，相对湿度控制在90%～95%，芦笋对贮藏环境的温度和湿度非常敏感。因此，冷库贮藏中要严格控制温度和湿度。

3. 速冻贮藏

芦笋在采后先预冷，然后把它放在－30℃～－35℃的低温中，快速冻结。将速冻后的芦笋在5℃以下的环境中分级包装，然后转入－18℃～－20℃的冷库中，可保存1年以上。

4. 气调贮藏

为利用人工调节气体成分的贮藏方法。在芦笋贮藏中人为地快速减少环境中的氧气含量，增加二氧化碳含量，迫使芦笋呼吸作用减弱，从而延缓其衰老进程。芦笋气调贮藏时，库温应控制在0℃～3℃（稍高于冷藏温度），二氧化碳的含量应控制在5%～7%，氧气的含量控制在2%～3%。

5. 化控贮藏

第一，用25毫克/升浓度的6-苄基氨基嘌呤溶液，浸蘸芦笋嫩茎10分钟，可延缓嫩茎褪绿。

第二，芦笋收获后，用125毫克/升的比久溶液浸泡茎部，可延缓褪绿。

第三，贮藏前，用1%的次氯酸钠液浸泡基部，或用冰水加0.5%漂白粉浸10～15分钟，或用0.5%丙酸液浸10分钟，或用4%氯化钙液加10毫克/升6-苄基腺嘌呤液，浸泡基部，均可防腐，延长贮期。

无论采取哪种贮藏方法，都要注意芦笋的放置方式。由于笋头是芦笋的生长点，采后嫩茎基部仍继续不断向上输送养分，因此贮藏期间不断生长。若平放，笋体就会弯曲，影响品质。因此，芦笋贮藏时要直立放置。

附　录

常用植物生长调节剂与保鲜剂的缩写符号及主要用途

吲哚乙酸(IAA)又名生长素,化学名称为β-吲哚乙酸。可促进细胞分裂,叶片扩大,茎伸长,雌花形成,单性结实,种子发芽,不定根和侧根形成,种子和果实生长,坐果等。

吲哚丁酸(IBA)　化学名称为吲哚-3-丁酸。主要用于促进生根。其效果是生长素类调节剂中最好的一种,能有效地促进处理部位形成层细胞分裂而长出根系,从而提高扦插成活率。

萘乙酸(NAA)　化学名称为α-萘乙酸。主要作用是促进细胞扩大,从而促进生长。主要应用于刺激扦插生根、疏花疏果、防止落果、诱导开花及促进植物生长等方面。

萘氧乙酸(NOA)　化学名称为β-萘氧乙酸。主要用于促进生长、刺激生根、防止落果和诱导开花等。

萘乙酸甲酯(MENA)　化学名称为α-萘乙酸甲基酯。用于延长果蔬和观赏树木芽的休眠期。

吲熟酯(IZAA)　又名丰果乐或富果乐。化学名称为5-氯-1氢-吲哚-3-吲哚基醋酸。主要用于疏花疏果、促进生根、控制营养生长、促进果实成熟和改善品质等。

2,4-滴(2,4-D)　化学名称为2,4-二氯苯氧乙酸。用途随浓度而异,效果不一。在较低浓度下,是植物组织培养的培养基成分之一;在中等浓度下,可防止落花落果,诱导无籽果实形成和果实保鲜等;在高浓度下,可杀死多种阔叶杂草。

防落素(PCPA,4-CPA)　又名番茄灵、丰收灵、坐果灵或促生灵。

化学名称为对氯苯氧乙酸。施用后，可防止番茄等茄果类蔬菜落花落果，促进果实发育，形成无籽果实，提早成熟，增加产量，改善品质等。

增产灵(PIPA) 化学名称为4-碘苯氧乙酸。主要作用是促进生长和发芽，防止落花落果，提早成熟和增加产量等。

西维因(NAC) 又名胺甲萘、甲萘威或疏果安等。化学名称为1-萘-正甲基氨基甲酸酯。既是高效低毒的氨基甲酸酯杀虫剂，又是一种较好的疏果剂。

赤霉素(GA) 其中以GA_3(赤霉酸)活性最高，应用最广，又名“九二〇”。市售的赤霉素主要是赤霉酸及GA_4、GA_7、GA_4+GA_7的混合剂等。能打破种子、块茎和块根的休眠，促使其萌发；刺激果实生长，提高结实率或形成无籽果实；可以代替低温，促使一些植物在长日照条件下抽薹开花，也可以代替长日照作用，使一些植物在短日照条件下开花；诱导一些植物发生雄花等。

激动素(KT,KN) 又名动力精。化学名称为6-糠基氨基嘌呤。促进细胞分裂和调节细胞分化，还用于促进幼苗生长、促进坐果、延缓器官衰老和果蔬保鲜等。

苄基氨基嘌呤(6-BA) 又名6-苄基氨基嘌呤、6-苄基腺嘌呤、绿丹、BA、BAP或细胞激动素等。用于提高坐果率，促进果实生长，蔬菜保鲜，打破休眠，促进种子发芽，打破顶端优势等。

CPPU 又名4PU-30、KT-30S、氯吡脲或吡效隆等。化学名称为N-(2-氯-4-吡啶基)-N-苯基脲。用于促进细胞分裂，器官分化，叶绿素合成、防衰老、打破顶端优势、诱导单性结实，促进坐果和果实肥大。

脱落酸(ABA) 又名休眠素或促熟丹。用于促进叶片脱落，诱导种子和芽休眠，抑制种子发芽和侧芽生长，提高抗逆性。

诱抗素 即脱落酸的天然发酵产品的商品名。又名S-诱抗素。可用于促进种子、果实的蛋白质和糖分积累，改善作物的质量，提高作物产量，控制发芽和蒸腾，调节花芽分化，保鲜等。

青鲜素(MH) 又名抑芽丹或马来酰肼。化学名称为顺丁烯二酸酰肼。其作用主要是抑制芽的生长和茎伸长，促进成熟。主要用于抑制鳞茎和块茎在贮藏期的发芽，控制侧芽的生长。

三碘苯甲酸(TIBA) 化学名称为 2,3,5-三碘苯甲酸。用于抑制茎顶端生长,使植株矮化,促进腋芽萌发和分枝,增加开花和结实。

整形素 又名形态素。化学名称为 2-氯-9-羟基芴-9-羧酸甲酯。用于抑制顶端分生组织,使植株矮化,促进侧芽发生。

多效唑(PP_{333}) 又名氯丁唑。用于减慢植物生长速度,抑制茎伸长,控制树冠,提高抗性。

烯效唑 又名高效唑、优康唑或 S-3307。用于矮化植株,除杂草、杀菌(黑粉菌、青霉菌),促进块根块茎膨大,控制营养生长,促进结实,促进分蘖等。

矮壮素(CCC) 又名氯化氯代胆碱、三西、西西西或稻麦立。化学名称为 2-氯乙基三甲基氯化铵。用于使植物矮壮,茎秆增粗,叶色加深,以及增强抗倒、抗旱、抗寒、抗盐碱等性能。

矮健素 又名 7102。化学名称为 2-氯丙烯基三甲基氯化铵。用于控制营养生长,使植株矮化,茎秆粗壮,叶色深绿,对防止麦类倒伏、棉花旺长和增强抗性等有很好效果。

丁酰肼(B_9) 又名比久。化学名称为 N-二甲氨基琥珀酰胺酸。用于使植株矮化,促进次年花芽形成,防止落花落果,调节养分,使叶片绿厚,增强抗旱、抗寒能力,增加产量,促进果实着色,延长贮藏期。

调节膦 又名蔓草膦或膦铵素。化学名称为乙基氨甲酰基磷酸盐。用于矮化和化学修剪,并可延长插花和某些植物的开花时间。

助壮素(DPC) 又名皮克斯,Pix,甲哌啶、甲哌鎓、调节啶、缩节安、壮棉素、健壮素或棉壮素。化学名称为 1,1-二甲基哌啶鎓氯化物。用于抑制细胞伸长,延缓营养体生长,使植株矮化,株形紧凑。能增加叶绿素含量,提高叶片同化能力,调节同化产物在植株器官内的分配。

环丙嘧啶醇 又名三环苯嘧醇或嘧啶醇。能矮化植株,促进开花。

乙烯利(CEPA) 又名一试灵或乙烯磷。化学名称为 2-氯乙基膦酸。用于促进不定根形成,茎增粗,解除休眠,诱导开花,控制花器官性别分化,使瓜类多开雌花,少开雄花,催熟果实,促进叶片等衰老和脱落。

乙二膦酸(EDPA) 化学名称为 1,2-次乙基二膦酸。用于促进果实成熟,种子萌发,打破顶端优势等。

三十烷醇(TRIA)　又名蜂花醇。用于各种植物有增产效果,特别是在海带和紫菜调控方面。

石油助长剂　又名长-751 或 C-751。化学名称为环烷酸盐(钠、铵)。用于刺激种子萌发,促进发根和植株茁壮,增强叶片光合作用,加速籽粒灌浆,提高作物产量。

油菜素内酯(BR)　又名芸薹素内酯,农乐利、天丰素或益丰素等。用于促进根系发育,茎叶生长,增加产量,提高品质,提高抗性。

水杨酸(SA)　又名柳酸、沙利西酸或撒酸。化学名称为 2-羟基苯甲酸。用于促进生根,增强抗性,提高产量等。

壳聚糖　也叫甲壳素或甲壳胺。用于处理种子,提高产量。用作种子的包衣剂成分。也可用于改良土壤,作农药的缓释剂,果蔬的保鲜剂。此外,还有抗病防病的作用。

丰啶醇　又名 7841。其化学名称为 3-(2-吡啶基)丙醇。用于使植株矮化,茎秆变粗,叶面积增大及刺激生根等。

黄腐酸　黄腐酸是一类组织结构相似而又各不相同的复杂物质的混合物,其中溶于水或稀酸的部分为黄腐酸。又名富里酸、抗旱剂一号或旱地龙。有人也将其归类为微肥或叶面肥。可促进插枝生根。

爱多收　又名特丰收、丰产素或复硝酚-钠,是几种含硝基苯酚化合物组成的钠盐(有的产品是胺盐)。用于浸种或喷叶等。

萘乙酰胺　又名 NAAm 或 NAD。可引起花序梗离层的形成,从而作疏果剂。同时也有促进生根的作用。

氯化胆碱　用于促进块根、块茎等的生长。

ABT 生根粉　又名 ABT 增产灵。用于刺激生根,促进生长等。

硫　脲　一种有弱激素作用的硫代尿素。可延缓叶片衰老。也可用于打破休眠,提高抗病性,增加产量。

维生素 C　化学名称为抗坏血酸。用于插枝生根和抗病、增产等方面。

芸·乙合剂　由油菜素内酯(芸薹素内酯)和乙烯利混合而成,能矮化植株。

季铵·羟季铵合剂　由矮壮素和氯化胆碱混合而成,用于矮化植株。

季铵·乙合剂 由矮壮素与乙烯利复配而成，用于矮化植株。

季铵·哌合剂 由矮壮素与助壮素两种抑制剂复配而成，用于抑制伸长生长。

嗪酮·羟季铵合剂 由氯化胆碱与抑芽丹组合而成，用于抑制腋芽或侧芽的萌发。

羟季铵·萘合剂 由氯化胆碱与萘乙酸混配而成，用于膨大块根块茎。

羟季铵·萘·苄合剂 由氯化胆碱、萘乙酸和6-苄基氨基嘌呤混配而成，用于膨大块根块茎。

乙·嘌合剂 由乙烯利和6-苄基氨基嘌呤混合而成。用于促进生长发育。

乙·唑合剂 由乙烯利和烯效唑两种生长抑制剂复合而成。用于控制冬梢分枝。

赤·吲合剂 由赤霉酸(GA_3)和吲哚丁酸混合而成。用于促进幼苗生长。

黄·核合剂 由黄腐酸与核苷酸混合而成。用于促进生长。

吲乙·萘合剂 由吲哚乙酸和萘乙酸复合而成。用于促进生根。

吲丁·萘合剂 由吲哚丁酸和萘乙酸复合而成。用于促进生根。

哌·乙合剂 由甲哌啶和乙烯利混合而成。用于抑制生长。

萘·萘胺·硫脲合剂 由萘乙酸、萘乙酰胺和硫脲复配而成。用于促进插枝生根。

唑·哌合剂 由多效唑与甲哌鎓复合而成。用于矮化植株。

多效·烯效合剂 由多效唑与烯效唑复合而成。用于矮化植株。

1-甲基环丙烯(1-MCP) 乙烯抑制剂。其商品名是Ethyl Bloc(乙烯封阻剂)。用于果蔬、花卉保鲜。

硫酸亚氢钠 光呼吸抑制剂，可减少光呼吸消耗。

氯苯胺灵(CIPC) 用于马铃薯的抑芽作用。

多菌灵 用于果蔬的杀菌保鲜。

托布津 用于果蔬的杀菌保鲜。

苯来特 用于果蔬的杀菌保鲜。

特克多 用于果蔬的杀菌保鲜。

伊迈唑 用于果蔬的杀菌保鲜。

仲丁胺 用于果蔬的杀菌保鲜。

碳酸氢钠 用于果蔬的清洗防腐保鲜。

邻苯基酚钠 用于果蔬的清洗防腐和保鲜。

二苯胺 用于果蔬的清洗防腐和保鲜。

硼 砂 用于果蔬的清洗保鲜。

虎皮灵 用于果蔬的浸渍防腐和保鲜。

氯化钙 用于果蔬的浸渍防腐和保鲜。

硫酸亚铁 用于果蔬的浸渍防腐和保鲜。

漂白粉 用于果蔬的熏蒸防腐和保鲜。

过氧乙酸 用于果蔬的熏蒸防腐和保鲜。

石 蜡 用作果蔬的防腐保鲜涂膜剂。

松 香 用作果蔬的防腐保鲜涂膜剂。

虫 胶 用作果蔬的防腐保鲜涂膜剂。

蜂 蜡 用作果蔬的防腐保鲜涂膜剂。

铁 粉 用于果蔬贮藏时有害气体的吸附。

活性炭 用于果蔬贮藏时有害气体的吸附。

沸 石 用于果蔬贮藏时有害气体的吸附。

活性矾土 用于果蔬贮藏时有害气体的吸附。

铝酸盐 用于果蔬贮藏时有害气体的吸附。

亚铁盐 用于果蔬贮藏时有害气体的吸附。

氢氧化钙 用于果蔬贮藏时有害气体的吸附。

高锰酸钾 用于果蔬贮藏时有害气体的吸附及消毒。

硅藻土 用于果蔬贮藏时有害气体的吸附。

过氧乙酸 用于果蔬贮藏时的氧化灭菌。

过磷酸钠 用于果蔬贮藏时的氧化灭菌。

焦亚硫酸钠 用于果蔬的贮藏保鲜。

柠檬酸 用于果蔬的贮藏保鲜。

山梨酸钾 用于果蔬的贮藏保鲜。